机械产品装配工艺设计实例

柳青松 庄 蕾 主 编

李荣兵 主 审

JIXIE CHANPIN ZHUANGPEI GONGYI SHEJI SHILI

化学工业出版社

·北京·

本书以减速器的装配为切入点，由浅入深地介绍了减速器的装配、机械产品的装配方法、典型零件的装配、常用传动机构的装配、机械装配工艺规程的编制、阀门的装配工艺制定、平缝机装配工艺制定等内容。

本书有配套的PPT电子教案，可在化学工业出版社的官方网站上下载。

本书可作为高职高专机械设计制造类专业，也可作为机电类专业的专业课程教材，也可作为相近专业的师生和从事相关工作的工程技术人员的参考用书。

图书在版编目（CIP）数据

机械产品装配工艺设计实例/柳青松，庄蕾主编. —北京：化学工业出版社，2019.8（2023.9重印）
ISBN 978-7-122-34571-4

Ⅰ.①机… Ⅱ.①柳… ②庄… Ⅲ.①装配（机械）-工艺设计 Ⅳ.①TH163

中国版本图书馆CIP数据核字（2019）第101740号

责任编辑：高 钰　　文字编辑：陈 喆
责任校对：王素芹　　装帧设计：刘丽华

出版发行：化学工业出版社（北京市东城区青年湖南街13号 邮政编码100011）
印 装：北京科印技术咨询服务有限公司数码印刷分部
787mm×1092mm 1/16 印张14¾字数376千字 2023年9月北京第1版第3次印刷

购书咨询：010-64518888 售后服务：010-64518899
网 址：http://www.cip.com.cn
凡购买本书，如有缺损质量问题，本社销售中心负责调换。

定 价：48.00元　

前言

机械装配工艺是机械制造中的重要环节，也是高等职业教育机械类专业学生的必修内容。通过该部分内容的学习，读者能系统地了解机械装配的有关理论知识，掌握高精度装配的操作技能和技巧，并在此基础上树立良好的质量意识，培养优良的职业规范。基于以上培养目标，本书以装配前的准备工作、装配方法选择、装配工艺规程的编制、典型机构的装配为知识点，以常用的阀门、平缝机为装配实例组织内容编纂，使读者在学习过程中掌握装配技术。每章后面均附有思考与练习，让读者在理论学习和操作后进一步巩固所学知识。

使用本书时应注意以下几点：由于机械装配教学不仅是一种技能的训练，更重要是一种职业习惯的训练，因此，在装配实习训练中要着重培养读者的职业素养；机械装配涉及的知识面广，实践性强，教学中要紧扣项目进行理论讲解，要尽量使用实物零件、教学软件、录像等来加强直观教学，使读者掌握机械装配的基本理论知识；机械装配操作训练要严格按照操作指导进行，使读者养成严格遵守工艺规程的习惯；在做思考与练习题时，教师要提前准备好与项目相关的资料，以便读者查找，并学会分析试验数据，善于归纳总结。

本书的内容已制作成用于多媒体教学的 PPT 课件，并将免费提供给采用本书作为教材的院校使用。如有需要，请发电子邮件至 cipedu@163.com 获取，或登录 www.cipedu.com.cn 免费下载。

本书由扬州工业职业技术学院、浙江仙都缝制设备有限公司、河南工业职业技术学院、常州工程职业技术学院、北京工业大学、徐州工业职业技术学院等单位合作编写完成。具体分工为：绪论由柳青松编写；减速器的装配由朱成俊、李山琪编写；机械产品的装配方法由夏晓平、柳一鸣、庄蕾编写；典型零件的装配由许晓东、田万英、王新编写；常用传动机构的装配由戴红霞、潘毅、冯辰编写；机械装配工艺规程的编制由赵利民、王家珂编写；阀门的装配工艺制定由柳青松、李荣兵编写；平缝机装配工艺制定由柳青松、庄蕾编写。全书由柳青松、庄蕾任主编并负责统稿，朱成俊、戴红霞、夏晓平任副主编，李荣兵主审。

在编写过程中，参考并选用了近几年来国内出版的有关机械装配工艺设计手册、机械加工工艺设计手册、国家与行业标准等，我们向有关的著作者表示诚挚的谢意并希望得到他们的指教。

由于每个人的视角不同，书中难免还存在一些不足，在知识的系统性和内容的全面性方面有待于进一步提高，殷切希望广大读者批评指正。

编　者

2019 年 3 月

目录

绪　论

第一章　减速器的装配

第二章　机械产品的装配方法

第三章　典型零件的装配

第四章　常用传动机构的装配

第五章 机械装配工艺规程的编制

第六章 阀门的装配工艺制定

第七章 平缝机装配工艺制定

参考文献

绪论

机械装配是机械制造过程中最后的工艺环节，它将最终保证机械产品的质量。

装配设计是产品设计的一个重要环节，对产品的成本、质量和上市周期有重大影响。

如果装配工艺制定不合理，即使所有机械零件都合乎质量要求，也不能装配出合格产品。

只有做好装配的各项准备工作，选择适当的装配方法，才能高质量、高效率、低成本地完成装配任务。

1. 机械装配技术概述

机械装配就是按照设计的技术要求实现机械零件或部件的连接，把机械零件或部件组合成机器（图 0-1）。

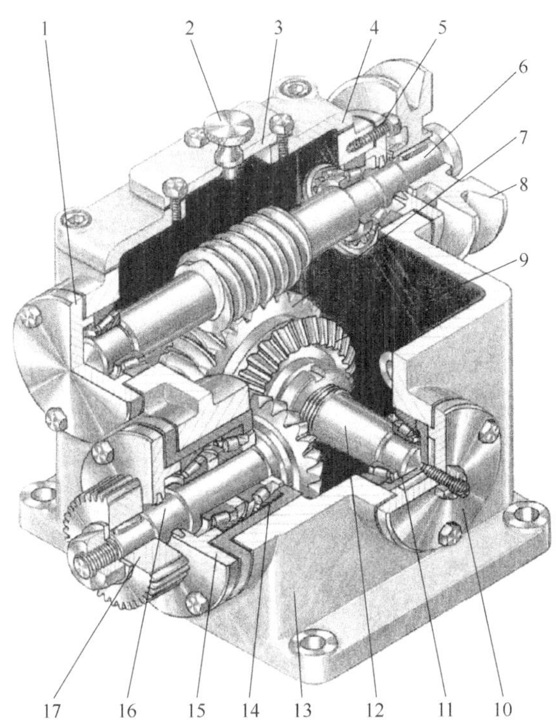

图 0-1　二级齿轮（圆锥齿轮-蜗轮蜗杆）减速器

1,5,10,14,15—轴承盖；2—手把；3—加油孔盖；4—箱盖；6—蜗杆轴；7—蜗轮；8—皮带轮；9—圆锥齿轮；11—压盖；12—蜗轮轴；13—箱体；16—圆锥齿轮轴；17—齿轮

机械装配是机器制造和修理的重要环节，装配工作的好坏对机器的效能、修理的工期、工时和成本等都起着非常重要的作用。

装——组装、连接。

配——仔细修配、精心调整。

在生产过程中，按照规定的技术要求，将若干零件结合成组件或若干个零件和部件结合成机器的过程称为装配，前者称为部件装配，后者称为总装配。

由于零件＜合件＜组件＜部件＜机器总成，因此机械产品都是由许多零件和部件装配而成的。

零件是机器制造的最小单元，如一根轴、一个螺钉等。

部件是两个或两个以上零件结合成为机器的一部分，如车床的主轴箱、进给箱等。

装配处于机械制造生产链的末端，它包括装配、调整、检验和试验等工作。其目的是根据产品设计要求和标准，使产品达到其使用说明书的规格和性能要求。它是对机器设计和零件加工质量的一次总检验，能够发现设计和加工中存在的问题，从而不断地加以改进。现实中的大部分的装配工作都是由手工完成的，高质量的装配需要丰富的经验。

由于机器的质量不仅取决于设计质量和零件的加工质量，还与机器的装配工艺过程有关。因此装配不良的机器，其性能将会大为降低，增加功率消耗，使用寿命将大为缩短。

即使是零件全部合格，如果装配不当，形成的最终产品的质量也可能不合格。

简单的产品可由零件直接装配而成；复杂的产品则须先将若干零件装配成部件，然后再将若干部件和另外一些零件装配成完整的产品。

产品装配完成后需要进行各种检验和试验，以保证其装配质量和使用性能；有些重要的部件装配完成后还要进行测试。

装配是把各个零部件组合成一个整体的过程，而各个零部件按照一定的程序、要求固定在一定的位置上的操作称为安装。

各零部件在安装中必须达到如下要求。

① 以正确的顺序进行安装（图 0-2）；

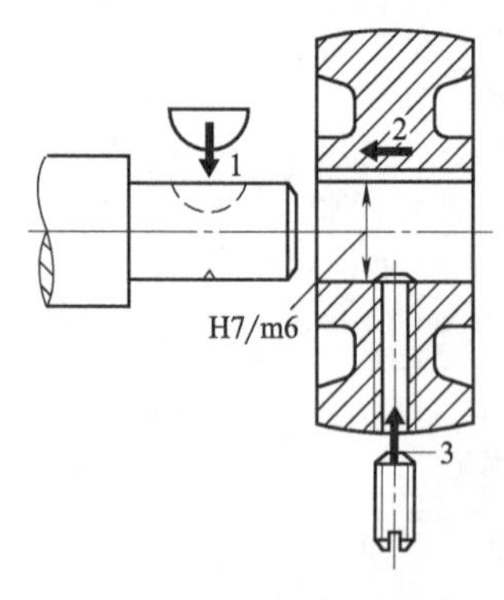

图 0-2　以正确的顺序安装

1—半圆键；2—齿轮；3—螺钉

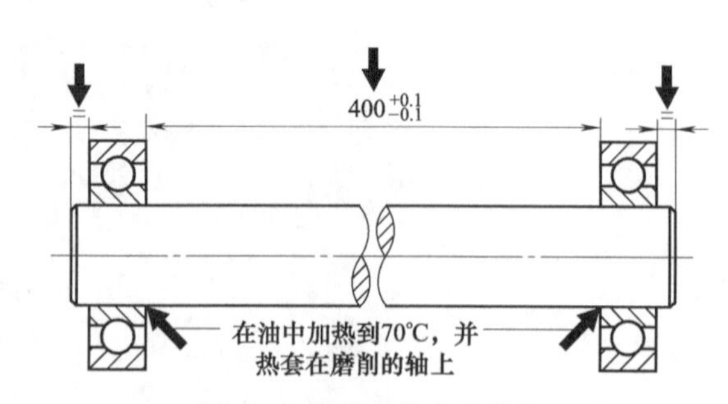

图 0-3　按规定的方法安装

② 按图样规定的方法进行安装（图 0-3）；

③ 按图样规定的位置（方向和位置）进行安装（图 0-4）；

④ 按规定的尺寸精度进行安装。

在许多情况下，一种产品往往可以制造成多种多样的形式，这些产品统称为一个产品族。例如，人们通常看到各种形式的发动机，不同之处只是组成发动机的气缸容量大小不一。产品的结构往往表明了零件的组成形式。一般来说，每个部件在产品中都有其特殊的功能。

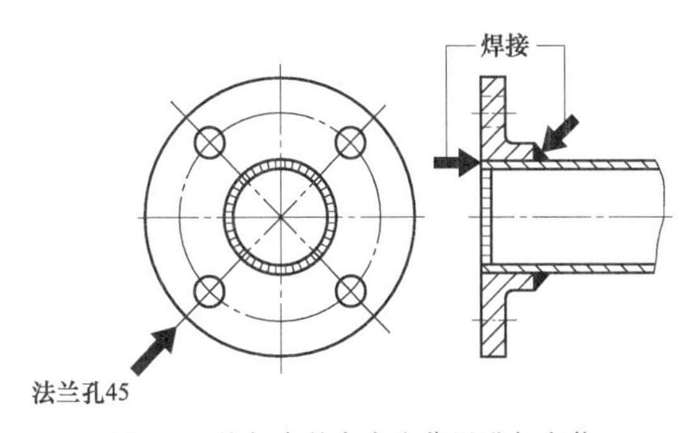

图 0-4 按规定的方向和位置进行安装

一个好的产品结构应满足下列要求：

① 尽量采用标准件，产品零件可互换；

② 各个部件可以单独进行测试；

③ 连接的零件数量越少越好；

④ 重量轻、体积小，结构简单；

⑤ 符合客户的特殊要求的零部件应在最后进行装配。例如，计算机的装配就是完全按照客户的要求进行的。

装配是由大量成功的操作来完成的。这些操作又可以分为主要操作和次要操作。主要操作可以直接产生产品的附加值。而除主要操作以外的其他操作属于次要操作，它们对于产品的装配也是不可缺少的。主要操作和次要操作的区别在于装配的目的和作用不同。

主要操作包括安装、连接、调整、检验和测试等。

次要操作包括储藏、运输、清洗、包装等。

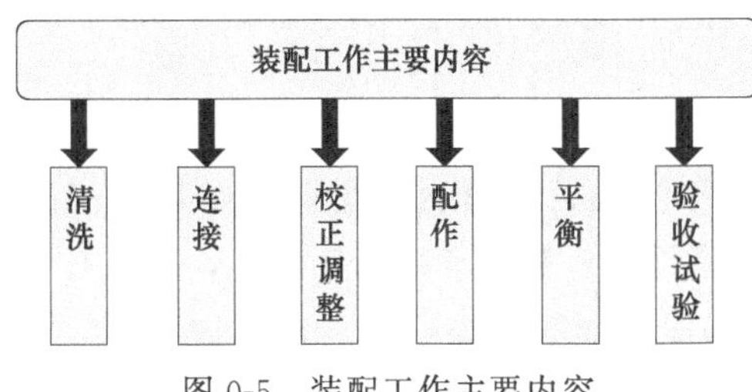

图 0-5 装配工作主要内容

装配工作主要内容如图 0-5 所示。

清洗：清洗的目的是去除油污及机械杂质，保证产品的质量，延长产品的使用寿命。清洗剂有煤油、汽油、碱液和多种化学清洗剂等。清洗方法有擦洗、浸洗、喷洗和超声波清洗等。经清洗后的零件或部件，必须有一定的防锈能力。

连接：装配过程中有大量的连接。常见的连接方式有两种：一种是可拆卸连接，如螺纹连接、键连接和销连接等；另一种是不可拆卸连接，如焊接、铆接和过盈配合连接等。

校正调整：在装配过程中，对相关零件、部件的相互位置要进行找正、找平和相应的调整工作。校正就是在装配过程中通过找正、找平及相应的调整工作来确定相关零件的相互位置关系。如卧式车床总装时，床身导轨安装水平及前后导轨在垂直平面内的平行度（扭曲）的校正；车床主轴与尾座等高性的校正；水压机立柱垂直度的校正等。校正时常用的工具有平尺、角尺、水平仪、光学准直仪以及相应的检验棒、过桥等。

调整就是调节相关零件的相互位置，除配合校正所作的调整之外，还有各运动副间隙（如轴承间隙、导轨间隙、齿轮齿条间隙等）的调整。

配作：用已加工的零件为基准，加工与其相配的另一个零件，或将两个（或两个以上）零件组合在一起进行加工的方法叫配作。配作的工作有配钻、配铰、配刮、配磨和机械加工等，配作常与校正和调整工作结合进行。

平衡：对转速较高、运动平稳性要求高的机械，为了防止在使用中出现振动，需要对有关的旋转零件、部件进行平衡工作，常用的有静平衡法和动平衡法两种。对于长度比直径小很多的圆盘类零件，一般采用静平衡法，而对于长度较大的零件（如机床主轴、电机转子等），则要采用动平衡法。不平衡的质量可用以下方法平衡：①加重法，用补焊、粘接、螺纹连接等方法加配质量；②减重法，用钻、锉、铣、磨等机加工方法去除质量；③调节法，在预制的槽内改变平衡块的位置和数量。

验收试验：产品装配完毕后，要按有关技术标准和规定，对产品进行全面检查和试验工作，合格后方准许出厂。

2. 机械装配组织形式

(1) 装配组织形式的分类

装配工作组织的好坏对装配效率的高低、装配周期的长短均大有影响，应根据产品的结构特点、装配要求、产量大小等因素合理确定装配的组织形式。

① 工作位置采用固定式或移动式。

② 由一组（个）工人完成整个装配任务，或多组（个）工人分别承担一定的作业，互相配合来完成整个装配任务。

装配组织形式随生产规模不同而各具特点，也与装配机械化和自动化的程度密切相关。

(2) 不同生产规模下装配组织形式的特点

① 单件小批生产：同一类品种的生产缺乏连续性和稳定性，品种多又无重复性。手工操作的各工序都不固定在一定的台位上进行，工作台位很少专用化。装配对象常固定不动。

② 成批生产：生产的品种规格有限，产品周期的变化和重复，是最普遍的生产规模。装配工在工作中可实行专业化。装配对象固定不动，也可组成作业人员流动的流水装配。有时也采用移动式装配，即装配对象从一个工位向下一个工位传送。

③ 大批大量生产：产品连续生产，稳定不变或基本稳定不变。采用移动式装配，每个工位安排固定的装配工作。

(3) 各种装配组织形式的选用和比较

表 0-1 列出了装配的组织形式和特点。这些组织形式，结合具体生产情况可以混合使用。如装配系列产品中有相当数量的通用部件，相应可用机械化、自动化装配，产品总装配则可在工作台或流水线上进行。

表 0-1　装配的组织形式和特点

装配形式	生产规模	装配的组织形式	自动化程度	特　　点
固定装配	单件生产	手工(使用简单工具)装配，无专用和固定工作台位	手工	生产率低，装配质量很大程度上取决于装配工人的技术水平和责任心
	小批生产	装配工作台位固定，备有装配夹具、模具和各种工具，可分部件装配和总装配	手工为主，部分使用工具和夹具	有一定生产率，能满足装配质量要求；工作台位之间一般不用机械化输送
移动装配	成批生产轻型产品	每个工人只完成一部分工作，装配对象用人工依次移动，装备按装配顺序布置	人工流水线	生产率较高，对工人技术水平要求相对较低，装备费用不高
	成批或大批生产	一种或几种相似装配对象专用流水线，有周期性间歇移动和连续移动两种方式	机械化传输	生产率高，节奏性强，待装零、部件不能脱节，装备费用较高
	大批大量生产	半自动或全自动装配线，半自动装配线部分上下料和装配工作采用人工方法	半自动、全自动装配	生产率高，质量稳定，产品变动灵活性差，装备费用昂贵

① 单件生产的装配：单个地制造不同结构的产品，并很少重复，甚至完全不重复，这种生产方式称为单件生产。单件生产的装配工作多在固定的地点，由一个工人或一组工人，从开始到结束进行全部的装配工作，如夹具、模具的装配就属于此类。对于大件产品的装配，由于装配的设备很大，因此装配时需要几组人员共同进行操作，如生产线的装配。这种

组织形式的装配周期长，占地面积大，需要大量的工具和设备，并要求工人具有全面的技能。

② 成批生产的装配：在一定的时期内，成批地制造相同的产品，这种生产方式称为成批生产。成批生产时装配工作通常分为部件装配和总装配，每个部件由一个或一组工人来完成，然后进行总装配，如机床的装配属于此类。

这种将产品或部件的全部装配工作安排在固定地点进行的装配，称为固定式装配。

③ 大量生产的装配：产品制造数量很庞大，每个工作地点经常重复地完成某一工序，并具有严格的节奏，这种生产方式称为大量生产。大量生产中，把产品装配过程划分为部件、组件装配，使某一工序只由一个或一组工人来完成。同时只有当从事装配工作的全体工人，都按顺序完成所担负的装配工序以后，才能装配出产品。工作对象（部件或组件）在装配过程中，有顺序地由一个或一组工人转移给另一个或一组工人，这种转移可以是装配对象的转移，也可以是工人移动。通常把这种装配组织形式叫做流水装配法。为了保证装配工作的连续性，在装配线所有工作位置上，完成某一工序的时间都应相等或互成倍数。在大量生产中，由于广泛采用互换性原则，并使装配工作工序化，因此装配质量好，效率高，生产成本低，是一种先进的装配组织形式，如汽车、拖拉机的装配一般属于此类。

④ 现场装配：现场装配共有两种，第一种为在现场进行部分制造、调整和装配［图 0-6 (a)］。有些零部件是现成的，而有些零件则需要根据具体的现场尺寸要求进行制造，然后进行装配。第二种为与其他现场设备有直接关系的零部件必须在工作现场进行装配［图 0-6 (b)］。减速器的安装就包括减速器与电动机之间的联轴器的现场校准以及减速器与执行元件之间的联轴器的现场校准，以保证它们之间的轴线在同一条直线上，从而使联轴器的螺母在拧紧后不会产生任何附加的载荷，否则就会引起轴承超负荷运转或轴的疲劳破坏。

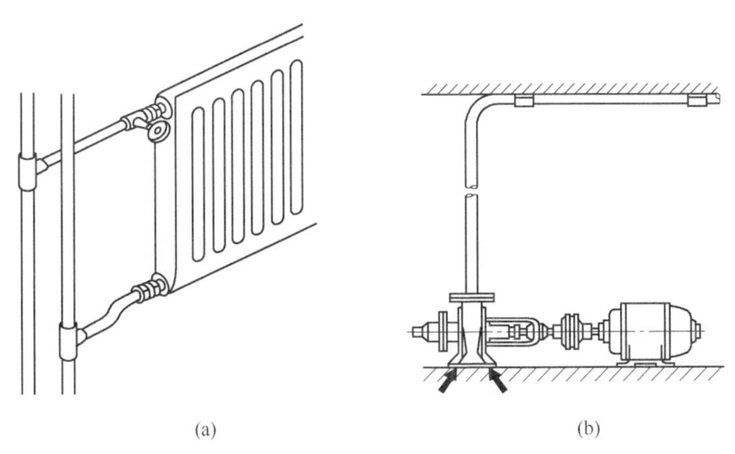

图 0-6 现场装配

3. 装配件功能

明确装配件的功能，对于提高装配质量来说是非常重要的，装配件的功能可以分为以下几种类型。

① 轴相对法兰盘转动，其他零部件之间不存在相对运动，如图 0-7 所示。

② 各零部件之间不存在相对运动，但配合处必须密封，如图 0-8 所示。

③ 有一个装配件能相对其他零件移动，如图 0-9 所示。

④ 有一个装配件能相对其他零件移动，但配合处必须密封，如图 0-10 所示。

⑤ 有一个装配件能相对其他零件旋转，如图 0-11 所示。

⑥ 有一个装配件能相对其他零件旋转，但配合处必须密封，如图 0-12 所示。

⑦ 以上功能的综合，如图 0-13 所示。

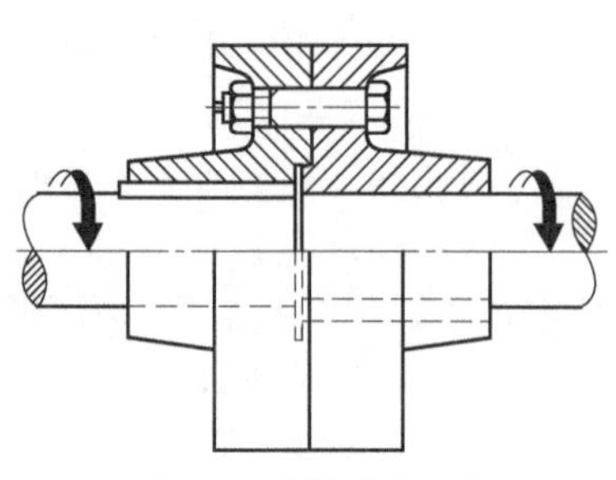

图 0-7　联轴器法兰盘

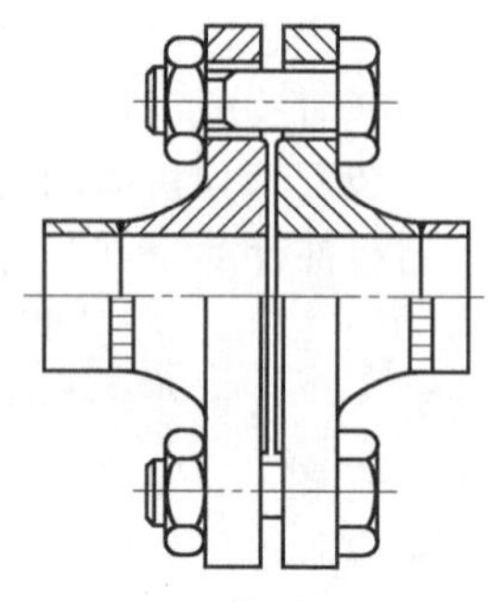

图 0-8　管道法兰盘

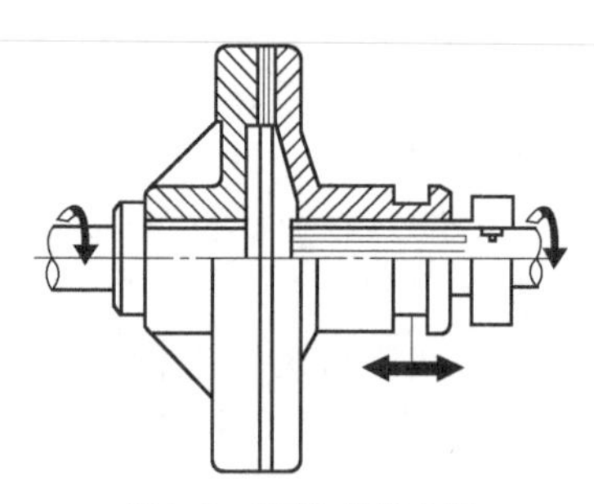

图 0-9　摩擦式离合器

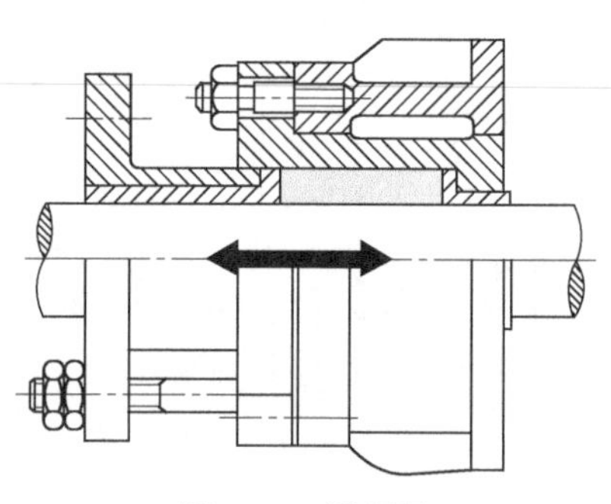

图 0-10　活塞杆

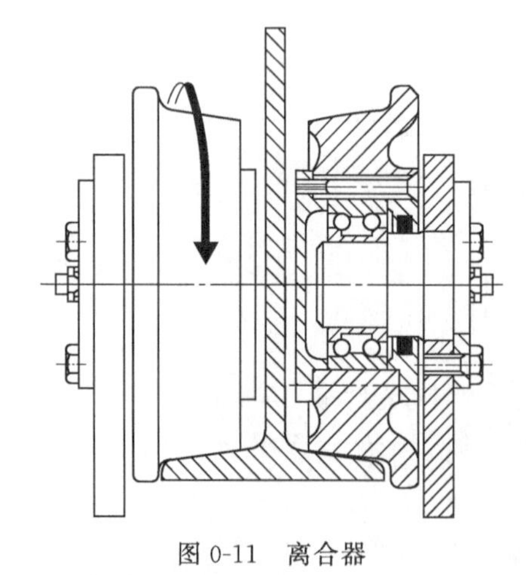

图 0-11　离合器

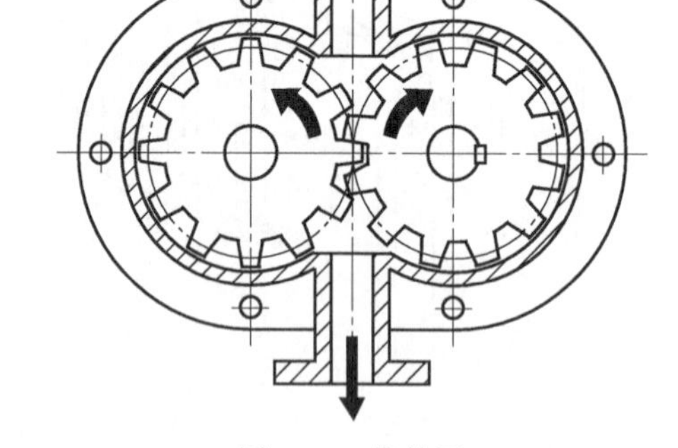

图 0-12　齿轮泵

为了提高装配质量，必须注意下列几个方面：

① 仔细阅读装配图和装配说明书，并明确其装配技术要求；

② 熟悉各零部件在产品中的功能；

③ 如果没有装配说明书，则在装配前应当考虑好装配的顺序；

④ 装配的零部件和装配工具都必须在装配前进行认真的清洗；

⑤ 必须采取适当的措施，防止脏物或异物进入正在装配的产品内；

⑥ 装配时必须使用符合要求的紧固件进行紧固；

⑦ 拧紧螺栓、螺钉等紧固件时，必须根据产品装配要求使用合适的装配工具；

⑧ 如果零件需要安装在规定的位置上，那就必须在零件上做记号，且安装时还必须根

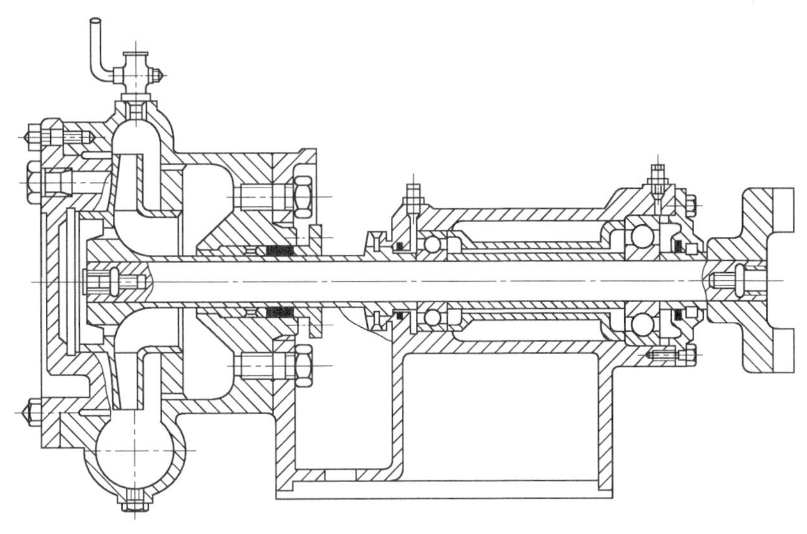

图 0-13 离心泵

据标记进行装配；

⑨ 装配过程中，应当及时进行检查或测量，其内容包括位置是否正确，间隙是否符合规格中的要求，跳动是否符合规格中的要求，尺寸是否符合设计要求，产品的功能是否符合设计人员和客户的要求等。

将机械零部件按设计要求进行装配时，必须考虑以下因素，以保证制定合理的装配工艺。

① 尺寸：零部件有大件与小件之分，小件在装配时可以很方便地予以安装，而大件在装配时则需要使用专用的起吊设备。

② 运动：安装中会遇到以下两种情况，一是所有零件或几乎所有零件都是静止的；二是有很多零件是运动的。

③ 精度：有的安装需要高精度，而有的安装则对精度的要求不是很严格。

④ 可操作性：有的零部件需要安装在很难装配的地方，而有的零部件则很容易安装。

⑤ 零部件的数量：有些产品是由几个零件组成的，有些产品则是由大量的零件组成的。

第一章
减速器的装配

第一节　概　　述

一、减速器实例

图 1-1 为减速器装配图。当减速器零件加工完成后，如何将它们装配起来？一般来说，制造机械产品要经过三个环节：①产品的结构设计；②机械零件的加工；③产品的装配。产品结构设计的正确性是保证产品质量的先决条件，零件的加工质量是产品质量的基础，装配是产品质量的最终保证。因此，装配工作是机械制造过程中非常重要的环节。

实例　蜗轮蜗杆减速器是一种新型的传动装置，其承载能力强，传动效率高，结构紧凑合理，主要适用于冶金、矿山、起重、运输、石油、化工、建筑、橡塑、船舶等机械设备的减速传动。

适用的工作条件：

① 两轴交错角为 90°。

② 蜗杆转速不超过 1500r/min。

③ 蜗杆中间平面分度圆滑动速度不超过 16m/s。

④ 工作环境温度为 0～40℃，当环境温度低于 0℃或高于 40℃时，润滑油要相应加热或冷却。

⑤ 蜗杆轴可正、反向运转。

从图 1-1 中可以看出，该减速器是由一级圆锥齿轮传动和一级蜗轮蜗杆传动组成。两圆锥齿轮安装后，要求实现两轴垂直交叉，接触精度依靠调整两圆锥齿轮轴向位移实现；而蜗轮蜗杆传动则要求实现两轴空间垂直交错，蜗轮与蜗杆之间的接触精度依靠调整蜗轮轴轴向位移实现。要实现这些技术要求，必须做好减速器的装配工作。装配工作有哪些内容？装配精度有哪些要求？下面主要阐述装配工作的基本内容及要求。

二、机械产品装配知识

1. 装配单元及装配单元系统图

机械设备的装配包括装配、调整、检验和试验等工作。装配过程使零件、套件、组件和部件间获得一定的相互位置关系。

机械设备质量最终是通过装配保证的，装配工艺过程在机械制造中占有十分重要的地位。

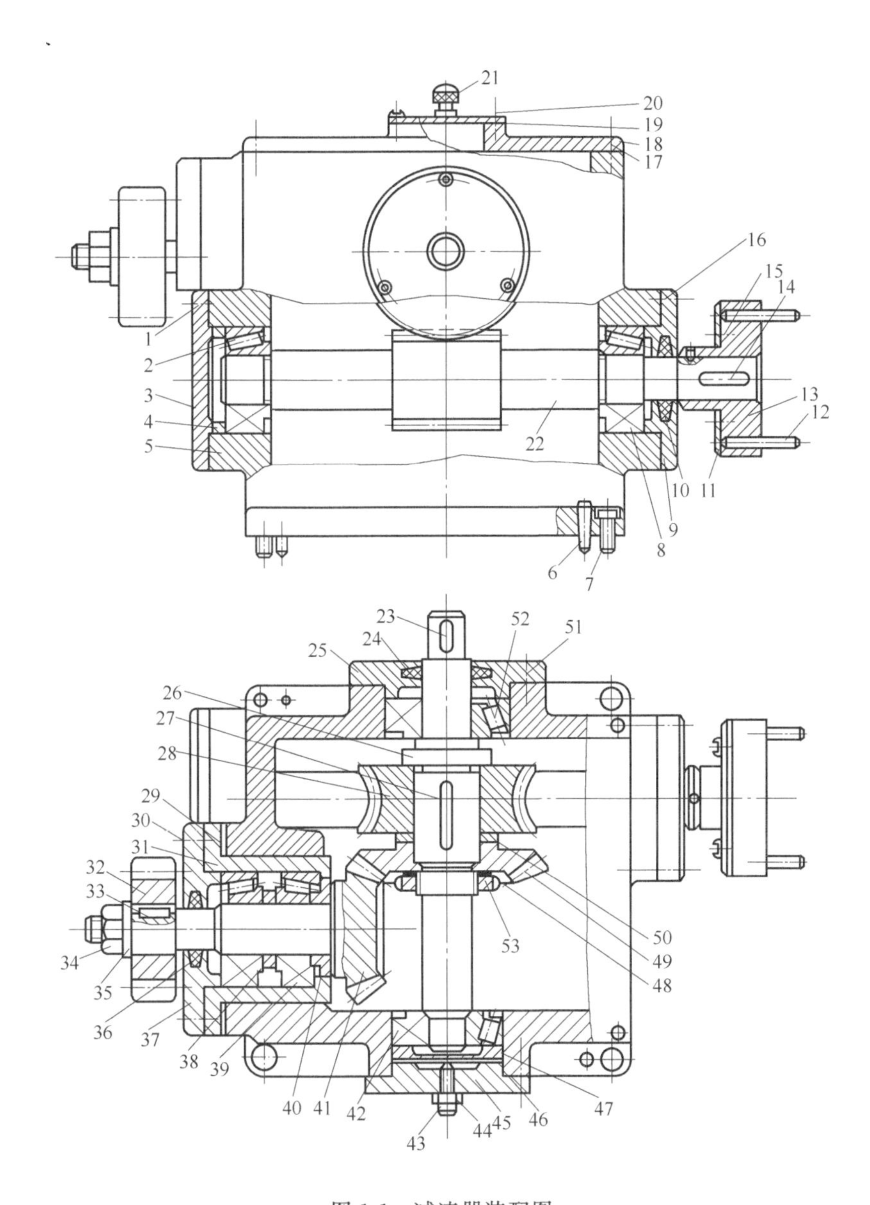

图 1-1 减速器装配图

1,7,15～17,20,30,43,46,51—螺钉；2,8,39,42,52—轴承；3,9,25,37,45—轴承盖；4,29,50—调整垫圈；5—箱体；6,12—销；10,24,36—毛毡；11—环；13—联轴器；14,23,27,33—平键；18—箱盖；19—盖板；21—手把；22—蜗杆轴；26—轴；28—蜗轮；31—轴承套；32—圆柱齿轮；34,44,53—螺母；35,48—垫圈；38—隔圈；40—衬垫；41,49—锥齿轮；47—压盖

为保证有效地进行装配工作，通常将机械设备划分为若干能进行独立装配的装配单元。

① 零件：产品制造的基本单元，也是组成产品的最小单元。

② 合件：也称为套件，是在基准零件上装上一个或若干个零件构成的，亦即“若干个零件用不可拆卸连接法（如焊接）装配在一起后形成的装配单元”及利用“加工修配法”装配在一起的几个零件（如发动机连杆小头和衬套）称为合件。

③ 组件：是在基准件上，装上若干个零件和套件构成的，车床主轴箱中的主轴组件就是在主轴上装上若干齿轮、套、垫、轴承等零件的组件，为此而进行的装配工件称为组装。

由一个或数个合件及零件组合成的相对较独立的组合体也称为组件。如车床主轴箱中某一传动轴和轴上零件组合在一起后形成组件。

套件与组件的示例如图 1-2 所示。

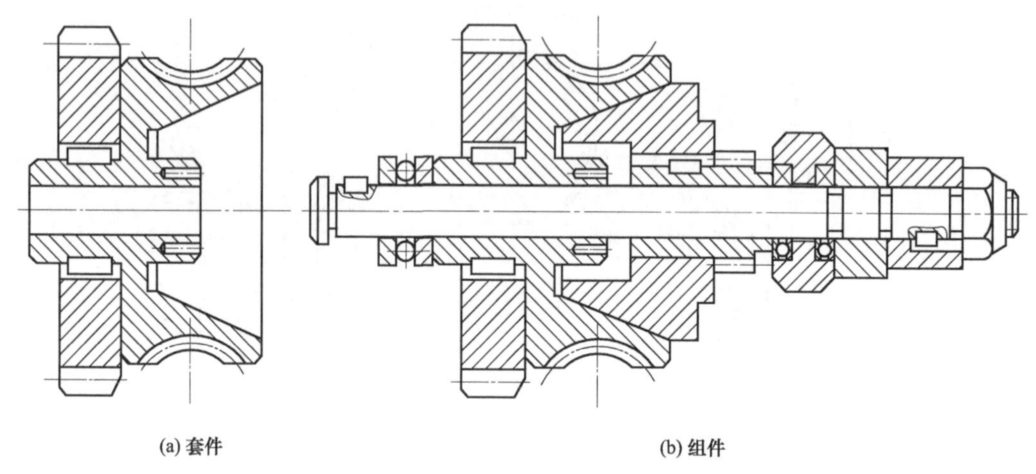

图 1-2 套件和组件示例

④ 部件：是在基准件上装上若干个组件、套件和零件构成的，为此而进行的装配工作称为部装。如车床主轴箱装配就是部装，主轴箱箱体是进行主轴箱部件装配的基准件。由若干个零件、合件和组件组合而成，在产品中能完成一定完整功能的独立单元也称为部件。如车床的主轴箱、进给箱等。

⑤ 总装：一台机器是在基准件上，装上若干部件、组件、套件和零件构成的，为此而进行的装配称为总装，如图 1-3 所示。

在装配工艺规程设计中，常用装配工艺系统图表示零、部件的装配流程和零、部件间相互装配关系。在装配工艺系统图上，每一个单元用一个长方形框表示，标明零件、套件、组件和部件的名称、编号及数量。在装配工艺系统图上，装配工作由基准件开始沿水平线自左向右进行，一般将零件画在上方，套件、组件、部件画在下方，其排列次序就是装配工作的先后次序，如图 1-3 所示。

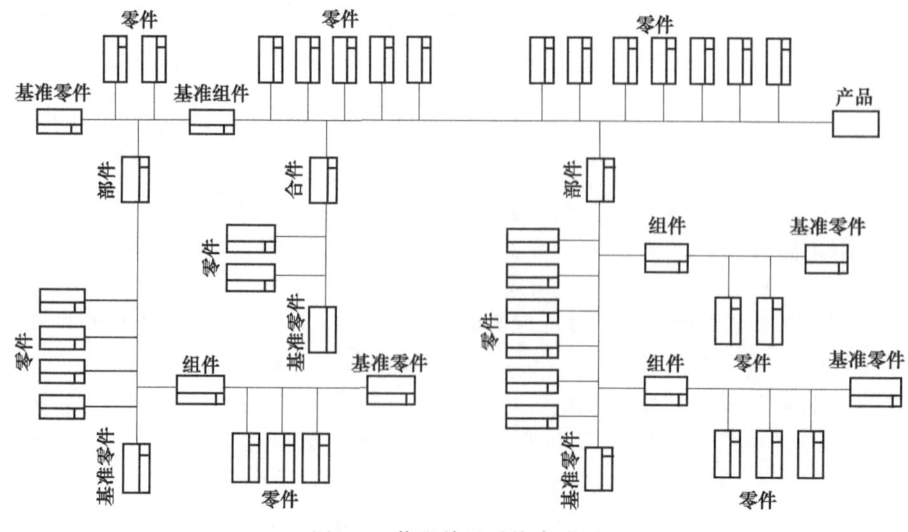

图 1-3 装配单元系统合成图

为了使读者更好地理解产品的装配过程及装配过程中各个部分的组成，我们用图 1-4 来说明装配系统单元的逻辑关系。因此，一个装配单元通常可划分为零件、合（套）件、组件、部件及机械设备产品等五个等级。

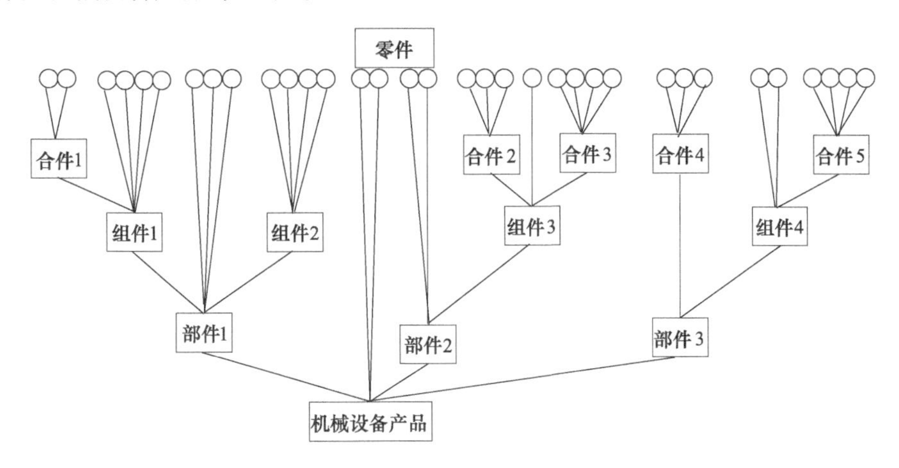

图 1-4 装配单元系统逻辑关系

为了让读者更加容易理解相关内容，下面用装配单元、装配基准件、装配单元系统图描述装配工艺规程中的含义。

① 装配单元：为了便于组织装配流水线，使装配工作有秩序地进行，装配时，将产品分解成独立装配的组件或分组件。编制装配工艺规程时，为了方便分析研究，要将产品划分为若干个装配单元。装配单元是装配中可以独立进行装配的部件。任何一个产品都能分解成

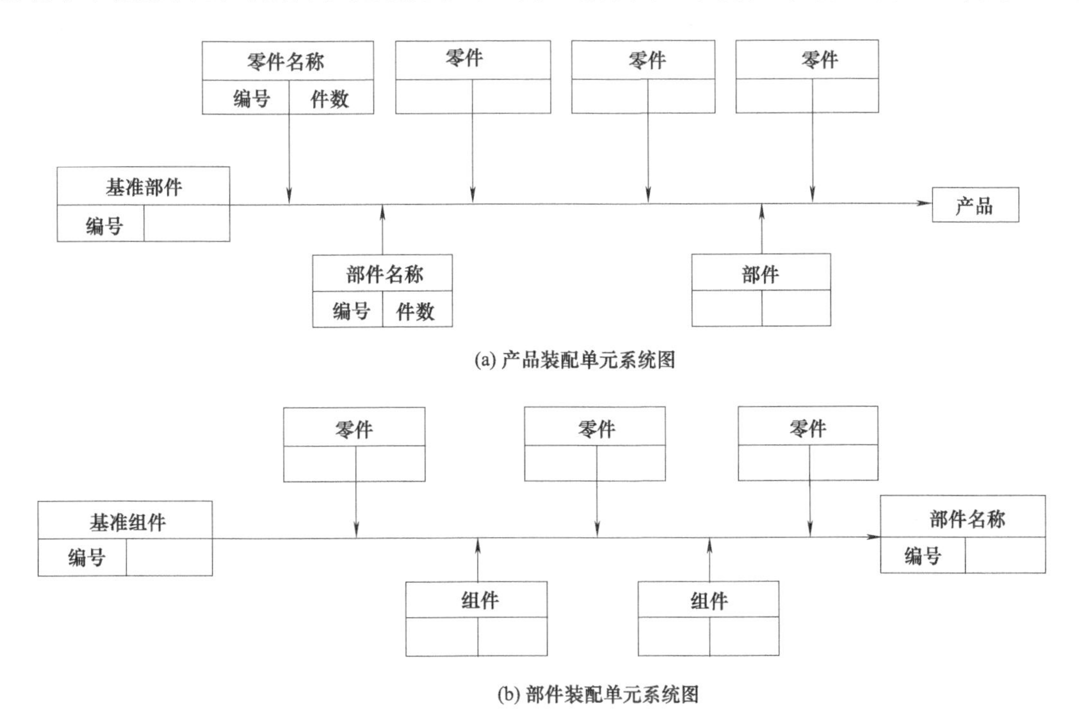

图 1-5 装配单元系统图

若干个装配单元。

② 装配基准件：最先进入装配的零件称为装配基准件。它可以是一个零件，也可以是最低一级的装配单元。

③ 装配单元系统图：表示产品装配单元的划分及其装配顺序的图称为装配单元系统图，如图 1-5 所示。图 1-6 所示为锥齿轮轴组件装配图，它可按照图 1-7 所示顺序进行装配，图 1-8 为锥齿轮轴组件装配单元系统图。

由于产品的结构和功能的不同，并非所有的产品都有以上装配单元，有的产品可能没有合件，有的产品可能没有部件，在产品开发时根据需要设计。

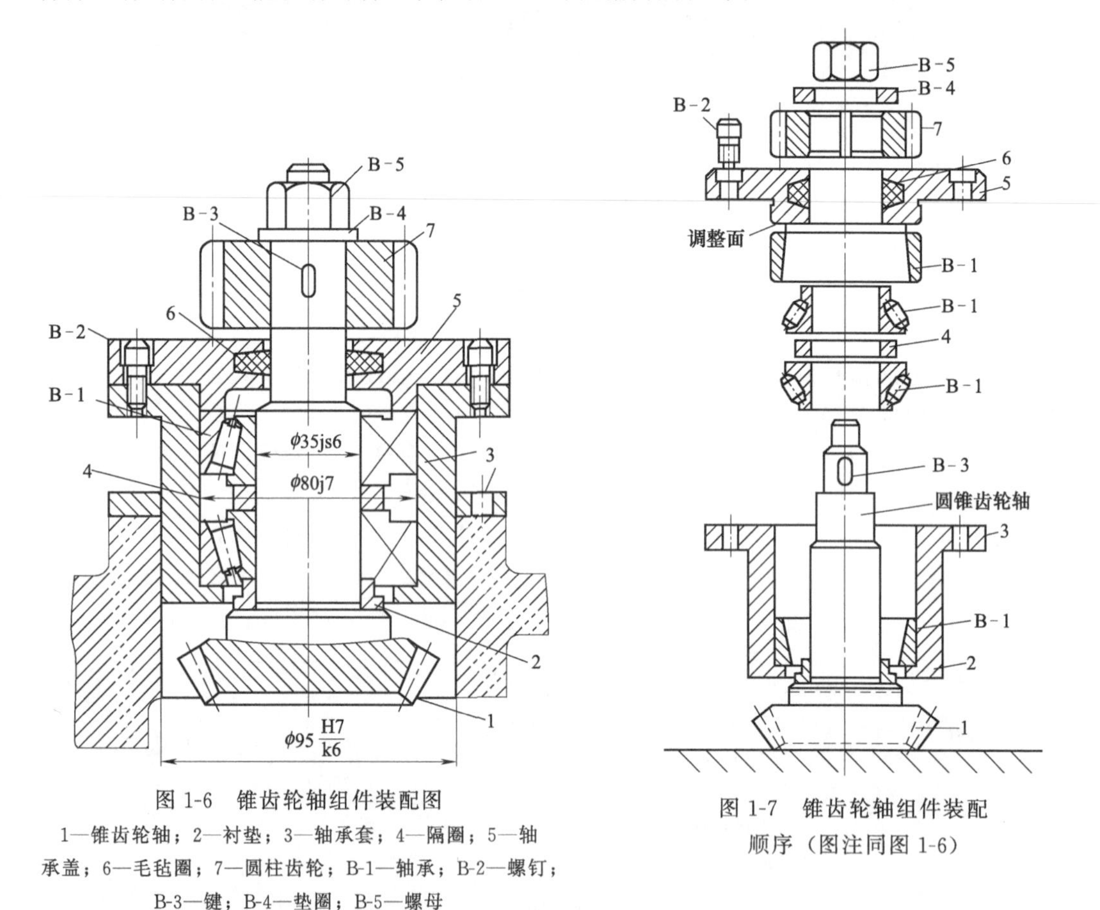

图 1-6　锥齿轮轴组件装配图

1—锥齿轮轴；2—衬垫；3—轴承套；4—隔圈；5—轴承盖；6—毛毡圈；7—圆柱齿轮；B-1—轴承；B-2—螺钉；B-3—键；B-4—垫圈；B-5—螺母

图 1-7　锥齿轮轴组件装配顺序（图注同图 1-6）

2. **装配精度**

机械产品的质量主要取决于三个方面：机械设备结构设计的正确性，零件的加工质量（也包括材料及热处理），机械设备装配质量和装配精度。装配精度不仅影响机器或部件的工作性能，而且影响它们的使用寿命。

装配过程并非简单地将合格零件进行连接，而是根据组件装配、部件装配和总装配的技术要求进行的，每一级装配都有装配精度要求，最后还需要通过校正、调整、平衡、配作及反复试验来保证产品符合质量要求。

机器或部件装配后的实际几何参数与理想几何参数的符合程度称为装配精度。

（1）产品的精度

产品装配精度所包括的内容可根据机械设备的工作性能来确定，一般包括零部件间的尺

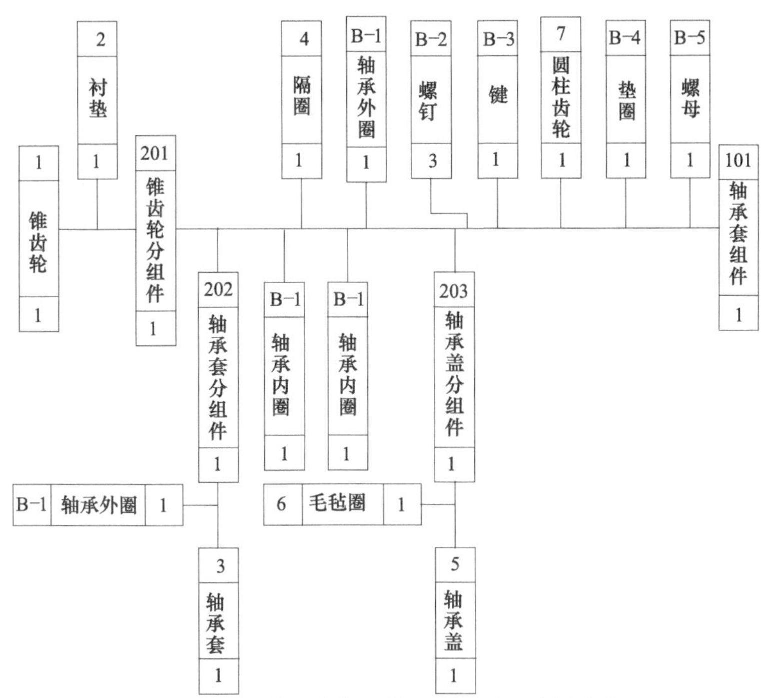

图 1-8 锥齿轮轴组件装配单元系统图（图注同图 1-6）

寸精度、相互位置精度、相对运动精度、接触精度等。如图 1-9 所示的钢套钻模精度。

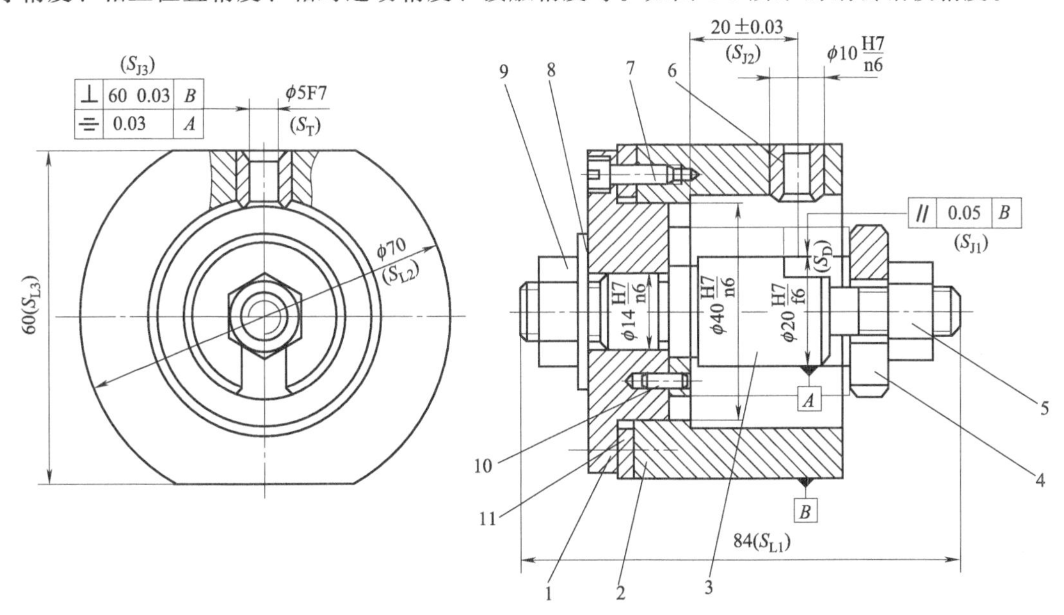

技术要求：装配时的修磨调整垫片11，保证尺寸 (20±0.03)mm。

图 1-9 钢套钻模精度

1—盘；2—套；3—定位销轴；4—开口垫圈；5—夹紧螺母；6—固定钻套；7—螺钉；8—垫圈；9—锁紧螺母；10—防转销钉；11—调整垫片

① 零部件间的尺寸精度：零部件间的尺寸精度包括配合精度和距离精度。配合精度是指配合面间达到规定的间隙或过盈的要求。距离精度是指相关零件间距离的尺寸和装配中应保证的间隙。如图 1-9 所示，钻模在装配时要求严格控制钻套与工件定位表面之间的距离

(20±0.03) mm；如图 1-10 示，卧式车床主轴轴线与尾座孔轴线不等高的精度要求在 0～0.06mm；在齿轮副的装配中要求有一定的齿侧间隙等。

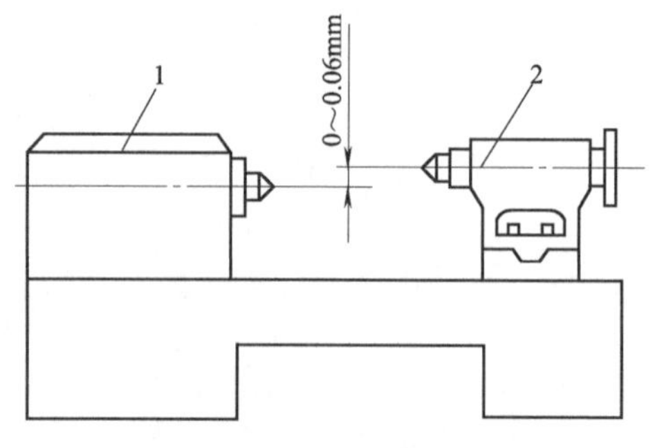

图 1-10 车床主轴轴线与尾座孔轴线不等高的精度

1—主轴箱；2—尾座

② 零部件间的相互位置精度：装配中的相互位置精度是指产品中相关零部件间的相互位置精度，包括平行度、垂直度、同轴度和各种跳动等。如图 1-9 中钻模在装配时要求严格控制定位芯轴轴线与底平面 B 的平行度为 0.05mm，还提出了钻套内孔轴线与底平面 B 的垂直度要求，以及定位芯轴轴线对称度要求。

③ 零部件间的相对运动精度：相对运动精度是产品中有相对运动的零部件之间在运动方向和运动位置上的精度。运动方向上的精度包括零部件间相对运动时的直线度、平行度和垂直度等。如机床溜板移动在水平面内的直线度、尾座移动对溜板移动的平行度，以及主轴轴线对溜板移动的平行度等。运动位置精度（即传动精度）是指内联系传动链中，始末两端传动元件间相对运动精度。如滚齿机的滚刀主轴与工作台的相对运动精度和车床车螺纹时主轴与刀架移动的相对运动精度。

④ 接触精度：接触精度是指两配合表面、接触表面和连接表面间达到规定的接触面积大小与接触点分布情况。它影响接触刚度和配合质量的稳定性。如在齿轮副的装配中，不但对齿面的接触面积有要求，还对其接触点的位置提出要求，如图 1-11 所示，图 1-11 (a) 的接触面积和位置均符合要求，图 1-11 (b)、(c) 虽然面积、大小符合要求，但位置不符合要求，图 1-11 (d)、(e) 则接触面积的大小和位置均不符合要求。又如锥体配合和导轨面之间均有接触精度要求。

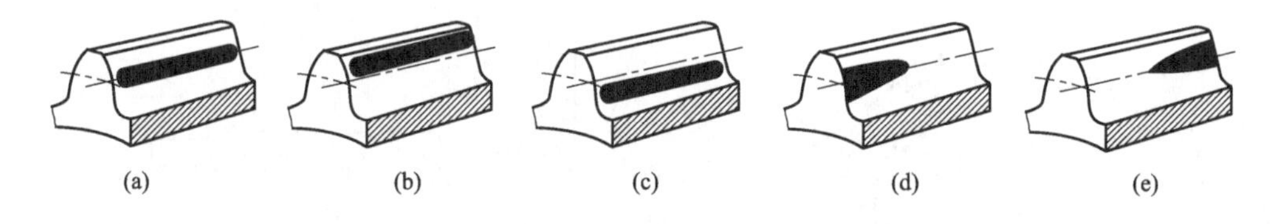

图 1-11 齿轮接触精度

从以上不难看出，各种装配精度之间存在着一定的关系。接触精度和配合精度是距离精度和位置精度的基础，而位置精度又是相对运动精度的基础。

机器的装配精度最终影响机器实际工作时的精度，即工作精度。例如，机床的装配精度将直接影响在此机床上加工的零件精度。在机床的国家标准中，有直接用工作精度作为装配精度的。如规定精车端面的平行度就是车床的工作精度。

(2) 零件精度与装配精度的关系

机器、部件等既然是由零件装配而成的，那么，零件的制造精度是保证装配精度的基础，装配工艺是保证装配精度的方法和手段。例如，车床溜板在水平面内移动的直线度，主要与溜板所借以移动的床身导轨本身的直线度和几何形状有关，其次与溜板和床身导轨面间的配合接触质量有关。又如尾座移动对溜板移动的平行度要求主要取决于床身上溜板、尾座所借以移动的导轨之间的平行度（图 1-12），当然还与导轨面间的配合接触质量有关。可见，这些精度基本上都是由床身这个基础件来保证的。所以，零件的制造精度是保证装配精度的基础。

但是，当遇到要求较高的装配精度时，如果完全靠相关零件的加工精度来直接保证，则零件的加工精度将会很高，给加工带来很大困难。这时常按加工经济精度来确定零件的精度要求，使之易于加工。而在装配中，则采取一定的工艺措施（修配、调整等）来保证装配精度。

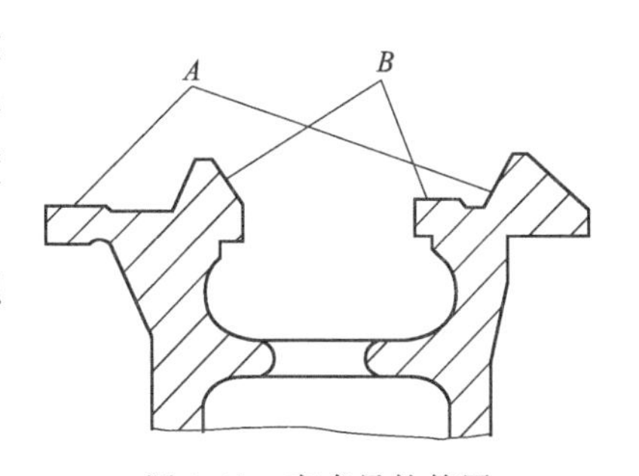

图 1-12　车身导轨简图

A—床鞍移动导轨；B—尾座移动导轨

(3) 影响装配精度的因素

① 零件的加工精度（与多个零件精度有关）。

② 装配方法与装配技术。

③ 零件间的接触质量。

④ 力、热、内应力引起的零件变形。

⑤ 旋转零件的不平衡。

零件的加工精度是保证产品装配精度的基础，但装配精度并不完全取决于零件的加工精度，装配精度的保证应从产品结构、机械加工和装配工艺方法等几方面综合考虑。

3. 装配的工艺过程

(1) 准备工作

准备工作包括资料的阅读和装备工具与设备的准备等。充分的准备可以避免装配时出错，缩短包装时间，有利于提高装配的质量和效率。

准备工作包括下列几个步骤。

① 熟悉产品装配图、工艺文件和技术要求，了解产品的结构、零件的作用以及相互连接关系。

② 检查装配用的资料与零件是否齐全。

③ 确定正确的装配方法和顺序。

④ 准备装配所需要的工具与设备。

⑤ 整理装配的工作场地，对装配的零件、工具进行清洗，去掉零件上的毛刺、铁锈、切屑、油污，归类并放置好装配用零部件，调整好装配平台基准。

⑥ 采取安全措施：各项准备工作的具体内容与装配任务有关。

(2) 装配工作

在装配准备工作完成之后，才开始进行正式装配。结构复杂的产品，其装配工作一般分为部件装配和总装配。

在装配工作中需要注意：一定要先检查零件的尺寸是否符合图样的尺寸精度要求，只有合格的零件才能运用连接、校准、防松等技术进行装配。

(3) 调整、精度检验和试车

① 调整工作是指调节零件或机构的相互位置、配合间隙、结合程度等。目的是使机构或机器工作协调。如轴承间隙、镶条位置、蜗轮轴向位置的调整。

② 精度检验包括几何精度和工作精度检验等，以保证满足设计要求或产品说明书的要求。

③ 试车是试验机构或机器运转的灵活性、振动、工作温升、噪声、转速、功率等性能是否符合要求。

4. 装配的技术术语与装配工艺规程

(1) 装配技术术语

装配技术术语是用来描述装配操作工作方法时使用的一种通用技术语言，它具有描述准确、通俗易懂的特点，便于装配技术人员之间的交流。这种技术用语是由那些为说明工具和操作而定义的术语所组成。技术用语不仅是学会一种技能所必需的，它还是技术人员同其他部门（如设计和工作准备部门）员工在车间中能够进行沟通所必需的技术语言。

通过运用装配技术用语，装配技术人员能够使用大量的短语，以简洁的方式来描述装配工作方法，从而清楚地表示出机械装配所必需的各种活动。装配技术术语有以下几个特点。

① 通用性：装配技术术语可以在机械装配工作领域中广泛适用。

② 功能性：装配技术术语是以描述装配操作及其功能为基础的。

③ 准确性：装配技术术语在任何情况下只有一种含义，不会使装配技术人员发生误解。

装配工作方法的描述是为了十分准确地详述以正确方法进行装配所必需的装配操作活动，并逐步给出了操作流程和操作方法。其中，每一步装配操作可能由不同的子操作活动所组成，而这些子操作活动又会出现在其他装配操作步骤中，我们把这些子装配操作活动称为“标准操作”。因此，标准操作的各种名称必须要被每一个装配技术人员所理解，并要以同一种方式去理解。

以下为部分标准操作的详细介绍。每项标准操作都有其自身的功能，且各标准操作的功能是互不相同的。

1）熟悉任务（orientation）

装配之前，应当首先阅读与装配有关的资料，包括图样、技术要求、产品说明书等，以熟悉装配任务。

2）整理工作场地（arrange working area）

整理工作场地是为了确保装配工作能够顺利开始，且不会受到干扰，这就要求必须准备一块装配场地，并对其进行认真整理、整顿，打扫干净，将必需的工具和附件备齐并定位放置，以保证装配的顺利进行。

3）清洗（clean）

去除那些影响装配或零件功能的污物，如油、油脂和污垢。选用哪种清洗方法取决于具体条件状况。

4）采取安全措施（take safety measures）

采取安全操作的措施是为了确保操作的安全。它既包括个人安全措施，也包含预防损坏装配件的措施（如静电放电的安全工作）。

5）定位（position）

定位是将零件或工具放在正确的位置上以进行后续的装配操作。

6）调整（set-up/adjust）

调整是为了达到参数上的要求而采取的操作，如距离、时间、转速、温度、频率、电流、电压、压力等的调整。

7）夹紧（clamp）

夹紧的目的是利用压力或推力使零件固定在某一个位置上，以便进行某项操作。如为了使胶黏剂固化或孔的加工而将零部件夹紧。

8）按压（压入/压出）[press（pressing-in/pressing-out]

按压是利用压力工具或设备使装配或拆卸的零件在一个持续的推力作用下移动，如轴承的压入或压出。

9）选择工具（select tool）

选择工具是指当有几种工具可以用来进行相应的操作时，我们要选择其中某种较好的工具。

10）测量（measure）

测量是指借助测量工具进行量的测定，如长度、时间、速度、温度、频率、电流和压力等的测量。

11）初检（initial inspection）

初检是着重于装配开始前，对装配准备工作的完备情况进行检查，它包括必需的文件，如图样和说明书，还有零件和标准件的检查等。

12）过程检查（process inspection）

过程检查是确定装配过程或操作是否依照预定的要求进行。

13）最后检查（final inspection）

最后检查是确定在装配结束时，各项操作的结果是否符合产品说明书的规格要求。

14）紧固（fasten）

紧固是通过紧固件来连接两个或多个零件的操作。如用螺栓连接零件，或者是用弹性挡圈固定滚动轴承。

15）拆松（detach）

拆松是与紧固相反的操作。

16）固定（fix）

固定是紧固那些在装配中用手拧紧的零件，其目的是防止零件的移动。

17）密封（seal）

密封是为了防止气体或液体的渗漏，或是预防污物的渗透。

18）填充（fill）

填充是指用糊状物、粉末或液体来完全或部分地填满一个空间。

19）腾空（empty）

腾空是从一个空间中除去填充物，是填充的相反操作。

20）标记（mark）

标记是指在零件上做记号。例如，在装配时，可以利用标记来帮助我们按照零件原有方向和位置进行装配。

21）贴标签（label）

贴标签是指用标签来给出设备有关数据、标识等。

（2）装配程序的确定

零件是用机械加工的方法制造而成的，如车削、钻孔、铣削等加工制造。零件是通过某种连接技术装配成机器发挥其作用的。零件的装配涉及许多装配操作，如零件的准确定位、零件的紧固、固定前的调整和校准等，但最为重要的是，这些操作必须以一个合理的顺序进行，这就是装配程序。因此，我们必须事先考虑好装配程序，以便使装配工作能迅速有效地完成。

合理的装配程序在很大程度上取决于：装配产品的结构；零件在整个产品中所起的作用和零件间的相互关系；零件的数量。

安排装配程序一般应遵循的原则：首先选择装配基准件，它是最先进入装配的零件，多为机座或床身导轨，并从保证所选定的原始基面的直线度、平行度和垂直度的调整开始。然后根据装配结构的具体情况和零件之间的连接关系，按“先下后上、先内后外、先难后易、先重后轻、先精密后一般”的原则去确定其他零件或组件的装配顺序。

（3）装配工序及装配工步的划分

通常将整台机器或部件的装配工作分成装配工序和装配工步。由一个工人或一组工人在不更换设备或地点的情况下完成的装配工作，叫做装配工序。用同一工具，不改变工作方法，并在固定的位置上连续完成的装配工作，叫做装配工步。在一个装配工序中可包括一个或几个装配工步。部件装配和总装配都有若干个装配工序。

(4) 装配工艺规程

1) 机械装配工艺基础

机械装配是根据产品设计的技术规定和精度要求等，将构成产品的零件结合成组件、部件，直至产品的过程，是形成产品的关键环节。机械装配工艺是根据产品结构、制造精度、生产批量、生产条件和经济情况等因素，将这一过程具体化（文件化、制度化），它必须保证生产质量稳定、技术先进、经济合理，是机械制造工艺中的重要组成部分。

保证产品的机械装配质量，应以合格零件进行装配为前提。

一套完整的机械装配工艺，在准备阶段有零部件的清洗、平衡，以及尺寸或质量的分选等工艺；在装配阶段有零部件的装入、调整、连接，及其过程中的检测、物料储存、输送等工艺；在后期阶段，许多产品有运转试验等工艺，以及与装配密切相关的油漆、包装等工艺。

2) 机械装配工艺方案的选择

装配工艺方案的选择：按产品结构、零件大小、制造精度、生产批量等因素，选择装配工艺的方法、装配的组织形式以及装配的机械化和自动化程度。

① 装配工艺配合法：装配工艺配合法以装配零件的尺寸（包括角度）精度为依据。选择时，可找出装配的全部尺寸（包括角度）链，合理计算，把封闭环的公差值分配给各组成环，确定各环的公差及极限尺寸。这里，组成环是配合零件的尺寸，而封闭环则是间隙、过盈或其他精度特性。

装配工艺配合法可分为五种：完全互换法、不完全互换法、分组选配法、调整法及修配法。其中互换法和选配法须根据配合件公差和装配允差的关系来确定；调整法可按经济加工精度，确定组成环的公差，并选定一个或几个适当的调节件（调节环），来达到装配精度要求；修配法也是按经济加工精度确定组成环的公差，并在装配时根据实测的结果，改变尺寸链中某一预定修配件（修配环）的尺寸，使封闭环达到规定的装配精度。各种装配工艺配合法的特点和适用范围见表 1-1。

表 1-1 各种装配工艺配合法的特点和适用范围

配合法	工艺特点	适用范围	注意事项
完全互换法	①配合公差之和，小于或等于规定的装配允差 ②装配操作简单 ③便于组织流水作业 ④有利于维修工作 ⑤对零件的加工精度要求较高	适用于零件数较少、批量大、零件可用经济加工精度制造的产品；或零件数较多、批量较小，但装配精度要求不高者 汽车、拖拉机、中小型柴油机和缝纫机等产品中的一些部件装配，应用较广	—
不完全互换法	①配合件公差平方和的平方根，小于或等于规定的装配允差 ②仍具有完全互换法的②、③、④条特点 ③会出现极少数超差配合	适用于零件略多、批量大、装配精度有一定要求；零件加工公差比完全互换法适当放宽 如上述完全互换法产品中其他一些部件的装配	装配时要注意检查，对不合格的零件须退修，或更换能补偿偏差的零件
分组选配法	①零件的加工误差比装配要求的允差大数倍，以尺寸分组选配来达到配合精度 ②以质量分级进行分组选配 ③增加对零件的测量分组、储存和管理工作	适用于大批量生产中零件少、装配精度要求较高，又不便采用其他调整装置时 如中小型柴油机的活塞和活塞销、活塞和缸套的配合；滚动轴承内外圈和滚动体的配合；连杆活塞组件质量分级选配	①严格加强对零件的组织管理工作 ②一般分组以 2～4 组为宜 ③为避免库存积压选配剩余的零件，可调整下批零件的加工公差

续表

配合法	工艺特点	适用范围	注意事项
调整法	①零件按经济精度加工，装配过程中调整零件之间的相对位置，使各零件相互抵消其加工误差，取得装配精度 ②选用尺寸分级的调整件，如垫片、垫圈、隔圈等调整间隙，选用方便，流水作业均适用 ③选择可调件或调整机构，如斜面、螺纹等调整有关零件的相对位置，以获得最小的装配积累误差	适用于零件较多、装配精度高，但不宜选配法时 应用面较广，如安装滚动轴承的主轴用隔离圈调整游隙；锥齿轮副以垫片调整侧隙，以及机床导轨的镶条和内燃机气门的调节螺钉	①调整件的尺寸的分组数，视装配精度要求而定 ②选择可调件时应考虑防松措施 ③增加调整件或调整机构易影响配合副的刚度
修配法	①预留修配量的零件，在装配过程中通过手工修配或机械加工，获得高要求的装配精度。很大程度上依靠操作者的水平 ②复杂精密的部件或产品，装配后作为一个整体，进行一次配合精加工，消除其积累误差	单件小批生产中，装配要求高的场合下采用 如主轴箱底面用磨削或刮研与床身配合；汽轮机叶轮装上主轴时，修配调节环控制轴向尺寸 平面磨床工作台进行自磨	①一般应选择易于拆装，且修配面较小的零件作为修配件 ②尽可能利用精密加工方法代替手工修配，如配磨或配研

② 装配工艺尺寸链：在装配工艺中，有关尺寸形成的封闭链形尺寸图，称为装配尺寸链。装配尺寸链的原理和计算公式与工艺尺寸链相同。

针对不同的装配工艺配合法，合理运用尺寸链的公式，在保持装配精度要求下，获得制造的经济性。

a. 采用完全互换法时，应用极大、极小计算法；在大批大量生产的条件下，则可应用概率计算法。

b. 采用不完全互换法时，应用概率计算法。

c. 采用分组选配法时，组内互配件公差一般均按极大、极小计算法。

d. 采用修配法或调整法时，大部分情况下都采用极大、极小计算法来确定修配量或调整量。如是在大批大量生产条件下采用调整法，也可应用概率计算法。

③ 装配的组织形式

装配工作组织得好坏对装配效率的高低、装配周期的长短均有很大影响，应根据产品结构特点、装配要求、批量大小等因素合理确定装配的组织形式。就装配的组织形式而言，有固定式装配和移动式装配两类。

a. 固定式装配。固定式装配是将产品或部件的全部装配工作安排在一个固定的工作地上进行装配，装配过程中产品位置不变，装配所需的零、部件都汇集在工作地附近。

· 集中装配。部装和总装均由一个工人或一组工人在一个工作地点上完成。此类装配对工人技术水平要求高，装配周期长，适于装配精度较高的单件小批量产品或新产品试制。

· 分散装配。即把产品分为部装和总装，分配给个人或各小组以平行作业方式完成。此类装配工人密度大、生产周期短、效率高，多用于成批生产或较复杂的大型机器的装配。

固定式装配的特点是产品装配周期长，占用生产面积大，要求工人技术水平较高，固定式装配适用于中小批以下生产，以及装配时不便移动的大型产品或装配时移动会影响装配精度的产品。

b. 移动式装配。移动式装配是将产品或部件置于装配线上，通过连续或间歇的移动使其顺次经过各装配工作地以完成全部装配工作的一种组织形式。

· 自由移动装配。装配时产品以自由节奏、间歇移动进行装配。适于修配、调整量较多的装配。

· 强制移动装配。装配时产品以一定的速度连续移动进行装配。每道工序都必须在规定的时间内完成，否则整个装配工作将无法正常进行，如汽车自动装配线等。

移动式装配的特点是较细地划分装配工序，广泛采用专用设备及工装，生产效率高，对工人技术水平要求较低，工人劳动强度大，适于大批量生产。

④ 装配的机械化自动化程度：装配机械化和自动化的目的是，保证批量产品的装配质量及其稳定性，提高生产率，缩短生产周期，降低生产成本及改善劳动条件等。

a. 确定装配机械化和自动化程度的有关因素。

· 产品市场需求的稳定性及其生存期。

· 生产批量和品种数，零部件的通用化和标准化程度。

· 劳动生产率、劳动条件和生产的组织形式。

· 零部件的制造质量和稳定性。

· 产品结构、装配的精度要求及复杂程度。

· 技术上的可靠性和投资的经济效果。

b. 提高装配机械化和自动化水平的途径。

· 改进产品设计，提高自动化装配的工艺性。着重改进零部件结构，以便于自动定向、给料、装配和校验。具有准确姿势和就位的给料是自动装配成功的关键。有时装配工艺的改进，远不及改进产品设计有效。

· 提高装配工艺的通用性，适应类似产品的多品种生产。装备的模块化会给调整生产线的工位（生产能力）带来极大的方便，可以快速增加、递减或更换工位。灵巧的随行夹具有助于各道装配工序的精确定位和控制。采用标准件组成，能使一个系统简单地连接起来，可以减少元件的改装费用，还可节省时间。在实践中，要求整个装配系统能比较灵活地调整，改变生产能力。另外，自适应控制新技术已在自动化装配中推广应用，根据基本参数进行数字逻辑运算，使装配过程达到最佳化。

· 自动化装配中，发展使用机器人和装配中心。利用光学、触觉等传感器和微处理机控制技术，使机械手的重复定位精度已达±0.1mm，可根据装配间隙和零件表面温度等因素，自动调整位置，使零件顺利装入。

· 人的因素必须考虑，而且人是保证产品质量的主要措施之一。对于技术要求较高、控制因素较多的装配作业，根据具体情况，保留局部的人工操作，来弥补当前自动化水平的不足，既机动灵活，又可降低成本。

另外，必须重视改进装配系统中各个细小环节和附属工作，使装配机械化、自动化程度不断提高。

三、机械装配中的常用工具、量具、量仪

由于一台机器是由若干个零部件构成的，而每个零部件之间均要通过紧固件、支承等连接，因此需要螺钉旋具、扳手、钳子、拉模等常用工具；同时在机械装配或拆解过程中，经常需要测量零件尺寸、配合间隙以及其他技术参数，在设备的安装调试中，需要检测多种精度，因此不可避免地要用到一些量具、和量仪。

1. 常用工具

(1) 常用螺钉旋具

① 一字槽螺钉旋具：常用来拆装开槽螺钉，如图 1-13 所示，以刀体部分的长度代表其规格。常用规格有 100mm、150mm、200mm、300mm 和 400mm 等几种。使用时，应根据螺钉沟槽的宽度选用相应的螺钉旋具。

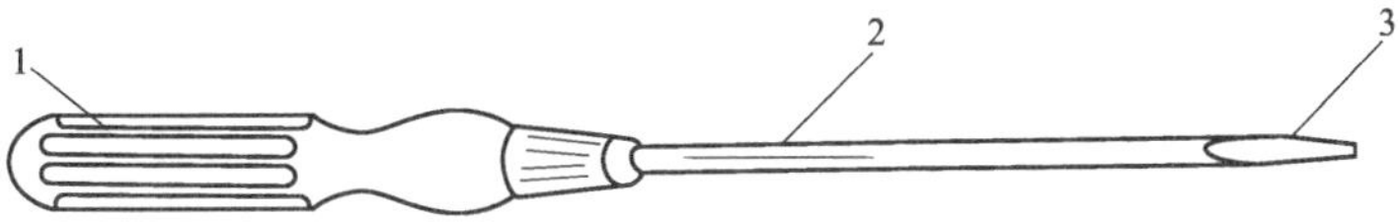

图 1-13 一字槽螺钉旋具

1—木柄；2—刀体；3—刃口

② 弯头螺钉旋具：图 1-14 所示为弯头螺钉旋具，两头各有一个刃口，互成垂直位置，适用于螺钉头顶部空间受到限制的特殊装拆场合。

③ 十字槽螺钉旋具：图 1-15 所示为十字槽螺钉旋具，主要用来旋紧头部带十字槽的螺钉，其优点是旋具不易从槽中滑出。大小规格分类与一字槽螺钉旋具相同。

④ 快速螺钉旋具：图 1-16 为快速螺钉旋具，工作时推压手柄，使螺旋杆通过来复孔而转动，可以快速拧紧或松开小螺钉，提高装拆速度。

(2) 常用扳手

① 通用扳手：通用扳手也叫活动扳手，如图 1-17 所示。使用活动扳手时，应让其固定钳口承受主要作用力，如图 1-18 所示，否则容易损坏扳手。钳口的开度应适合螺母对边间距尺寸，过宽会损坏螺母。不同规格的螺母或螺钉，应选用相应规格的活动扳手。扳手手柄不可任意接长，以免拧紧力矩过大，从而损坏螺母或螺钉的头部棱角。

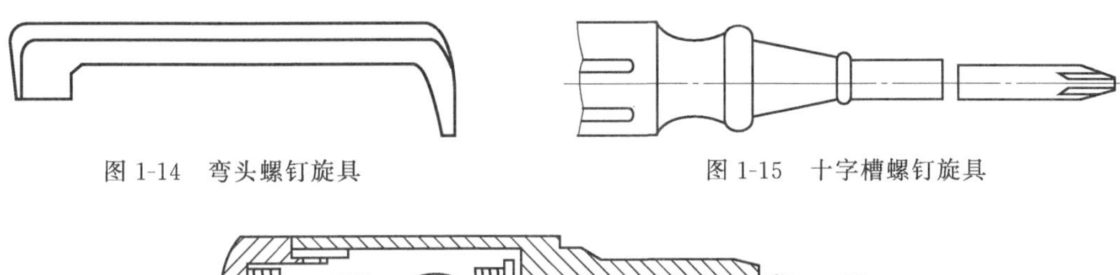

图 1-14 弯头螺钉旋具

图 1-15 十字槽螺钉旋具

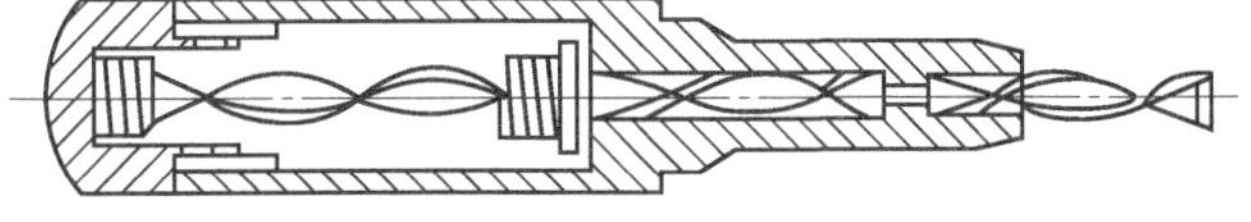

图 1-16 快速螺钉旋具

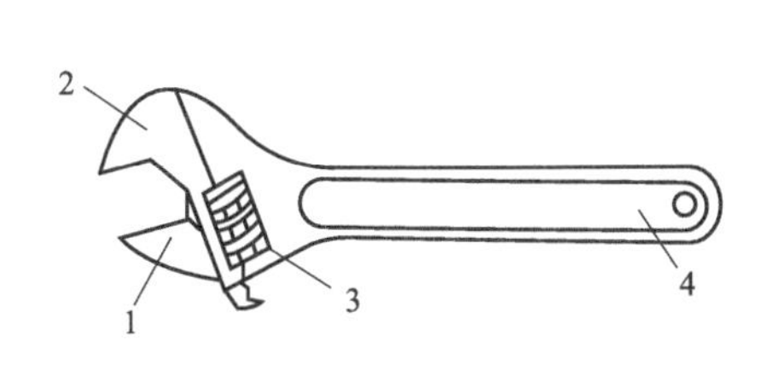

图 1-17 活动扳手

1—活动钳口；2—固定钳口；3—螺杆；4—扳手体

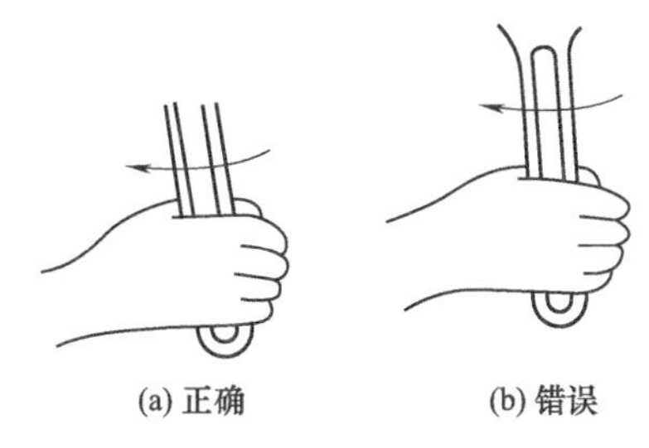

图 1-18 活动扳手的使用

② 专用扳手：专用扳手只能扳一个尺寸的螺母或螺钉，根据其用途的不同可分为以下几种。

a. 开口扳手。用于装拆六角形或方头的螺母或螺钉，有单头和双头之分，如图 1-19 所示。它的开口尺寸与螺母或螺钉对边间距的尺寸相适应，并根据标准尺寸做成一套。常用十件一套的双头扳手（两端开口）尺寸分别为 5.5mm×7mm、8mm×10mm、9mm×11mm、12mm × 14mm、14mm × 17mm、17mm × 19mm、19mm × 22mm、22mm × 24mm、24mm×27mm 和 30mm×32mm。

b. 整体扳手。整体扳手的用途与开口扳手的用途基本相同，但它能将螺母或螺钉的头部全部围住，不易打滑，装拆更加可靠。整体扳手可分为方形、六角形、十二角形（梅花扳手）等，如图 1-20 所示。梅花扳手只要转过 30°，就可以改变方向再扳，适用于工作空间狭小、不能容纳普通扳手的场合，应用较广泛。

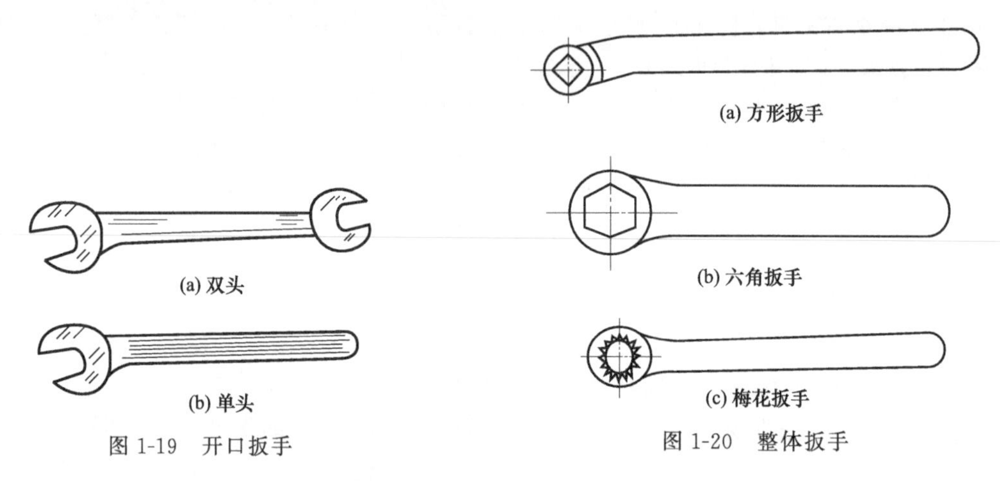

(a) 双头

(b) 单头

图 1-19　开口扳手

(a) 方形扳手

(b) 六角扳手

(c) 梅花扳手

图 1-20　整体扳手

c. 成套套筒扳手。由一套尺寸不等的梅花套筒组成，如图 1-21 所示。使用时，扳手柄方榫插入梅花套筒的方孔内，弓形手柄能连续转动，使用方便，工作效率较高。

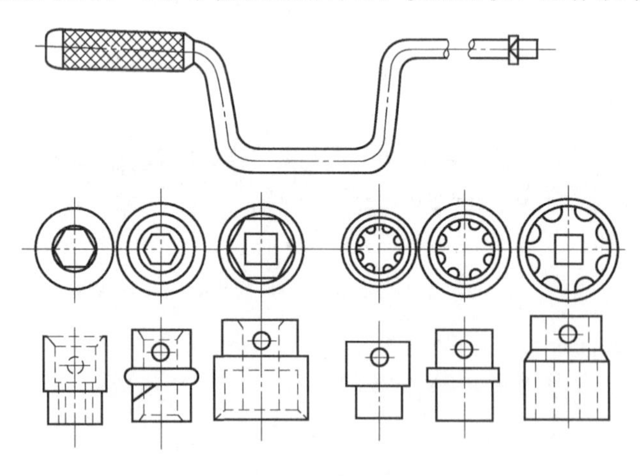

图 1-21　成套套筒扳手

d. 锁紧扳手。专门用来锁紧各种结构的圆螺母，其结构多种多样，常用的如图 1-22 所示。

e. 内六角扳手。内六角扳手如图 1-23 所示，用于装拆内六角螺钉。成套的内六角扳手，可供装拆 M4～M30 的内六角螺钉。

f. 棘轮扳手。棘轮扳手如图 1-24 所示，它使用方便，效率较高。工作时，正转手柄，棘爪 1 在弹簧 2 的作用下进入内六角套筒 3（棘轮）缺口内，套筒随之转动，拧紧螺母或螺钉。当扳手反转时，棘爪从套筒缺口的斜面上滑过去，因而螺母或螺钉不会随着反转，这样反复摆动手柄即可逐渐拧紧螺母或螺钉。

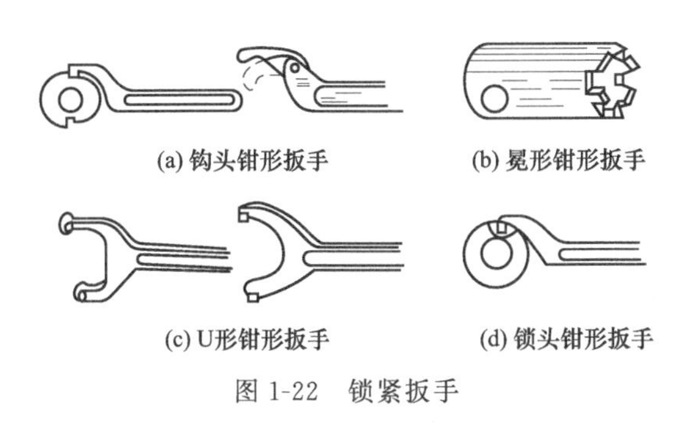

图 1-22　锁紧扳手

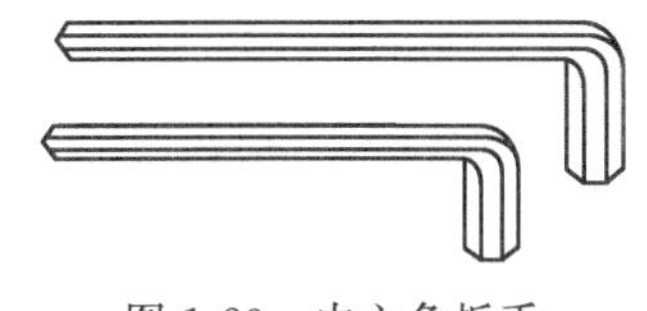

图 1-23　内六角扳手

g. 扭矩扳手。

· 测力扳手（direct reading torque wrench)。图 1-25 所示为控制力矩的测力扳手，它有一个长的弹性扳手柄 3，一端装有手柄 6，另一端装有带方头的柱体 2。方头上，套装一个可更换的梅花套筒（可用于拧紧螺钉或螺母)。柱体 2 上还装有一个长指针 4，刻度盘 7 固定在柄座上。工作时，由于扳手杆和刻度盘一起向旋转的方向弯曲，因此指针就可在刻度盘上指出拧紧力矩的大小。

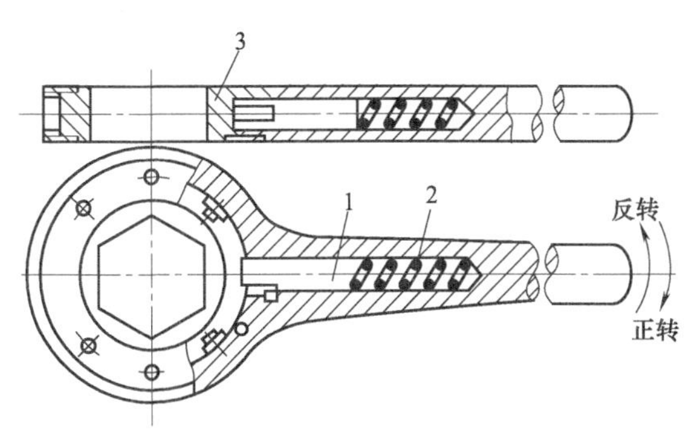

图 1-24　棘轮扳手

1—棘爪；2—弹簧；3—内六角套筒

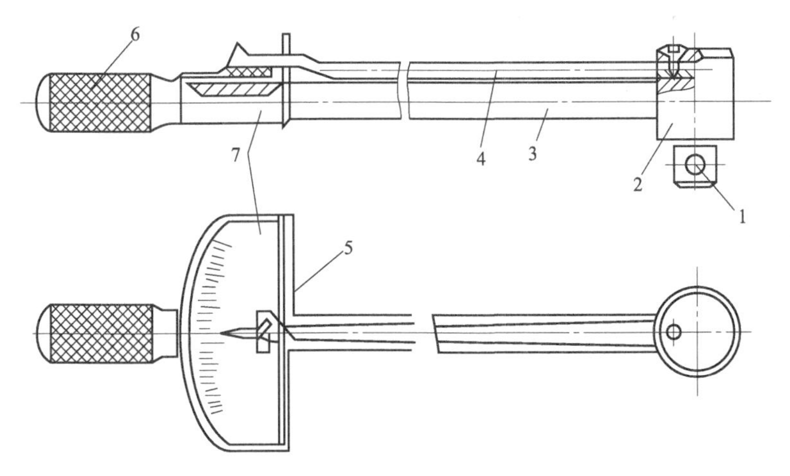

图 1-25　测力扳手

1—钢球；2—柱体；3—弹性扳手柄；4—长指针；5—指针尖；6—手柄；7—刻度盘

· 定扭矩扳手。如图 1-26 所示，定扭矩扳手需要事先对扭矩进行设置，通过旋转扳手手柄轴尾端上的销子可以设定所需的扭矩值，且通过手柄上的刻度可以读出扭矩值。扳手的另一端装有带方头的柱体，可以安装套筒。在拧紧时，当扭矩达到设定值时，操作人员会听到扳手发出响声且有所感觉，从而停止操作。这种扳手的优点是预先可以设定拧紧力矩，且在操作过程中不需要操作人员去读数，但操作完毕后，应将定扭矩扳手的扭矩设为零。

(3) 钳子

① 钢丝钳：如图 1-27 所示，钢管钳主要用来夹持或弯折金属件、剪断金属丝。主要规

格为 160mm、180mm 和 200mm。

② 尖嘴钳和弯嘴钳：如图 1-28 所示，尖嘴钳和弯嘴钳用于狭窄空间夹持零件。

③ 挡圈钳：如图 1-29 所示，挡圈钳用于装拆弹性挡圈，分为轴用和孔用两种。

(4) 顶拔器（拉模）

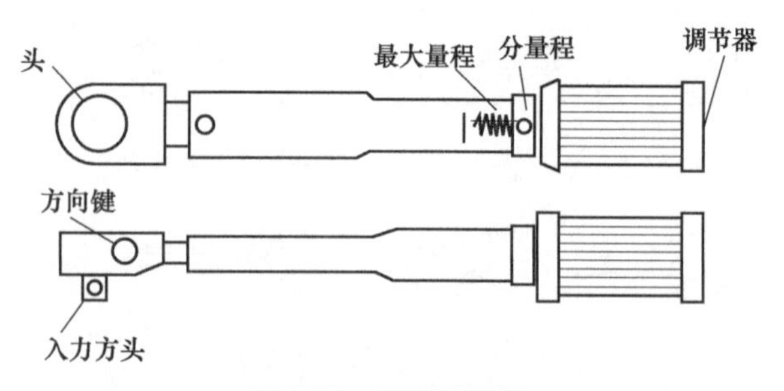

图 1-26 定扭矩扳手

顶拔器如图 1-30 所示。顶拔器有两爪及三爪两种类型，一般用于拆卸配合较紧的轴承、齿轮等零件，使用方法：根据轴端与被拉工件的距离转动顶拔器的丝杆，至丝杆顶端顶住轴端，用拉爪钩住工件（轴承或齿轮）的边缘，然后慢慢转动丝杆将工件拉出。

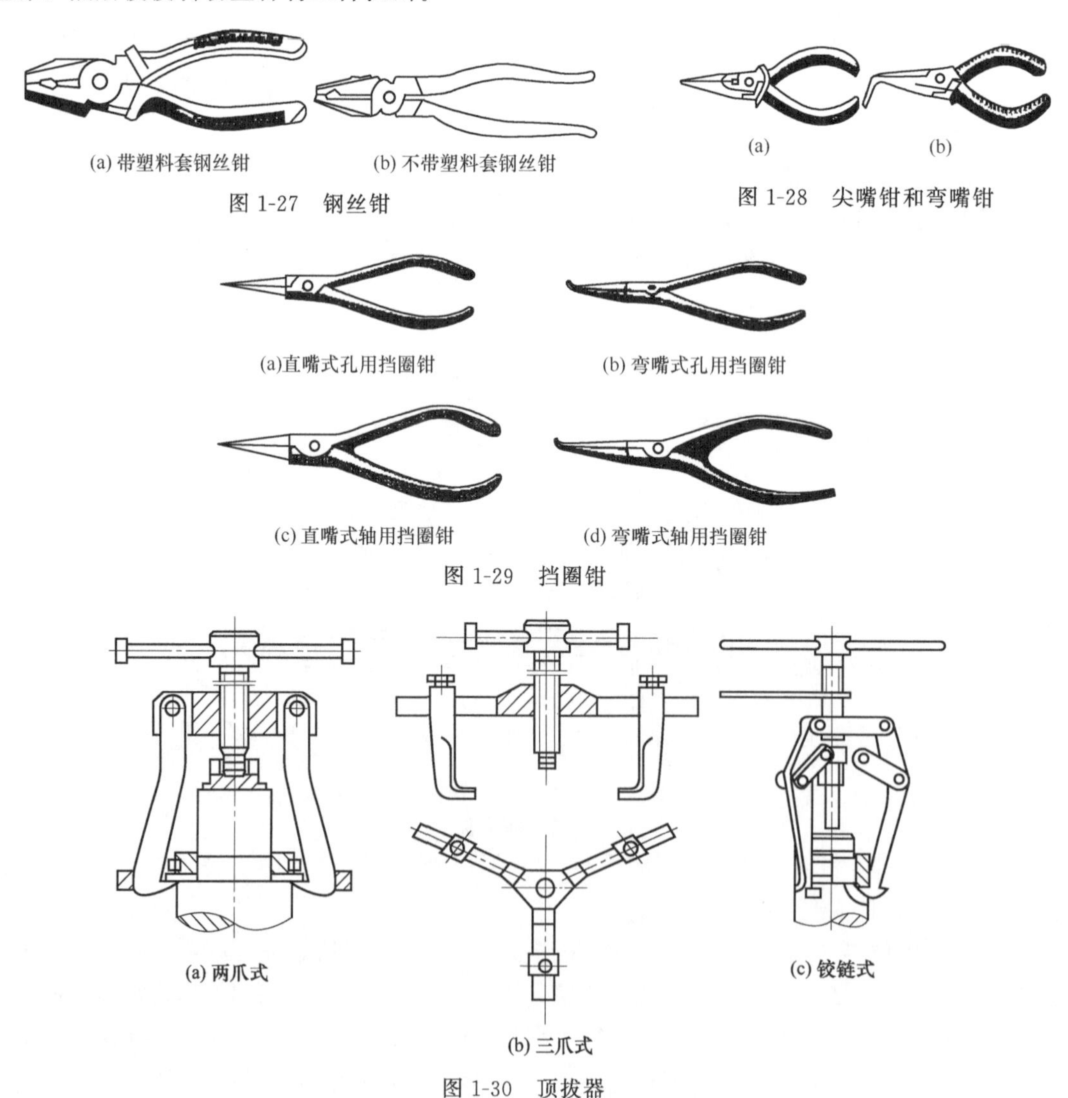

(a) 带塑料套钢丝钳　(b) 不带塑料套钢丝钳

图 1-27 钢丝钳

(a)　(b)

图 1-28 尖嘴钳和弯嘴钳

(a)直嘴式孔用挡圈钳　(b) 弯嘴式孔用挡圈钳

(c) 直嘴式轴用挡圈钳　(d) 弯嘴式轴用挡圈钳

图 1-29 挡圈钳

(a) 两爪式　(b) 三爪式　(c) 铰链式

图 1-30 顶拔器

使用注意事项如下。

① 拉工件时，不能在手柄上随意加装套管，更不能用锤子敲击手柄，以免损坏顶拔器。

② 顶拔器工作时，其中心线应与被拉件轴线保持同轴，以免损坏顶拔器。如被拉件过紧，可边转动丝杆，边用木锤轴向轻轻敲击丝杆尾端，将其拉出。

(5) 电动工具

① 电动工具的基本要求

a. 质量小。电动工具大多为操作者握持使用，减轻劳动强度，要求电动工具的单位质量的输出功率（W/kg）应尽量高，即在功率不变的条件下，电动工具应尽量轻。

b. 安全。电动工具绝缘必须良好，以保证使用者的安全。

c. 可靠。电动工具在使用时，工作必须可靠，机械结构应坚固、耐用，且装卸方便。

d. 运转平稳。电动工具的转动部件（如电枢、转子）应进行动平衡校正，确保运转平稳。

e. 使用方便，外形美观。电动工具必须外形美观，尺寸适合使用要求。

② 装配中常用的电动工具

a. 电钻。电钻如图 1-31 所示，主要由电动机、减速箱、手柄、钻夹头或圆锥套筒及电源连接装置等组成。

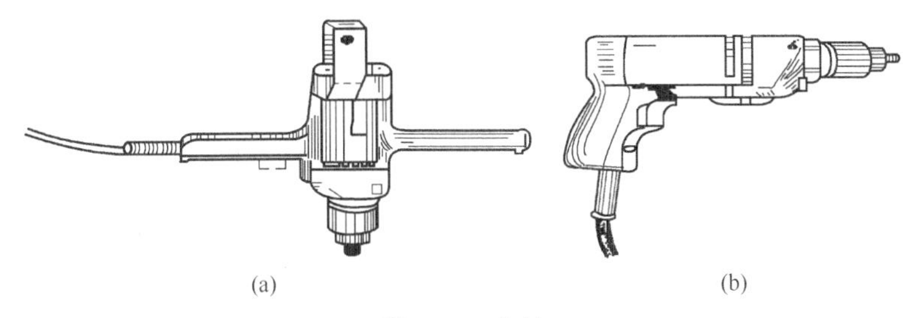

(a)　　　　(b)

图 1-31　电钻

使用电钻时需注意：使用前，开机空转 1min，检查传动部分是否正常，如有异常，应排除故障后使用；操作时应戴好绝缘手套。

b. 电动扳手。是拆装螺纹连接的工具，目前在成批生产的企业中得到广泛应用，如图 1-32 所示。

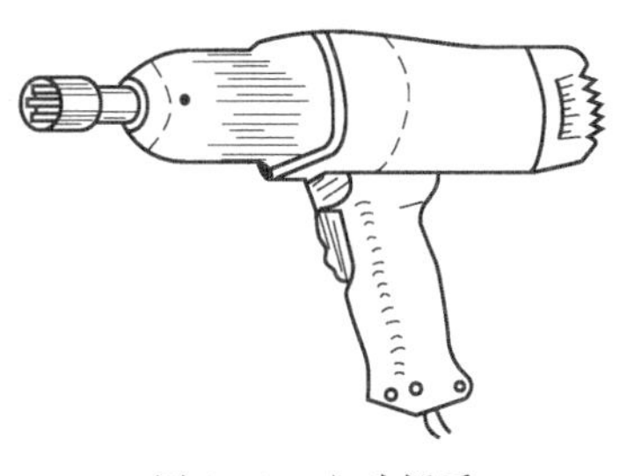

图 1-32　电动扳手

电动扳手中钢球螺旋槽冲击结构原理如图 1-33 所示。旋转力矩由电动机（图中未画出）产生，经行星减速器减速，带动主轴旋转，通过夹于两螺旋槽间的钢球带动主动冲击块的离合器处于啮合状态，所以从动冲击块也跟着旋转，使装在它上面的套筒和螺母很快拧进去。当螺母端面与工件端面接触后，阻力矩急剧上升，当阻力矩 M 等于额定力矩 M_H后，转动的螺旋面使钢球带着主动冲击块克服摩擦力和工作弹簧的压力而向右移动，直至主动冲击块和从动冲击块间离合器脱开，此时从动冲击块不转动，而主动冲击块继续转动。由于工作弹簧的作用，主动冲击块向左移动，并沿螺旋槽产生一个附加角速度，快速地冲向从动块，而使两牙产生碰撞，然后又产生重复的动作，一次又一次地猛烈碰撞，产生很大的冲击力矩，使螺母紧固。

c. 电动攻螺纹机。电动攻螺纹机能在钢、铸铁、黄铜、铝等金属材料中以较高切削速度加工圆孔内螺纹。效率较手工攻螺纹提高 6 倍左右。它具有正反机构和过载时自动脱扣等性能，保证丝锥在攻螺纹时能进、能退、能停，且运转安全可靠。

d. 电动旋具。电动旋具是专供装拆各种一字槽和十字槽螺钉用的电动工具。

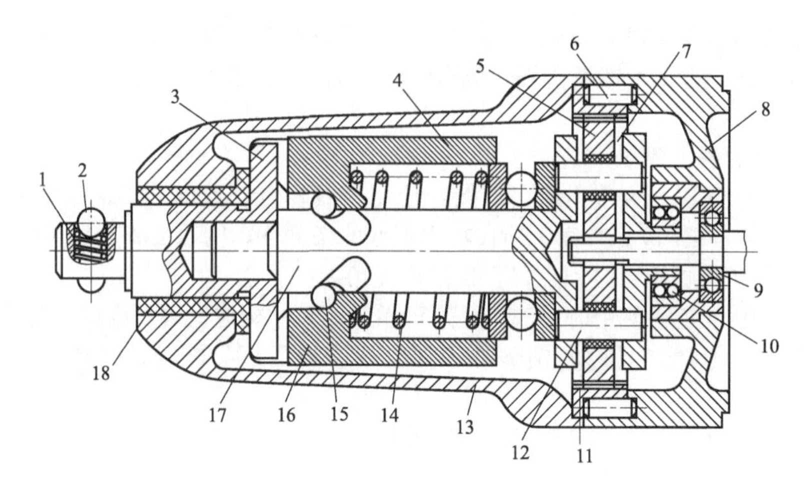

图 1-33　钢球螺旋槽冲击结构原理图

1—压缩弹簧；2,15—钢球；3—从动冲击块；4—推力轴承；5—行星齿轮；6—止动销；7—尼龙轴承；8—中间盖；9,10—滚动轴承；11—内齿轮；12—小轴；13—前罩壳；14—工作弹簧；16—主动冲击块；17—主动轴承；18—尼龙滑动轴承

(6) 气动工具

气动工具是利用压缩空气改变机构的运动方向，从而满足工作的需求。气动工具同电动工具一样，具有往复冲击型工具及旋转工具。

① 气钻：气钻是将转子的旋转动力通过齿轮的变速，传到气钻主轴来实现钻孔。它的形式有直柄式、枪柄式和万向式三种。

② 气动扳手：气动扳手前部产生冲击力的原理和结构与电动扳手的结构原理基本一致，它的形式有直柄式和枪柄式两种。

2. 常用量具、量仪

(1) 常用量具

1) 游标量具

① 游标卡尺：游标卡尺分为普通游标卡尺、带表游标卡尺和数显游标卡尺。

a. 普通游标卡尺。普通游标卡尺按结构分有两种类型（见图 1-34），除了可测量各种工具的内径、外径、中心距、宽度和长度，还可以测量工件的深度。按精度分有 0.02mm、0.05mm 和 0.10mm 三种类型。

游标卡尺的读数部分由尺身与标尺组成。其原理是利用尺身刻线间距和游标刻线间距之差来进行小数读数。通常尺身刻线距离 a 为 1mm，尺身刻线 $n-1$ 格的长度等于游标刻线 n 格的长度，有 $n=10$，$n=20$ 和 $n=50$ 三种，相应的游标刻线间距 $b=(n-1)a/n$，分别为 0.90mm、0.95mm 和 0.98mm 三种，尺身刻线的间距与游标刻线间距之差，即 $i=a-b$ 为游标读数值（游标卡尺的分度值），此时 i 分别为 0.10mm、0.05mm 和 0.02mm。

下面以精度 0.02mm 游标卡尺为例介绍如何确定测量值。

· 读出在游标零线左面尺身上的整数毫米值，图 1-35 中为 28mm。

· 在游标上找出与尺身刻线对齐的那一条线，读出尺寸的毫米小数值，图 1-35 中为 0.84mm。

b. 带表游标卡尺。带表游标卡尺主尺上每格为 1mm，活动卡脚每移动 2mm，表上指针便旋转一周，表面圆周上刻有 100 等分格，指针走过一格，活动卡脚移动 0.02mm，如图 1-36 所示。

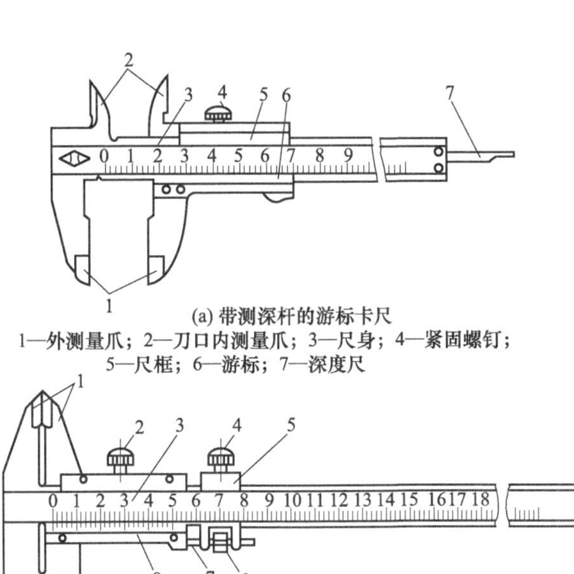

(a) 带测深杆的游标卡尺

1—外测量爪；2—刀口内测量爪；3—尺身；4—紧固螺钉；5—尺框；6—游标；7—深度尺

(b) 带微调装置游标卡尺

1—刀口外测量爪；2，4—紧固螺钉；3—尺身；5—微动装置；6—螺母；7—螺杆；8—游标；9—内、外测量爪

图 1-34　普通游标卡尺

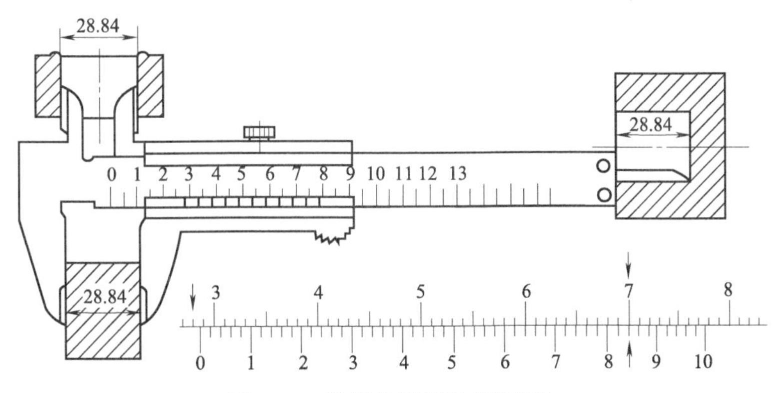

图 1-35　游标卡尺测量值的读法

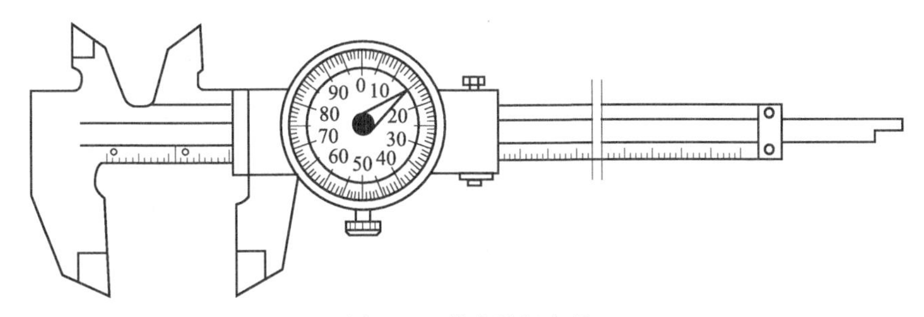

图 1-36　带表游标卡尺

c. 数显游标卡尺。数显游标卡尺是机械结构与先进的电子技术相结合的一种量具。其数字系统依据放大测量的原理进行光电转换，石英光栅嵌装在尺身的凹槽里，作为基本的标度元件，扫描头安装在滑动体上，按照反射光的原理，以光电扫描的方式读出光栅的刻度，

深度测量杆覆盖并保护着石英光栅，如图 1-37 所示。

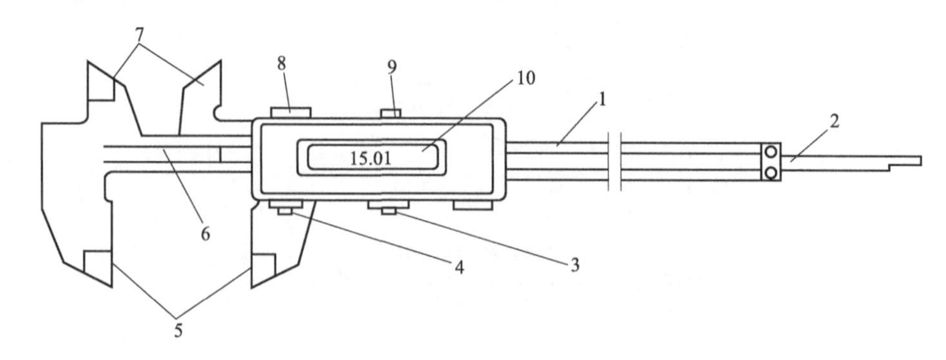

图 1-37　数显游标卡尺

1—尺身；2—深度测量杆；3—开启零件调整钮；4—毫米与英寸选择钮；5—外径测量爪；6—石英光栅；7—内径测量爪；8—开关按钮；9—显示保持钮；10—显示窗

游标卡尺使用注意事项：

· 不准把卡尺的两个量爪当扳手或划线工具使用，不准用卡尺代替卡钳、卡扳等在被测件上推拉，以免磨损卡尺，影响测量精度。

· 带深度尺的游标卡尺，用完后应将量爪合拢，否则较细的深度尺露在外边，容易变形，甚至折断。

· 测量结束时，要把卡尺平放，特别是大尺寸卡尺，否则易引起尺身弯曲变形。

· 卡尺使用完毕，要擦净并上油，放置在专用盒内，防止弄脏或生锈。

· 不可用纱布或普通磨料来擦除刻度尺表面及量爪测量面的锈迹和污物。

· 游标卡尺受损后，不允许用锤子、锉刀等工具自行修理，应交付专门修理部门修理，并经检定合格后才能使用。

② 游标高度尺及游标深度尺：游标高度尺如图 1-38 所示，主要用于测量工件的高度尺寸或进行划线。游标深度尺如图 1-39 所示，主要用于测量孔、槽的深度和阶台的高度。

③ 游标齿厚尺：游标齿厚尺如图 1-40 所示，它在结构上是由两把互相垂直的游标卡尺组成，用于测量直齿、斜齿圆柱的固定弦齿厚。

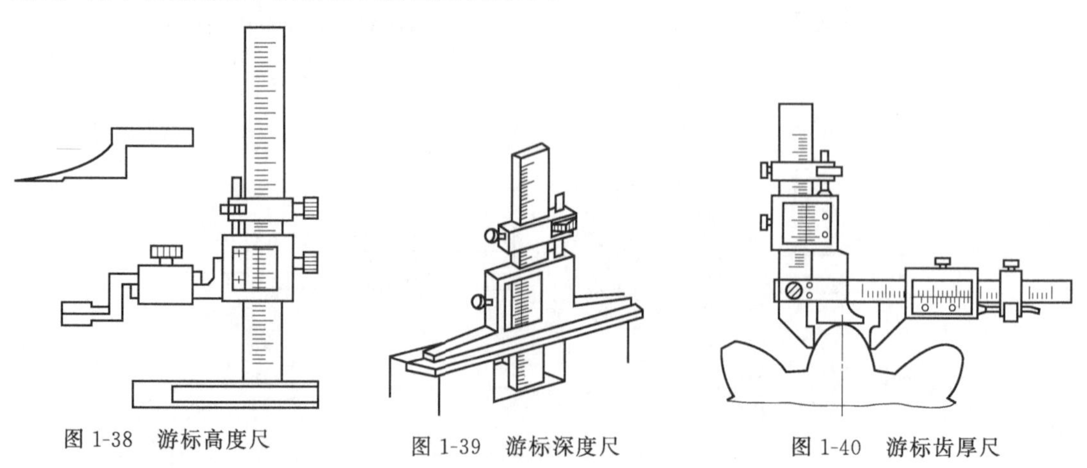

图 1-38　游标高度尺　　图 1-39　游标深度尺　　图 1-40　游标齿厚尺

2）测微螺旋量具

① 外径千分尺：外径千分尺由尺架、测微装置、测力装置和锁紧装置等组成，如图 1-41所示。按测量范围分为 0～25mm、25～50mm、50～75mm、75～100mm、100～

125mm 等几种规格，按制造精度分为 0 级和 1 级两种，0 级精度最高，1 级稍差，按被测物的尺寸选用。

外径千分尺读数原理：外径千分尺的固定套管上刻有轴向中线，作为微分筒读数的基准线。在中线的两侧，刻有两排刻线，每排刻线间距为 1mm，上下两排相互错开 0.5mm。测微杆的螺距为 0.5mm，微分筒的外圆周上刻有 50 等分的刻度。当微分筒转一周时，螺杆轴向移动 0.5mm。如微分筒只转动一格，则螺杆的轴向移动为 0.5÷50=0.01（mm），因而 0.01mm 就是外径千分尺的分度值。外径千分尺测量值的读取方法：读数时，从微分筒的边缘向左看固定套管上距微分筒最近的刻线，从固定套管中线上侧的刻度读出整数，从中线下侧的刻度读出 0.5mm 的小数，再从微分筒上找到与固定套管中线对齐的刻线，将此刻线数乘以 0.01mm 就是小于 0.5mm 的小数部分的读数，最后将以上几部分相加即为测量值。如图 1-42 所示，距微分筒最近的刻线为 5mm 刻线，而微分筒上数值为 27 的刻线对准中线，所以外径千分尺的读数为 5+0.01×27=5.27（mm）。

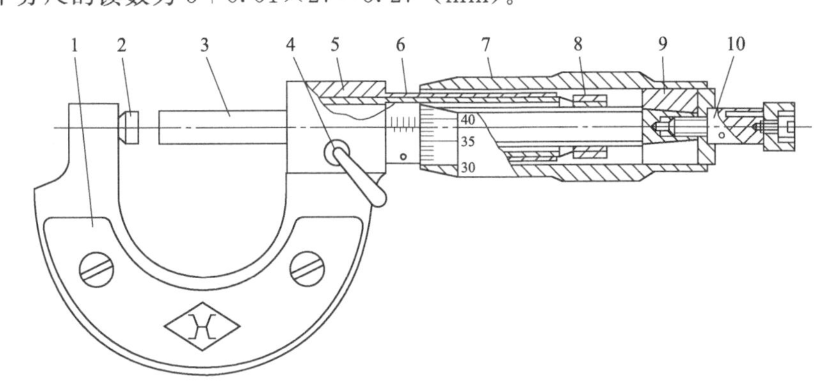

图 1-41 外径千分尺

1—尺架；2—砧座；3—测微螺杆；4—锁紧装置；5—螺纹轴套；6—固定套管；7—微分筒；8—螺母；9—接头；10—测力装置

② 内径千分尺：内径千分尺如图 1-43（a）所示，它用来测量 50mm 以上的内径尺寸，其读数范围为 50～63mm。为了扩大其测量范围，内径千分尺附有成套接长杆，如图 1-43（b）所示，连接时去掉保护螺母，把接长杆右端与内径千分尺左端旋合，可以连接多个接长杆，直到满足需要为止。

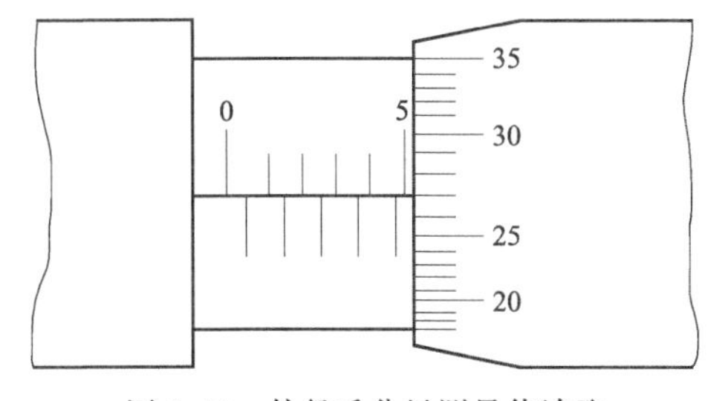

图 1-42 外径千分尺测量值读取

③ 深度千分尺：深度千分尺如图 1-44 所示，其主要结构与外径千分尺相似，只是多了一个基座，但没有尺架。深度千分尺主要用于测量孔和沟槽的深度及两平面之间的距离。在测量范围的下面连接着可换测量杆，测量杆有四种尺寸，测量范围分别为 0～25mm、25～50mm、50～75mm 和 75～100mm。

④ 螺纹千分尺：螺纹千分尺如图 1-45 所示，主要用于测量螺纹的中径尺寸，其机构与外径千分尺基本相同，只是砧座与测量头的形状有所不同，其附有各种不同规格的测量头，每一对测量头用于一定的螺距范围，测量时可根据螺距选用相应的测量头。测量时，V 形测量头与螺纹牙型的凸起部分相吻合，锥形测量头与螺纹牙型沟槽部分相吻合，从固定套管和微分筒上可读出螺纹的中径尺寸。

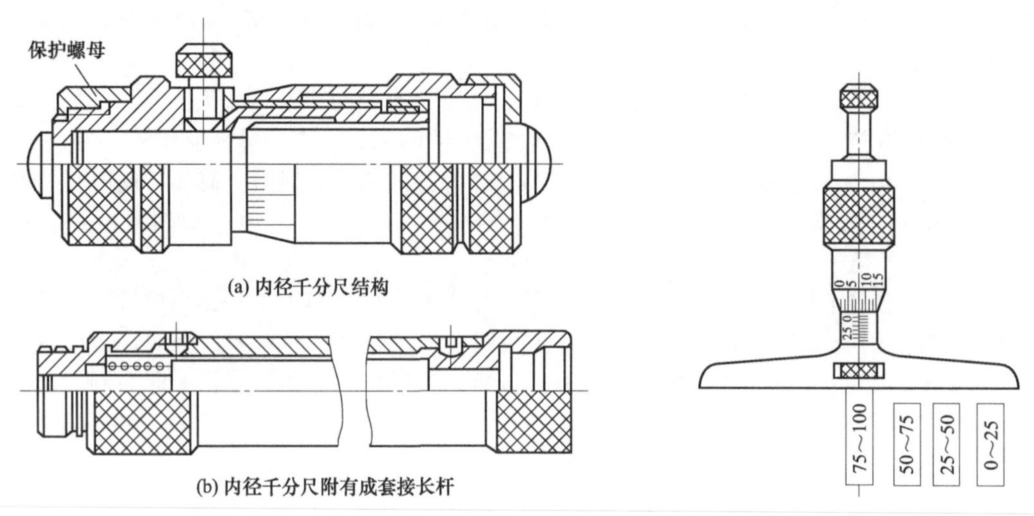

(a) 内径千分尺结构

(b) 内径千分尺附有成套接长杆

图 1-43 内径千分尺

图 1-44 深度千分尺

⑤ 公法线千分尺：公法线千分尺如图 1-46所示，用于测量齿轮的公法线长度，两个测砧的测量面做成两个相互平行的圆平面。测量前先用计算或查表的方法得到跨测齿数，再把公法线千分尺调到比被测尺寸略大，然后把测头插到齿轮槽中进行测量，即可得到公法线的实际长度。

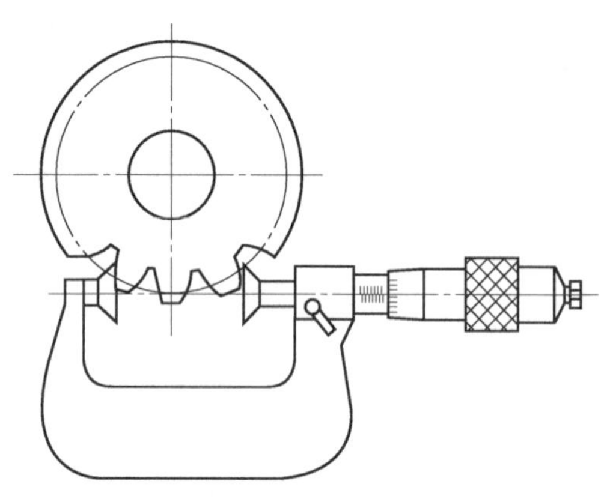

图 1-45 螺纹千分尺

千分尺是精密量具，必须注意维护保养，以保证测量的准确性。其维护注意事项如下。

a. 不能用千分尺测量零件的粗糙表面，也不能用千分尺测量正在旋转的零件。

b. 千分尺要轻拿轻放，不要摔碰，如受到撞击，应立即检查，必要时送计量部门检修。

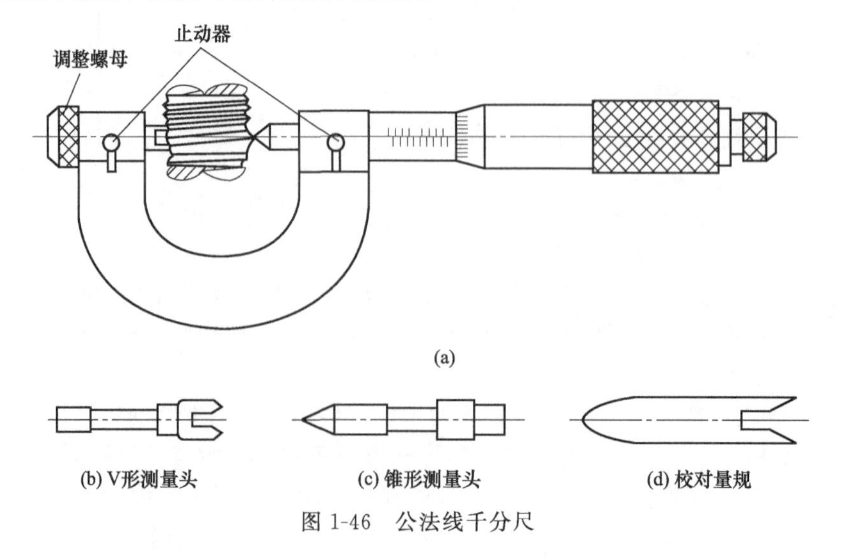

(a)

(b) V形测量头　(c) 锥形测量头　(d) 校对量规

图 1-46 公法线千分尺

c. 千分尺应保持清洁。测量完毕，用软布或棉纱等擦干净，放入盒中。长期不用，应涂防锈油，要注意勿使两个测量面贴合在一起，以免锈蚀。

d. 大型千分尺应放在盒中，以免变形。

e. 不允许用砂布和金刚砂擦拭测微螺杆上的污锈。

f. 不能在千分尺的微分筒和固定套管之间加酒精、煤油、柴油、凡士林和普通机油等；不允许把千分尺浸泡在上述油类及酒精中。如发现上述物质侵入，要用汽油洗净，再涂以特种轻质润滑油。

（2）常用量仪

1）百分表

百分表（图 1-47）可用来检验机床精度和测量工件的尺寸、形状和位置误差。按测量尺寸范围，百分表可分为 0～3mm、0～5mm 和 0～10mm 三种。借助齿轮、测量杆上齿条的传动，将测量杆微小的直线位移经传动和放大机构转变为表盘上指针的角位移，从而指示出相应的数值。

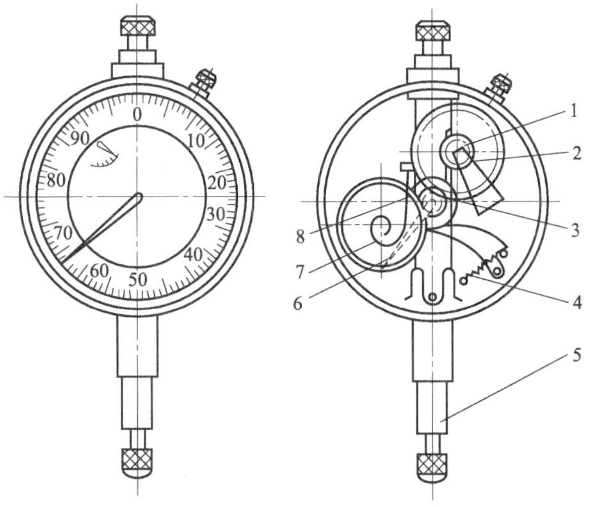

图 1-47　百分表的结构

1—小齿轮；2,7—大齿轮；3—中间齿轮；4—弹簧；5—测量杆；6—指针；8—游丝

百分表的分度原理：百分表的测量杆移动 1mm，通过齿轮传动系统，使大指针沿刻度盘转动一周，刻度盘沿圆周刻有 100 个刻度，当指针转过一格时，表示所测量的尺寸变化为 1÷100＝0.01（mm），所以百分表的分度值为 0.01mm。

百分表操作方法：测量前，应检查表盘玻璃是否破裂或脱落，测量头、测量杆、套筒等是否有碰伤或锈蚀，指针有无松动现象，指针的转动是否平稳等。测量时，应使测量杆垂直零件被测表面。测量圆柱面的直径时，测量杆中心线要通过被测圆柱面的轴线。测量头开始与被测表面接触时，测量杆应压缩 0.3～1mm，保持一定的初始测量力，以免有负偏差时，得不到测量数据。测量时应轻提量杆，移动工件至测量头下面（或将测量头移至工件上），再缓慢向下与被测表面接触。不能快速放下测量杆，否则易造成测量误差。不准将工件强行推至测量头下，以免损坏百分表。

使用百分表座及专用夹具，可对长度尺寸进行相对测量。测量前先用标准件或量块校对百分表，转动表圈，使表盘的零刻线对准指针，然后再测量工件，从表中读出工件尺寸相对标准或量块的偏差，从而确定工件尺寸。

使用百分表及相应附件还可测量工件的直线度、平面度及平行度等误差，以及在机床上或者其他专用装置上测量工件的跳动误差等。

2）千分表

千分表的用途、结构形式及工作原理与百分表相似，也是通过齿轮齿条传动机构把测量杆的直线移动转变为指针的转动，并在表盘上指示出数值。但是，千分表的传动机构中，齿轮传动的级数要比百分表多，因而放大比更大，分度值更小，测量精度也更高，可用于较高精度的测量。千分表的分度值为 0.001mm，示值范围为 0～1mm。

3）内径百分表

内径百分表由百分表和专用表架组成（图 1-48），用于测量孔的直径和孔的形状误差，特别适宜于深孔的测量。内径百分表测量孔径属于相对测量法，测量前应根据被测孔径的大小，用千分尺或其他量具将其调整好才能使用。

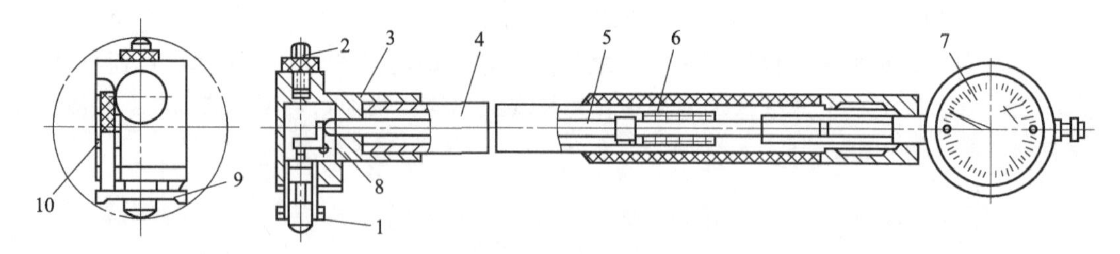

图 1-48　内径百分表

1—活动测头；2—可换测头；3—表架头；4—表架套杆；5—传动杆；6—测力弹簧；7—百分表；8—杠杆；9—定位装置；10—定位弹簧

4）杠杆百分表

杠杆百分表是把杠杆测头的位移（杠杆的摆动），通过机械传动系统转变为指针在表盘上的偏转。杠杆百分表表盘圆周上有均匀的刻度，分度值 0.01mm，示值范围一般为±0.4mm。当杠杆测头的位移为 0.01mm 时，杠杆齿轮传动机构使指针偏转一格。杠杆百分表体积较小，杠杆测头的位移方向可以改变，在校正工件和测量工件时都很方便。特别适宜对小孔的测量和在机床上校正零件。

对于上述各种百分表，其维护保养注意事项如下。

① 提压测量杆的次数不要过多，距离不要过大，以免损坏机件及加剧零件磨损。

② 测量时，测量杆的行程不要超过它的示值范围，以免损坏表内零件。

③ 调整时应避免剧烈振动和碰撞，不要使测量头突然撞击到被测表面上，以防测量杆弯曲变形，更不能敲打表的任何部位。

④ 表架要放稳，以免百分表落地摔坏。使用磁性表座时，要注意表座的旋钮位置。

⑤ 严防水、油、灰尘等进入表内，不要随便拆卸表的后盖。百分表使用完毕，要擦净放回盒内，使测量杆处于自由状态，以免表内弹簧失效。

5）水平仪

水平仪是测量被测表面相对水平面微小倾角的一种计量器具，在机械制造中，常用来检测工件表面或设备安装的水平情况，如检测机床、仪器的底座、工作台面及机床导轨等的水平情况；还可以用水平仪检测导轨、平尺、平板等的直线度和平面度误差，以及测量两工作面的平行度和工作面相对于水平面的垂直度误差等。

水平仪的测量精度（即分度值）是以气泡移动 1 格，被测表面在 1m 距离上的高度差表示，或以气泡移动 1 格，被测表面倾斜的角度数值表示。如读数值为 0.02mm/1000mm 的水平仪，表示气泡移动 1 格时，1000mm 距离上的高度差为 0.02mm。如以倾斜角表示，则

$$\theta=\frac{0.02}{1000}\times 206265\approx 4''$$

利用水平仪来测量某一平面的倾斜程度时，如用倾斜角表示，则

倾斜角＝每格的倾斜角×格数

如用平面在长度上的高度差表示，则

高度差＝水准器的读数值×平面长度×格数

如利用读数值为 0.02mm/1000mm（4″）的水平仪测量长度为 600mm 的导轨工作面倾斜程度，当气泡移动 2.5 格，则倾斜的高度差为

$$h=0.02\div1000\times600\times2.5=0.03\ (\mathrm{mm})$$

水平仪通常有两种读数方法：绝对读数法和平均值读数法。

① 绝对读数法：当水平仪的气泡在中间位置时读作0。以零线为基准，气泡向任意一端偏离零线的格数，就是实际偏差的格数。通常把偏离起端向上的格数作为“+”，而把偏离起端向下的格数作为“－”。测量中，习惯上由左向右进行测量，把气泡向右移动作为“+”，向左移动作为“－”，如图1-49（a）所示为+2格。

② 平均值读数法：当水准仪的气泡静止时，读出气泡两端各自偏离零线的格数，然后将两格数相加除以2，取其平均值作为读数。如图1-49（b）所示，气泡右端偏离零线为+3格，气泡左端偏离零线为+2格，其平均值为（+3+2)/2=2.5格。

水平仪的种类有条式水平仪、框式水平仪和合像水平仪，下面以框式水平仪和合像水平仪为例简要说明。

① 框式水平仪：框式水平仪的外形如图1-50所示，它由横水准器、主体把手、主水准器、盖板和调零装置组成。框式水平仪不仅能测量工件的水平表面，还可将它的测量面与工件的被测量表面相靠，检测其对水平面的垂直度。框式水平仪的规格有150mm×150mm、200mm×200mm、250mm×250mm、300mm×300mm等几种，其中200mm×200mm最为常用。

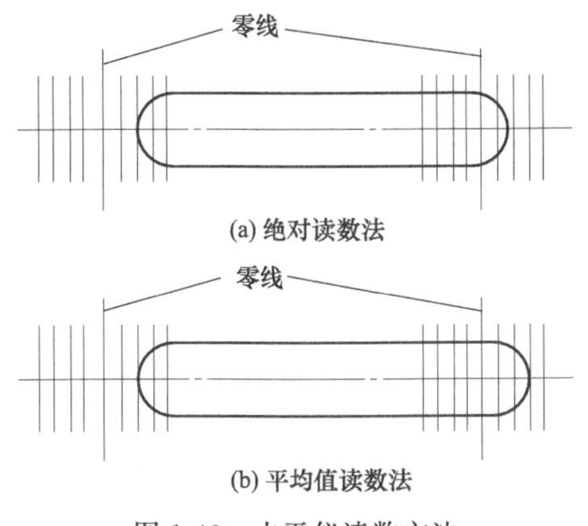

图1-49 水平仪读数方法

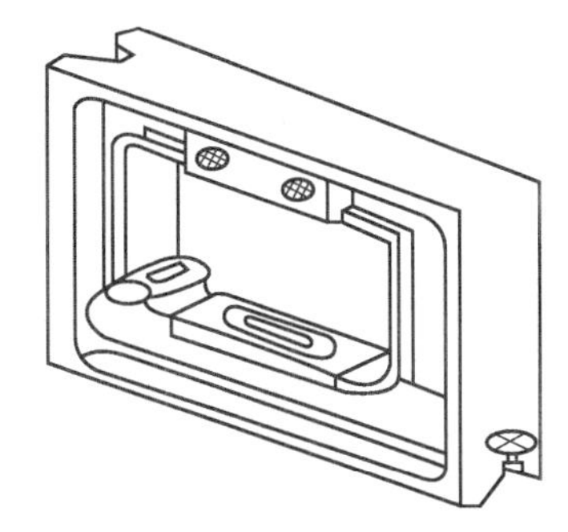

图1-50 框式水平仪的外形

② 合像水平仪：合像水平仪的结构如图1-51所示，它主要由水准器、放大杠杆、测微螺杆和光学合像棱镜等组成。合像水平仪的水准器安装在杠杆架的底杆上，它的位置可用微动旋钮通过测微螺杆与杠杆系统进行调整。水准器内的气泡，经三个不同位置的棱镜反射至观察窗放大观察（分成两半合像）。当水准器不在水平位置时，气泡A、B两半不对齐；当水准器在水平位置时，气泡A、B两半对齐，如图1-51（c）所示。

使用读数值为0.01mm/1000mm的光学合像水平仪时，先将水平仪放在工件被测表面上，此时气泡A、B一般不对齐，用手转动微分盘的旋钮，直到两半气泡完全对齐为止。此时表示水准器平行水平面，而被测表面相对水平面的倾斜程度就等于水平仪底面对水准器的倾斜程度，这个数值可从水平仪的读数装置中读出。

读数时，先从刻度窗口读数，此1格表示1000mm长度上高度差为1mm，再看微分盘刻度上的格数，每格表示1000mm长度上的高度差为0.01mm，将两者相加就得所需的数值。例如窗口刻度中的示值为1mm，微分盘刻度的格数是16格，其读数就是1.16mm，即在长度1000mm上的高度差为1.16mm。

如果工件的长度不是1000mm，而是N，则在长度N上的高度差为长度1000mm上的高度差×$N/1000$。

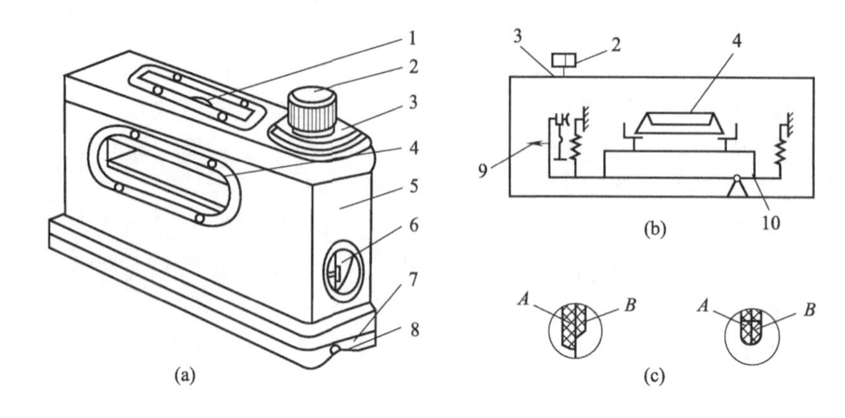

图 1-51 合像水平仪的结构

1—观察窗；2—微动旋钮；3—微分盘；4—主水准器；5—壳体；6—毫米/米刻度；7—底工作面；8—V 形工作面；9—指针；10—杠杆

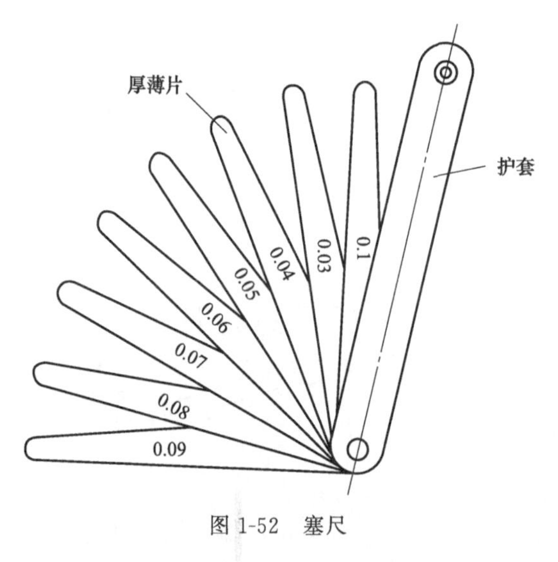

图 1-52 塞尺

6）塞尺（厚薄片）

塞尺（图 1-52）是用来检验两个结合面之间间隙大小的片状量规。塞尺有两个平行的测量平面，其长度制成 50mm、100mm 或 200mm，由若干片叠合在夹板里。使用塞尺时，根据间隙的大小，可用一片或数片重叠在一起做塞入检验，并做两次以上极限尺寸检验后，才能得出其间隙的大小。例如，用 0.04mm 的塞片可以塞入，而用 0.05mm 的塞片不能塞入，则其间隙为 0.04～0.05mm。塞尺的塞片很薄，容易弯曲和折断，测量时不能用力太大，还应注意不能测量温度较高的工件，用毕后要擦拭干净，及时合到夹板中去。

第二节 减速器装配工艺过程设计

装配工作是将零件或部件按技术要求连接在一起形成半成品或成品的劳动，装配工作的依据是装配图，装配工作的目的是实现装配精度，装配工作的基本内容是围绕这方面要求进行的。

从图 1-4 中可以看出，装配工作的过程是合件装配→组件装配→部件装配→总装配。一般合件的装配是在零件生产过程中完成的，主要是由于大部分合件装配后需要安排精加工，以保证合件的加工精度。下面以图 1-1 减速器装配为例，说明装配工作过程和基本内容。

一、装配前的准备工作

1. 熟悉装配图样

熟悉产品（包括组件、部件）的装配图样，熟悉产品工艺文件和产品质量验收标准等，分析产品结构，了解零件间的连接关系和装配技术要求。

① 在图 1-1 减速机中，减速器总装的基准件是箱体，整个减速器由三个组件组成，即蜗杆轴组件、蜗轮轴组件和锥齿轮轴-轴承套组件。组件之间的位置关系：蜗杆轴轴线与蜗轮轴轴线空间垂直交错，蜗轮轴轴线和锥齿轮轴轴线平面垂直交叉。

② 减速器装配的主要技术要求：

a. 零件和组件必须正确安装在规定位置；

b. 各轴线之间相互位置精度（如平行度、垂直度等）必须保证；

c. 蜗杆副、锥齿轮副正确啮合，符合相应规定要求；

d. 回转件运转灵活；滚动轴承游隙合适，润滑良好，不漏油；各固定连接牢固、可靠。

2. 确定装配的顺序

① 分别装配蜗杆轴组件、蜗轮轴组件和锥齿轮轴-轴承套组件。在安装前要确定组内各零件的装配顺序和位置关系，可采用图 1-7 所示锥齿轮轴组件装配顺序图，也可采用图 1-8 所示的锥齿轮轴组件装配单元系统图表示。

② 三组件安装顺序：蜗杆轴组件→蜗轮轴组件→锥齿轮轴-轴承套组件。

③ 将其他零件分别装配到规定位置。

3. 确定装配方法

准备所需装配工具，如压力机、套筒、铜棒、锤子等。

4. 清洗零件、整形和补充加工

① 清洗：用清洗剂清除零件表面的防锈油、灰尘、切屑等污物，防止装配时划伤、研损配合表面。

② 整形：锉修箱盖、轴承盖等铸件的不加工表面，使其与箱体结合部位的外形一致，对于零件上未去除干净的毛刺、锐边及运输中因碰撞而产生的印痕也应锉除。

③ 补充加工：指零件上某些部位需要在装配时进行的加工，如箱体与箱盖、箱盖与盖板、各轴承盖与箱体的连接孔和螺孔的配钻、攻螺纹等，如图 1-53 所示。

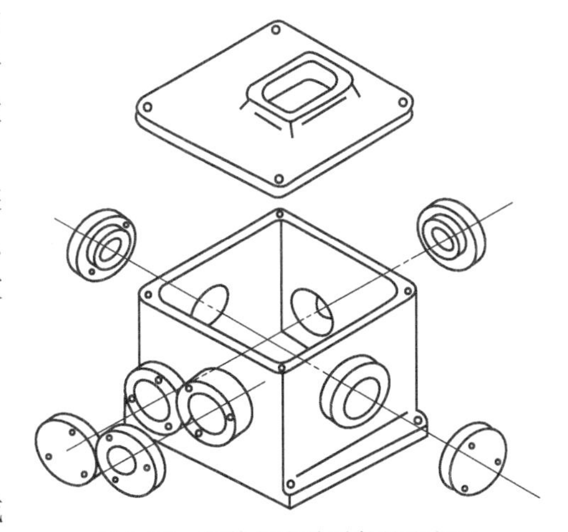

图 1-53 箱体与有关零件补充加工

二、装配工作

1. 组件装配

将若干零件（或零件与合件）连接成组件或将若干零件和组件连接成结构更为复杂的组件的工艺过程称为组件装配。

（1）零件试装

在组件装配前，有时还需要试装。零件的试装又称试配，是为保证产品总装质量而进行的各连接部位的局部试验性装配。为了保证装配精度，某些重要相配的零件进行试装，对未满足装配要求的，需进行调整或更换零件。

例如，图 1-1 减速器装配中有三处平键连接如图 1-54 所示：图 1-54（a）中的蜗杆轴 22 与联轴器 13、图 1-54（b）中的轴 26 与蜗轮 28 和锥齿轮 49、图 1-54（c）中的锥齿轮 41 与圆柱齿轮 32，均须进行平键连接试配。零件试配合适后，有些影响其他零件装配或总装配的零件需要卸下，如图 1-54 中序号 13 的联轴器和序号 32 的圆柱齿轮。这时应做好配套标记，以便重新安装时方便定位。

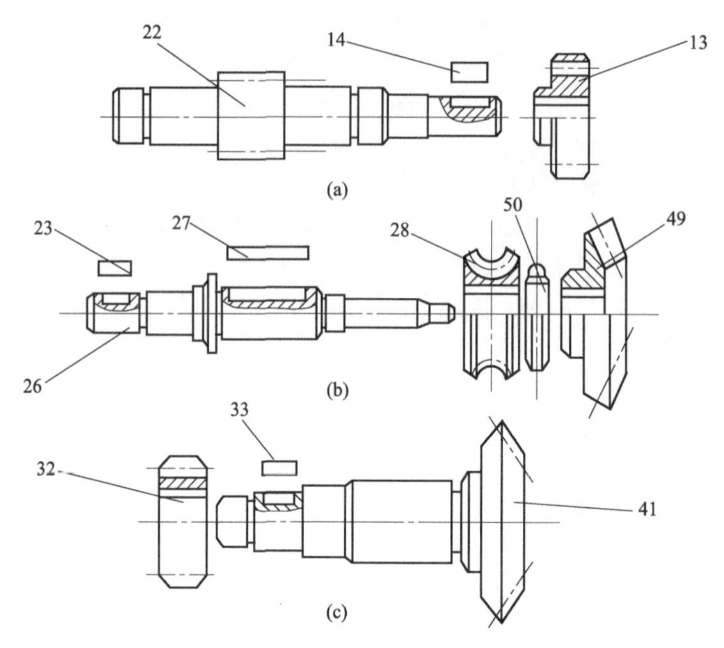

图 1-54　减速器零件配键预装

13—联轴器；14,23,27,33—平键；22—蜗杆轴；26—轴；28—蜗轮；32—圆柱齿轮；41,49—锥齿轮；50—调整垫圈

（2）装配组件

根据装配顺序图分别装配蜗杆轴组件、锥齿轮轴-轴承套组件（蜗轮轴组件不能预先装配）。

① 装配蜗杆轴组件：在装配蜗杆轴组件时，以序号 22 的蜗杆轴为基准件，装上两端轴承内圈分组件。

② 装配锥齿轮轴-轴承套组件：在装配锥齿轮轴-轴承套组件时，以序号 41 的锥齿轮轴（由轴和锥齿轮组成合件）为基准件，按图 1-7 装配顺序依次装入有关零件。

此时，由于图 1-1 中件 50 调整垫圈的具体尺寸不能确定，蜗轮轴组件不能组装。由于装配空间的限制，蜗轮轴组件装配只能在总装过程中进行。

当组件装配完成后，一般要对重要技术指标进行检测，如对齿轮齿顶圆径向圆跳动等的检测。

2. 部件装配

将若干零件和组件连接成部件的工艺过程称为部件装配。

如果把图 1-1 中减速机当成某一机械产品（如卷扬机）的部件，可以进行部件装配。如果把图 1-1 中减速机当成机械产品，由于减速机结构并非很复杂，没有部件，由组件和零件组成，可以直接进入总装配。

3. 总装配

将若干零件和部件装配成最终产品的工艺过程称为总装配。以图 1-1 减速机为例，说明产品的总装配顺序和调整方法。

（1）装配蜗杆轴组件

蜗杆轴组件的装配和轴向间隙的调整如图 1-55 所示。

① 装配要求：保证蜗杆轴轴向间隙在 0.01～0.02mm 之间。

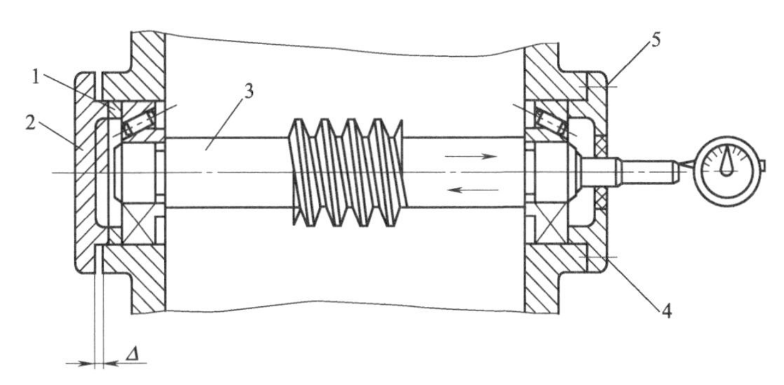

图 1-55　蜗杆轴组件的装配和轴向间隙的调整

1—调整垫片；2—左端轴承盖；3—蜗杆轴；4—螺钉；5—右端轴承盖

② 装配顺序：轴承外圈装入箱体右端→装入蜗杆轴组件→轴承外圈装入箱体左端→装入右端轴承盖 5 并拧紧螺栓→用铜棒轻轻敲击蜗杆轴左端，使右端轴承消除游隙并贴紧右端轴承盖 5→装入调整垫片 1 和左端轴承盖 2→测量间隙 Δ→确定调整垫圈的厚度→拆下左端轴承盖 2 和调整垫片 1→重新装入合适的调整垫圈→装上左端轴承盖 2 并用螺栓拧紧。装配后用百分表在蜗杆轴右侧外端检查轴向间隙，间隙值应在 0.01～0.02mm 之间。

(2) 试装蜗轮轴组件和锥齿轮轴-轴承套组件

试装的目的：确定蜗轮轴的位置，使蜗轮的中间平面与蜗杆的轴线重合，以保证蜗杆副正确啮合；确定锥齿轮的轴向安装位置，以保证锥齿轮副的正确啮合。

① 确定蜗轮轴的位置（见图 1-55）：要确定蜗轮轴的位置，实际上就是确定左端轴承盖凸肩尺寸 H。先将圆锥滚子轴承的内圈压入蜗杆轴 3 的大端（左侧），通过箱体孔装上已试配好的蜗轮及轴承外圈，蜗杆轴 3 的小端（右端）装上用来替代轴承的轴套（便于拆卸）。轴向移动蜗轮轴，调整蜗轮与蜗杆正确啮合的位置并测量尺寸 H，据此确定调整右端轴承盖 5 的凸肩尺寸（凸肩尺寸为 $H_{-0.02}^{\ 0}$ mm）。

② 确定锥齿轮的轴向安装位置（见图 1-56）：先在蜗轮轴上安装锥齿轮 4，再将装配好的锥齿轮轴-轴承套组件装入箱体，调整两锥齿轮的轴向位置，使其正确啮合，分别测量尺寸 H_1 和 H_2，据此确定两调整垫圈（图 1-1 中件 29 和件 50）的厚度。

(3) 装配蜗轮轴组件

将装有轴承内圈和平键的轴放入箱体内，并依次将蜗轮、调整垫圈、锥齿轮、垫圈和螺母装在轴上，然后在箱体大轴承孔处（上端）装入轴承外圈和轴承盖分组件，在箱体小轴承孔处装入轴承、压盖和轴承盖，两端均用螺钉紧固。

(4) 装入锥齿轮轴-轴承套组件

在蜗轮轴组件安装完毕后，将锥齿轮轴-轴承套组件和调整垫圈一起装入箱体，用螺钉紧固。

(5) 安装联轴器分组件

根据先内后外的装配原则，在以上装配工序进行完毕后，按照图 1-1 所示的位置，安装由环 11、销 12、联轴器 13、螺钉 15 等零件组

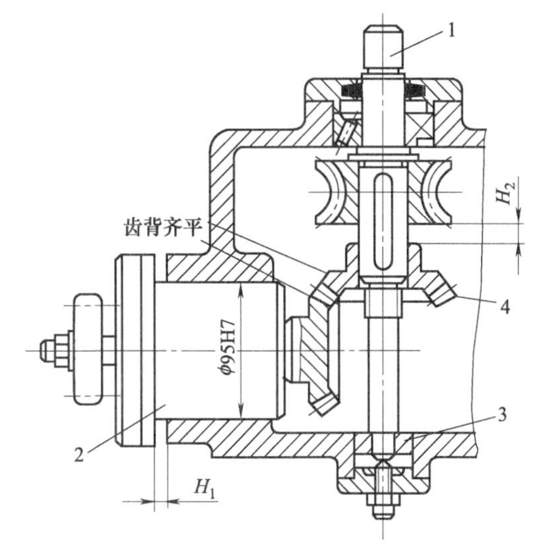

图 1-56　锥齿轮轴向安装位置的确定

1—轴；2—锥齿轮轴-轴承套组件；3—轴套；4—锥齿轮

成的联轴器分组件。

三、调整和精度检验

(1) 调整

在整个装配过程中，调整是一项非常重要的工作。调整是指调节零件或机构间结合的松紧程度、配合间隙和相互位置精度，使产品各机构能协调地工作。常见的调整有轴承间隙调整、镶条位置调整、蜗轮轴向位置调整等。因此，调整工作一般贯穿装配的整个过程，在组件装配、部件装配、总装配中都需要调整，调整工作是保证装配精度的重要措施。

(2) 精度检验

精度检验包括几何精度检验和工作精度检验。前者主要检查产品静态时的精度，如车床主轴轴线与床身导轨平行度的检验、主轴顶尖与尾座顶尖等高性检验、中滑板导轨与主轴轴线的垂直检验等；后者主要检查产品在工作状态下的精度，对于机床来说，主要是切削试验，如车削螺纹的螺距精度检验、车削外圆的圆度及圆柱度检验、车削端面的平面度检验等。

减速机主要检查齿轮副的接触精度、齿侧间隙、相互位置精度和轴承间隙，经检查合格后安装箱盖。

四、运转试验

总装完成后，减速机应进行运转试验。试验前必须清理箱体内腔，注入润滑油，用拨动联轴器的方法使润滑油均匀流至各润滑点。然后装上箱盖，连接电动机，并用手盘动联轴器使减速机回转，在符合要求后，接通电源进行空载试车。运转中齿轮应无明显噪声，传动性能符合要求，运转 30min 后检查轴承温度应不超过规定要求。

小　　结

① 机械产品的装配一般分为四个阶段：装配前的准备工作阶段、装配阶段、调整和精度检验阶段以及运转试验阶段。

② 装配工作与调整工作通常交融在一起，根据装配需要，应及时做好调整工作，以免出现总装配后不便再调整的情况。

③ 产品装配后，要经过检验合格方可进行试运转，试运转时间应达到规定要求，各项性能指标均符合设计要求后，产品才算合格。

思考与练习

1-1　何谓装配？装配单元可分为哪几级？

1-2　何谓装配精度？装配精度包括哪些内容？

1-3　装配工作包括哪些内容？

1-4　精度检验包括哪些内容？

1-5　题图 1-1 为东风 12 型手扶拖拉机的传动箱装配图，每台有左、右最终传动箱各一套，主要技术要求：

① 零件和组件必须正确安装在规定位置。

② 两轴之间严格保证相互平行。

③ 齿轮副正确啮合，符合相应规定要求。

④ 回转件运转灵活，滚动轴承轴向游隙合适，润滑良好，不漏油。

试分析传动箱的装配工艺过程。

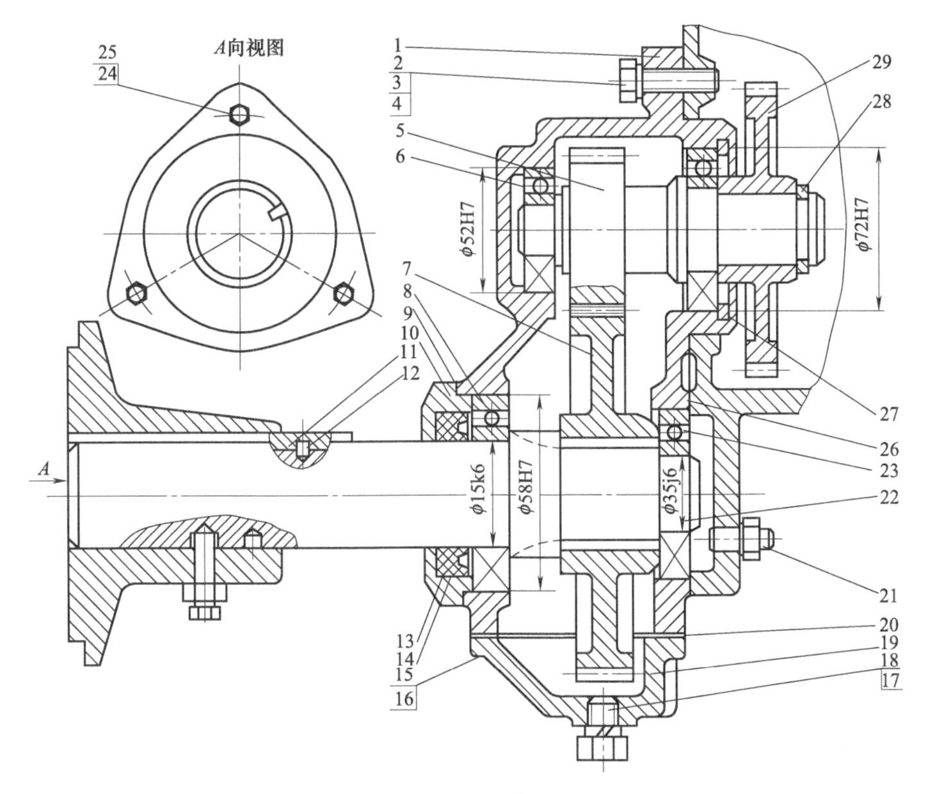

题图 1-1 东风 12 型手扶拖拉机的传动箱装配图

1—传动箱壳体（左）；2—螺栓 M12×30；3—螺母 M12；4—垫圈 12；5—齿轮轴；6—滚动轴承 205；7—驱动齿轮；8—滚动轴承 209；9，20，26—纸垫；10—油封座；11—长键；12—销 5hg×10；13—油封 W45×70×5；14—油封 SD45×70×5；15—螺栓 M16×20；16—垫圈 6；17—垫圈 16；18—螺栓；19—传动箱盖；21—螺栓 M12×40；22—驱动轮半轴；23—滚动轴承 207；24—螺栓 M8×22；25—垫圈 8；27—挡圈 72；28—挡圈 32；29—减速齿轮

第二章
机械产品的装配方法

第一节　装配尺寸链概述

无论是产品设计时，还是在制定装配工艺、确定装配方法及解决装配质量问题时，都需应用尺寸链理论来分析计算装配尺寸链。

在产品设计时，根据机械设备产品性能指标及装配工艺的经济性，确定装配精度要求，然后通过装配尺寸链的分析计算，确定出各部件、零件的尺寸精度、形状精度和位置精度。

在制定装配工艺时，通过装配尺寸链的分析计算，以确定最佳的装配工艺方案；在装配过程中，通过装配尺寸链的分析计算，找到保证装配精度的措施。

一、装配尺寸链

图 2-1 为车床主轴与尾座套筒中心等高示意图，为了保证尾座顶尖与车床主轴的等高要求，首先需要保证床头箱部件主轴至导轨面的尺寸 A_1、底板尺寸 A_2与尾架至底板的尺寸 A_3，总装时，这三个装配尺寸与两顶尖的等高要求就形成了装配尺寸链。

从上述分析中我们得知，所谓装配尺寸链，是指在机械设备的装配关系中，由相互连接的零件或部件的设计尺寸或相互位置关系（同轴度、平行度、垂直度等）所形成的尺寸链。

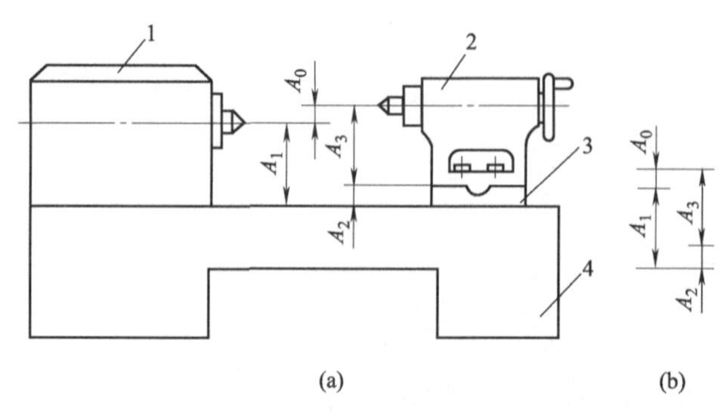

图 2-1　车床主轴中心与尾座套筒中心等高示意图

1—主轴箱；2—尾座；3—底板；4—床身

装配尺寸链就其抽象意义与工艺尺寸链并无区别，也有增环、减环、封闭环，并且增、减环的判断方法也相同，尺寸链的特点也相同，计算方法也相同。但就实际意义与工艺尺寸链却有区别，工艺尺寸链的各个环是在同一个零件上，而装配尺寸链的每个环则是各个不同零件或部件在装配关系中的尺寸。工艺尺寸链的封闭环是基准不重合时形成的实际尺寸，而装配尺寸链的封闭环是零件或部件装配后形成的间隙或过盈等。

二、装配尺寸链建立及查找

1. 装配尺寸链建立

由于零件的加工精度受工艺条件、经济性限制，对某些装配项目来说，如果完全由零件的制造精度来直接保证，则对它们的制造精度要求都很高，给加工带来很大困难。这时常按经济加工精度来确定零件的精度要求，使之易于加工，而在装配时采用一定的工艺措施（修配、调节）来保证最终装配精度。

产品的装配方法必须根据产品的性能要求、生产类型、装配的生产条件来确定，在不同的装配方法中，零件加工精度与装配精度具有不同的相互关系，定量地分析这种关系，常将尺寸链的基本理论应用于装配过程，通过解算装配尺寸链，最后确定零件加工精度与装配精度之间的定量关系。

装配尺寸链的建立是在装配图的基础上，根据装配精度的要求，找出与该项精度有关的零件及相应的有关尺寸，并画出尺寸链图。这是解决装配精度问题的第一步，只有所建立的装配尺寸链是正确的，求解它才有意义。

建立装配尺寸链的基本步骤如下。

(1) 判别封闭环

如前所述，装配精度即封闭环。为了正确地确定封闭环，必须深入了解机器的使用要求及各部件的作用，明确设计人员对整机及部件所提出的装配技术要求。

(2) 查找组成环

装配尺寸链的组成环是对机械设备或部件装配精度有直接影响的环节。一般查找方法是取封闭环两端为起点，沿着相邻零件由近及远地查找与封闭环有关的零件，直到找到同一个基准零件或同一基准表面为止。这样，所有相关零件上直接影响封闭环大小的尺寸或位置关系，便是装配尺寸链的全部组成环，并且整个尺寸链系统要正确封闭。

例如，图 2-1 所示的装配关系中，头尾座中心线的等高要求 A_0 为封闭环，按上述方法很快可以查出组成环为 A_1、A_2 和 A_3。

(3) 画出装配尺寸链图

根据分析，画出装配尺寸链图 [图 2-1 (b)]，并判别出增环和减环，便于进行求解。

在封闭环精度一定时，尺寸链的组成环数越少，则每个环分配到的公差越大，这有利于减小加工的难度和降低成本。因此，在建立装配尺寸链时，要遵循最短路线（环数最少）原则，即应使每一相关零件仅有一个组成环列入尺寸链。

装配尺寸链的计算方法有以下三种。

① 正计算法：已知组成环的尺寸和公差，求解封闭环的尺寸和公差。这类问题多出现在装配工作、检验工作中，以便校验产品是否合格。解正面问题比较简单。

② 反计算法：已知封闭环的尺寸和公差，求解组成环的尺寸和公差。这类问题多出现在设计工作中，已知装配精度要求，要设计各相关零件的精度。由于这时的已知数为一个，未知数为多个，故求解比较复杂。需要注意的是，在分配各组成环公差时，可以采用等公差法、等精度法和经验法。等公差法是不论零件的相关尺寸大小如何，分配公差值却是一样的，不够合理。等精度法是设定各组成环的精度相等，这样在相同精度时，尺寸大者公差值大，尺寸小者公差值也小。此时，等精度法相对比较合理，但等精度法计算较复杂。由于零

件加工难易程度不同，有的尺寸精度容易保证，公差可以缩小。有些尺寸精度难以保证，公差可以加大些。所以等精度法也并不尽合理，但可在等精度法的基础上适当进行调整。经验法是按等公差法计算出各组成环的公差值，再根据尺寸大小、加工难易程度及经验进行调整，最后核算。

③ 中间计算法：已知封闭环与部分组成环的尺寸和公差，求解其余组成环的尺寸和公差。这类问题在设计和工艺都有，许多反计算问题最后都是转化为中间计算问题来求解。

在建立具有累积误差的装配精度问题时，建立并解算装配尺寸链是最关键的问题。

在装配关系中，对装配精度有直接影响的零部件的尺寸和位置关系，都是装配尺寸链的组成环。如同工艺尺寸链一样，装配尺寸链的组成环也分为增环和减环。

图 2-2 是 495 型柴油机曲轴主轴颈与止推主轴承的装配简图，结合此例说明尺寸链的建立过程。

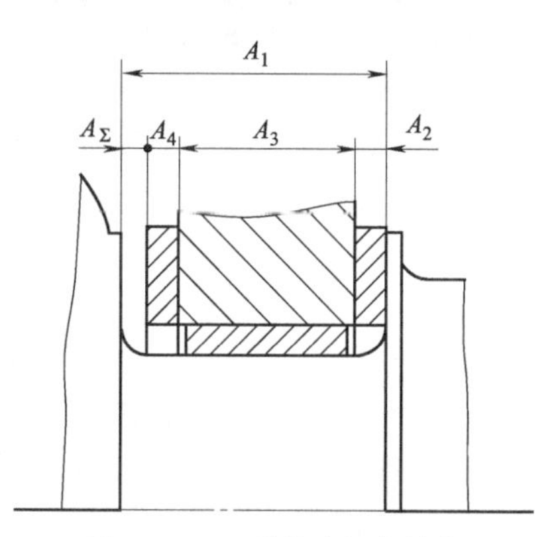

图 2-2 495 型柴油机曲轴主轴颈与止推主轴承配合简图

① 确定需要间接保证装配精度的尺寸，即尺寸链的封闭环。在图 2-2 中就是根据使用要求规定的轴向 A_Σ。

② 确定组成环：组成环要根据装配图上的装配关系及零件图的尺寸标注方法来确定。可以绘制有关零件的装配简图，注出所有的有关尺寸（图 2-2），从封闭环的任一面（尺寸线的任一端）开始找组成环。根据上述，从影响封闭尺寸大小的那些尺寸来找，也就是找与封闭环有直接尺寸关系的（在零件图上标注了尺寸的）表面，然后再找这个表面有直接尺寸关系的表面，依次类推，一直找到封闭环的另一个面（尺寸线的另一端）而构成一个封闭的尺寸链为止，图 2-2 中，A_1、A_2、A_3、A_4 为组成环，A_Σ 为封闭环，它们构成封闭的尺寸链。

列出尺寸链时，要注意排除环外尺寸。图 2-3 所示是 B 组和 E 组并联尺寸链。有公共组成环 B_1 和 B_2，B_Σ 的组成环是 B_1、B_2、B_3，E_Σ 的组成环是 E_1、B_1、B_2、E_2，而 B_Σ、B_3 是 E 组尺寸链的环外尺寸（因为 E_Σ 与 B_Σ、B_3 无直接尺寸关系）。如以 E_Σ、B_3 代替 B_1、B_2 作为 E 组尺寸链的组成环，则将 B_3 的公差错误地引入了两次。

③ 判定增环和减环：三环、四环尺寸链判定增环和减环比较容易，按照上述增环和减环的定义即可得出。多环尺寸链可用下述简捷方法判断：绘出尺寸链图，如图 2-4 所示；注出封闭环与组成环的尺寸或尺寸代号，如 A_1，A_2，…，A_Σ；在封闭环右端标箭头；从封闭环的左端开始，走出一个封闭回路，沿行进方向依次将每个组成环的尺寸标以箭头；与封闭环箭头方向相同者为增环（$\overrightarrow{A_2}$、$\overrightarrow{A_3}$、$\overrightarrow{A_5}$），相反的为减环（$\overleftarrow{A_1}$、$\overrightarrow{A_4}$、$\overrightarrow{A_6}$）。

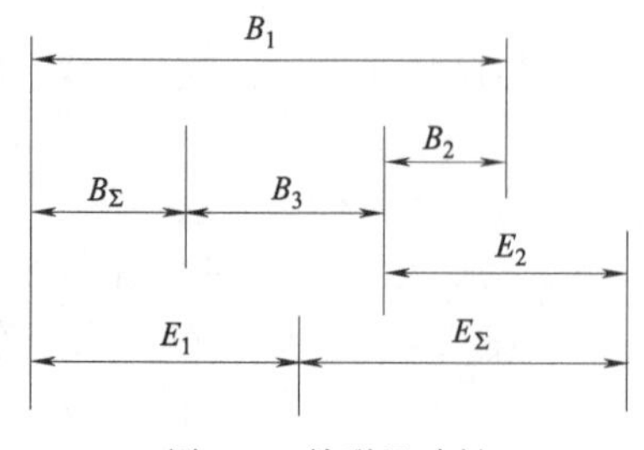

图 2-3 并联尺寸链

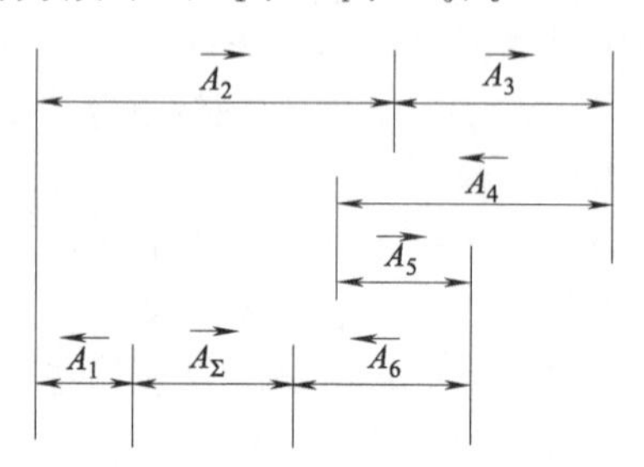

图 2-4 判定尺寸链的增环和减环

根据图 2-4 中各尺寸线段的长度关系，可以直接写出尺寸链方程式

$$A_{\Sigma}=\overrightarrow{A_2}+\overrightarrow{A_3}-\overleftarrow{A_4}+\overrightarrow{A_5}-\overleftarrow{A_6}-\overleftarrow{A_1}=(\overrightarrow{A_2}+\overrightarrow{A_3}+\overrightarrow{A_5})-(\overleftarrow{A_4}+\overleftarrow{A_6}+\overleftarrow{A_1}) \tag{2-1}$$

可以看出，封闭环是由各组成环的相加或相减而成。相加的各组成环有一个共同特点，就是它们的数值如果增大，封闭环的数值也随着增大，也就说明这些相加的组成环应是增环；相减的各组成环，其数值如果增大，封闭环的数值反而减小，说明它们应是减环。由上述尺寸链方程式可以看出，恰好与上述方法所判定的增环和减环一致，即组成环$\overrightarrow{A_2}$、$\overrightarrow{A_3}$、$\overrightarrow{A_5}$为增环，组成环$\overleftarrow{A_1}$、$\overleftarrow{A_4}$、$\overleftarrow{A_6}$为减环。由此，可以推论出一般尺寸链方程式的形式为

$$A_{\Sigma}=\sum_{i=1}^{m}\overrightarrow{A_i}-\sum_{i=m+1}^{n-1}\overleftarrow{A_i} \tag{2-2}$$

式中 A_{Σ}，$\overrightarrow{A_i}$，$\overleftarrow{A_i}$——封闭环、增环、减环的变量尺寸；

n——包括封闭环在内的尺寸链总环数；

m——增环数目。

因此，只要写出尺寸链方程式，增环和减环也就自然而然地区分开了。

2. 装配尺寸链的查找

正确地查明装配尺寸链的组成，并建立尺寸链是进行尺寸链计算的基础。

（1）装配尺寸链的查找方法

首先根据装配精度要求确定封闭环，再取封闭环两端的任一个零件为起点，沿装配精度要求的位置方向，以装配基准面为查找的线索，分别找出影响装配精度要求的相关零件（组成环），直到找到同一基准零件，甚至是同一基准表面为止，这一过程与查找工艺尺寸链的跟踪法在实质上是一致的。

当然，装配尺寸链也可从封闭环的一端开始，依次查找相关零部件直至封闭环的另一端。也可以从共同的基准面或零件开始，分别查到封闭环的两端。

（2）查找装配尺寸链应注意的问题

① 装配尺寸链应进行必要的简化，机械产品的结构通常都比较复杂，对装配精度有影响的因素很多，在查找尺寸链时，在保证装配精度的前提下，可以不考虑那些影响较小的因素，使装配尺寸链适当简化。

例如，图 2-1（a）表示车床主轴与尾座中心线等高问题。影响该项装配精度的因素有：

A_1——主轴锥孔中心线至尾座底板距离；

A_2——尾座底板厚度；

A_3——尾座顶尖套锥孔中心线至尾座底板距离；

e_1——主轴滚动轴承外圆与内孔的同轴度误差；

e_2——尾座顶尖套锥孔与外圆的同轴度误差；

e_3——尾座顶尖套与尾座孔配合间隙引起的向下偏移量；

e_4——床身上安装主轴箱和尾座的平导轨间的高度差。

由上述分析可知：车床主轴与尾座中心线等高性的装配尺寸链可表示为图 2-5 结果。但由于e_1、e_2、e_3、e_4的数值相对A_1、A_2、A_3的误差而言是较小的，对装配精度影响也较小，故装配尺寸链可以简化成图 2-1（b）所示的结果。但在精密装配中应计入所有对装配精度有影响的因素，不可随意简化。

② 装配尺寸链组成的“一件一环”：由尺寸链的基本理论可知，在装配精度既定的条件下，组成环数越少，则各组成环所分配到的公差值就越大，零件加工越容易、越经济。这样。在产品结构设计时，在满足产品工作性能的条件下，应尽量简化产品结构，使影响产品

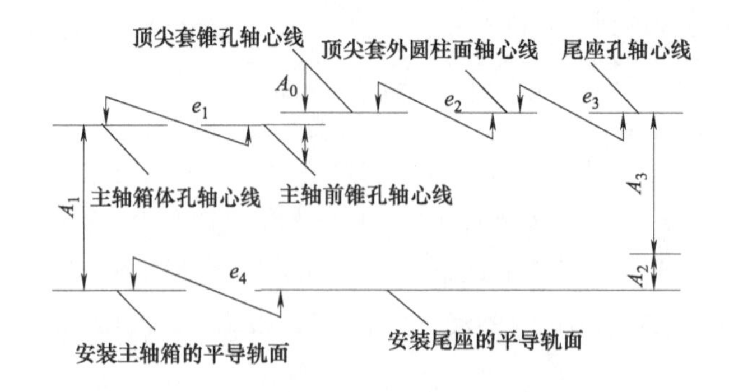

图 2-5　车床主轴与尾座中心线等高性装配尺寸链

装配精度的零件数尽量减少。

在查找装配尺寸链时，每个相关的零部件只应有一个尺寸作为组成环列入装配尺寸链，即将连接两个装配基准面间的位置尺寸直接标注在零件图上。这样，组成环的数目就等于有关零部件的数目，即"一件一环"，这就是装配尺寸链的最短路线（环数最少）原则。

图 2-6 所示齿轮装配后，轴向间隙尺寸链就体现了一件一环的原则，如果把图中的轴向尺寸标注成如图 2-7 所示的两个尺寸，则违反了一件一环的原则，其装配尺寸链的构成显然不合理。

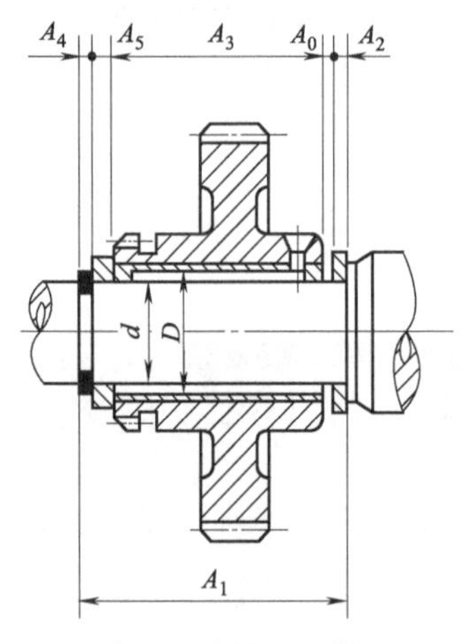

图 2-6　装配尺寸链的一件一环原则

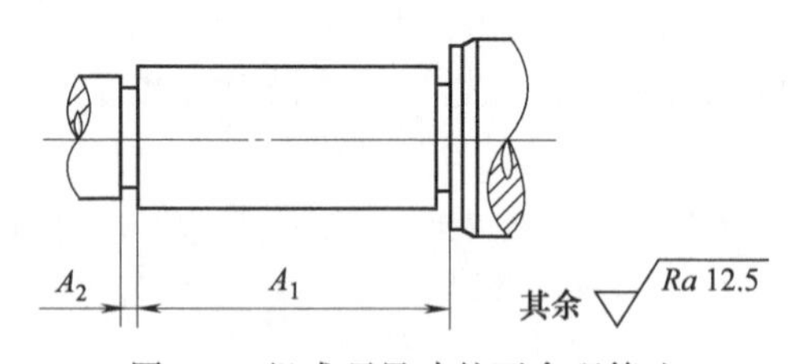

图 2-7　组成环尺寸的不合理算法

③ 装配尺寸链的"方向性"：在同一装配结构中，在不同位置方向都有装配精度的要求时，应按不同方向分别建立装配尺寸链。例如，蜗杆副传动结构，为保证正常啮合，要同时保证蜗杆副两轴线间的距离精度、垂直度精度、蜗杆轴线与蜗轮中间平面的重合精度，这是 3 个不同位置方向的装配精度，因而需要在 3 个不同方向分别建立尺寸链。

第二节　装配方法

各种装配方法是建立在装配尺寸链原理基础上的。为了保证装配精度，机械的常用装配方法有五种：完全互换装配法、部分互换装配法、选择装配法、修配装配法和调整装配法。下面分别作主要说明。

一、互换装配法

1. 完全互换装配法

(1) 完全互换装配法概念

只要零件各个尺寸分别按尺寸要求制造，就能做到完全互换装配。也就是说，机械零、部件经加工与检验合格后，不再经过任何选择或修整，装配起来后就能达到预先所规定的装配精度和技术要求。这种装配方法称为完全互换装配法。

(2) 完全互换装配法的特点

完全互换装配法的优点是：装配质量稳定可靠；装配过程简单，装配效率高；对工人技术水平要求不高；易于组织流水作业和实现自动装配；容易实现零部件的专业协作，成本低；便于备件供应及机械产品维修工作。不足之处是：当装配精度要求较高，尤其是在组成环数较多时，组成环的制造公差规定得严，零件制造困难，加工成本高。完全互换装配法适于在成批生产、大量生产中装配组成环数较少或组成环数虽多但装配精度要求不高的机械设备之中。

(3) 封闭环公差

如想采用完全互换装配法，必须要按极值法解装配尺寸链，满足装配尺寸链的封闭环公差等于或大于各组成环公差之和，其公式为

$$T_N \geqslant \sum_{i=1}^{m} T_{A_i} + \sum_{j=m+1}^{n-1} T_{A_j} \tag{2-3}$$

式中 T_N——封闭环公差；

T_{A_i}——增环公差；

T_{A_j}——减环公差；

n——尺寸链总环数；

m——增环环数。

(4) 分配误差方法

在封闭环公差已定的情况下，如何向各组成环分配误差呢？有两种反计算的方法。

① 等公差法：按平均分配的简单方法，使各组成环的公差都相等。即

$$T_A \leqslant \frac{T_N}{n-1} \tag{2-4}$$

以图 2-8 为例，装配精度技术要求为：间隙 N 达 0～0.2mm，需确定组成环尺寸 $A_1=80$mm、$A_2=50$mm、$A_3=30$mm 的公差。装配后要求间隙 $N=0^{+0.2}_{+0.0}$mm 为封闭环，按等公差方法计算则得

$$T_{A_1}=T_{A_2}=T_{A_3}=\frac{0.2\times10^3}{4-1}=67(\mu\text{m})$$

等公差法很简单，但未考虑到各组成环公称尺寸的大小，公差值平均分配，在实际中并不合理，使各组成环尺寸在零件加工时难度不一，在各组成环公称尺寸相差较大的情况下表现更突出。

② 等精度法：在各组成环分配误差时，其尺寸精度等级一致；某组成环公称尺寸较大，则分配到的误差值也较大；另一组成环若公称尺寸较小，则分配到的误差值也较小。而它们的精度等级是相同的。最终封闭环的装配精度要求也需得到保证。

根据国家标准，零件尺寸公差与其基本尺寸有如下关系：

$$T=a(0.45\sqrt[3]{D}+0.001D)=aI \tag{2-5}$$

式中　T——零件尺寸公差，μm；

D——零件尺寸所属尺寸段的几何平均尺寸，mm；

a——精度系数（无量纲），参考表 2-1。

I——公差单位，μm，参考表 2-2。

表 2-1　精度等级及精度系数

精度等级	IT5	IT6	IT7	IT8	IT9	IT10	IT11	IT12	IT13	IT14	IT15
精度系数 a	7	10	16	25	40	64	100	160	250	400	640

表 2-2　尺寸分段的公差单位

尺寸分段/mm	公差单位/μm	尺寸分段/mm	公差单位/μm	尺寸分段/mm	公差单位/μm
≤3	0.54	>30～50	1.56	>250～315	3.23
>3～6	0.73	>50～80	1.86	>315～400	3.54
>6～10	0.90	>80～120	2.17	>400～500	3.89
>10～18	1.08	>120～180	2.52		
>18～30	1.31	>180～250	2.89		

各组成环的公差单位 I_{A_i}，可按其基本尺寸的所在尺寸分段，从表 2-2 中查得。

采用等精度分配原则，应该有：

$$a_1=a_2=\cdots=a_{n-1}=a' \tag{2-6}$$

将式（2-5）与式（2-6）代入式（2-3）就可得

$$a'=\frac{T_N}{\sum_{i=1}^{n-1} I_{A_i}} \tag{2-7}$$

计算所得的 a'值往往不是整数，在表 2-1 中对照后，选取一个最接近的标准值 a。然后由式（2-5）分别算出各组成环的公差数值。

以图 2-8 为例，则 $A_1=80$mm，$I_{A_1}=1.86$μm；$A_2=50$mm，$I_{A_2}=1.56$μm；$A_3=30$mm，$I_{A_3}=1.31$μm。

$$a'=\frac{T_N}{\sum_{i=1}^{n-1} I_{A_i}}=\frac{0.2\times10^3}{1.86+1.56+1.31}=42.28$$

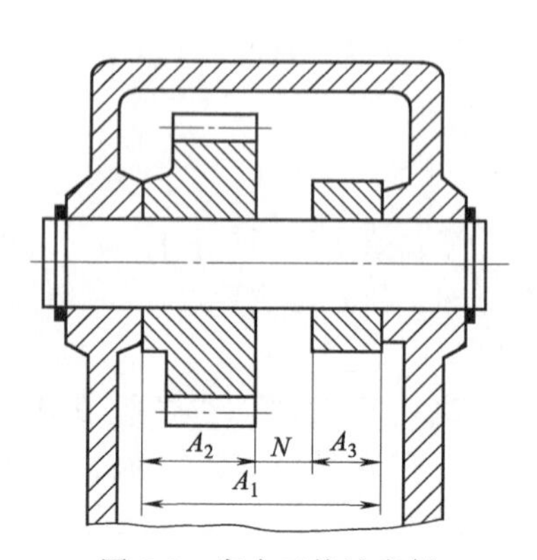

图 2-8　完全互换法实例

查表 2-1 确定 $a=40$，即精度等级为 IT9。进一步算得各组成环公差为

$T_{A_1}=aI_1=40\times1.86=74$（μm）

$T_{A_2}=aI_2=40\times1.56=62$（μm）

$T_{A_3}=aI_3=40\times1.31=52$（μm）

因为所取精度系数标准值（40）小于计算值 a'（42.28），

故 $\sum_{i=1}^{n-1} T_{A_i}=0.074+0.062+0.052=0.188$ (mm)；小于 T_N 值 (0.2)。

各组成环的极限偏差按“入体原则”确定，则 $A_1=80^{+0.074}_{0}$ mm、$A_2=50^{0}_{-0.062}$ mm、$A_3=30^{0}_{-0.052}$ mm。零件加工时按以上规定的偏差加工，对每个组成环来说，精度等级相同，但公差数值不同；这种公差分配比前法要合理一些。组成环加工时满足以上要求后，装配时就可以不经任何选择和修整，装配间隙 N 就能保证 0～0.2mm 的要求。

如果查表选取的精度系数 a 略大于计算值 a'，用 a 计算出各组成环的公差，它们的和会略大于封闭环的公差。这时，就需挑选一个最容易加工的尺寸作为协调环，将其公差压缩一些，最终仍然要满足式 (2-3) 的要求。

由于完全互换装配法是按照极值法决定零件尺寸公差的，因此，分配给零件的公差较小，零件的加工精度要求较高。特别是在装配精度要求较高（即封闭环公差小）时，或者是尺寸链环数 n 较多时，零件的加工精度很高，造成加工困难，甚至常常超出现有工艺技术水平而无法实现；或者提高加工成本，经济上很不合算。所以完全互换装配法适用于大批大量生产中，装配精度要求不高，或尺寸链环数少的场合。

根据概率论和数理统计学知识可知，在一个稳定的加工工艺系统中进行大批大量的加工，零件加工误差出现极值的概率是相当小的。在装配时，不作挑选，各零件的误差同时为极值，发生最差组合的概率则更小。最差组合有两种状态：a. 所有的增环全部出现最大值和所有的减环全部出现最小值，即封闭环达最大极值；b. 所有的增环全部出现最小值和所有减环全部出现最大值，即封闭环达最小极值。若零件公差越大，尺寸链环数越多，装配时各零件尺寸的最差组合的概率更加微小，完全有理由忽略不计。

(5) 完全互换法强调的事项

① 所有零件都出现极值时，仍能保证装配精度。即使当所有的增环零件都出现最大值、所有的减环零件都出现最小值时，装配精度也应该合格；并且当所有的增环零件都出现最小值、所有的减环零件都出现最大值时，装配精度也应合格。所有零部件都可实现完全互换。

② 求解方法：极值法。

③ 计算类型：正面问题、反面问题。

④ 封闭环与组成环的公差。

a. 封闭环的公差等于所有组成环的公差之和，即 $T_o=\sum_{i=1}^{m} T_i$。

b. 采用等公差时，组成环的公差 $T_i=\dfrac{T_o}{m}$。

c. 装配容易，但当组成环较多时，零件精度要求较高。多用于精度不是太高的短环装配尺寸链。

(6) 完全互换法装配尺寸链强调的事项

① 计算原理：两种极端情况均能满足装配要求（所有增环最大、所有减环最小；所有增环最小、所有减环最大），采用极值法。

② 计算公式：与工序尺寸链相同。

③ 计算类型：

a. 正问题。已知零件精度，分析能否达到装配精度要求。

b. 反问题。已知装配精度，计算零件精度。

④ 计算步骤：略。

2. 部分互换装配法

(1) 部分互换装配法概念

部分互换装配法又称为大数互换装配法。用完全互换法装配，装配过程虽然简单，但它是根据增环、减环同时出现极值的情况来建立封闭环与组成环之间的尺寸关系的，由于组成环分得的制造公差过小，常使零件加工产生困难。实际上，在一个稳定的工艺系统中进行成批生产和大量生产时，零件尺寸出现极值的可能性极小；装配时，所有增环同时接近最大(或最小)，而所有减环又同时接近最小（或最大）的可能性极小，可以忽略不计。完全互换法装配的代价是提高零件加工精度，有时是不经济的。部分互换装配法又称不完全互换装配法，其实质是将组成环的制造公差适当放大，使零件容易加工，这会使极少数产品的装配精度超出规定要求，但这是小概率事件，很少发生。从总的经济效果分析，仍然是经济可行的。

(2) 部分互换装配法的特点

部分互换装配法的优点是：与完全互换法装配相比，组成环的制造公差较大，零件制造成本低；装配过程简单，生产效率高。不足之处是：装配后有极少数产品达不到规定的装配精度要求，须采取相应的返修措施。部分互换装配法适用于在大批大量生产中装配精度要求较高且组成环数又多的机器结构。

(3) 大数互换法

根据统计规律，装配时所有的零件同时出现极值的概率是很小的；而所有增环零件都出现最大值，所有的减环零件都出现最小值，所有的减环零件都出现最大值的概率就更小。因此可以舍弃这些情况，将组成环的公差适当加大，装配时有为数不多的组件、部件的装配精度不合格，留待以后再分别进行处理，这种装配方法称为大数互换法，应用的基本理论是统计法。

从概率论中得知：各独立随机变量的均方根偏差 σ_i 与这些随机变量之和的均方根偏差 σ_N 之间的关系为

$$\sigma_N^2=\sigma_1^2+\sigma_2^2+\cdots+\sigma_{n-1}^2$$

或有

$$\sigma_N=\sqrt{\sum_{i=1}^{n-1}\sigma_i^2} \tag{2-8}$$

解尺寸链时，是以误差量或公差量来进行计算的。因此，要将均方根偏差的式（2-8）作一定的转换。

当零件加工尺寸呈正态分布曲线时，其尺寸分散范围 ω_i 与均方根偏差 σ_i 有下列关系：

$$\omega_i=6\sigma_i \text{ 或 } \sigma_i=\frac{\omega_i}{6} \tag{2-9}$$

当零件加工尺寸不是正态分布时，需引入一个相对分布系数 k_i，就有

$$\sigma_i=\frac{1}{6}k_i\omega_i \tag{2-10}$$

k_i 的数值可查有关误差统计分析表。例如：k_i 在正态分布为 1；三角形分布时为 1.22；均匀分布时为 1.73；偏态分布时为 1.17 等。

一般情况下，当组成环的数目足够大（约为 6 以上）时，不论各组成环尺寸的分布为何种状态，封闭环的尺寸分布都趋于正态分布。因此，可得下式：

$$T_N=\sqrt{\sum_{i=1}^{n-1}k_i^2T_{A_i}^2} \tag{2-11}$$

当然，在各组成环的分布偏离正态分布不是很远的情况下，还可以用近似计算来进行。各组成环取同一相对分布系数的平均值 $k_m=1.5$，则式（2-11）简化为

$$T_N=1.5\sqrt{\sum_{i=1}^{n-1}T_{A_i}^2}=k_m\sqrt{\sum_{i=1}^{n-1}T_{A_i}^2} \tag{2-12}$$

当各组成环均呈正态分布时，则式（2-11）更简单：

$$T_N=\sqrt{\sum_{i=1}^{n-1}T_{A_i}^2} \tag{2-13}$$

① 等公差法

若使各组成环的公差分配均匀，则应按下式计算：

$$T_A=\frac{T_N}{\sqrt{n-1}}=\frac{\sqrt{n-1}}{n-1}\times T_N \tag{2-14}$$

可见，与极值法相比，用概率法可将各组成环的平均公差扩大$\sqrt{n-1}$倍。

② 等精度法

为使各组成环尺寸的精度系数相等（均为 a'），将式（2-5）与式（2-6）的关系代入式（2-13），就得

$$a'=\frac{T_N}{\sqrt{\sum_{i=1}^{n-1}I_{A_i}^2}} \tag{2-15}$$

式中　I_{A_i}——尺寸链中各组成环的公差单位。

若各组成环不呈正态分布，则需代入式（2-11）后得

$$a'=\frac{T_N}{\sqrt{\sum_{i=1}^{n-1}k_i^2I_{A_i}^2}} \tag{2-16}$$

同理，按式（2-15）计算所得的 a'值选取一个标准中规定的 a 值。由式（2-5）计算所得各组成环所分配到的公差值。每个组成环尺寸的公差值不相等，但是它们的精度等级均相同。而且与完全互换装配法等精度分配所得的值相比，明显有了扩大。

仍然以图 2-8 为例。

① 用部分互换装配法的等公差分配法，各组成环公差为

$$T_{A_1}=T_{A_2}=T_{A_3}=\frac{\sqrt{4-1}\times0.2\times10^3}{4-1}=115\ (\mu\text{m})$$

② 用部分互换装配法的等精度法，有

$$a'=\frac{0.2\times10^3}{\sqrt{1.86^2+1.56^2+1.31^2}}=72$$

取标准值 a 为 64，即精度等级 IT10 级。则 $T_{A_1}=64\times1.86=119$（μm），$T_{A_2}=64\times1.56=100$（μm）；$T_{A_3}=64\times1.31=84$（μm）。

部分互换装配法的实质是：利用尺寸链的概率解法，将各组成环的公差比完全互换装配法的公差放得宽，使零件制造加工容易一些，以降低加工费用。装配时，仍然不经任何选择或修整。装配后绝大多数情况下装配精度仍能满足原来的要求；但少数情况装配误差会超过规定而不合格。在大批大量生产中，装配误差按正态公布，装配的合格率有 99.73%。不合格率仅为 0.27%。因此，可以认为：概率法解装配尺寸链时，部分互换的比例占 99.73%；仅有 0.27%的部分不能实现互换。所以，从装配工艺的实际工作内容和生产组织管理方面来看，部分互换法相对完全互换装配法无多大差距。

总之，在大批大量生产的场合下，当机械的装配精度要求较高，组成环环数又较多的情况下，为了不至于使零件的加工过分困难，以提高技术经济效益，宜采用部分互换的装配方法。

大数互换法强调的是：

① 大数互换法组成环的公差是 $T_i=\frac{T_0}{\sqrt{m}}=\frac{\sqrt{m}T_0}{m}$。与完全互换法相比较，零件公差增大。

② 可以扩大组成环的公差，并保证封闭环的精度，但有部分零部件要进行返修。

二、选择装配法

在成批或大量生产的条件下，对于组成环不多而装配精度要求却很高的尺寸链，若采用完全互换法或大数互换法解装配尺寸链时，造成组成环的公差非常小，即零件的公差将过严，甚至超过了加工工艺的现实可能性，使加工十分困难而不经济。在这种情况下可采用选择装配法。该方法是将组成环的公差放大到经济可行的程度，然后选择合适的零件进行装配，以保证规定的精度要求。

选择装配法有直接选配法、分组装配法等。

1. 直接选配法

直接选配法是由装配工人从许多待装的零件中，凭经验挑选合适的零件通过试凑进行装配的方法。这种方法的优点是简单，零件不必事先分组，但装配中挑选零件的时间长，装配质量取决于工人的技术水平，不宜用于节拍要求较严的大批量生产。

2. 分组装配法

分组装配法是在大批大量生产中，将产品各配合副的零件按实测尺寸分组，装配时按组进行互换装配，以达到装配精度的装配方法。具体做法为：将组成环公差增大若干倍（一般 3～6 倍），使组成环零件能按经济公差加工，然后再将各组成环按原公差大小分组，按相应组进行装配。

分组装配在单件或小批量机床装配中用得很少，但在内燃机、轴承等大批大量生产中有一定应用。例如，图 2-9 示出了活塞与活塞销的连接情况。根据装配技术要求，活塞销孔与活塞销外径在冷态装配时应有 0.0025～0.0075mm 的过盈量。与此相应的配合公差仅为 0.005mm。若活塞与活塞销采用完全互换法装配，且销孔与活塞直径公差按“等公差”分配，则它们的公差只有 0.0025mm。如果上述配合采用基轴制原则，则活塞销外径尺寸 $d=\phi28_{-0.0025}^{\ \ 0}$ mm，相应的销孔直径 $D=\phi28_{-0.0075}^{-0.0050}$ mm。显然，制造这样精确的活塞销和活塞孔是很困难的，也是不经济的。生产中采用的办法是，先将上述公差值都增大 4 倍（$d=\phi28_{-0.010}^{\ \ 0}$ mm，$D=\phi28_{-0.015}^{-0.005}$ mm），这样即可采用高效率的无心磨和金刚镗分别加工活塞销

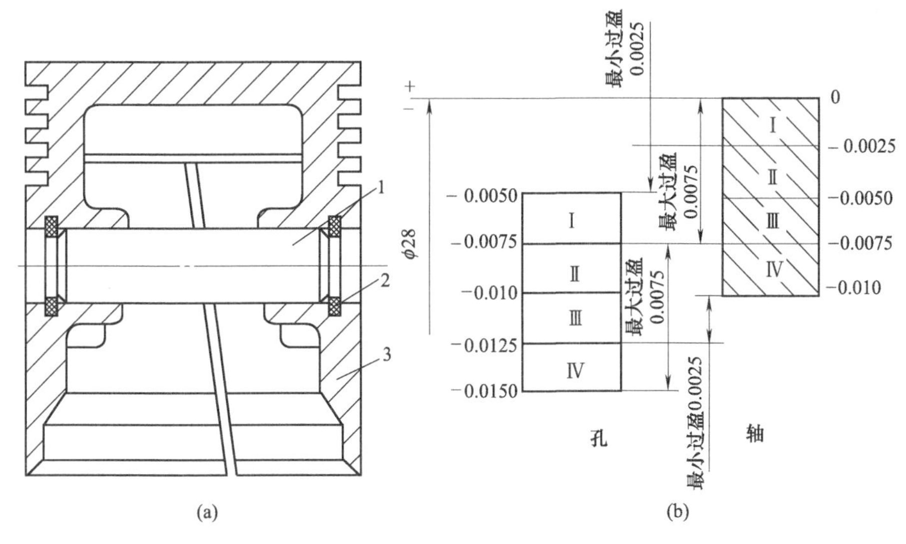

图 2-9 活塞与活塞销连接

1—活塞销；2—挡圈；3—活塞

外圆和活塞销孔，然后用精密量仪进行测量，并按尺寸大小分成 4 组，涂上不同的颜色，以便进行分组装配。具体分组情况见表 2-3。

表 2-3 活塞销和活塞销孔分组尺寸 mm

组别	标志颜色	活塞销直径 $d=\phi28_{-0.010}^{0}$	活塞销孔直径 $D=\phi28_{-0.015}^{-0.005}$	配合情况	
				最小过盈	最大过盈
Ⅰ	红	$\phi28_{-0.0025}^{0}$	$\phi28_{-0.0075}^{-0.005}$	0.0025	0.0075
Ⅱ	白	$\phi28_{-0.0050}^{-0.0025}$	$\phi28_{-0.0100}^{-0.0075}$		
Ⅲ	黄	$\phi28_{-0.0075}^{-0.0060}$	$\phi28_{-0.0125}^{-0.0100}$		
Ⅳ	绿	$\phi28_{-0.0106}^{-0.0075}$	$\phi28_{-0.0150}^{-0.0125}$		

从表 2-3 可以看出，各组的公差和配合性质与原来要求相同。

三、修配装配法

修配装配法简称修配法。在单件生产、小批生产中装配精度要求高、组成环数又多的机器结构时，常用修配法装配。采用修配法装配时，各组成环均按加工经济精度加工，装配时封闭环所积累的误差通过修配装配尺寸链中某一组成环尺寸（此组成环称为修配环）的办法，达到规定的装配精度要求。为减少修配工作量，应选择那些便于进行修配（装拆方便、修配面小、形状比较简单且对其他尺寸链没有影响的零件尺寸作为修配环）的组成环作修配环。

修配装配法的主要优点是：组成环均能以加工经济精度制造，但却可获得较高的装配精度。不足之处是：增加了修配工作量，生产效率低，对装配工人技术水平要求高。修配装配法常用于单件小批生产中装配那些组成环数较多而装配精度又要求较高的机械设备结构。

应用修配法装配时，尺寸链中各个零件均按照正常生产条件下的经济可行的公差加工。若直接装配，则封闭环所累积的总误差必然会超出规定的公差要求。为此，就需对尺寸链中的某一组成环进行修配加工，以抵偿或减小这个累积误差，使装配精度达到规定要求。

尺寸链中需进行补充加工的零件称为补偿环或修配环，所需加工去除的这层零件表面的厚度为补偿量或修配量。

生产中通过修配达到装配精度的方法很多，常见的有以下三种。

1. 单件修配法

这种方法是将零件按经济精度加工后，装配时将预定的修配环用修配加工来改变其尺寸，以保证装配精度。如图 2-1 所示，卧式车床前后顶尖对床身导轨的等高要求为 0.06mm（只许尾座高），此尺寸链中的组成环有 3 个：主轴箱主轴中心到底面高度 $A_1=201$mm，尾座底板厚度 $A_2=49$mm，尾座顶尖中心到底面距离 $A_3=156$mm，A_1 为减环，A_2、A_3 为增环。

若用完全互换法装配，则各组成环平均公差为

$$T_{平均}=T_{A_0}/3=0.06\div 3=0.02\ (\text{mm})$$

这样小的公差将使加工变得困难，所以一般采用修配法，各组成环仍按经济精度加工。根据镗孔的经济加工精度，取 $T_{A_1}=0.1$mm，$T_{A_3}=0.1$mm，根据半精刨的经济加工精度，取 $T_{A_2}=0.15$mm。由于在装配中修刮尾座底板的下表面是比较方便的，修配面也不大，所以选尾座底座板为修配件。

组成环的公差一般按“单向入体原则”分布，此例中 A_1、A_3 系中心距尺寸，故采用“对称原则”分布，$A_1=(205\pm 0.05)$mm，$A_3=(156\pm 0.05)$mm。至于 A_2 的公差带分布，要通过计算确定。

修配环在修配时对封闭环尺寸变化的影响有两种情况：一种是使封闭环尺寸变大；另一种是使封闭环尺寸变小。因此修配环公差带分布的计算也相应分为两种情况。

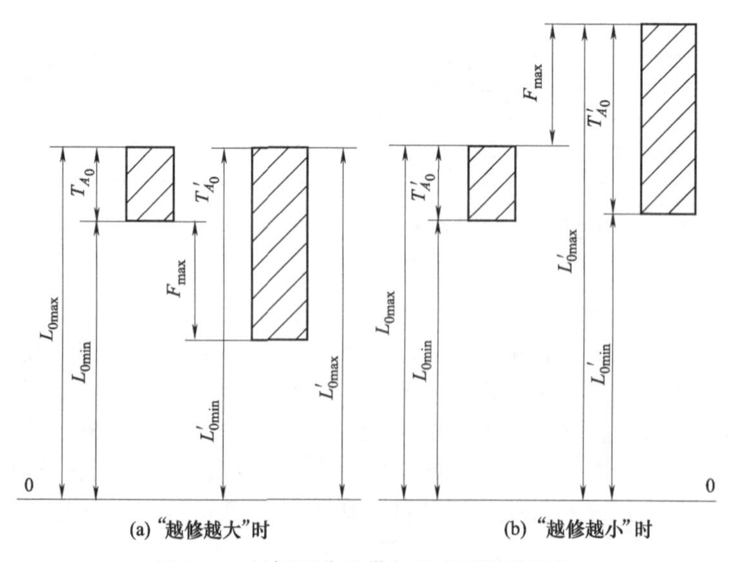

图 2-10　封闭环公差带与组成环累计误差

图 2-10 所示为封闭环公差带与各组成环（含修配环）公差放大后的累积误差之间的关系。图中 T_{A_0}、L_{0max}、L_{0min} 分别为封闭环公差和极限尺寸；T'_{A_0}、L'_{0max}、L'_{0min} 分别为各组成环的累积误差和极限尺寸；F_{max} 为最大修配量。

当修配结果使封闭环尺寸变大时，简称“越修越大”，从图 2-10（a）可知

$$L_{0\max}=L'_{0\max}=\sum_{i=1}^{n}L'_{i\max}-\sum_{i=n+1}^{m}L'_{i\min} \tag{2-17}$$

当修配结果使封闭环尺寸变小，简称“越修越小”，从图 2-10（b）可知

$$L_{0\min}=L'_{0\min}=\sum_{i=1}^{n}L'_{i\min}-\sum_{i=n+1}^{m}L'_{i\max} \tag{2-18}$$

上例中，修配尾座底座板的下表面，使封闭环尺寸变小，因此应按求封闭环最小极限尺寸的公式，即

$$A_{0\min}=A_{2\min}+A_{3\min}-A_{1\max}$$

$$0=A_{2\min}+155.95-205.05$$

$$A_{2\min}=49.10\ (\text{mm})$$

因为 $T_{A_2}=0.15$mm，所以 $A_2=49^{+0.25}_{+0.10}$mm。

修配加工是为了补偿组成环累积误差与封闭环公差超差部分的误差，所以最多修配量为

$$F_{\max}=\sum T_{A_i}-T_{A_0}=0.10+0.15+0.1-0.06=0.29\ (\text{mm})$$

而最小修配量为 0。考虑到车床总装时，尾座底板与床身配合的导轨面还需配刮，则应补充修正，取最小修刮量为 0.05mm，修正后的 A_2 尺寸为 $49^{+0.30}_{+0.15}$mm，此时最多修配量为 0.34mm。

2. 合并修配法

这种方法是将两个或多个零件合并在一起进行加工修配。合并加工所得的尺寸可看做一个组成环，这样减少了组成环的环数，就相应减少了修配的劳动量。

如上例中，为减少对尾座底板的修配量，一般先把尾座和底板的配合面加工后，配刮横向小导轨，然后再将两者装配为一体，以底板的底面为基准，镗尾座的套筒孔，直接控制尾座套筒孔至底板底面的尺寸公差，这样组成环 A_2、A_3 合并成一环，仍取公差为 0.1mm，其最多修配量 $F_{\max}=\sum T_{A_i}-T_{A_0}=0.0+0.1-0.06=0.14$（mm）。修配工作量相应减少了。

合并加工修配法在装配中应用较广，但由于零件要对号入座，给组织装配生产带来一定麻烦，因此多用于单件小批生产中。

3. 自身加工修配法

在机床制造中，有一些装配精度要求是在总装时利用机床本身的加工能力“自己加工自己”，可以很简捷地解决，这即是自身加工修配法。

例如图 2-11 所示，在转塔车床装配中，要求转塔上 6 个安装刀架的大孔中心线必须保证和机床主轴回转中心线重合，而 6 个平面又必须和主轴中心线垂直。若将转塔作为单独零件加工出这些表面，在装配中达到上述两项要求，是非常困难的。当采用自身加工修配法时，这些表面在装配前不进行加工，而是在转塔装配到机床上后，在主轴上装镗杆，使镗刀旋转，转塔做纵向进给运动，依次精镗出转塔上的 6 个孔；再在主轴上装一个能径向进给的小刀架，刀具边旋转边径向进给，依次精加工出转塔的 6 个平面。这样可很方便地保证上述两项精度要求。

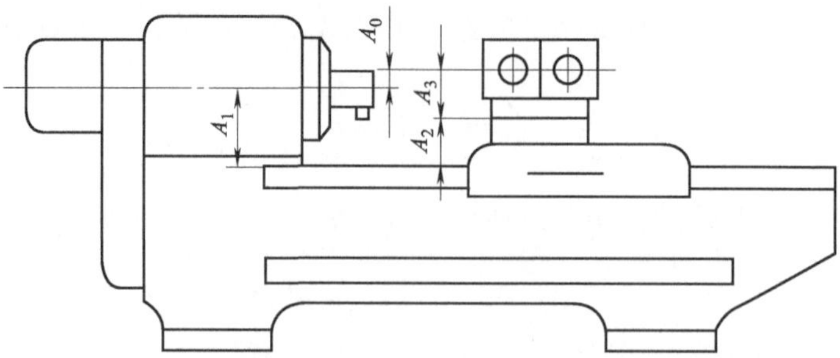

图 2-11 转塔车床转塔自身加工修配

修配法的特点是各组成环零、部件的公差可以扩大，按经济精度加工，从而使制造容易，成本低；装配时可利用修配件的有限修配量达到较高的装配精度要求，但装配中零件不能互换。修配法劳动量大（有时需拆装几次），生产率低，难以组织流水生产，装配精度依赖于工人的技术水平。修配法适用于单件和成批生产中精度要求较高的装配。

4. 修配法考虑的问题

① 在环数较多的尺寸链中，当封闭环的精度要求较高时，用互换法来装配，势必使组成环的公差很小，增加机械加工的难度并影响经济性。

② 采用修配法来装配，即将各组成环按经济公差来制造，选定一个组成环为修配环，在装配时进行修改该环的尺寸来满足封闭环的精度要求。

③ 修配法的实质是扩大组成环的公差，在装配时逐个修配来达到装配精度，不能互换。

④ 采用独件修配法，选定某一固定的零件作为修配件，在装配过程中进行修配，以保证装配精度。

⑤ 采用合并加工修配法，将两个或更多零件合并在一起进行修配，将所得尺寸作为一个组成环，从而减少组成环的环数。

⑥ 采用自身加工修配法，自己加工自己的方法达到装配精度。

5. 修配法装配尺寸链考虑的问题

① 计算原理

所有零件按经济精度制造，其中选择一个零件作为修配环，并通过增大或减小尺寸来预留合理的修配量，使其在装配时可以通过修配该尺寸达到装配精度要求。

② 要点

越修越大：修配零件某表面，使封闭环尺寸变大。

计算要点：封闭环尺寸为极大值，再修将更大。

越修越小：修配零件某表面，使封闭环尺寸变小。

计算要点：封闭环尺寸为极小值，再修将更小。

③ 计算公式

包括极大值或极小值的计算公式。

④ 修配零件某表面的补充说明

零件尺寸增减修配量：修配零件某表面，会改变零件的尺寸（增大或减小），由于零件尺寸的变化，将引起封闭环尺寸的变化（增大或减小）。

修配使零件尺寸增大：若该尺寸是增环，则封闭环增大→越修越大；

修配使零件尺寸增大：若该尺寸是减环，则封闭环减小→越修越小；

修配使零件尺寸减小：若该尺寸是增环，则封闭环减小→越修越小；

修配使零件尺寸减小：若该尺寸是减环，则封闭环增大→越修越大；

⑤ 修配法计算步骤

a. 画装配尺寸链，确定封闭环、组成环（增环、减环）。

b. 选择修配环，确定各组成环（包括修配环）并按经济制造精度（公差值）进行计算。

c. 分析修配类型：越修越大还是越修越小；

d. 确定计算公式：

越修越大——按公式 $A'_{0\max}=A_{0\max}$计算；

越修越小——按公式 $A'_{0\min}=A_{0\min}$计算；

e. 代入除修配环以外的其他组成环和封闭环尺寸值。

f. 求出修配环的极大值或极小值。

g. 考虑修配环公差，得到修配环尺寸。

⑥ 最小修配量、最大修配量和最小修刮量

a. 最小修配量是修配原则。

若越修零件尺寸越小（外径尺寸）：尺寸可以是无限大；

若越修零件尺寸越大（内径尺寸）：尺寸可以是零。

b. 最大修配量是按照最小修配量原则进行修配的，最大可能需要修配的量。

$$最大修配量=(所有组成环公差之和)-(封闭环公差)$$

c. 最小修刮量是装配要求。

在装配时，为保证装配质量，修配环某表面必须要修刮一下，以提高该表面的表面粗糙度。

若考虑最小修刮量，需要在零件尺寸的基础上，增加或减小最小修刮量的值（外径尺寸增加，内径尺寸减小）。

⑦ 修配法的计算题型

已知装配关系示意图；或各组成环的基本尺寸和公差；或封闭环的尺寸；或制定修配表面；或最小修刮量。问：按最小修配量原则，确定修配环的尺寸；计算最大修配量。

图 2-12 所示的修配环是增环的情况。

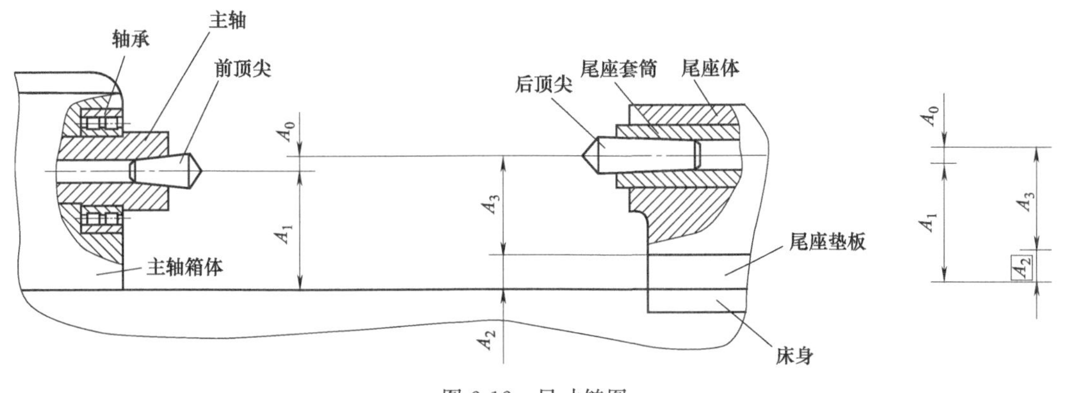

图 2-12　尺寸链图

$A_0=0^{+0.06}_{+0.03}$mm，$A_1=160$mm，$A_2=30$mm，$A_3=130$mm。

此项精度如用完全互换法求解，则按等公差法：

$$T_1=T_2=T_3=\frac{0.03}{3}=0.01\ (\mathrm{mm})$$

由于零件精度要求较高，完全互换法不能达到这样高的加工精度，因此采用新修配法装配。

由于底座底板修配加工方便，故选取 A_2 为修配环。A_2 环是一个增环，修刮它时会使封闭环 A_0 尺寸减小。尺寸链的计算步骤如下。

a. 确定各组成环公差。

各组成环按经济公差制造，确定为 $A'_1=(160\pm0.1)$ mm，$A'_2=30^{+0.2}_{0}$ mm，$A'_3=(130\pm0.1)$mm。

b. 修配环基本尺寸的确定。

目的是保证修配环有大于或等于零的修配量。即封闭环为下限值时，A_2最小应为多少。(因为 A_2为增环，如 A_2再减小，封闭环将小于下限值，超差，无修配量)。表 2-4 所示为尺寸链求解的竖式计算表。

表 2-4　尺寸链求解的竖式计算表　　mm

尺寸链环	A_0算式	ES_0算式	EI_0算式
减环$\overleftarrow{A}'_1$	−160	+0.1	−0.1
增环$\vec{A}_2$	+30	+0.2	0
增环$\vec{A}_3$	+130	+0.1	−0.1
封闭环$\vec{A}_0$	0	+0.4	−0.2

由竖式法计算 A_0：

$$A'_0=0^{+0.4}_{-0.2}\text{mm}$$

四、调整装配法

在大批大量生产时，装配中用改变调整件在机械设备产品结构中的相对位置或选用合适的调整件来达到装配精度的装配方法，称为调整装配法。

调整装配法与修配装配法的原理基本相同。在以装配精度要求为封闭环建立的装配尺寸链中，除调整环外，各组成环均以加工经济精度制造，由于扩大组成环制造公差带来的封闭环尺寸变动范围超差，通过调节调整件相对位置的方法消除，最后达到装配精度要求。尽管如此，调整装配法和修配装配法相比还有区别：修配装配法是采用机械加工的方法去除补偿环零件上的金属层，调整装配法不是靠去除金属余量，而是靠改变补偿件的位置或更换补偿件的方法来保证装配精度的。根据补偿件的调整特征，调整法可分为可动调整法、固定调整法和误差抵消调整法。

1. 可动调整法

采用改变调整件的位置来达到装配精度的方法，叫做可动调整装配法。调整过程中，不需要拆卸零件，比较方便。采用可动调整装配法可以调整由于磨损、热变形、弹性变形等所引起的误差，所以它适用于高精度和组成环在工作中易于变化的尺寸链。

机械制造中，采用可动调整装配法的例子较多。例如图 2-13 (a) 是依靠转动螺钉调整轴承外环的位置以得到合适的间隙；图 2-13 (b) 是用调整螺钉通过改变镶条 6 的位置来保证车床溜板和床身导轨之间的间隙；图 2-13 (c) 是通过转动调整螺钉，使斜楔块上、下移动来保证螺母和丝杠之间的合理间隙。

2. 固定调整法

在以装配精度要求为封闭环建立的装配尺寸链中，组成环均按加工经济精度制造，由于扩大组成环制造公差带来的封闭环尺寸变动范围超差，可通过更换不同尺寸的固定调整环进

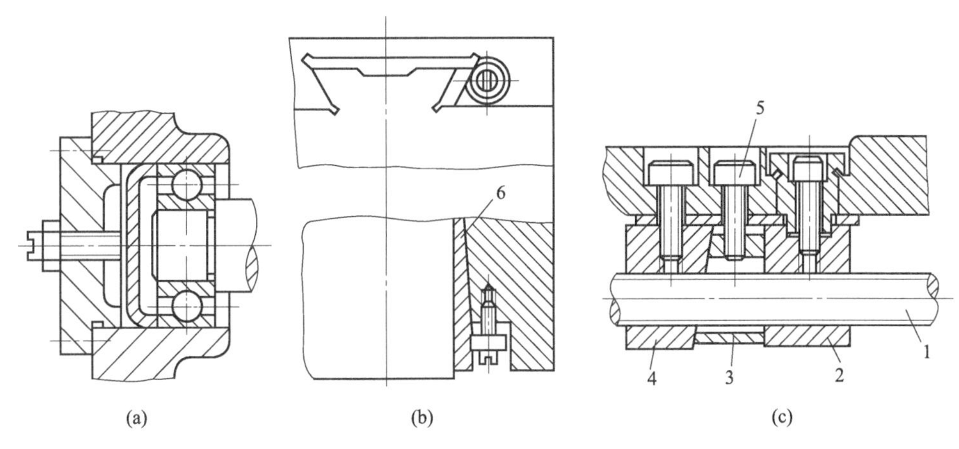

图 2-13　可动调整装配法示例

1—丝杆；2,4—螺母；3—楔块；5—螺钉；6—镶条

行补偿，最终达到装配精度要求。这种装配方法称为固定调整装配方法。

固定调整装配方法适于在大批大量生产中装配精度要求较高的机器结构。在产量大、装配精度要求较高的场合，调整件还可以采用多件拼合的方式组成。这种调整装配方法比较灵活，它在汽车、拖拉机生产中广泛应用。

固定调整法是按一定尺寸分级制造一套专用的固定调节零件，如垫片、垫圈、轴套等。装配时选择某一个合适的尺寸分级的调节件，加入装配结构作为补偿，从而达到原装配精度。其过程如下。

① 根据经验或有关机械加工工艺手册，确定各组成环的经济加工精度下的公差值。

② 求出扩大后的封闭环公差 T'_N。

③ 算出封闭环的超差量 $\Delta = T'_N - T_N$。

④ 确定或增设调节环，其尺寸为 A_k、公差为 T_k。

⑤ 求调节环零件的尺寸分级数值，分级级数 $m=\dfrac{\Delta+T_k}{T_N-T_k}+1$。

⑥ 按照计算出的分级尺寸，制造一套调节环零件，供装配时选用。

例如，图 2-14 所示为 CA6140 机床主轴局部双联齿轮的轴向装配结构。

要求的间隙量 $N=0.05\sim0.20$mm。图 2-15 为其装配尺寸链图。各尺寸为 $A_1=115$mm，$A_2=8.5$mm，$A_3=95$mm，$A_4=2.5$mm，垫片厚度 $A_k=9$mm。

如用完全互换等公差，则各组成环分配到的公差 $T_M=\dfrac{T_N}{5}=\dfrac{0.20-0.05}{5}=0.03$ (mm)，显然不合适。

改用固定调节法，A_k为调节环。按经济加工精度各零件尺寸及公差扩大为

$A_1=115^{+0.20}_{+0.05}$ mm，$A_2=8.5^{\ 0}_{-0.10}$ mm，$A_3=95^{\ 0}_{-0.10}$mm，$A_4=2.5^{\ 0}_{-0.12}$mm。

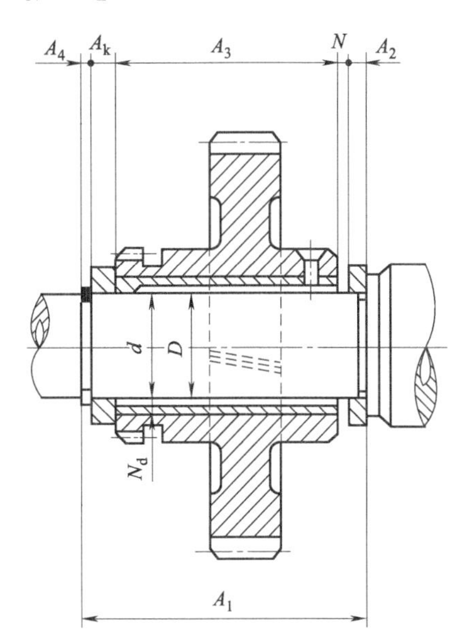

图 2-14　装配尺寸链实例

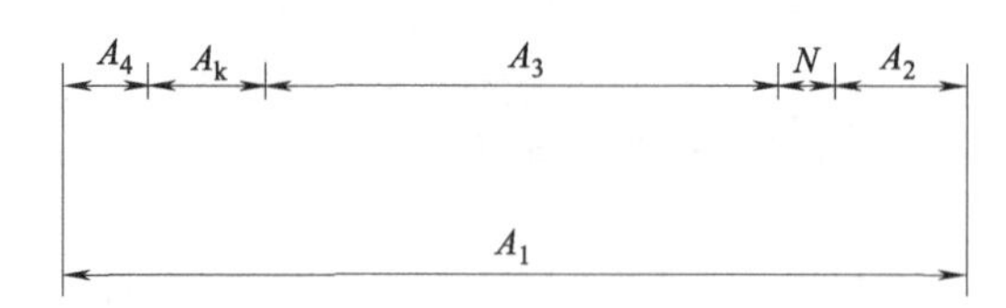

图 2-15　CA6140 车床主轴装配尺寸链

A_k的公差定为 0.03mm，则有 $A_k=9_{-0.03}^{\ 0}$mm。

扩大后的封闭环公差也增大为

$$T'_N=0.15+0.10+0.10+0.12=0.47\ (\text{mm})$$

超差值，即补偿量 $\Delta=0.47-0.15=0.32$ (mm)。

分级组数，$m=\dfrac{0.32+0.03}{0.15-0.03}+1=3.9$；取整数为 4。

计算后的调整垫片 A_k的厚度尺寸列于表 2-5。

表 2-5　间隙尺寸分段与调整垫片厚度　　mm

组号	间隙尺寸分段	调整垫片厚度	装配后的间隙
1	>9.05～9.17	$9_{-0.03}^{\ 0}$	0.05～0.20
2	>9.17～9.29	$9.12_{-0.03}^{\ 0}$	0.05～0.20
3	>9.29～9.41	$9.24_{-0.03}^{\ 0}$	0.05～0.20
4	>9.41～9.53	$9.36_{-0.03}^{\ 0}$	0.05～0.20

3. 误差抵消调整法

误差抵消调整法是通过调整某些相关零件误差的方向，使其互相抵消。这样，各相关零件的尺寸公差可以扩大，同时又保证了装配精度。

图 2-16 所示为用这种方法装配的镗模实例。图中要求装配后二镗套孔的中心距为 (100±0.015)mm，如用完全互换装配法制造，则要求模板的孔距误差和二镗套内、外圆同轴度误差之总和不得大于±0.015mm，设模板孔距按 (100±0.009)mm，镗套内、外圆的同轴度允差按 0.003mm 制造，则无论怎样装配，均能满足装配精度要求。但其加工是相当困难的，因而需要采用误差抵消装配法进行装配。

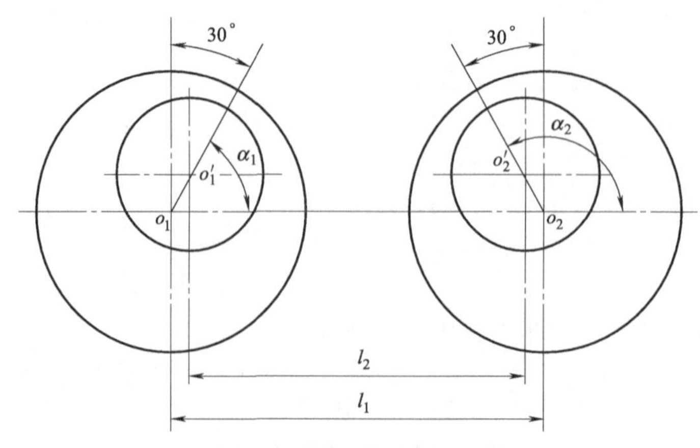

图 2-16　镗模板装配尺寸分析

图 2-16 中 o_1、o_2为镗模板孔中心，o'_1、o'_2为镗套内孔中心。装配前先测量各零件的尺寸误差及位置误差，并记上误差的方向，在装配时有意识地将镗套按误差方向转过 α_1、α_2

角，则装配后二镗套孔的孔距为

$$o_1'o_2' = o_1o_2 - o_1o_1'\cos\alpha_1 + o_2o_2'\cos\alpha_2 \tag{2-19}$$

设 o_1o_2＝100.015mm，两个镗套孔内、外圆同轴度为 0.015mm，装配时令 $\alpha_1=60°$、$\alpha_2=120°$。

则 $o_1'o_2' = 100.015 - 0.015\cos60° + 0.015\cos120° = 100$（mm）

本实例实质上是采用镗套同轴度误差来抵消镗模板的孔距误差。其优点是零件制造精度可以放宽，经济性好，采用误差抵消装配法装配还能得到很高的精度。但每台产品装配时，均需测出零件误差的大小和方向，并计算出误差数值，增加了辅助时间，影响了生产效率，对工人的技术水平要求较高。因此，除单件小批量生产工艺装备及精密机床采用该种方法外，一般很少采用此技术。

4. 调整法强调事项

① 修配法一般是在工作现场进行修配，限制了应用。

② 在大批量生产情况下，采用更换不同尺寸大小的某个组成环，或调整某个组成环的位置来达到封闭环的精度要求，称为调整法。

③ 调整法的实质也是扩大组成环的公差，即各组成环按经济公差制造，并保证封闭环的精度。

④ 可动调整法：改变零件的位置来达到装配精度，如轴承间隙调整、丝杠螺母副间隙调整。

⑤ 固定调整法：在尺寸链中选定一个或加入一个零件作为调节环，该零件按一定的尺寸间隙级别制成，如垫片。

⑥ 误差抵消调整法：在装配时根据尺寸链中某组成环误差的方向做定向装配，使其误差互相抵消一部分，以提高封闭环的精度。

总之，装配方法就是指手工装配还是机械装配，同时保证装配精度的工艺方法和装配尺寸链的计算方法。对于前者而言，主要取决于生产纲领和产品的装配工艺性，进而考虑产品尺寸的大小和质量的高低以及结构的复杂程度；对于后者来讲，这主要取决于生产纲领和装配精度，但还与装配尺寸链中的组成环数的多少有关。根据生产纲领及现有的生产条件，综合考虑加工与装配之间的关系，确定装配方法，使整个产品获得最佳的技术经济效果。这些装配方法可用表 2-6 简要表述。

表 2-6　5 种装配方法适用范围及应用实例

装配方法	适用范围	应用实例
完全互换装配法	适用于组成环中的零件，可用经济精度加工、零件数较少、批量很大的机械设备产品	汽车、拖拉机、缝纫机、洗衣机及小型电动机的部分部件
部分互换装配法	适用于组成环中的零件，其加工精度需适当放宽、零件数稍多、批量大的机械设备产品	机床、仪器仪表中某些部件
选择装配法	适用于成批或大量生产中，组成环中的零件装配精度很高，零件数很少，又不便于采用调整装置的机械设备产品	中小型柴油机的活塞与缸套、活塞与活塞销、滚动轴承的内外圈与滚子
修配装配法	适用于单件小批量生产且组成环中要求装配精度很高，零件数量较多的机械设备产品	车床尾座垫板、滚齿机分度蜗轮与工作台装配后精加工齿形、平面磨床砂轮（架）对工作台台面的自磨工序
调整装配法	除必须采用选择装配法选配的精密件外，调节装配法可适用于各种场合	机床导轨的楔形镶条，内燃机气门间隙的调整螺钉，滚动轴承调整间隙的间隙套、垫圈，锥齿轮调整间隙的垫片

第三节 装配方法的使用方法

机械产品的精度要求，最终是靠装配实现的。用合理的装配方法来达到规定的装配精度，以实现用较低的零件精度，达到较高的装配精度，用最少的装配劳动量来达到较高的装配精度，即合理地选择装配方法，这是装配工艺的核心问题。

装配方法与装配尺寸链的计算方法密切相关。

装配尺寸链的计算方法可分为正计算和反计算。正计算用于对已设计的图样进行校核验算。反计算用于产品设计过程之中，以确定各零部件的尺寸和加工精度。

根据产品的性能要求、结构特点、生产形式和生产条件等，可采取不同互换法、选择法、修配法和调整法。

一、互换装配法的使用方法

互换装配法是在装配过程中，零件互换后仍能达到装配精度要求的装配方法。产品采用互换装配法时，装配精度主要取决于零件的加工精度，装配时不需任何调整和修配，就可以达到装配精度。互换法的实质就是通过控制零件的加工误差来保证产品的装配精度。

根据零件的互换程度不同，互换法又可分为完全互换法和大数互换法。

1. 完全互换装配法的使用方法

采用完全互换装配法时，装配尺寸链采用极值公差公式计算（与工艺尺寸链计算公式相同）。为保证装配精度要求，尺寸链各组成环公差之和应小于或等于封闭环公差（装配精度要求）：

$$T_{\mathrm{ol}} \geqslant \sum_{i=1}^{m} |\xi_i| T_i \tag{2-20}$$

式中 ξ_i——第 i 个组成环传递系数；

m——组成环的个数。

对于直线尺寸链则 $|\xi_i|=1$，即

$$T_{\mathrm{ol}} \geqslant \sum_{i=1}^{m} T_i = T_1 + T_2 + \cdots + T_m \tag{2-21}$$

式中 T_{ol}——封闭环极限公差；

T_i——第 i 个组成环公差；

在进行装配尺寸链反计算时，即已知封闭环（装配精度）的公差 T_{0l}，分配有关零件（各组成环）公差 T_i 时，可按“等公差”原则（$T_1=T_2=\cdots=T_m=T_{\mathrm{avl}}$）先确定它们的平均极值公差

$$T_{\mathrm{avl}} = \frac{T_0}{\sum_{i=1}^{m} |\xi_i|} \tag{2-22}$$

对于直线尺寸链有 $|\xi_i|=1$，则

$$T_{\mathrm{avl}} = \frac{T_0}{m} \tag{2-23}$$

然后根据各组成环尺寸大小和加工的难易程度，对各组成环的公差进行适当的调整。在调整时可参照下列原则。

① 组成环是标准件尺寸（如轴承或弹性挡圈厚度等）时，其公差值及其分布在相应标

准中已有规定，应为确定值。

② 组成环是几个尺寸链的公共环时，其公差值及其分布由其中要求最高的尺寸链先行确定，对其余尺寸链则应成为确定值。

③ 尺寸相近、加工方法相同的组成环，其公差值相等。

④ 难加工或难测量的组成环，其公差可取较大数值。易加工、易测量的组成环，其公差取较小数值。

在确定各组成环极限偏差时，对属于外尺寸（如轴）的组成环，按基轴制（h）决定其极限偏差和分布；属于内尺寸（如孔）的组成环，按基孔制（H）决定其公差分布，孔中心距的尺寸极限偏差按对称分布选取。

显然，当各组成环都按上述原则确定其公差时，按式（2-21）计算公差累积值常不符合封闭环的要求。因此，常选一个组成环，其公差与分布需经计算后确定，以便与其他组成环相协调，最后满足封闭环的精度要求。这个事先选定的在尺寸链中起协调作用的组成环，称为协调环。不能选取标准件或公共环为协调环，因为其公差和极限偏差已是确定值。可选取易加工的零件为协调环，而将难加工零件的尺寸公差从宽选取；也可选取难加工零件为协调环，而将易于加工的零件的尺寸公差从严选取。

计算完全互换法装配尺寸链的基本公式和计算方法与工艺尺寸链的公式和方法相同，下面以例题说明。

［例 2-1］　如图 2-17（a）所示齿轮部件装配，轴是固定不动的，齿轮在轴上回转，要求齿轮与挡圈的轴向间隙为 0.1～0.35mm，已知：$A_1=30$mm，$A_2=5$mm，$A_3=43$mm，$A_4=3_{-0.05}^{\ 0}$mm（标准件），$A_5=5$mm，现采用完全互换法装配，试确定各组成环公差和极限偏差。

解：

（1）画装配尺寸链图，校验各环基本尺寸。

依题意，轴向间隙为 0.1～0.35mm，则封闭环公差 $A_0=0_{+0.10}^{+0.35}$mm，封闭环公差 $T_0=0.25$mm。A_3为增环，A_1、A_2、A_4、A_5为减环，$\xi_3=+1$，$\xi_1=\xi_2=\xi_4=\xi_5=-1$，装配尺寸链如图 2-17（b）所示。封闭环基本尺寸为

$$A_0=\sum_{i=1}^{m}\xi_i A_i=A_3-(A_1+A_2+A_4+A_5)$$
$$=43-(30+5+3+5)=0\ (\text{mm})$$

由计算可知，各组成环基本尺寸无误。

(2) 确定各组成环公差和极限偏差。

计算各组成环平均极值公差

$$T_{\text{avl}}=\frac{T_0}{\sum_{i=1}^{m}|\xi_i|}=\frac{T_0}{m}=\frac{0.25}{5}=0.05\ (\text{mm})$$

以平均极值公差为基础，根据各组成环尺寸、零件加工难易程度，确定各组成环公差。

A_5为一垫片，易于加工和测量，故选 A_5为协调环。A_4 为标准件，$A_4=3_{-0.05}^{\ 0}$ mm，$T_4=0.05$mm，其余各组成环根据其尺寸和加工难易程度选择公差为 $T_1=0.06$mm，$T_2=$

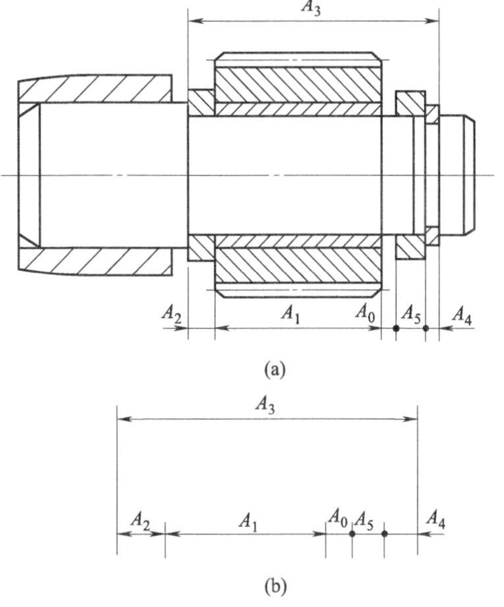

图 2-17　齿轮与轴的装配关系

0.04mm，$T_3=0.07$mm，各组成环公差等级约为IT9。

A_1、A_2为外尺寸，按基轴制（h）确定极限偏差：$A_1=30_{-0.06}^{\ 0}$mm，$A_2=5_{-0.04}^{\ 0}$mm。A_3为内尺寸，按基孔制（H）确定其极限偏差：$A_3=43_{\ 0}^{+0.07}$mm。

封闭环的中间偏差Δ_0为

$$\Delta_0=\frac{\mathrm{ES}_0+\mathrm{EI}_0}{2}=\frac{0.35+0.10}{2}=0.225\ (\mathrm{mm})$$

各组成环的中间偏差分别为

$$\Delta_1=-0.03\mathrm{mm},\ \Delta_2=-0.02\mathrm{mm},\ \Delta_3=0.035\mathrm{mm},\ \Delta_4=-0.025\mathrm{mm}$$

(3) 计算协调环极值公差和极限偏差

封闭环的上极限偏差等于所有增环上极限偏差之和减去所有减环下极限偏差之和，即

$$\begin{aligned}\mathrm{ES}_5&=\mathrm{ES}_3-(\mathrm{EI}_1+\mathrm{EI}_2+\mathrm{EI}_4)-\mathrm{ES}_0\\&=0.07-(-0.06-0.04-0.05)-0.35=-0.13\ (\mathrm{mm})\end{aligned}$$

封闭环的下极限偏差等于所有增环下极限偏差之和减去所有减环上极限偏差之和，即

$$\begin{aligned}\mathrm{EI}_5&=\mathrm{EI}_3-(\mathrm{ES}_1+\mathrm{ES}_2+\mathrm{ES}_4)-\mathrm{EI}A_0=0-(0+0+0)-0.1\\&=-0.1\ (\mathrm{mm})\end{aligned}$$

所以，协调环A_5的尺寸和极限偏差为$A_5=5_{-0.13}^{-0.10}$mm。

最后可得各组成环尺寸和极限偏差为

$A_1=30_{-0.06}^{\ 0}$mm，$A_2=5_{-0.04}^{\ 0}$mm，$A_3=43_{\ 0}^{+0.07}$mm，$A_4=3_{-0.05}^{\ 0}$mm，$A_5=5_{-0.13}^{-0.10}$mm

2. 大数互换装配法的使用方法

完全互换法的装配过程虽然简单，但它是根据极大极小的极端情况来建立封闭环与组成环的关系式，在封闭环为既定值时，各组成环所获公差过于严格，常使零件加工过程产生困难。由数理统计基本原理可知：首先，在一个稳定的工艺系统中进行大批量加工时，零件加工误差出现极值的可能性很小；其次，在装配时，各零件的误差同时为极大、极小的“极值组合”的可能性更小，在组成环数多、各环公差较大的情况下，装配时零件出现“极值组合”的机会就更加微小，实际上可以忽略，完全互换法用严格零件加工精度的代价换取装配时不发生或极少出现的极端情况，显然是不科学、不经济的。

在绝大多数产品中，装配时各组成环不需挑选或改变其大小或位置，装配后即能达到装配精度的要求，但少数产品有出现废品的可能性，这种装配方法称为大数互换法（或部分互换法）。

采用大数互换法装配时，装配尺寸链采用统计公差公式计算。

在直线尺寸链中，各组成环通常是相互独立的随机变量，而封闭环又是各组成环的代数和。根据概率论原理可知，各独立随机变量（组成环）的均方根偏差σ_i与这些随机变量之和（封闭环）的均方根偏差σ_0的关系可用下式表示：

$$\sigma_0=\sqrt{\sum_{i=1}^{m}\sigma_i^2} \tag{2-24}$$

当尺寸链各组成环均为正态分布时，其封闭环也属于正态分布。此时，各组成环的尺寸误差分散范围ω_i与其均方根偏差σ_i的关系为

$$\omega_i=6\sigma_i\text{，即 }\sigma_i=\frac{\omega_i}{6} \tag{2-25}$$

当误差分散范围等公差值，即$\omega_i=T_i$时，有

$$T_0=\sqrt{\sum_{i=1}^{m}T_i^2} \tag{2-26}$$

若尺寸链不是直线尺寸链，且各组成环的尺寸分布为正态分布时，需引入传递系数 ε_i 和相对分布系数 k_i，若 $A_0=f(A_1, A_2, \cdots, A_m)$，则

$$\varepsilon_i=\frac{\partial f}{\partial A_i}$$

$$k_i=\frac{6\sigma_i}{\omega_i}，即\ \sigma_i=\frac{k_i\omega_i}{6} \tag{2-27}$$

则封闭环的统计公差 T_{os} 与各组成环公差 T_i 的关系为

$$T_{os}=\frac{1}{k_0}\sqrt{\sum_{i=1}^{m}\xi_i^2k_i^2T_i^2} \tag{2-28}$$

式中　k_0——封闭环的相对分布系数；

k_i——第 i 个组成环的相对分布系数。

对于直线尺寸链有 $|\xi_i|=1$，则

$$T_{os}=\frac{1}{k_0}\sqrt{\sum_{i=1}^{m}k_i^2T_i^2} \tag{2-29}$$

如取各组成环公差相等，则组成环平均统计公差为

$$T_{avs}=\frac{k_0T_0}{\sqrt{\sum_{i=1}^{m}\xi_i^2k_i^2}} \tag{2-30}$$

对于直线尺寸链有 $|\xi_i|=1$，则

$$T_{avs}=\frac{k_0T_0}{\sqrt{\sum_{i=1}^{m}k_i^2}} \tag{2-31}$$

式中，k_0 也表示大数互换法的置信水平 P。当组成环尺寸呈正态分布时，封闭环亦属正态分布，此时相对分布系数是 $k_0=1$，置信水平 $P=99.73\%$，产品装配后不合格率为 0.27%。在某些生产条件下，要求适当放大组成环公差或组成环为非正态分布时，置信水平 P 则降低，装配产品不合格率则大于 0.27%，P 与 k_0 的对应如表 2-7 所示。

组成环尺寸为不同分布形式时，对应不同的相对分布系数 k 和不对称系数 e，如表 2-8 所示。

表 2-7　P 与 k_0 的对应关系

置信水平 P/%	99.73	99.5	99	98	95	90
封闭环相对分布系数 k_0	1	1.06	1.16	1.29	1.52	1.82

表 2-8　不同分布曲线的 e、k 值

分布特征	正态分布	三角分布	均匀分布	瑞利分布	偏态分布	
					外尺寸	内尺寸
分布曲线	-3σ　3σ			$e\frac{T}{2}$	$e\frac{T}{2}$	$e\frac{T}{2}$
e	0	0	0	0.28	0.26	0.26
k	1	1.22	1.73	1.14	1.17	1.17

当各组成环具有相同的非正态分布时，且各组成环分布范围相差又不太大时，只要组成环数不太小（$m\geqslant 5$），封闭环亦趋近正态分布，此时，$k_0=1$，$k_i=k$，则封闭环当量公差T_{oe}为统计公差T_{oc}的近似值

$$T_{oc}=k\sqrt{\sum_{i=1}^{m}\xi_i^2T_i^2} \tag{2-32}$$

此时各组成环平均当量公差为

$$T_{ave}=\frac{T_0}{k\sqrt{\sum_{i=1}^{m}\xi_i^2}} \tag{2-33}$$

对于直线尺寸链，$|\xi_i|=1$，则

$$T_{oc}=k\sqrt{\sum_{i=1}^{m}T_i^2} \qquad T_{ave}=\frac{T_0}{k\sqrt{m}} \tag{2-34}$$

当各组成环在其公差内呈正态分布时，封闭环也呈正态分布，此时，$k_0=k_i=1$，则封闭环平方公差为

$$T_{oq}=\sqrt{\sum_{i=1}^{m}\xi_i^2T_i^2} \tag{2-35}$$

各组成环平均平方公差为

$$T_{avq}=\frac{T_0}{\sqrt{\sum_{i=1}^{m}\xi_i^2}} \tag{2-36}$$

对于直线尺寸链，$|\xi_i|=1$，则

$$T_{oq}=\sqrt{\sum_{i=1}^{m}T_i^2} \qquad T_{avq}=\frac{T_0}{\sqrt{m}} \tag{2-37}$$

[例 2-2] 如图 2-17（a）所示轴与齿轮的装配关系，已知$A_1=30$mm，$A_2=5$mm，$A_3=43$mm，$A_4=3_{-0.05}^{\ 0}$ mm（标准件），$A_5=5$mm，装配后齿轮与挡圈间轴向间隙为0.1～0.35mm，现采用大数互换法装配，试确定各组成环公差和极限偏差。

解：

（1）画装配尺寸链图。

检验各环基本尺寸与［例 2-1］过程相同。

（2）确定各组成环公差和极限偏差。

认为该产品在大批量生产条件下，工艺过程稳定，各组成环尺寸趋近正态分布，$k_0=k_1=1$，$e_0=e_1=0$，则各组成环平均平方公差为

$$T_{avq}=\frac{T_0}{\sqrt{m}}=\frac{0.25}{\sqrt{5}}\approx 0.11(\text{mm})$$

A_3为一轴类零件，与其他零件相比较难加工，现选择A_3为协调环。以平均平方公差为基础，参考各零件尺寸和加工难易程度，从严选取各组成环公差：$T_1=0.14$mm，$T_2=T_5=0.08$mm，其公差等级为IT10。$A_4=3_{-0.05}^{\ 0}$ mm（标准件），$T_4=0.05$mm，由于A_1、A_2、A_5皆为外尺寸，其极限偏差按基轴制（h）表示，则$A_1=30_{-0.14}^{\ 0}$ mm，$A_2=5_{-0.08}^{\ 0}$ mm，$A_5=5_{-0.08}^{\ 0}$ mm。各环中间偏差分别为

$\Delta_0=0.225$mm，$\Delta_1=-0.07$mm，$\Delta_2=-0.04$mm，$\Delta_4=-0.025$mm，$\Delta_5=-0.04$mm

(3) 计算协调环公差和极限偏差。

$T_3=\sqrt{T_0^2-(T_1^2+T_2^2+T_4^2+T_5^2)}$

$=\sqrt{0.25^2-(0.14^2+0.08^2+0.05^2+0.08^2)}=0.16$ (mm)（只舍不进）

协调环 A_3 的中间偏差为

$$\Delta_0=\sum_{i=1}^{m}\xi_i\Delta_i=\Delta_3-(\Delta_1+\Delta_2+\Delta_4+\Delta_5)$$

$\Delta_3=\Delta_0+\Delta_1+\Delta_2+\Delta_4+\Delta_5$

$=0.225+(-0.07-0.04-0.025-0.04)=0.05$ (mm)

协调环 Δ_3 的上、下偏差 ES_3、EI_3 分别为

$ES_3=\Delta_3+\frac{1}{2}T_3=0.05+\frac{1}{2}\times0.16=0.13$ (mm)

$EI_3=\Delta_3-\frac{1}{2}T_3=0.05-\frac{1}{2}\times0.16=-0.03$ (mm)

所以，协调环为

$$A_3=43_{-0.03}^{\ 0.13}\text{mm}$$

最后可得各组成环尺寸分别为

$A_1=30_{-0.14}^{\ 0}$mm，$A_2=5_{-0.08}^{\ 0}$mm，$A_3=43_{-0.03}^{0.13}$mm，$A_4=3_{-0.05}^{\ 0}$mm，$A_5=5_{-0.08}^{\ 0}$mm

为了比较在组成环尺寸和公差相同条件下，分别采用完全互换法和大数互换法所获装配精度的差别，现采用［例 2-1］计算结果为已知条件，进行正计算，求解此时采用大数互换装配法所获得封闭环公差及其分布。

［例 2-3］ 齿轮与轴的装配关系如图 2-17 (a) 所示，已知：$A_1=30_{-0.06}^{\ 0}$mm，$A_2=5_{-0.04}^{\ 0}$mm，$A_3=43_{\ 0}^{+0.07}$mm，$A_4=3_{-0.05}^{\ 0}$mm，$A_5=5_{-0.13}^{-0.10}$mm，现采用大数互换法进行装配，求封闭环公差及其分布。

解:

(1) 封闭环基本尺寸。

$$A_0=\sum_{i=1}^{m}\xi_iA_i=A_3-(A_1+A_2+A_4+A_5)$$
$$=43-(30+5+3+5)=0\ (\text{mm})$$

(2) 封闭环平方公差。

$T_{oq}=\sqrt{\sum_{i=1}^{m}\xi_i^2T_i^2}=\sqrt{\sum_{i=1}^{m}T_i^2}=\sqrt{T_1^2+T_2^2+T_3^2+T_4^2+T_5^2}$

$=\sqrt{0.06^2+0.04^2+0.07^2+0.05^2+0.03^2}\approx0.116$ (mm)

(3) 封闭环中间偏差。

$\Delta_0=\sum_{i=1}^{m}\xi_i\Delta_i=\Delta_3-(\Delta_1+\Delta_2+\Delta_4+\Delta_5)$

$=0.035-(-0.03-0.02-0.025-0.115)=0.225$ (mm)

(4) 封闭环上、下偏差。

$ES_0=\Delta_0+\frac{1}{2}T_{oq}=0.225+\frac{1}{2}\times0.116=0.283$ (mm)

$EI_0=\Delta_0-\frac{1}{2}T_{oq}=0.225-\frac{1}{2}\times0.116=0.167$ (mm)

封闭环　　　　　　　　　$A_0=0_{0.167}^{0.283}$mm

经比较例 2-1 与例 2-3 计算结果可知：

在装配尺寸链中，当各组成环基本尺寸、公差及其分布固定不变的条件下，采用极值公差公式（用于完全互换装配法）计算的封闭环极值公差 $T_{\mathrm{ol}}=0.25$mm。采用统计公差公式（用于大数互换装配法）计算的封闭环平方公差 $T_{\mathrm{oq}}\approx 0.116$mm，显然 $T_{\mathrm{ol}}>T_{\mathrm{oq}}$。但是 T_{ol} 包括了装配中封闭环所能出现的一切尺寸，取 T_{ol} 为装配精度时，所有装配结果都是合格的，即装配之后封闭环尺寸出现在 T_{ol} 范围内的概率为 100%。而当 T_{oq} 在正态分布下取值 $6\sigma_0$ 时，装配结果尺寸出现在 T_{oq} 范围内的概率为 99.73%。仅有 0.27% 的装配结果超出 T_{oq}，即当装配精度为 T_{oq} 时，仅有 0.27% 的产品可能成为废品。采用大数互换装配时，各组成环公差远大于完全互换法时各组成环的公差，其组成环平均公差将扩大 $\sqrt{m}$ 倍，本例中，$\dfrac{T_{\mathrm{avq}}}{T_{\mathrm{avl}}}=\dfrac{0.11}{0.05}=2.2\approx\sqrt{5}$，由于零件平均公差扩大两倍多，使零件加工精度由 IT9 下降为 IT10，致使加工成本有所降低。

[例 2-4] 图 2-18 给出 295 型柴油机活塞、曲柄连杆机构及缸体的装配简图，各零件的有关尺寸如表 2-9 所示。试计算在该机器运转中，活塞位于排气行程上止点时，活塞顶面高出气缸套顶面的距离。

表 2-9　组成环零件尺寸表　　　　mm

名　称	符号	极限尺寸	名　称	符号	极限尺寸
气缸体主轴承孔直径	A_1	$70_{+0.07}^{+0.118}$	活塞销直径	A_8	$35_{-0.011}^{0}$
曲轴主轴颈直径	A_2	$70_{-0.02}^{0}$	活塞销孔直径	A_9	$35_{-0.020}^{-0.005}$
曲柄半径	A_3	$57.5_{0}^{+0.1}$	活塞销孔轴线距活塞顶面的距离	A_{10}	60 ± 0.05
连杆轴颈直径	A_4	$65_{-0.02}^{0}$	气缸套凸缘高度	A_{11}	$10_{0}^{+0.05}$
连杆大头孔直径	A_5	$65_{+0.05}^{+0.098}$	气缸体止口的深度	A_{12}	$10_{-0.11}^{-0.06}$
连杆大、小头孔中心距	A_6	210 ± 0.05	气缸体顶面到主轴承孔轴线的距离	A_{13}	$327_{-0.1}^{0}$
连杆小头孔直径	A_7	$35_{+0.01}^{+0.035}$			

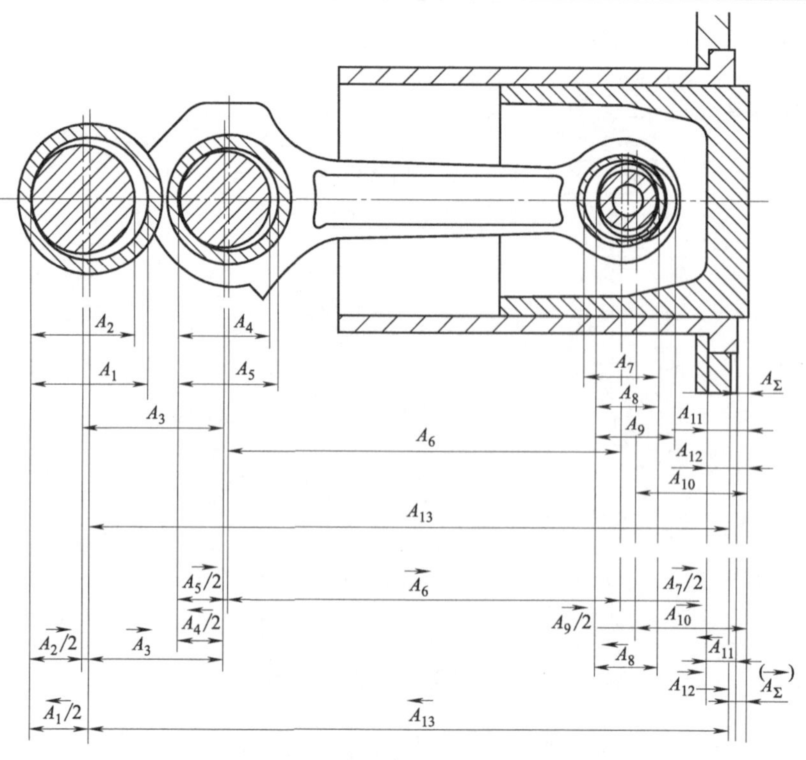

图 2-18　活塞位于排气行程上止点时的装配简图

解：

(1) 建立尺寸链。

如图 2-18 所示，活塞位于排气行程上止点时，由于活塞连杆组的惯性力向上，凡是将力由孔传给轴的，配合间隙在上方（图中的右方）；凡是将力由轴传给孔的，配合间隙都在下方（图中的左方）。由于曲轴质量的作用，主轴承的配合间隙在上方。根据此原则可判断尺寸的传递方向，从而建立图 2-18 下方所示的尺寸链。

活塞顶高出气缸套顶面的距离是装配后间接形成的，因此是封闭环 A_Σ。

该尺寸链的增环为 $A_2/2$、A_3、$A_5/2$、A_6、$A_7/2$、$A_9/2$、A_{10}、A_{12}；减环为 $A_1/2$、$A_4/2$、A_8、A_{11}、A_{13}。

(2) 用极值解法求 A_Σ。

计算封闭环基本尺寸：

$$A_\Sigma=\sum_{i=1}^{n}\overrightarrow{A_i}-\sum_{i=n+1}^{N}\overleftarrow{A_i}=\left(\frac{\overrightarrow{A_2}}{2}+\overrightarrow{A_3}+\frac{\overrightarrow{A_5}}{2}+\overrightarrow{A_6}+\frac{\overrightarrow{A_7}}{2}+\frac{\overrightarrow{A_9}}{2}+\overrightarrow{A_{10}}+\overrightarrow{A_{12}}\right)-\left(\frac{\overleftarrow{A_1}}{2}+\frac{\overleftarrow{A_4}}{2}+\overleftarrow{A_8}+\overleftarrow{A_{11}}+\overleftarrow{A_{13}}\right)$$

即

$$A_\Sigma=\left(\frac{70}{2}+57.5+\frac{65}{2}+210+\frac{35}{2}+\frac{35}{2}+60+10\right)-\left(\frac{70}{2}+\frac{65}{2}+35+10+327\right)=0.5\ (\mathrm{mm})$$

则封闭环的最大尺寸：

$$A_{\Sigma\max}=\sum_{i=1}^{n}\overrightarrow{A}_{i\max}-\sum_{i=n+1}^{N}\overleftarrow{A}_{i\min}$$

即

$$A_{\Sigma\max}=\left(\frac{70}{2}+57.6+\frac{65.098}{2}+210.05+\frac{35.035}{2}+\frac{34.995}{2}+60.05+9.94\right)-\left(\frac{70.07}{2}+\frac{64.98}{2}+34.989+10+326.9\right)=0.79\ (\mathrm{mm})$$

则封闭环的最小尺寸：

$$A_{\Sigma\min}=\sum_{i=1}^{n}\overrightarrow{A}_{i\min}-\sum_{i=n+1}^{N}\overleftarrow{A}_{i\max}$$

即

$$A_{\Sigma\min}=\left(\frac{69.98}{2}+57.5+\frac{65.05}{2}+209.95+\frac{35.01}{2}+\frac{34.98}{2}+59.95+9.89\right)-\left(\frac{70.118}{2}+\frac{65}{2}+35+10.05+327\right)=0.2\ (\mathrm{mm})$$

得

$$A_5=0.5_{-0.30}^{+0.29}\ \mathrm{mm}$$

(3) 用概率解法求 A_Σ。

按概率解法的近似解法计算，取 $k_0=1.5$。由于 A_Σ 可视为正态分布，其平均尺寸为

$$A_{\Sigma M}=\frac{A_{\Sigma\max}+A_{\Sigma\min}}{2}=\frac{0.79+0.2}{2}=0.495\ (\mathrm{mm})$$

计算封闭环公差：

$$\delta_{\Sigma}=k_0\sqrt{\sum_{i=1}^{N}\delta_i^2}$$

即

$$\delta_{\Sigma}=1.5\sqrt{\left(\frac{\delta_1}{2}\right)^2+\left(\frac{\delta_2}{2}\right)^2+\delta_3^2+\left(\frac{\delta_4}{2}\right)^2+\left(\frac{\delta_5}{2}\right)^2+\delta_6^2+\left(\frac{\delta_7}{2}\right)^2+\delta_8^2+0.0075^2+0.1^2+0.05^2+0.1^2}$$

$$=1.5\sqrt{0.024^2+0.01^2+0.1^2+0.01^2+0.024^2+0.1^2+0.0125^2+0.011^2+0.0075^2+0.1^2+0.05^2+0.1^2}$$

$$=0.324\ (\text{mm})$$

所以

$$A_{\Sigma}=0.495\pm\frac{0.324}{2}=0.495\pm0.162=0.657\sim0.333\ (\text{mm})$$

或

$$A_{\Sigma}=0.5_{-0.167}^{+0.157}\text{mm}$$

二、选择装配法的使用方法

选择装配法是将尺寸链中组成环的公差放大到经济可行的程度，然后选择合适的零件进行装配，以保证装配精度的要求。

这种装配方法常应用于装配精度要求高而组成环数又较少的成批或大批量生产中。

选择装配法有三种不同的形式：直接选配法、分组装配法和复合选配法。

1. 直接选配法的使用方法

在装配时，工人从许多待装配的零件中，直接选择合适的零件进行装配，以保证装配精度的要求。

采用直接选配法装配，一批零件严格按同一精度要求装配时，可能出现无法满足要求的“剩余零件”，当各零件加工误差分布规律不同时，“剩余零件”可能更多。

2. 分组装配法的使用方法

当封闭环精度要求很高时，采用完全互换法或大数互换法解尺寸链，组成环公差非常小，使加工十分困难而又不经济。这时，常采用分组装配法。例如：滚动轴承的装配、发动机气缸活塞环的装配、活塞与活塞销的装配、精密机床中某些精密部件的装配等。

正确地使用分组装配法，关键是保证分组后各对应组的配合性质和配合精度仍能满足原装配精度的要求，为此，应满足如下条件。

① 为保证分组后各组的配合性质及配合精度与原装配要求相同，配合件的公差范围应相等；公差应同方向增加；增大的倍数应等于以后的分组数。

由此可见，在配合件公差相等，公差同向扩大倍数等于分组数时，可保证任意组内配合性质与精度不变。但如果配合件公差不等时，配合性质改变。如 $T_{孔}>T_{轴}$，则配合间隙增大。

② 为保证零件分组后数量相匹配，应使配合件的尺寸分布为相同的对称分布（如正态分布）。

③ 配合件的表面粗糙度、相互位置精度和形状精度不能随尺寸精度放大而任意放大，应与分组公差相适应，否则，将不能达到要求的配合精度及配合质量。

④ 分组数不宜过多，零件尺寸公差只要放大到经济加工精度即可，否则，就会因零件的测量、分类、保管工作量的增加而使生产组织工作复杂，甚至造成生产过程混乱。

3. 复合选配法的使用方法

复合选配法是分组装配法与直接选配法的复合。

这种方法的特点是配合件公差可以不等，装配速度较快，质量高，能满足一定生产轮换，这一点对于大批量的装配来说，是非常重要的。

三、补偿环对封闭环的影响

在成批生产或单件小批生产中，当装配精度要求较高，组成环数目又较多时，若按互换法装配，对组成环的工程要求过严，从而造成加工困难，而采用分组装配法，又因生产零件数量少，种类多而难以分组，这时，常采用修配转配法来保证装配精度的要求。

修配方法是将尺寸链中各组成环按经济加工精度制造。装配时，通过改变尺寸链中某一预先确定的组成环尺寸的方法来保证装配精度。装配时进行修配的零件叫修配件，该组成环称为修配环。由于这一组成环的修配是为补偿其他组成环的累积误差以保证装配精度，故又称为补偿环。

采用修配法装配时应正确选择补偿环，补偿环一般应满足以下要求。

① 便于装拆，零件形状比较简单，易于修配，如果采用刮研修配时，刮研面积要小。

② 不应为公共环，即该件只与一项装配精度有关，而与其他装配精度无关，否则修配后，虽然保证了一个尺寸链的要求，却又难以满足另一尺寸链的要求。

修配法装配时，补偿环被去除材料的厚度称为补偿量（或修配量）（F）。

设：用完全互换法计算的各组成环公差分别为 T'_1，T'_2，…，T'_m，则

$$T'_{ol}=\sum_{i=1}^{m}|\xi_i|T'_i=T_0 \tag{2-38}$$

现采用修配装配，将各组成环公差在上述基础上放大为 T'_1，T'_2，…，T'_m，则

$$T_{ol}=\sum_{i=1}^{m}|\xi_i|T_i\,(T_i>T'_i) \tag{2-39}$$

显然，$T_{ol}>T'_{ol}$，此时最大补偿量为

$$F_{max}=T_{ol}-T'_{ol}=\sum_{i=1}^{m}|\xi_i|T_i-\sum_{i=1}^{m}|\xi_i|T'_i=T_{ol}-T_0 \tag{2-40}$$

采用修配装配时，解尺寸链的主要问题是：在保证补偿量足够且最小的原则下，计算补偿环的尺寸。

补偿环被修配后对封闭环尺寸变化的影响有两种情况：一是使封闭环尺寸变大；二是使封闭尺寸变小。因此，用修配法解装配尺寸链时，可分别根据这两种情况进行计算。

1. 补偿环被修配后封闭环尺寸变大

现仍以图 2-17 所示齿轮与轴的装配关系为例加以说明。

［例 2-5］　已知：$A_1=30$mm，$A_2=5$mm，$A_3=43$mm，$A_4=3_{-0.05}^{\ 0}$mm（标准件），$A_5=5$mm，装配后齿轮与挡圈的轴向间隙为 0.1～0.35mm，现采用修配法装配。试确定各组成环的公差及其分布。

解：

（1）选择补偿环，从装配图可以看出，组成环 A_5 为一垫圈，此件装拆较为容易，又不是公共环，修配也很方便，故选择 A_5 为补偿环。从尺寸链可以看出 A_5 为减环。修配后封闭环尺寸变大，由已知条件得

$$A_0=0_{+0.10}^{+0.35}\text{mm},\qquad T_0=0.25\text{mm}$$

（2）确定各组成环公差，按经济精度分配各组成环公差，各组成环公差相对完全互换法可有较大扩大：$T_1=T_3=0.20$mm，$T_2=T_5=0.10$mm，A_4 为标准件，其公差仍为确定值 $T_4=0.05$mm，各加工件公差约为 IT11，可以经济加工。

(3) 计算补偿环 A_5 的最大补偿量。

$$T_{ol}=\sum_{i=1}^{m}|\xi_i|T_i=T_1+T_2+T_3+T_4+T_5$$
$$=0.2+0.10+0.20+0.05+0.10=0.65\ (mm)$$
$$F_{max}=T_{ol}-T_0=0.65-0.25=0.40\ (mm)$$

(4) 确定各组成环(除补偿环外)极限偏差 A_3 为内尺寸,按 H 取 $A_3=43^{+0.20}_{0}$ mm。A_1、A_2 为外尺寸,按 h 取为 $A_1=30^{0}_{-0.20}$ mm,$A_2=5^{0}_{-0.10}$ mm,A_4 为标准件:$A_4=3^{0}_{-0.05}$ mm,各组成环中间偏差为

$$\Delta_1=-0.10mm,\ \Delta_2=-0.05mm,\ \Delta_3=+0.10mm,\ \Delta_4=-0.025mm$$
$$\Delta_0=+0.225mm$$

(5) 计算补偿环 A_5 的偏差。

补偿环 A_5 的中间偏差为

$$\Delta_0=\sum_{i=1}^{m}\xi_i\Delta_i=\Delta_3-(\Delta_1+\Delta_2+\Delta_4+\Delta_5)$$
$$\Delta_5=\Delta_3-(\Delta_1+\Delta_2+\Delta_4)-\Delta_0$$
$$=0.10-(-0.10-0.05-0.025)-0.225$$
$$=0.05(mm)$$

补偿环 A_5 的极限偏差为

$$ES_5=\Delta_5+\frac{1}{2}T_5=0.05+\frac{1}{2}\times0.10=0.10\ (mm)$$

$$EI_5=\Delta_5-\frac{1}{2}T_5=0.05-\frac{1}{2}\times0.10=0\ (mm)$$

所以补偿环尺寸为 $A_5=5^{+0.10}_{0}$ mm

(6) 验算装配后封闭环极限偏差。

$$ES_0=\Delta_0+\frac{1}{2}T_{ol}=0.225+\frac{1}{2}\times0.65=0.55\ (mm)$$

$$EI_0=\Delta_0-\frac{1}{2}T_{ol}=0.225-\frac{1}{2}\times0.65=-0.10\ (mm)$$

由题意可知,封闭环极限偏差应为

$$ES_0'=0.35mm,\qquad EI_0'=0.10mm$$

则
$$ES_0-ES_0'=0.55-0.35=+0.20\ (mm)$$
$$EI_0-EI_0'=-0.10-0.10=-0.20\ (mm)$$

故补偿环需改变±0.20mm,才能保证装配精度不变。

(7) 确定补偿环(A_5)尺寸,在本例中,补偿环(A_5)为减环,被修配后,齿轮与挡环的轴向间隙变大,即封闭环尺寸变大。所以,只有装配后封闭环的实际最大尺寸($A_{0max}=A_0+ES_0$)不大于封闭环要求的最大尺寸($A_{0max}'=A_0+ES_0'$)时,才可能进行装配,否则不能进行修配,故应满足下列不等式:

$$A_{0max}\leqslant A_{0max}',\qquad 即\ ES_0\leqslant ES_0'$$

根据修配量足够且最小原则,则应

$$A_{0max}=A_{0max}',\qquad 即\ ES_0=ES_0'$$

本例题则应

$$ES_0=ES_0'=0.35mm$$

当补偿环 $A_5=5^{+0.10}_{0}$mm 时，装配后封闭环 $ES_0=0.55$mm。只有 A_5（减环）增大后，封闭环才能减小，为满足上述等式，补偿环 A_5 应增加 0.20mm，封闭环将减小 0.20mm，才能保证 $ES_0=0.35$mm，使补偿环具有足够的补偿量。

所以，补偿环最终尺寸为

$$A_5=(5+0.2)^{+0.10}_{0}=5^{+0.30}_{+0.20}\ (\text{mm})$$

2. 补偿环被修配后封闭环尺寸变小

[例 2-6] 现以图 2-1 所示卧式车床装配为例加以说明。在装配时，要求尾座中心线比主轴中心线高 0～0.06mm，已知 $A_1=202$mm，$A_2=46$mm，$A_3=156$mm，现采用修配装配法，试确定各组成环公差及其分布。

解：

(1) 建立装配尺寸链，依题意可建立装配尺寸链，如图 2-1 (b) 所示。其中：封闭环 $A_0=0^{+0.06}_{0}$mm，$T_0=0.06$mm，A_1 为减环，$\xi_1=-1$，A_2、A_3 为增环，$\xi_2=\xi_3=+1$。

校核封闭环尺寸

$$A_0=\sum_{i=1}^{m}\xi_i A_i=(A_2+A_3)-A_1=(46+156)-202=0\ (\text{mm})$$

按完全互换法的极值公式计算各组成环平均公差

$$T_{\text{avl}}=\frac{T_0}{m}=\frac{0.06}{3}=0.02\ (\text{mm})$$

显然，各组成环公差太小，零件加工困难。现采用修配法装配，确定各组成环公差及其极限偏差。

(2) 选择补偿环，从装配图可以看出，组成环 A_2 为尾座底板，其表面积不大，工件形状简单，便于刮研和拆装，故选择 A_2 为补偿环。A_2 为增环，修配后封闭环尺寸变小。

(3) 确定各组成环公差，根据各组成环加工方法，按经济精度确定各组成环公差，A_1、A_3 可采用镗模镗削加工，取 $T_1=T_3=0.10$mm。底板采用半精刨加工，取 A_2 的公差 $T_2=0.15$mm。

(4) 计算补偿环 A_2 的最大补偿量。

$$T_{\text{ol}}=\sum_{i=1}^{m}|\xi_i|T_i=T_1+T_2+T_3=0.10+0.15+0.10=0.35\ (\text{mm})$$

$$F_{\max}=T_{\text{ol}}-T_0=0.35-0.06=0.29\ (\text{mm})$$

(5) 确定各组成环（除补偿环外）的极限偏差。

A_1、A_3 都是表示孔位置的尺寸，公差常选为对称分布

$$A_1=(202\pm0.05)\text{mm},\qquad A_3=(156\pm0.05)\text{mm}$$

各组成环的中间偏差为

$$\Delta_1=0\text{mm},\ \Delta_3=0\text{mm},\ \Delta_0=+0.03\text{mm}$$

(6) 计算补偿环 A_2 的偏差。

补偿环 A_2 的中间偏差为

$$\Delta_0=\sum_{i=1}^{m}\xi_i\Delta_i=\Delta_2+\Delta_3-\Delta_1$$

$$\Delta_2=\Delta_0+\Delta_1-\Delta_3=0.03+0-0=0.03\ (\text{mm})$$

补偿环 A_2 的极限偏差为

$$ES_2=\Delta_2+\frac{1}{2}T_2=0.03+\frac{1}{2}\times0.15=0.105\ (\text{mm})$$

$$EI_2=\Delta_2-\frac{1}{2}T_2=0.03-\frac{1}{2}\times0.15=-0.045\ (\text{mm})$$

所以补偿环尺寸为　　$A_2=46^{+0.105}_{-0.045}$mm

(7) 验算装配后封闭环极限偏差。

$$ES_0=\Delta_0+\frac{1}{2}T_{o1}=0.03+\frac{1}{2}\times0.35=0.205\ (mm)$$

$$EI_0=\Delta_0-\frac{1}{2}T_{o1}=0.03-\frac{1}{2}\times0.35=-0.145\ (mm)$$

由题意可知：封闭要求的极限偏差为

$$ES_0=0.06mm,\ EI_0=0mm$$

则

$$ES_0-ES_0'=0.205-0.06=+0.145\ (mm)$$

$$EI_0-EI_0'=-0.145-0=-0.145\ (mm)$$

故补偿环需改变±0.145mm，才能保证原装配精度不变。

(8) 确定补偿环 (A_2) 尺寸，在本装配中，补偿环底板 A_2为增环，被修配后，底板尺寸减小，尾座中心线降低，即封闭环尺寸变小，所以，只有装配后封闭环实际最小尺寸 ($A_{0min}=A_0+EI_0$) 不小于封闭环要求的最小尺寸 ($A'_{0min}=A_0+EI'_0$) 时，才可能进行修配，否则即便修配也不能达到装配精度要求。故应满足如下不等式：

$$A_{0min}\geqslant A'_{0min},\qquad 即\ EI_0\geqslant EI'_0$$

根据修配量足够且最小原则，则应

$$A_{0min}=A'_{0min},\qquad 即\ EI_0=EI'_0$$

本例题则应

$$EI_0=EI'_0=0$$

为满足上述等式，补偿环 A_2应增加 0.145mm，封闭环最小尺寸 (A_{0min}) 才能从 −0.145mm (尾座中心低于主轴中心) 增加到 0 (尾座中心与床头主轴中心等高)，以保证具有足够的补偿量。所以，补偿环最终尺寸为

$$A_2=(46+0.145)^{+0.105}_{-0.045}=46^{+0.25}_{+0.10}\ (mm)$$

由于本装配有特殊工艺要求，即底板的底面在总装时必须留有一定的修刮量，而上述计算是按 $A_{min}=A'_{min}$条件求出 A_2尺寸的。此时最大修刮量为 0.29mm，符合总装要求。但最小修刮量为 0，这不符合总装要求，故必须再将 A_2尺寸放大些，以保留最小修刮量。从底板修刮工艺来说，最小修刮量可留 0.1mm 即可，所以修正后 A_2的实际尺寸应再增加 0.1mm，即为

$$A_2=(46+0.1)^{+0.25}_{+0.10}=46^{+0.35}_{+0.20}\ (mm)$$

四、修配装配法的使用方法

实际生产中，通过修配来达到装配精度的方法很多，但最常见的有以下三种。

① 单件修配法。单件修配法是在多环装配尺寸链中，选定某一固定的零件做修配件 (补偿环)，装配时用去除金属层的方法改变其尺寸，以满足装配精度的要求。例如，例 2-4 齿轮与轴装配中以轴向垫圈为修配件，来保证齿轮的轴向间隙。

② 合并加工修配法。这是一种将两个或更多的零件合并在一起再进行加工修配的方法。

③ 自身加工修配法。在机床制造中，有些装配精度要求较高，若单纯依靠限制各零件的加工误差来保证，势必要求各零件有很高的加工精度，甚至无法加工，而且不易选择适当的修配件。此时，在机床总装时，用机床本身来加工自己的方法来保证机床的装配精度，这种修配法称为自身加工法。例如，在牛头刨床总装后，用自刨的方法加工工作台表面，这样就可以较容易地保证滑枕运动方向与工作台面平行度的要求。

五、调整装配法的使用方法

对于精度要求高而组成环又较多的产品或部件，在不能采用互换法装配时，除了可用修配法外，还可以采用调整法来保证装配精度。

最常见的调整方法有固定调整法、可动调整法和误差抵消调整法三种。

1. 固定调整法的使用方法

采用固定调整法时要解决如下三个问题：

① 选择调整范围；

② 确定调整件的分组数；

③ 确定每组调整件的尺寸。

现仍以图 2-17 所示齿轮与轴的装配关系为例加以说明。

[例 2-7] 如图 2-17 所示齿轮与轴的装配关系。已知：$A_1=30\text{mm}$，$A_2=5\text{mm}$，$A_3=43\text{mm}$，$A_4=3_{-0.05}^{\ 0}\text{mm}$（标准件），$A_5=5\text{mm}$，装配后齿轮与挡圈的轴向间隙为 0.1～0.35mm，现采用固定调整法装配，试确定各组成环的尺寸偏差，并求调整件的分组数及尺寸系列。

解：

（1）画尺寸链图、校核各环基本尺寸与例 2-1 相同。

（2）选择调整件。A_5为一垫圈，其加工比较容易、装卸方便，故选择A_5为调整件。

（3）确定各组成环公差。按经济精度确定各组成环公差：$T_1=T_3=0.20\text{m}$，$T_2=T_5=0.10\text{mm}$，A_4为标准件，其公差仍为已知数 $T_4=0.05\text{mm}$。各加工件公差约为 IT11，可以经济加工。

（4）计算调整件A_5的调整量。

$$T_{\text{ol}}=\sum_{i=1}^{m}|\xi_i|T_i=T_1+T_2+T_3+T_4+T_5$$
$$=0.20+0.10+0.20+0.05+0.10=0.65\ (\text{mm})$$

调整量为

$$F=T_{\text{ol}}-T_0=0.65-0.25=0.40\ (\text{mm})$$

（5）确定各组成环极限偏差，按照入体原则确定各组成环极限偏差。

$$A_1=30_{-0.20}^{\ 0}\text{mm},\ A_2=5_{-0.10}^{\ 0}\text{mm},\ A_3=43_{\ 0}^{+0.20}\text{mm},\ A_4=3_{-0.05}^{\ 0}\text{mm}$$

则

$$\Delta_1=-0.10\text{mm},\ \Delta_2=-0.05\text{mm},\ \Delta_3=+0.10\text{mm},\ \Delta_4=-0.025\text{mm}$$
$$\Delta_0=+0.225\text{mm}$$

（6）计算调整件A_5的偏差。

调整件A_5的中间偏差为

$$\Delta_0=\sum_{i=1}^{m}\xi_i\Delta_i=\Delta_3-(\Delta_1+\Delta_2+\Delta_4+\Delta_5)$$
$$\Delta_5=\Delta_3-(\Delta_1+\Delta_2+\Delta_4)-\Delta_0$$
$$=0.10-(-0.10-0.05-0.025)-0.225$$
$$=0.05\ (\text{mm})$$

调整件A_5的极限偏差为

$$\text{ES}_5=\Delta_5+\frac{1}{2}T_5=0.05+\frac{1}{2}\times0.10=0.10\ (\text{mm})$$

$$EI_5=\Delta_5-\frac{1}{2}T_5=0.05-\frac{1}{2}\times0.10=0\ (\text{mm})$$

所以调整件尺寸为 $A_5=5^{+0.10}_{0}\text{mm}$

(7) 确定调整件的分组数 z。

取封闭环公差与调整件公差之差作为调整件各组之间的尺寸差 S，则

$$S=T_0-T_5=0.25-0.10=0.15\ (\text{mm})$$

调整件的组数为

$$z=\frac{F}{S}+1=\frac{0.40}{0.15}+1=3.66\approx4$$

分组数不能为小数，取 $z=4$。当实际计算的 z 值和圆整数相差较大时，可通过改变各组成环公差或调整件公差的方法，使 z 值近似为整数。另外，分组数不宜过多，否则将给生产组织工作带来困难。由于分组数随调整件公差的减小而减少。因此，如有可能，应使调整件公差尽量小些。一般分组数 z 取 3～4 为宜。

(8) 确定各组调整件的尺寸。

在确定各组调整件尺寸时，可根据以下原则来计算。

① 当调整件的分组数 z 为奇数时，预先确定的调整件尺寸是中间的一组尺寸，其余各组尺寸相应增加或减少各组之间的尺寸差 S。

② 当调整件的组数 z 为偶数时，则以预先确定的调整件尺寸为对称中心，再根据尺寸差 s 确定各组尺寸。

本例中分组数 $z=4$，为偶数，故以 $A_5=5^{+0.10}_{0}\text{mm}$ 为对称中心，各组尺寸差 $S=0.15\text{mm}$，则各组尺寸分别为

$$A_5=(5-0.075-0.15)^{+0.10}_{0}\text{mm}$$
$$A_5=(5-0.075)^{+0.10}_{0}\text{mm}$$
$$A_5=5^{+0.10}_{0}\text{mm}$$
$$A_5=(5+0.075)^{+0.10}_{0}\text{mm}$$
$$A_5=(5+0.075+0.15)^{+0.10}_{0}\text{mm}$$

所以 A_5 为 $5^{-0.125}_{-0.225}\text{mm}$、$5^{+0.025}_{-0.075}\text{mm}$、$5^{+0.10}_{0}\text{mm}$、$5^{+0.175}_{+0.075}\text{mm}$、$5^{+0.325}_{+0.225}\text{mm}$。

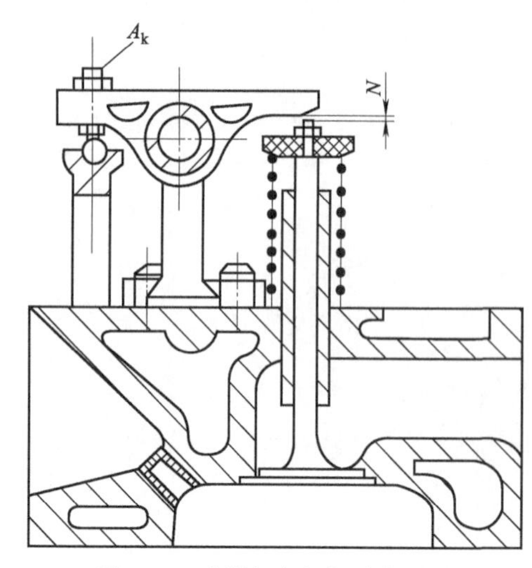

图 2-19 内燃机气门间隙的调整

固定调整法装配多用于大批量生产中。在产量大、装配精度要求高的生产中，固定调整件可以采用多件组合的方式，如预先将调整垫做成不同的厚度（1mm、2mm、5mm 和 10mm），再制作一些更薄的金属片（0.01mm、0.02mm、0.05mm、0.10mm 等），装配时根据尺寸组合原理（同块规使用方法相同），把不同厚度的垫片组成各种不同尺寸，以满足装配精度的要求。这种调整方法比较简便，它在汽车、拖拉机生产中广泛应用。

2. 可动调整法的使用方法

在机械产品的装配中，零件可动调整的方法很多，图 2-19 为内燃机气门间隙的调整方法。为了保证适当的间隙 N，在与推杆接触的摇臂端

部装有气门间隙调整螺钉 A_k 以进行调整。

3. 误差抵消调整法的使用方法

误差抵消调整法在机床装配时应用较多，如在装配机床主轴时，通过调整前后轴承的径向圆跳动方向来控制主轴的径向圆跳动；在滚齿机工作台分度蜗轮轮装配中，采用调整二者偏心方向来抵消误差，最终提高分度蜗的装配精度。

小　　结

① 装配尺寸链是研究装配精度和零件精度之间的关系，与工艺尺寸链相比，有着不同的特点。

② 建立装配尺寸链要从封闭环开始，沿封闭环的两端寻找组成环。装配尺寸链和工艺尺寸链均可采用极值法计算，它们的计算公式相同。

③ 装配尺寸链可以用作设计时计算零件的尺寸，也可用于设计图样的验算。

④ 保证装配精度的方法有完全互换装配法、分组装配法、修配装配法和调整装配法。

⑤ 解装配尺寸链是保证装配精度的重要手段之一，通过解装配尺寸链来确定零件的尺寸及公差，最终实现设计要求的装配精度。

⑥ 相同的装配精度要求，采用不同的装配方法，解装配尺寸链后得到的零件尺寸精度不同，加工的难易程度也就不同，因此，合理选择装配方法是保证产品质量、提高经济效益的重要措施。

思考与练习

2-1　装配尺寸链是如何构成的？装配尺寸链封闭环是如何确定的？它与工艺尺寸链的封闭环有何区别？

2-2　在查找装配尺寸链时应注意哪些原则？

2-3　保证装配精度的方法有哪几种？各适用于什么装配场合？

2-4　说明装配尺寸链中的组成环、封闭环、协调环、补偿环和公共环的含义，各有何特点？

2-5　保证装配精度的方法有哪几种？各有何特点？

2-6　分组装配法与完全互换装配法比较各有何优缺点？

2-7　在什么情况下采用修配装配法？

* 以下各计算题若无特殊说明，各参与装配的零件加工尺寸均为正态分布，且分布中心与公差带中心重合。

2-8　现有一轴、孔配合，配合间隙要求为 0.04～0.26mm，已知轴的尺寸为 $\phi50_{-0.10}^{\ 0}$ mm，孔的尺寸为 $\phi50_{\ 0}^{+0.20}$ mm。若用完全互换法进行装配，能否保证装配精度要求？用大数互换法装配能否保证装配精度要求？

2-9　设有一轴、孔配合，若轴的尺寸为 $\phi80_{-0.10}^{\ 0}$ mm，孔的尺寸为 $\phi80_{\ 0}^{+0.20}$ mm，试用完全互换法和大数互换法装配，分别计算其封闭环公称尺寸、公差和分布位置。

2-10　设有一轴、孔配合，配合间隙要求为 0.04～0.26mm，已知轴和孔的基本尺寸为 ϕ50mm，若按完全互换法进行装配，请分别确定轴、孔的加工精度。

2-11　某发动机活塞和气缸孔的装配技术要求规定，活塞裙部与气缸孔要有 0.075～0.085mm 的配合间隙，活塞裙部与气缸孔直径的基本尺寸为 ϕ40mm。若采用完全互换法进行装配，活塞和气缸孔的加工精度是否合理？若采用分组装配法，将活塞和气缸孔各分 4

组，试计算各组活塞和气缸孔的尺寸以及活塞和气缸孔的加工尺寸，并验算配合间隙是否满足要求。

2-12 如题图 2-1 所示传动轴组件，在装配前所有零件均已加工完毕。在轴向，箱体轴孔两内侧尺寸 A_1，齿轮轴向尺寸 A_2，垫片厚度尺寸 A_3，当三个零件通过光轴装配在一起后，要求形成一定的轴向间隙 A_0，请建立该部件的装配尺寸链。

2-13 如题图 2-2 为键与键槽的装配关系，根据结构设计可知，键和键槽的基本尺寸 $A_1=A_2=20\text{mm}$，要求装配间隙为 $A_0=0^{+0.15}_{+0.05}\text{mm}$。请问：

(1) 为保证装配精度，可选用哪些装配方法？

(2) 如果大批量生产，请选择保证装配精度的方法，并确定各组成零件的尺寸及偏差。

(3) 如果小批量生产，请选择保证装配精度的方法，并确定各组成零件的尺寸及偏差。

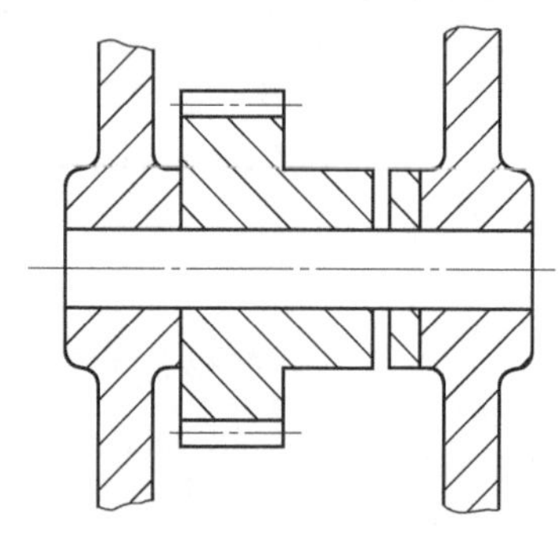

题图 2-1 传动轴组件装配

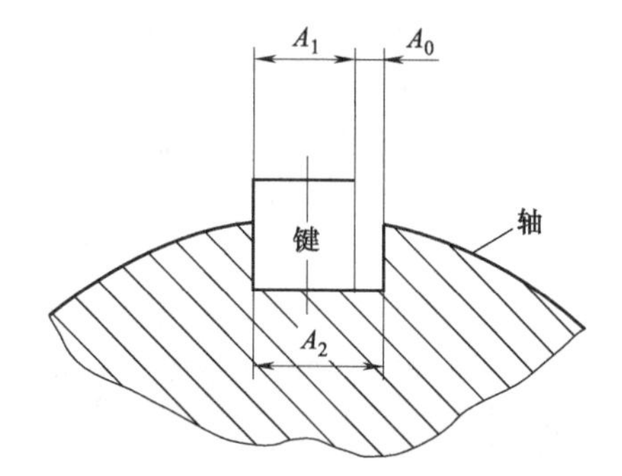

题图 2-2 键与键槽的装配关系

第三章
典型零件的装配

第一节　螺纹连接的装配

一、螺纹连接的种类

螺纹连接是一种可拆的固定连接，它具有结构简单、连接可靠、装拆方便等优点，在机械中应用广泛。螺纹连接分普通螺纹连接和特殊螺纹连接两大类，由螺栓、双头螺柱或螺钉构成的连接称为普通螺纹连接；除此以外的螺纹连接称为特殊螺纹连接，如图 3-1 所示。

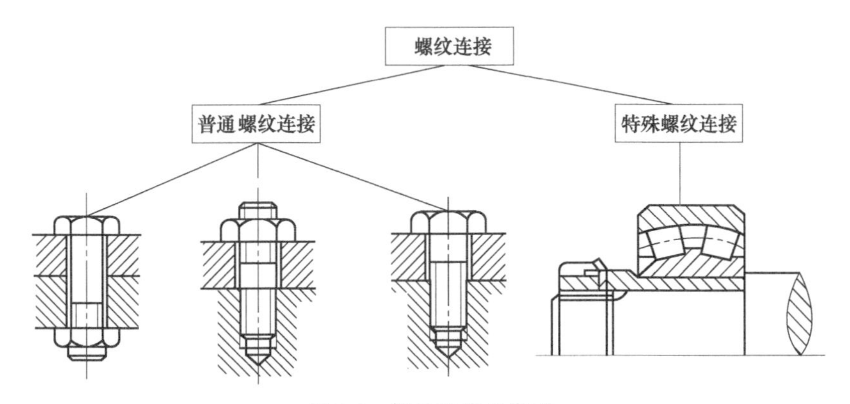

图 3-1　螺纹连接的类型

二、螺纹连接的拧紧力矩

螺纹连接为达到连接可靠和紧固的目的，要求纹牙间有一定的摩擦力矩，所以螺纹连接装配时应有一定的拧紧力矩，纹牙间产生足够的预紧力。

1. 拧紧力矩的确定

在旋紧螺母时，总是要克服摩擦力：一类是螺母的内螺纹和螺栓的外螺纹之间螺纹牙间摩擦力；另一类是在螺母与垫圈、垫圈与零件以及零件与螺栓头的接触表面之间的螺栓头部摩擦力 f_k。因此，拧紧力矩 M_A 取决于摩擦因数 f_G 和 f_k 的大小，f_G 可通过表 3-1、f_k 可通过表 3-2 确定。然后从表 3-3 中查到装配时预紧力和拧紧力矩的大小。表 3-1 和表 3-2 这两个表中考虑了材料的种类、表面处理状况、表面条件（和制造方法有关）以及润滑情况等各种因素。

表 3-1 摩擦因数 f_G

<table>
<tr><td>f_G</td><td colspan="4">螺纹</td><td colspan="9">外螺纹(螺栓)</td></tr>
<tr><td rowspan="4">螺纹</td><td rowspan="4">材料</td><td colspan="3">材料</td><td colspan="9">钢</td></tr>
<tr><td rowspan="3">表面</td><td colspan="2">表面</td><td colspan="5">发黑或用磷酸处理</td><td>镀锌(Zn6)</td><td>镀镉(Cd6)</td><td colspan="2">黏结处理</td></tr>
<tr><td></td><td>螺纹制造方法</td><td colspan="3">滚压</td><td>切削</td><td colspan="5">切削或滚压</td></tr>
<tr><td>螺纹制造方法</td><td>润滑</td><td>干燥</td><td>加油</td><td>MoS_2</td><td>加油</td><td>干燥</td><td>加油</td><td>干燥</td><td>加油</td><td>干燥</td></tr>
<tr><td rowspan="5">内螺纹</td><td rowspan="3">钢</td><td>光亮</td><td rowspan="5">切削</td><td rowspan="5">干燥</td><td>0.12～0.18</td><td>0.10～0.16</td><td>0.08～0.12</td><td>0.10～0.16</td><td>—</td><td>0.10～0.18</td><td>—</td><td>0.08～0.14</td><td>0.16～0.25</td></tr>
<tr><td>锌镀</td><td>0.10～0.16</td><td>—</td><td>—</td><td>—</td><td>0.12～0.20</td><td>0.10～0.18</td><td>—</td><td>—</td><td>0.14～0.25</td></tr>
<tr><td>镀镉</td><td>0.08～0.14</td><td>—</td><td>—</td><td>—</td><td>—</td><td>—</td><td>0.12～0.16</td><td>0.12～0.14</td><td>—</td></tr>
<tr><td>GG/GTS</td><td>光亮</td><td>—</td><td>0.10～0.18</td><td>—</td><td>0.10～0.18</td><td>—</td><td>0.10～0.18</td><td>—</td><td>0.08～0.16</td><td>—</td></tr>
<tr><td>Al/Mg</td><td>光亮</td><td>—</td><td>0.08～0.20</td><td>—</td><td>—</td><td>—</td><td>—</td><td>—</td><td>—</td><td>—</td></tr>
</table>

表 3-2 摩擦因数 f_k

<table>
<tr><td>f_k</td><td colspan="4">接触面</td><td colspan="10">螺栓头</td></tr>
<tr><td rowspan="4">接触面</td><td rowspan="4">材料</td><td colspan="3">材料</td><td colspan="10">钢</td></tr>
<tr><td rowspan="3">表面</td><td colspan="2">表面</td><td colspan="6">发黑或用磷酸处理</td><td colspan="2">镀锌(Zn6)</td><td colspan="2">镀镉(Cd6)</td></tr>
<tr><td rowspan="2">螺纹制造方法</td><td>螺纹制造方法</td><td colspan="3">滚压</td><td colspan="2">切削</td><td>磨削</td><td colspan="4">切削或滚压</td></tr>
<tr><td>润滑</td><td>干燥</td><td>加油</td><td>MoS_2</td><td>加油</td><td>MoS_2</td><td>加油</td><td>干燥</td><td>加油</td><td>干燥</td><td>加油</td></tr>
<tr><td rowspan="7">被连接件材料</td><td rowspan="4">钢</td><td rowspan="2">光亮</td><td>磨削</td><td rowspan="7">干燥</td><td>—</td><td>0.16～0.22</td><td>—</td><td>0.10～0.18</td><td>—</td><td>0.16～0.22</td><td>0.10～0.18</td><td>—</td><td>0.08～0.16</td><td>—</td></tr>
<tr><td rowspan="3">金属切削</td><td>0.12～0.18</td><td>0.10～0.18</td><td>0.08～0.12</td><td>0.10～0.18</td><td>0.08～0.12</td><td>—</td><td colspan="2">0.10～0.18</td><td>0.08～0.16</td><td>0.08～0.14</td></tr>
<tr><td>镀锌</td><td colspan="2">0.10～0.16</td><td>—</td><td>0.10～0.16</td><td>—</td><td>0.10～0.18</td><td>0.16～0.20</td><td>0.16～0.18</td><td>—</td><td>—</td></tr>
<tr><td>镀镉</td><td colspan="6">0.08～0.16</td><td>—</td><td>—</td><td>0.12～0.20</td><td>0.12～0.14</td></tr>
<tr><td rowspan="2">GG/GTS</td><td rowspan="3">光亮</td><td>磨削</td><td>—</td><td>0.10～0.18</td><td>—</td><td>—</td><td>—</td><td colspan="3">0.10～0.18</td><td>0.08～0.16</td><td>—</td></tr>
<tr><td rowspan="2">金属切削</td><td>—</td><td>0.14～0.20</td><td>—</td><td>0.10～0.18</td><td>—</td><td>0.14～0.22</td><td>0.10～0.18</td><td>0.10～0.16</td><td>0.08～0.16</td><td>—</td></tr>
<tr><td>Al/Mg</td><td>—</td><td colspan="3">0.08～0.20</td><td>—</td><td>—</td><td>—</td><td>—</td><td>—</td><td>—</td></tr>
</table>

［例 3-1］ 某一连接使用 M20 镀锌（Zn6）钢制螺栓，性能等级是 8.8，此螺栓经润滑油润滑，且用镀锌螺母旋紧。被连接材料是表面经铣削加工的铸钢。请查表确定其预紧力及拧紧力矩。

解：

首先。根据表 3-1 可查出 f_G的值介于 0.10 和 0.18 之间，选择 f_G的值为 0.10。用同样的方法根据表 3-2 可确定 f_k的值是 0.10。

然后，根据螺栓公称直径、性能等级以及已经确定的摩擦因数 f_G和 f_k，从表 3-3 中可查到：

预紧力：

$$F_M = 126000\text{N}$$

拧紧力矩：

$$M_A = 350\text{N} \cdot \text{m}$$

2. 拧紧力矩的控制

拧紧力矩或预紧力的大小是根据要求确定的。一般紧固螺纹连接无预紧力要求，采用普通、风动或电动扳手拧紧。规定预紧力的螺纹连接，常用控制扭矩法、控制螺母扭角法、控制螺栓伸长法、扭断螺母法、加热拉伸法等方法来保证准确的预紧力。

(1) 控制扭矩法

用测力扳手或定扭矩扳手控制拧紧力矩的大小，使预紧力达到给定值，方法简便，但误差较大，适用于中、小型螺栓的紧固。

定扭矩扳手需要事先对扭矩进行设置。通过旋转扳手手柄轴尾端上的销子可以设定所需的扭矩值，且通过手柄上的刻度可以读出扭矩值。扳手的另一端装有带方头的柱体，可以安装套筒。在拧紧时，当扭矩达到设定值时，操作人员会听到扳手发出响声且有所感觉，从而停止操作。这种扳手的优点是，预先可以设定拧紧力矩，且在操作过程中不需要操作人员去读数，但操作完毕后，应将定扭矩扳手的扭矩设为零。

表 3-3 装配时预紧力和拧紧力矩的确定

确定螺栓装配预紧力 F_M 和拧紧力矩 M_A(设 f_G=0.10)时，设定螺杆是全螺纹的，且是粗牙的普通螺纹六角头螺栓或内六角圆柱形螺钉

螺纹	性能等级	装配预紧力 F_M/N，当 f_G=							拧紧力矩 M_A/N·m，当 f_k=						
		0.08	0.1	0.12	0.14	0.16	0.2	0.24	0.08	0.1	0.12	0.14	0.16	0.2	0.24
M4	8.8	4400	4200	4050	3900	3700	3400	3150	2.2	2.5	2.8	3.1	3.3	3.7	4
	11	6400	6200	6000	5700	5500	5000	4600	3.2	3.7	4.1	4.5	4.9	5.4	5.9
	13	7500	7300	7000	6700	6400	5900	5400	3.8	4.3	4.8	5.3	5.7	6.4	6.9
M5	8.8	7200	6900	6600	6400	6100	5600	5100	4.3	4.9	5.5	6.1	6.5	7.3	7.9
	11	10500	101000	9700	9300	9000	8200	7500	6.3	7.3	8.1	8.9	9.6	10.7	11.6
	13	12300	11900	11400	10900	10500	9600	8800	7.4	8.5	9.5	10.4	11.2	12.5	13.5
M6	8.8	10100	9700	9400	9000	8600	7900	7200	7.4	8.5	9.5	10.4	11.2	12.5	13.5
	11	14900	14300	13700	13200	12600	11600	10600	10.9	12.5	14.0	15.5	16.5	18.5	####
	13	17400	16700	16100	15400	14800	13500	12400	12.5	14.5	16.5	####	19.5	21.5	23.5
M7	8.8	14800	14200	13700	13100	12600	11600	10600	12.0	14.0	15.5	17	18.5	21	22.5
	11	21700	20900	20100	19300	18500	17000	15600	17.5	20.5	23	25	27	31	33
	13	25500	24500	23500	22600	21700	19900	18300	20.5	24.0	27	30	32	36	39

续表

螺纹	性能等级	装配预紧力 F_M/N,当 $f_G=$							拧紧力矩 $M_A/N\cdot m$,当 $f_k=$						
		0.08	0.1	0.12	0.14	0.16	0.2	0.24	0.08	0.1	0.12	0.14	0.16	0.2	0.24
M8	8.8	18500	17900	17200	16500	15800	14500	13300	18	20.5	23	25	27	31	33
	11	27000	26000	25000	24200	23200	21300	19500	26	30	34	37	40	45	49
	13	32000	30500	29500	28500	27000	24900	22800	31	35	40	43	47	53	57
M10	8.8	29500	28500	27500	26000	25000	23100	21200	36	41	46	51	55	62	67
	11	43500	42000	40000	38500	37000	34000	31000	52	60	68	75	80	90	98
	13	50000	49000	47000	45000	43000	40000	36500	61	71	79	87	94	106	115
M12	8.8	43000	41500	40000	38500	36500	33500	31000	61	71	79	87	94	106	155
	11	63000	61000	59000	56000	54000	49500	45500	90	104	117	130	140	155	170
	13	74000	71000	69000	66000	63000	58000	53000	105	121	135	150	160	180	195
M14	8.8	59000	57000	55000	53000	50000	46500	42500	97	113	125	140	150	170	185
	11	87000	84000	80000	77000	74000	68000	62000	145	165	185	205	220	250	270
	13	101000	98000	94000	90000	87000	80000	73000	165	195	215	240	260	290	320
M16	8.8	81000	78000	75000	72000	70000	64000	59000	145	170	195	215	230	260	280
	11	119000	115000	111000	106000	102000	94000	86000	215	250	280	310	340	380	420
	13	139000	134000	130000	124000	119000	110000	101000	250	300	330	370	400	450	490
M18	8.8	102000	98000	94000	91000	87000	80000	73000	210	245	280	300	330	370	400
	11	145000	140000	135000	129000	124000	114000	104000	300	350	390	430	470	530	570
	13	170000	164000	157000	151000	145000	133000	122000	350	410	460	510	550	620	670
M20	8.8	131000	126000	121000	117000	112000	103000	95000	300	350	390	430	470	530	570
	11	186000	180000	173000	166000	159000	147000	135000	420	490	560	620	670	750	820
	13	218000	210000	202000	194000	187000	171000	158000	500	580	650	720	780	880	960
M22	8.8	163000	157000	152000	146000	140000	129000	118000	400	470	530	580	630	710	780
	11	232000	224000	216000	208000	200000	183000	169000	570	670	750	830	900	1020	1110
	13	270000	260000	250000	243000	233000	215000	197000	670	780	880	970	1050	1190	1300
M24	8.8	188000	182000	175000	168000	161000	148000	136000	510	600	670	740	800	910	990
	11	270000	260000	249000	239000	230000	211000	194000	730	850	960	1060	1140	1300	1400
	13	315000	305000	290000	280000	270000	247000	227000	850	1000	1120	1240	1350	1500	1650
M27	8.8	247000	239000	230000	221000	213000	196000	180000	750	880	1000	1100	1200	1350	1450
	11	350000	340000	330000	315000	305000	280000	255000	1070	1250	1400	1550	1700	1900	2100
	13	410000	400000	385000	370000	355000	325000	300000	1250	1450	1650	1850	2000	2250	2450
M30	8.8	300000	290000	280000	270000	260000	237000	218000	1000	1190	1350	1500	1600	1800	2000
	11	430000	415000	400000	385000	370000	340000	310000	1450	1700	1900	2100	2300	2600	2800
	13	500000	485000	465000	450000	430000	395000	365000	1700	2000	2250	2500	2700	3000	3300
M33	8.8	375000	360000	350000	335000	320000	295000	275000	1400	1600	1850	2000	2200	2500	2700
	11	530000	520000	495000	480000	460000	420000	390000	1950	2300	2600	2800	3100	3500	3900
	13	620000	600000	580000	560000	540000	495000	455000	2300	2700	3000	3400	3700	4100	4500

续表

螺纹	性能等级	装配预紧力 F_M/N，当 f_G=							拧紧力矩 $M_A/N·m$，当 f_k=						
		0.08	0.1	0.12	0.14	0.16	0.2	0.24	0.08	0.1	0.12	0.14	0.16	0.2	0.24
M36	8.8	440000	425000	410000	395000	380000	350000	320000	1750	2100	2350	2600	2800	3200	3500
	11	630000	600000	580000	560000	540000	495000	455000	2500	3000	3300	3700	4000	4500	4900
	13	730000	710000	680000	660000	630000	580000	530000	3000	3500	3900	4300	4700	5300	5800
M39	8.8	530000	510000	490000	475000	455000	420000	385000	2300	2700	3000	3400	3700	4100	4500
	11	750000	730000	700000	670000	650000	600000	550000	3300	3800	4300	4800	5200	5900	6400
	13	880000	850000	820000	790000	760000	700000	640000	3800	4500	5100	5600	6100	6900	7500

注：螺栓或螺钉的性能等级由两个数字组成，数字之间有一个点，该数值反映了螺栓或螺钉的拉伸强度和屈服点：拉伸强度＝第一个数字×100（N/mm）；屈服点＝第一个数字×第二个数字×10（N/mm）。

（2）控制螺母扭角法

控制扭矩法所用的两种扭矩扳手（测力扳手和定扭矩扳手）的缺点在于，大部分的扭矩都是用来克服螺纹摩擦力和螺栓、螺母及零件之间接触面的摩擦力。使用定扭角扳手，通过控制螺母拧紧时应转过的角度来控制预紧力可以克服这种缺点。在操作时，先用定扭角扳手对螺母施加一定的预紧力矩，使夹紧零件紧密地接触，然后在角度刻度盘上将角度设定为零，再将螺母扭转一定角度来控制预紧力。使用这种扳手时，螺母和螺栓之间的摩擦力不会对操作产生影响。这种扳手主要用于汽车制造以及钢制结构中预紧螺栓的应用。

（3）控制螺栓伸长法

用液力拉伸器使螺栓达到规定的伸长量以控制预紧力，这种方法的优点是，螺栓不承受附加力矩，误差较小。

（4）扭断螺母法

在螺母上切一定深度的环形槽，扳手套在环形槽上部，以螺母环形槽处扭断来控制预紧力。这种方法误差较小，操作方便。但螺母本身的制造和修理重装时不太方便。

以上四种控制预紧力的方法仅适用于中、小型螺栓。对于大型螺栓，可用加热拉伸法。

（5）加热拉伸法

用加热法（加热温度一般小于400℃）使螺栓伸长，然后采用一定厚度的垫圈（常为对开式）或螺母扭紧弧长来控制螺栓的伸长量，从而控制预紧力。

这种方法误差较小。其加热方法有如下四种。

① 火焰加热：用喷灯或氧乙炔加热器加热，操作方便。

② 电阻加热：将电阻加热器放在螺栓轴向深孔或通孔中，加热螺栓的光杆部分。常采用低电压（电压＜45V）或大电流（电流＞300A）。

③ 电感加热：将导线绕在螺栓光杆部分进行加热。

④ 蒸汽加热：将蒸汽通入螺栓轴向通孔中进行加热。

三、螺栓连接的防松措施

螺纹连接一般都具有自锁性，在静载荷下不会自行松脱。但在冲击、振动或交变载荷作用下，会使纹牙之间正压力突然减小，以致摩擦力矩减小，螺母回转，使螺纹连接松动。

螺纹连接应有可靠的防松装置，以防止摩擦力矩减小和螺母回转。常用螺纹防松装置主要有以下几类。

1. 用附加摩擦力防松的装置

（1）锁紧螺母（双螺母）防松

这种装置使用主、副两个螺母，如图3-2所示。先将主螺母拧紧至预定位置，然后再拧紧副螺母。由图 3-2 可以看出，当拧紧副螺母后，在主、副螺母之间的螺杆因受拉伸长，使主、副螺母分别与螺杆牙形的两个侧面接触，都产生正压力和摩擦力。当螺杆再受某个方向突变载荷时，就能始终保持足够的摩擦力，因而起到防松作用。

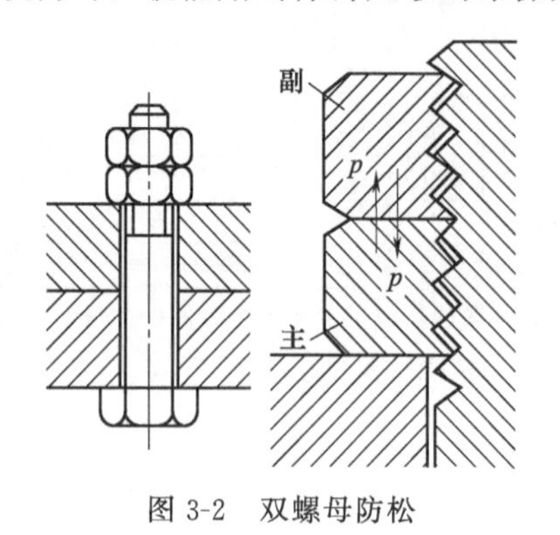

图 3-2 双螺母防松

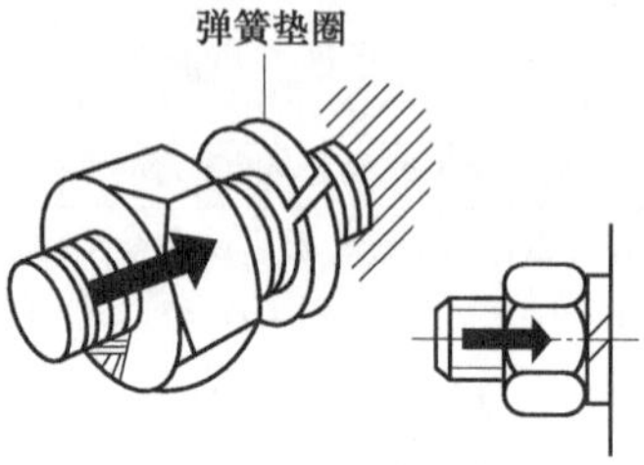

弹簧垫圈

图 3-3 弹簧垫圈防松

这种防松装置由于要用两个螺母，增加了结构尺寸和重量，一般用于低速重载或载荷较平稳的场合。

(2) 弹簧垫圈防松

① 普通弹簧垫圈：如图 3-3 所示，普通弹簧垫圈是用弹性较好的材料 65Mn 制成，开有 70°～80°的斜口，并在斜口处有上下拨开间距。弹簧垫圈放在螺母下，当拧紧螺母时，垫圈受压，产生弹力，顶着螺母，从而在螺纹副的接触面之间产生附加摩擦力，以防止螺母松动。同时斜口的楔角分别抵住螺母和支承面，也有助于防止回松。

这种防松装置容易刮伤螺母和被连接件表面，同时由于弹力分布不均，螺母容易偏斜。它构造简单，防松可靠，一般应用在不经常装拆的场合。

② 球面弹簧垫圈：如图 3-4 所示，球面弹簧垫圈一般应用于螺栓需要调节的场合，调节量最大可达 3°。

③ 鞍形和波形弹簧垫圈：鞍形弹簧垫圈（图 3-5）和波形弹簧垫圈（图 3-6）均可制作成开式和闭式两种。

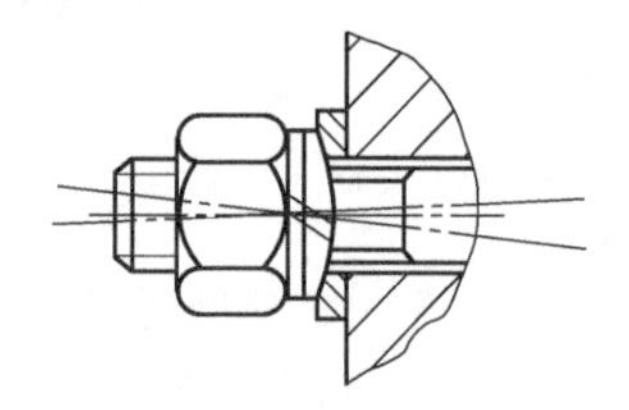

图 3-4 球面弹簧垫圈的应用

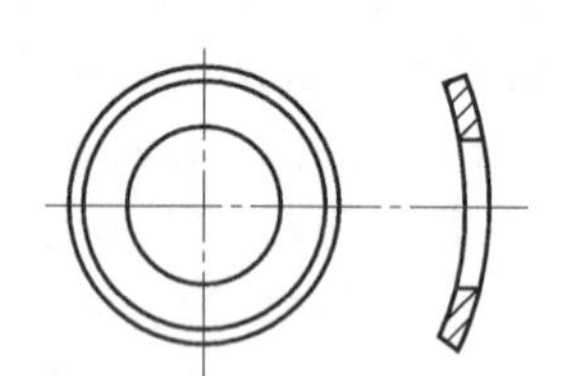

图 3-5 鞍形弹簧垫圈

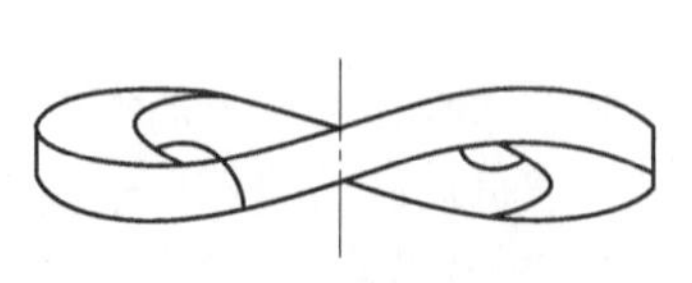

图 3-6 波形弹簧垫圈

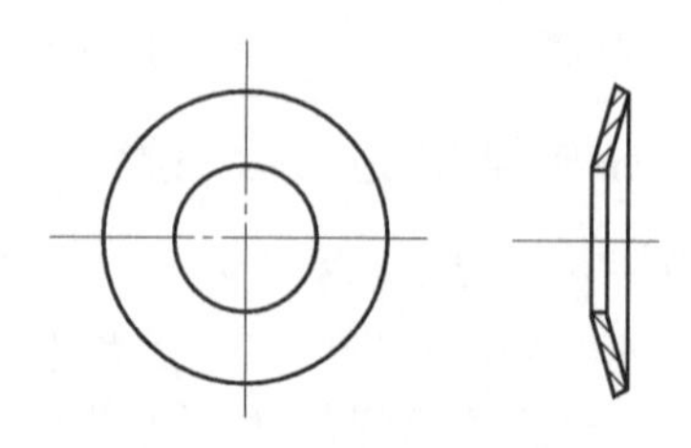

图 3-7 杯形弹簧垫圈

使用开式或闭式的波形弹簧垫圈时，由于其接触面不在斜口处，因而不会损坏零件的接触表面。闭式的鞍形和波形弹簧垫圈主要用于汽车车身的装配，适宜于中等载荷。由于汽车车身表面比较光滑，所以此处的防松完全依靠弹力和摩擦力。

④ 杯形弹簧垫圈：形式和鞍形弹簧垫圈一样，但弹性更大（见图 3-7）。

⑤ 有齿弹簧垫圈：有齿弹簧垫圈可分为外齿垫圈和内齿垫圈，外齿垫圈和内齿垫圈又分为开式和闭式垫圈见图 3-8。有齿弹簧垫圈所产生的弹力可满足诸如电气等轻型结构的紧固需要。它的缺点是在旋紧过程中，易使接触面变得十分粗糙。

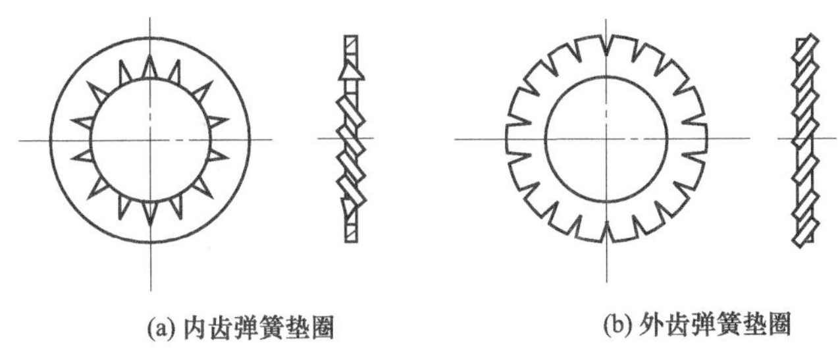

(a) 内齿弹簧垫圈　　(b) 外齿弹簧垫圈

图 3-8　有齿弹簧垫圈

(3) 自锁螺母防松

自锁螺母将一个弹性尼龙圈或纤维圈压入螺母缩颈尾部的沟槽内，此圈的内径值在螺纹小径与中径之间（图 3-9）。当旋紧螺母时，此圈将变形并紧紧包住螺杆，从而防止螺母松开。此外，此圈还可保护螺母内的螺纹部分，防止螺母内的螺纹腐蚀。这种自锁螺母可重复多次使用。

(4) 扣紧螺母防松（图 3-10）

扣紧螺母必须与普通六角螺母或螺栓配合使用，弹簧钢扣紧螺母的齿需适应螺纹的螺距。在拧紧时，其齿会弹性地压在螺栓齿的一侧，从而防止螺母回松。旋松扣紧螺母时，首先必须将六角螺母旋紧，从而使扣紧螺母的齿与螺栓之间压力的减小，利于其旋松。扣紧螺母上一般有 6 个或 9 个齿。

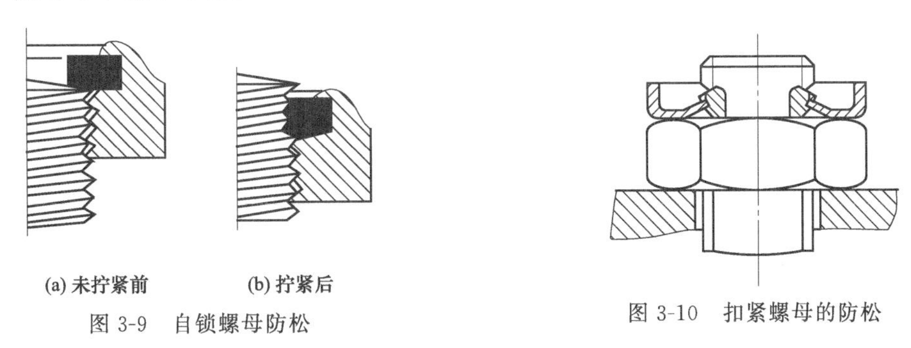

(a) 未拧紧前　　(b) 拧紧后

图 3-9　自锁螺母防松

图 3-10　扣紧螺母的防松

(5) DUBO 弹性垫圈（DUBO Locking Spring Washer）

DUBO 弹性垫圈具有双重作用，既可以防止回松，也可以防止泄漏（图 3-11）。被锁紧

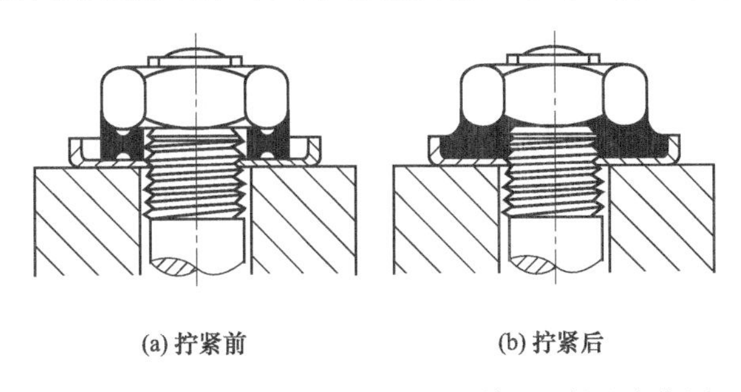

(a) 拧紧前　　(b) 拧紧后

图 3-11　DUBO 弹性垫圈与杯形弹簧垫圈的配合作用

的螺母不可过度旋紧，且要求缓慢地旋紧。防松用的弹性垫圈可多次使用。当用高性能等级的钢制螺栓时，应使用钢质杯形弹性垫圈（无齿或有齿）。该齿形弹性垫圈有三种功能：用作弹簧垫圈；使紧固后变形的DUBO弹性垫圈有良好的变形而包围在螺母外表面；使紧固后变形的DUBO弹性垫圈有一部分挤入被连接件和螺栓之间的空隙内。

2. 利用零件的变形防松的装置

此类防松零件是一种既安全又廉价的防松零件。在装配过程中，防松零件通过变形来阻止螺母的回松。通常在螺母和螺栓头下安装止动垫片。止动垫片一般用钢或黄铜制成，由于变形（弯曲）的原因，只可使用一次。

图3-12为带耳止动垫片用以防止六角螺母回松的应用。当拧紧螺母后，将垫片的耳边弯折，并与螺母贴紧。这种方法防松可靠，但只能用于连接部分可容纳弯耳的场合。图3-13所示为圆螺母止动垫片防松装置，该止动垫片常与带槽圆螺母配合使用，用于滚动轴承的固定。装配时，先把垫片的内翅插入螺杆槽中，然后拧紧螺母，再把外翅弯入螺母的外缺口内。图3-14为外舌止动垫片的应用，该止动垫片常安装于螺母或螺栓头部下面。图3-15为多折止动垫片的应用，多折止动垫片在应用及功能上与有耳止动垫片相似。但由于各孔间的孔距是不同的，故其需按尺寸进行定制。

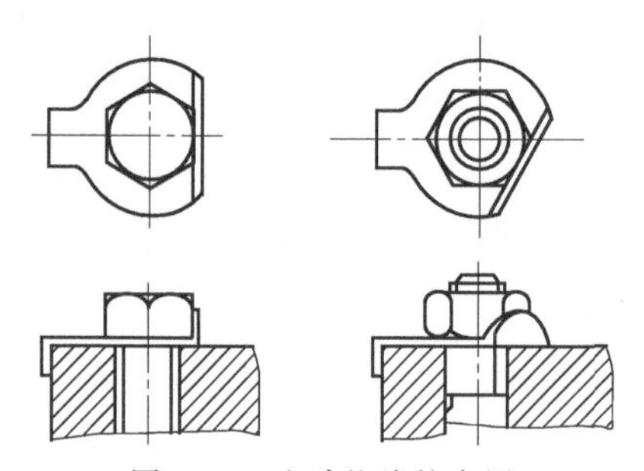
图3-12 止动垫片的应用

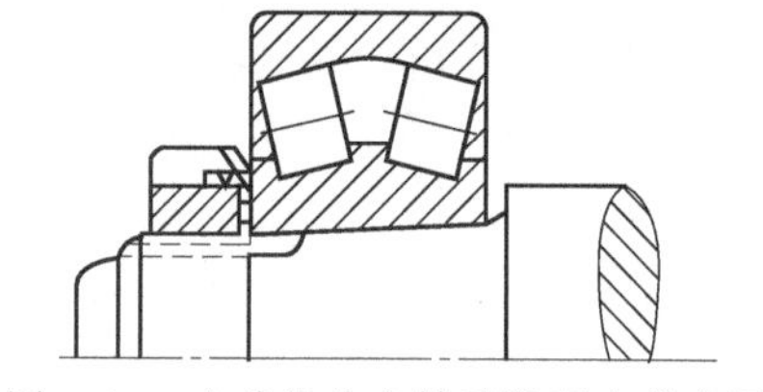
图3-13 止动垫片在轴承装配中的应用

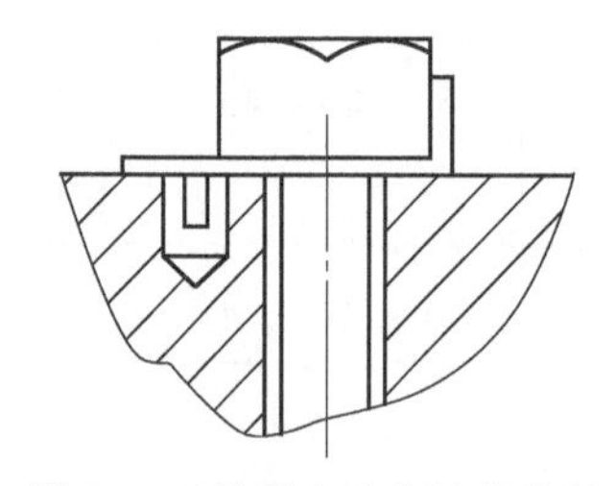
图3-14 外舌止动垫片的应用

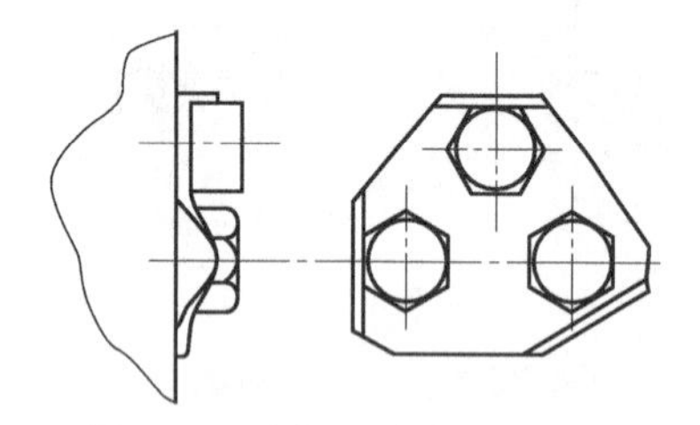
图3-15 多折止动垫片的应用

3. 其他防松形式

(1) 开口销与带槽螺母防松

这种防松装置可用于汽车轮毂的防松，此装置必须在螺杆钻出一个小孔，使开口销能穿过螺杆，并用开口销把螺母直接锁在螺栓上，从而防止螺母松开（图3-16）。为了能调整轴承的间隙，连接螺纹应采用细牙螺纹。在操作时，必须小心地进行此项操作，因为这样的连接如果松开，其后果将会十分严重。此防松装置防松可靠，但螺杆上销孔位置不易与螺母最佳锁紧位置的槽口吻合，多用于变载或振动的场合。

(2) 串联钢丝防松

用钢丝连接穿过一组螺钉头部的径向小孔或螺母和螺栓的径向小孔（图3-17），以钢丝的牵制作用来防止回松。它适用于布置较紧凑的成组螺纹连接。装配时应注意钢丝的穿丝方向，以防止螺钉或螺母仍有回松的余地。

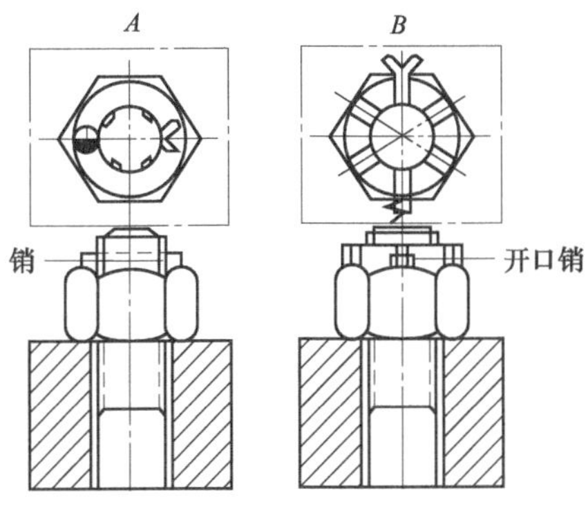

图 3-16 开口销与带槽螺母防松

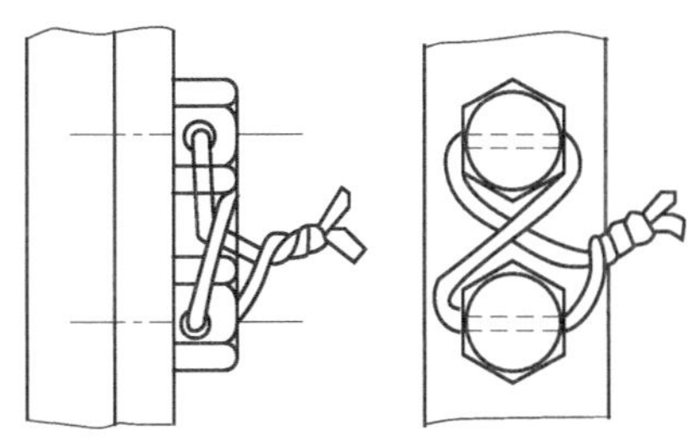
图 3-17 串联钢丝防松

(3) 胶黏剂防松

正常情况下，螺栓和螺母的螺纹之间存在间隙，因此，可以用胶黏剂注入此间隙内进行防松，但并非所有的胶黏剂都可用于螺纹间的防松(图 3-18)。通常，“厌氧性”的胶黏剂可用于这种用途，这种胶黏剂通常由树脂与固化剂组成的稀薄混合形式供应，只要氧气存在，固化剂便不起作用，而在无空气场合下会发生固化。因此，只要此液体胶注入窄的间隙中，不再和空气接触，即可发生固化作用。这种防松粘接牢固，粘接后不易拆卸。适用于各种机械修理场合，效果良好。

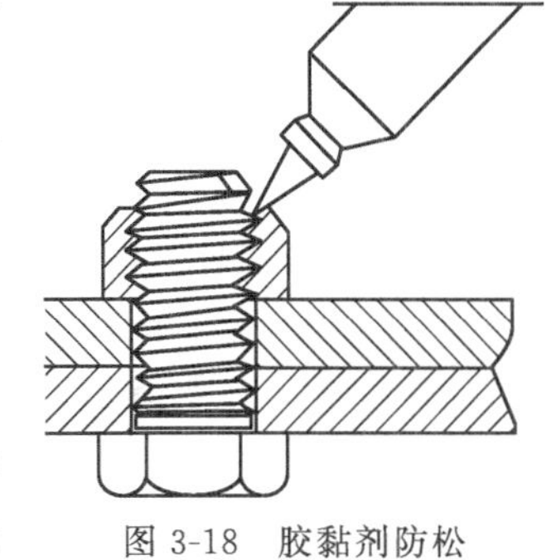
图 3-18 胶黏剂防松

在装配过程中，我们也常将此类胶黏剂涂于装配的零件上。现今，越来越多的螺栓和螺母在供应前已事先涂上干态涂层作为防松措施。这种干态涂层内含有一种微囊体，它在装配时易于破裂，从而释放一种活性物质流入螺纹间，填满间隙，并使固化过程开始，既起到防松又起到密封的作用。

干态涂层的应用是上述胶黏剂应用的一种变形，在商业上以 Loctite Dri-Loc 名称销售。这一涂层增大了螺纹牙间的挤压，使无涂层齿侧间的压力增大，导致附加的摩擦力阻止螺母回松。这种防松适用于轻微的振动或有足够预应力的场合，也适用于需要重复调节的零件。

四、螺纹连接装配工艺要点

1. 螺母和螺钉的装配要点

螺母和螺钉装配除要按一定的拧紧力矩来拧紧外，还要注意以下几点。

① 螺钉或螺母与工件贴合的表面要光洁、平整。

② 要保持螺钉或螺母与接触表面的清洁。

③ 螺孔内的脏物要清理干净。

④ 成组螺栓或螺母在拧紧时，应根据零件形状、螺栓的分布情况，按一定的顺序拧紧螺母。在拧紧长方形布置的成组螺母时，应从中间开始，逐步向两边对称地扩展；在拧紧圆形或方形布置的成组螺母时，必须对称进行（如有定位销，应从靠近定位销的螺栓开始），以防止螺栓受力不一致，甚至变形。螺纹连接拧紧顺序见表 3-4。

⑤ 拧紧成组螺母时，要做到分次逐步拧紧（一般不少于 3 次）。

⑥ 必须按一定的拧紧力矩拧紧。

表 3-4 螺纹连接拧紧顺序

分布形式	一字形	平行形	方框形	圆环形	多孔形
拧紧顺序简图			定位销	定位销	

⑦ 凡有振动或受冲击力的螺纹连接，都必须采用防松装置。

2. 螺纹防松装置的装配要点

(1) 弹簧垫圈和有齿弹簧垫圈

不要用力将弹簧垫圈的斜口拉开，否则在重复使用时会加剧划伤零件表面；根据结构选择适用类型的弹簧垫圈，如圆柱形沉头螺栓连接所用的弹簧垫圈和圆锥形沉头螺栓连接所用的弹簧垫圈是不同的；有齿弹簧垫圈的齿应与连接零件表面相接触，如对于较大的螺栓孔，应使用具有内齿或外齿的平型有齿弹簧垫圈。

(2) DUBO 弹性垫圈

① 必须将螺钉旋紧直至 DUBO 弹性垫圈的外侧厚度变形并包围在螺钉头四周，如图 3-19所示。螺栓连接会产生足够的预紧力，螺钉被完全锁紧，但过度旋紧螺钉是错误的。

② 零件表面必须平整，这将有助于形成良好的密封效果。

③ 应根据螺栓接头的类型，使用正确的 DUBO 弹性垫圈，有关其直径方面的资料由供应商提供。

④ 为增强密封效果，螺栓孔应越小越好。如果对连接的要求很高，则建议将 DUBO 弹性垫圈和杯形弹性垫圈或锁紧螺母配套使用。

⑤ 装配后，必须将螺母再旋紧四分之一圈。

(3) 带槽螺母和开口销

重要的是开口销的直径应和销孔相适应，开口销端部必须光滑且无损坏。装配开口销时，应注意将开口销的末端压靠在螺母和螺栓的表面上，否则很可能出现事故，如图 3-20 所示。

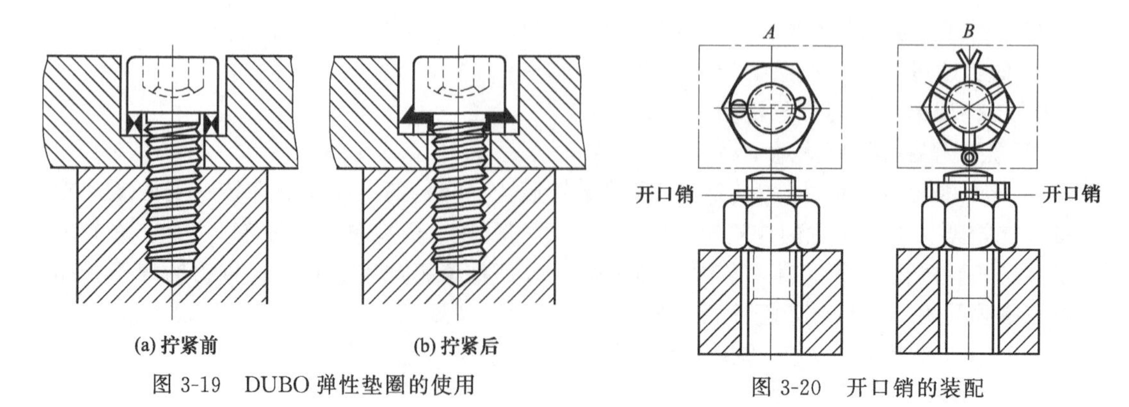

图 3-19 DUBO 弹性垫圈的使用

图 3-20 开口销的装配

(4) 胶黏剂防松

通过液态合成树脂进行防松，如果零件表面相互之间接触良好，胶黏剂涂层越薄，则此防松效果越好。在操作时，零件接触表面必须用专用清洗剂仔细地进行清洗、脱脂，同时，稍微粗糙的表面可增强粘接的强度。

第二节　弹性挡圈的装配

除螺纹连接件的防松外，还有一类防松是孔与轴的防松。此类防松零件，不仅指锁紧轴本身的防松零件，而且还指用于锁紧装配于轴上的各种零件的防松零件。常用的防松零件有键、销、紧定螺钉和弹性挡圈等。本节主要介绍弹性挡圈等防松零件的装配技术。

1. 矩形锁紧板

简单的矩形锁紧板可用于轴的锁紧，防止其做径向和轴向的移动，如图 3-21 所示。

2. 锁紧挡圈

旋转轴可通过锁紧挡圈来进行轴向固定，如图 3-22 所示。这种挡圈先滑套在轴上，然后用具有锥端或坑端的紧定螺钉将其锁紧。使用锁紧挡圈的优点是，可将轴制做成等径圆柱轴，轴上无须做出轴肩，但这种锁紧装置只适用于受力不大的场合。

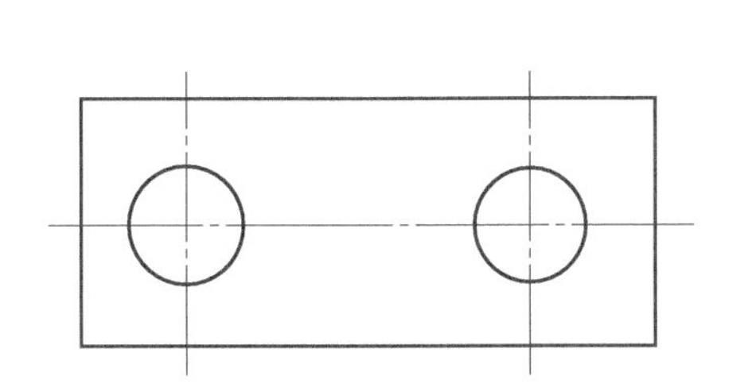

图 3-21　矩形锁紧板

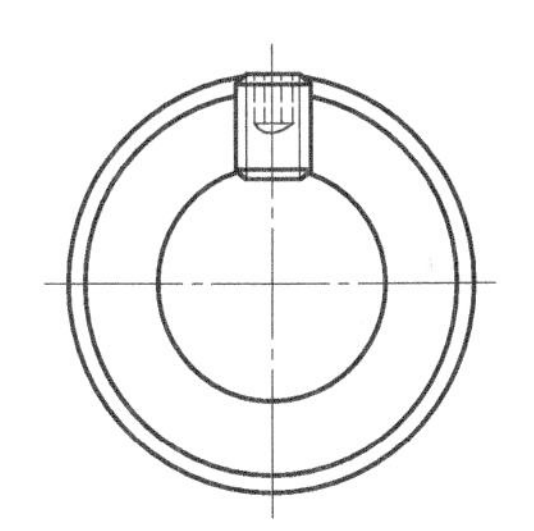

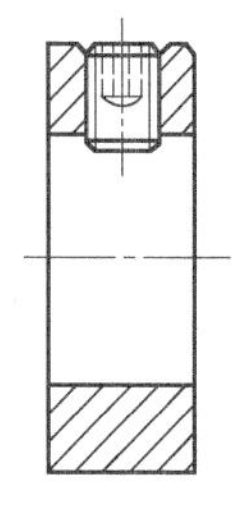

图 3-22　锁紧挡圈

3. 弹性挡圈

弹性挡圈用于防止轴或其上零件的轴向移动。通常将其分为两大类：一类是轴用弹性挡圈；另一类是孔用弹性挡圈。

(1) 轴用弹性挡圈

轴用弹性挡圈有平弹性挡圈［图 3-23 (a)］、弯曲弹性挡圈［图 3-23 (b)］和锥面弹性挡圈［图 3-23 (c)］三种形式，它具有内侧夹紧能力，如图 3-24 (a) 所示，用于轴上锁紧零件。平弹性挡圈常安装在经过精密加工的沟槽内；弯曲弹性挡圈成弯曲形状，可用于消除轴端游动；锥面弹性挡圈在其内周边上加工成锥面，用于轴上沟槽有锥面的场合。

(a) 平弹性挡圈

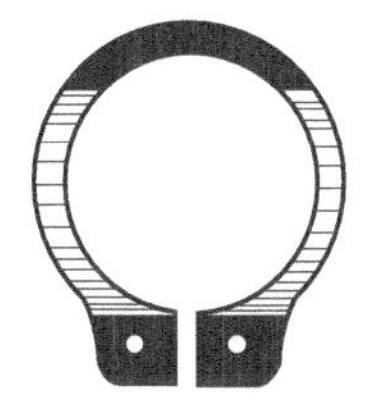

(b) 弯曲弹性挡圈

(c) 锥面弹性挡圈

图 3-23　轴用弹性挡圈

除此之外，还有一种开口挡圈具有自锁功能，与上述沿轴向安装的弹性挡圈相比，它们必须沿径向安装在轴上，如图 3-25 所示。

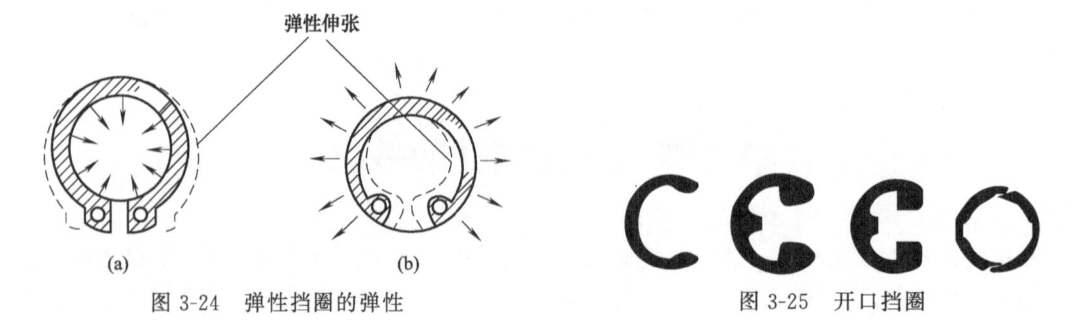

图 3-24　弹性挡圈的弹性

图 3-25　开口挡圈

（2）孔用弹性挡圈

孔用弹性挡圈［图 3-24（b）］也有平、弯曲和锥面三种形式，具有外侧夹紧能力，用于孔内锁紧零件，与轴用弹性挡圈相同，常用于滚动轴承、轴套、轴的固定，如图 3-26 所示。

4. 弹簧夹和开口挡圈

弹簧夹和开口挡圈可制成多种形状。开口挡圈可用于大公差的预加工沟槽内，如图 3-27所示。多数场合中，弹簧夹的安装不需用特殊工具，但要求零件上有专门形状的沟槽，它适用于较小的结构，如图 3-28 和图 3-29 所示。

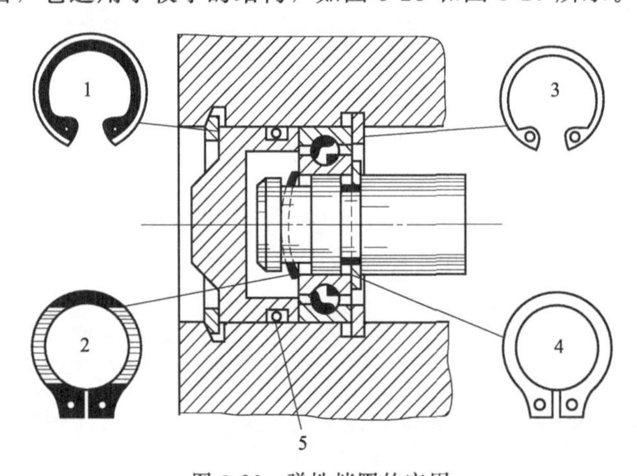

图 3-26　弹性挡圈的应用

1—孔用锥面弹性挡圈；2—轴用弯曲弹性挡圈；3—孔用平弹性挡圈；4—轴用平弹性挡圈；5—轴用钢丝挡圈

图 3-27　开口挡圈的装配

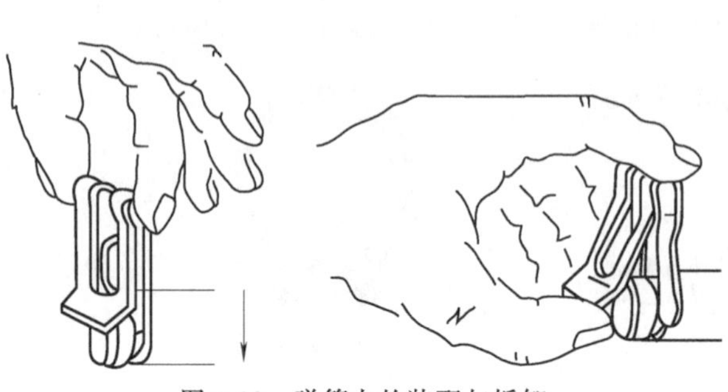

图 3-28　弹簧夹的装配与拆卸

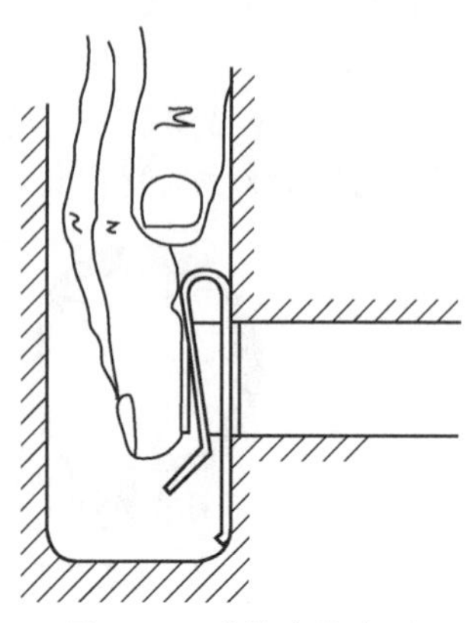

图 3-29　弹簧夹的应用

第三节 键连接的装配过程

机械设备中往往用键将齿轮、皮带轮、联轴器等轴上零件与轴连接起来传递扭矩。常用的键的结构主要有平键、楔键（钩头楔键）、花键等。

一、松键连接的装配过程

1. 松键连接的种类

依靠键的两侧面作为工作表面来传递扭矩的方法称为松键连接，其只能作为周向固定，具有工作可靠、结构简单等优点。松键连接所采用的键有平键、滑键、半圆键和导向平键四种，其结构如图 3-30 所示。

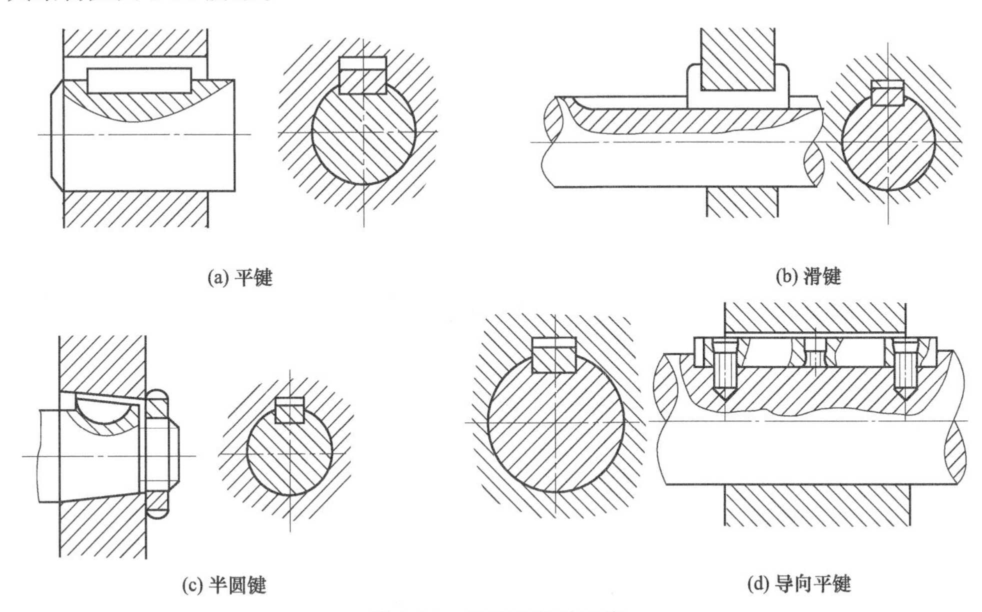

图 3-30 松键连接的种类

2. 松键连接的装配要点

① 必须清理键与键槽的毛刺，以免影响配合的可靠性。

② 对重要的键，在装配前应检查键槽对轴线的对称度和键侧的直线度。

③ 锉配键长和键头时，应保留 0.1mm 的间隙。

④ 配合面上加机油后，将键装入轴槽中，使键与槽底接触良好。

⑤ 用键头与轴槽试配，应保证其配合性质。

3. 松键装配的技术要求

① 平键不准配置成错牙形。

② 修配平键一般以一侧为基准，修配另一侧，使键与槽均匀接触。

③ 对于双键槽，按上述要求配好一个键，然后以其为基准，检测修整另一键槽孔槽与轴槽的相对位置，最后按上述要求配好另一键。

④ 平键装配时，检测键的顶面与孔槽底面间隙，应符合图样要求。

⑤ 键与孔槽修配，使两侧应均匀接触，配合尺寸符合图样要求。

⑥ 键与轴槽修配，使两侧面均匀接触，配合面间不得有间隙，底面与轴槽底面接触良好，键的两端不准翘起。

二、紧键连接的装配过程

紧键连接一般是指楔键连接，是利用键的上、下两表面作为工作表面来传递扭矩，其结构如图 3-31 所示。

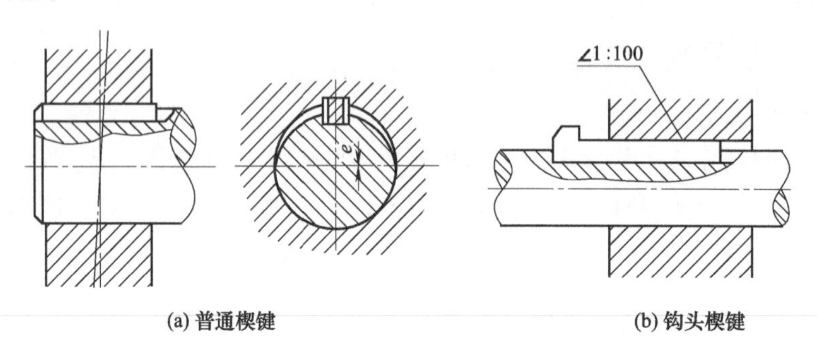

图 3-31　紧键连接的结构

紧键连接的装配要点：

① 键的上、下工作表面与轮槽、轴槽底部应贴紧，但两侧应留有一定的间隙。

② 键的斜度与轮毂的斜度应一致，否则工件会发生歪斜。

③ 钩头楔键装配后，工作面上的接触率应在 69%以上。

④ 钩头楔键装配后，钩头和工件之间必须留有一定的距离，以便于拆卸。

三、花键连接的装配过程

花键轴的种类很多，所以花键连接的形式很多，其中应用最广泛的是矩形花键，如图 3-32 所示。花键连接具有传动扭矩大，同轴度、导向性好和承载能力强等优点，但缺点是制造成本高。

花键连接的装配要点：

① 花键可用花键推刀来修整，一般采用涂色法，以满足技术要求。

② 应检查装配后的花键副被连接件和花键轴的垂直度和同轴度要求。

③ 动连接装配时，花键孔在花键上应能滑动自如，保证精确的配合间隙，但不能过松。

④ 在过盈量较大的配合静连接装配中，可将工件加热到 80～120℃后再进行装配。

⑤ 花键轴与花键孔允许有少量的过盈，装配时可用铜棒轻轻敲入，但不可过紧。

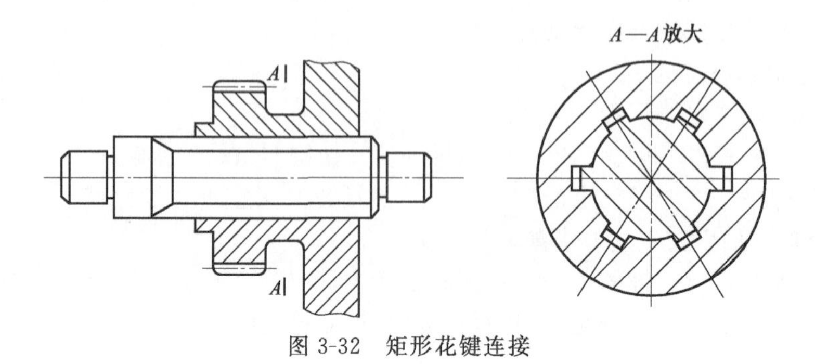

图 3-32　矩形花键连接

第四节　密封件的装配过程

要求其所造成的磨损和摩擦力应尽量小，但能长期保持密封功能。

密封件可分为两大主要类型，即静密封件和动密封件。静密封件用于被密封零件之间无相对运动的场合，如密封垫和密封胶。动密封件用于被密封零件之间有相对运动的场合，如油封和机械式密封件。

一、O 形密封圈的装配

在机械设备中，密封件是必不可少的零件，它主要起着阻止介质泄漏和防止污物浸入的作用。在装配中，O 形密封圈是截面形状为圆形的密封元件，如图 3-33 所示。大多数的 O 形密封圈由弹性橡胶制成，它具有良好的密封性，是一种压缩性密封圈，同时又具有自封能力，所以使用范围很宽，密封压力从 1.33×10^{-5} Pa 的真空到 400MPa 的高压，动密封最高可达 35MPa。如果材料选择适当，温度范围为－60～＋200℃。在多数情况下，O 形密封圈是安装在沟槽内的。其结构简单，成本低廉，使用方便，密封性不受运动方向的影响，因此得到广泛的运用。

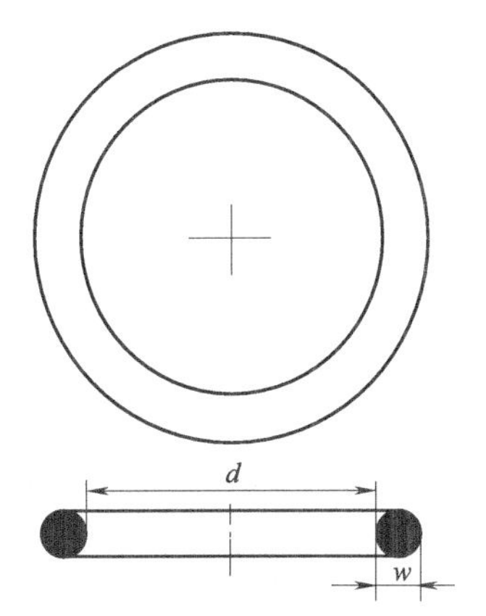

图 3-33　O 形密封圈
d—O 形密封圈内径；
w—O 形密封圈截面直径

1. O 形密封圈密封的原理

O 形密封圈的作用是，将被密封零件结合面间的间隙封住或切断泄漏通道，从而使被阻塞的介质不能通过 O 形密封圈。这样的密封原理既能应用在动态场合下，又能应用在静态场合下。所以 O 形密封圈是一种极为通用的密封元件。

作为静密封件（图 3-34），为了保证良好的密封效果，O 形密封圈应有一定的预压缩量，预压缩量的大小对密封性能影响较大。过小时密封性能不好，易泄漏；过大则压缩应力增大，使 O 形密封圈容易在沟槽中产生扭曲，加快磨损，缩短寿命。预压缩量通常为 15%～25%，但其在径向安装和轴向安装时稍有不同。

在动态场合下，O 形密封圈可应用于滑动和旋转运动中作为动密封件（图 3-35），其预压缩量为 8%～20%，但用于液体介质和气体介质时，摩擦力稍有不同。在应用中，具有较小截面的 O 形密封圈应比较大截面的预压缩量更大一些，以适应沟槽较大的尺寸公差。

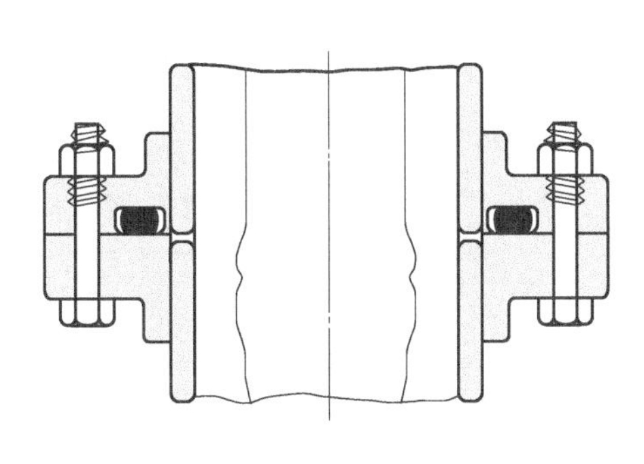

图 3-34　静密封件

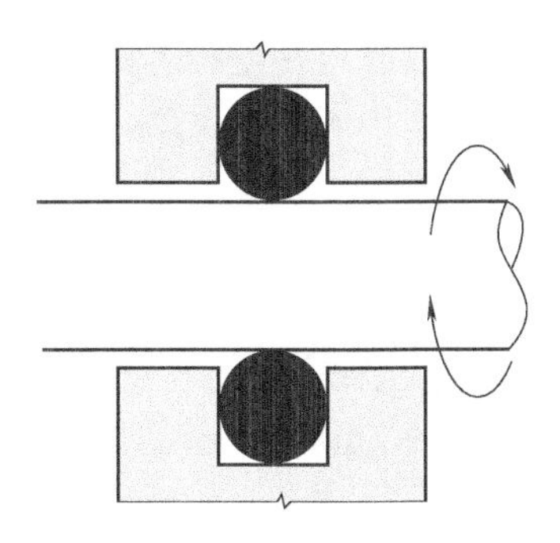

图 3-35　动密封件

综上所述，只要O形密封圈的预压缩量正确，即可形成一个可靠的密封。如图3-36所示，在液压油缸中，O形密封圈又受到油压作用而发生变形，并被挤压到阻塞液体泄漏通道的一侧，紧贴槽侧和缸的内壁，从而使密封作用加强。随着油压的增加，密封性能越好，一般称这种性能为自封性。

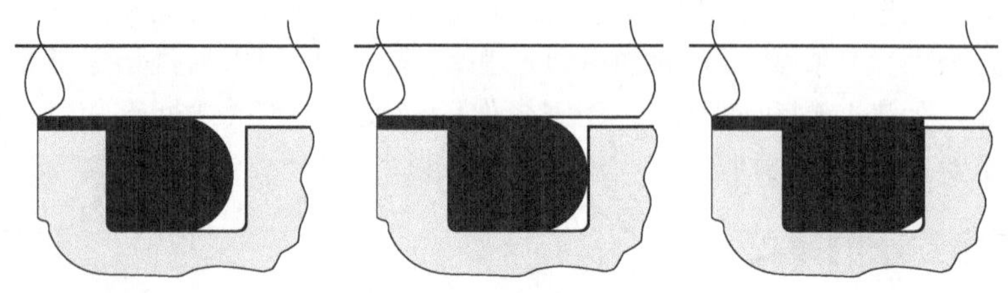

图3-36 O形密封圈的密封

2. **O形密封圈的永久性变形**

O形密封圈在外加载荷或变形去除后，都具有迅速恢复原来形状的能力。但是在长期使用以后，几乎总有某种程度的变形不能恢复，这种现象被称作永久性变形。这种变形使得O形密封圈的密封能力下降，为了衡量O形密封圈的残余弹性，常用永久性变形来表示O形密封圈的密封能力和恢复至其原有厚度的能力。永久性变形用百分率来表示：

$$C=[(t_0-t_1)/(t_0-t_s)]\times 100\%$$

式中 C——O形密封圈的永久性变形；

t_0——O形密封圈未受工作压力时的初始直径；

t_s——O形密封圈受工作压力后的截面厚度；

t_1——O形密封圈在工作压力去除后的截面厚度。

C值越小，密封效果越好。当温度升高时，压缩性永久变形的值也将增加。

O形密封圈的弹性橡胶越软，则密封圈调节自身适应密封面的能力越好，特别是在低压情况下，密封能力越强。构成O形密封圈的化合物越软，则使O形密封圈变形所需的力越小。在动态情况下，软弹性橡胶的摩擦因数比硬的化合物的摩擦因数大，但后者在具有与弹性橡胶密封圈相同变形时所需的压力也较大。温度越高时，弹性橡胶会变得越软，并随使用时间会发生硬化现象，这是弹性橡胶老化的结果（硫化过程进展缓慢）。

3. **O形密封圈的挤入缝隙现象**

对于一定硬度的橡胶，当介质压力过大或被密封零件间的间隙过大时，都可能发生O形密封圈被挤入间隙内的危险，从而导致O形密封圈的损坏，失去密封作用，如图3-37所示。所以，O形密封圈的压缩量和间隙宽度都十分重要。

密封的间隙宽度应由介质压力来确定。如果介质压力增大，则许用间隙宽度应相应减小，但是也可以改用硬度高的橡胶密封圈，可以有效防止O形密封圈被挤入缝隙，还可以使用挡圈来阻止挤入缝隙现象，如图3-38所示。

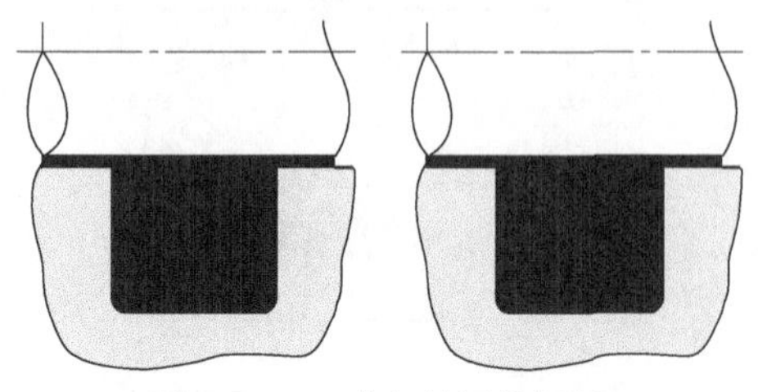

图3-37 O形密封圈的损坏

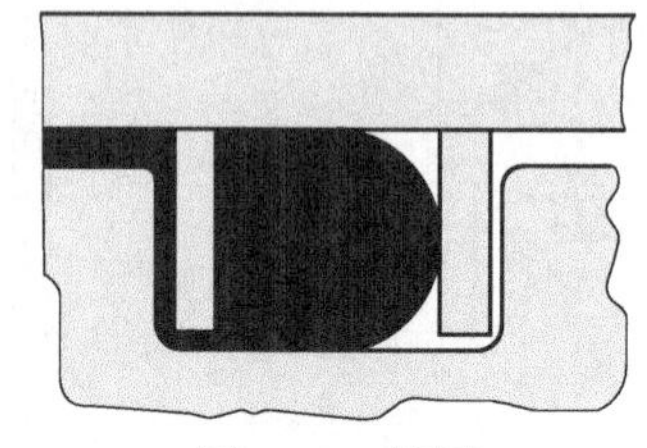

图3-38 挡圈

4. O形密封圈的储存

根据弹性橡胶的类型，硫化O形密封圈的储存期为3～20年。但在实际操作中，若能加强检查，储存期可更长。

有关O形密封圈储存的建议：

① 环境温度不超过250℃。

② 环境应干燥。

③ 防止阳光和含紫外线的灯光照射。

④ 空气特别是含臭氧的空气易使橡胶老化，所以应将O形密封圈储存于无流动空气的场所，且储存处禁止有产生臭氧的设备存在。

⑤ 储存期间，避免与液体、金属接触。

⑥ O形密封圈在储存时应不受任何作用力，例如，严禁将O形密封圈悬挂在钉子上。

5. O形密封圈密封装置的倒角

在设计O形密封圈的密封装置时，最为重要的是对杆端或孔端采用10°～20°的倒角，这样可防止在装配时损坏O形密封圈，如图3-39所示。为防止装配时O形密封圈需通过诸如液压阀内的孔口等情况时产生挤坏现象，也必须将孔口倒角或倒圆，如图3-40所示。

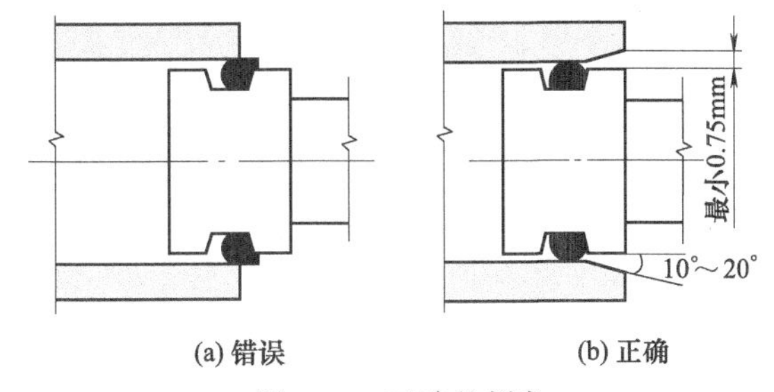

图3-39 正确的倒角

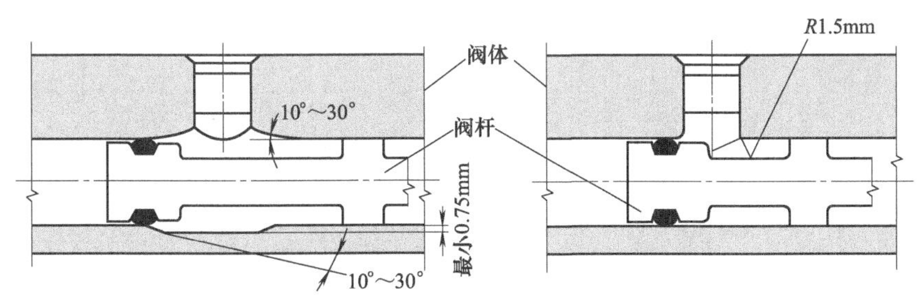

图3-40 液压阀内的倒角和倒圆

6. 润滑

装配时，无论O形密封圈是用于静态或动态条件，O形密封圈和金属零件都必须有良好的润滑。由于某些润滑剂对有些橡胶产品可造成膨胀或收缩等不良影响，所以建议采用惰性润滑剂。例如，一种专用合成油脂“silubrine”适用于装配NBR（丁腈橡胶）、FPM（氟橡胶）、EP（环氧树脂）和MVQ（硅橡胶）等材料的密封圈。所有以矿物油脂、动物油脂、植物油脂为基础的润滑剂，都绝对不适用于O形密封圈的润滑，特别是EP橡胶材料的密封圈。

7. O形密封圈的装配和拆卸工具

在许多装配实践中，O形密封圈的装配和拆卸成了难题。大多数情况是，O形密封圈的位置难以接近或尺寸太小，因此没有好的工具，操作就不可能进行。在此介绍一种“O

形密封圈装配和拆卸工具套件”，如图 3-41 所示，这套工具由能防止多种液体侵蚀的不锈钢制成，它可使 O 形密封圈的装配与拆卸较易进行。

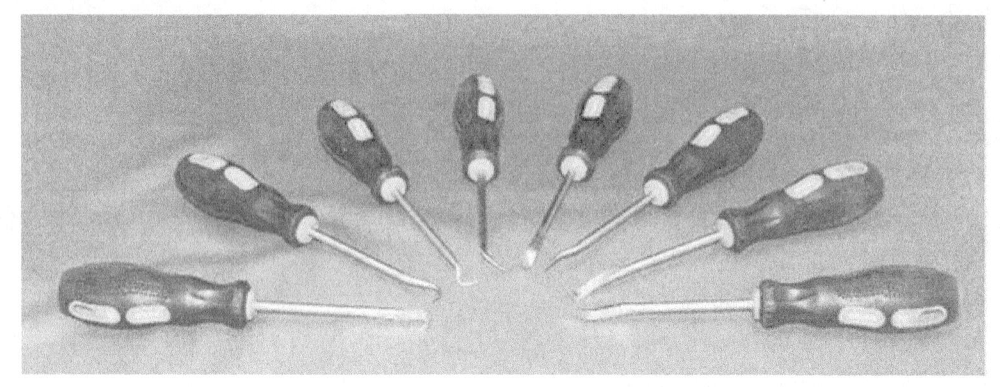

图 3-41　O 形密封圈装配与拆卸工具套件

(1) 尖锥

尖锥如图 3-42 所示，此工具用于将小型 O 形密封圈从难以接近的位置上拆卸下来。但尖锥易于损坏 O 形密封圈，故适用于不重要的场合。

(2) 弯锥

如图 3-43 所示，这种弯锥用于将 O 形密封圈从难以接近的位置中拆卸下来。操作时，将此工具放入沟槽内，同时转动手柄并将其推向孔壁，从而将 O 形密封圈从沟槽中卸出来。

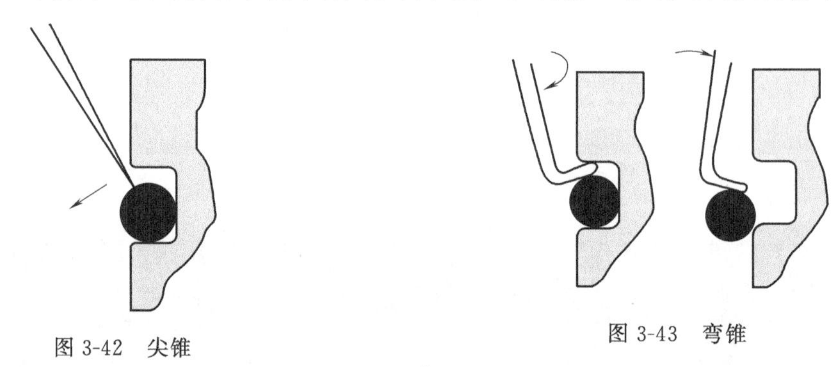

图 3-42　尖锥

图 3-43　弯锥

(3) 曲锥

如图 3-44 所示，这种曲锥用于将 O 形密封圈从沟槽中拆卸下来，也用于将 O 形密封圈拉入沟槽内。

(4) 装配钩

装配钩如图 3-45 所示，此工具用于将 O 形密封圈放入沟槽内。操作时，首先必须将 O

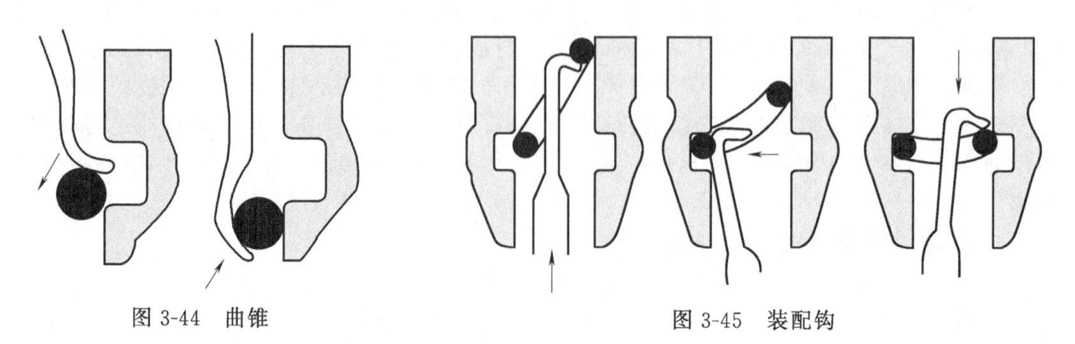

图 3-44　曲锥

图 3-45　装配钩

形密封圈推过沟槽，再用此工具的背将O形密封圈的一部分推入沟槽内，然后用其尖端将O形密封圈的另一部分完全安装到位。

（5）镊子

镊子适用于不易用手对O形密封圈进行润滑的场合。该工具可以将O形密封圈浸入液体润滑剂中，并将其安装到需密封的地方。

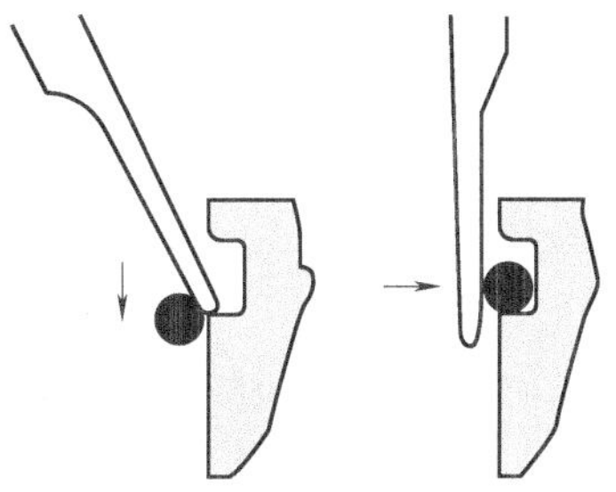

（6）刮刀

图3-46　刮刀

刮刀如图3-46所示，此工具适用于拆卸接近外表面处的O形密封圈。可用于将O形密封圈放入沟槽中，以及向已安装的O形密封圈添加润滑剂。

二、油封的装配

油封是一种最常用的密封件，它适于工作压力小于0.3MPa的条件下对润滑油和润滑脂的密封。常用于各种机械的轴承处，特别是滚动轴承部位。有时，也可用于其他液体、气体以及粉状和颗粒状的固体物质的密封。其功用在于把油腔和外界隔离，对内封油，对外防尘。

油封与其他唇形密封不同之处在于具有回弹能力更大的唇部，密封接触面宽度很窄（约为0.5mm）且接触应力的分布图形呈尖角形。图3-47为油封结构及唇口接触应力示意图。油封的截面形状及箍紧弹簧，使唇口对轴具有较好的追随补偿性，因此，油封能以较小的唇口径向力获得较好的密封效果。同时，好的润滑油可在齿轮、轴承和轴上形成强度较高的油膜，而且齿轮、轴承配合面间的油膜不易被破坏。然而，当将轴从机器中拆卸下来时，油封上的密封唇在轴上产生足够的压力可将油膜破坏，使润滑油仍保持在机器内部，但又不会引起太大的摩擦和磨损。

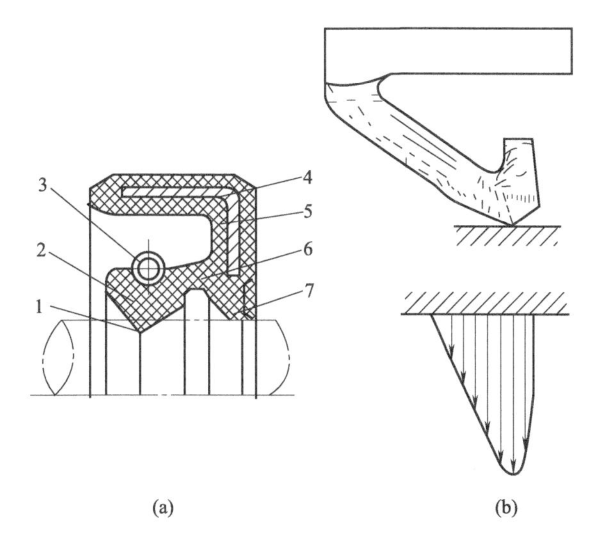

图3-47　油封结构及唇口接触应力示意图

1—唇口；2—冠部；3—弹簧；4—骨架；5—底部；6—腰部；7—副唇

1. 油封的类型

图3-48为常用油封的类型。

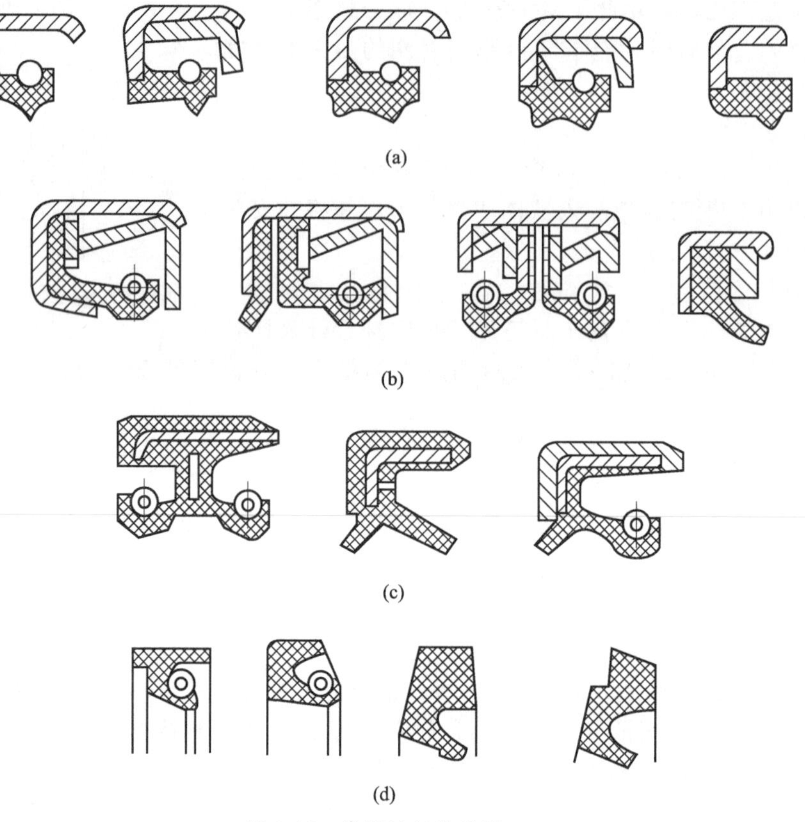

图 3-48 常用油封的类型

(1) 粘接结构

如图 3-48 (a) 所示，这种结构的特点在于橡胶部分和金属骨架可以分别加工制造，再由胶粘接在一起，成为外露骨架型，具有制造简单、价格便宜等优点。美、日等国多采用此种结构。

(2) 装配结构

如图 3-48 (b) 所示，它是把橡胶唇部、金属骨架和弹簧圈三者装配起来而组成油封。它具有内外骨架，并把橡胶唇部夹紧。通常还有一挡板，以防弹簧脱出。

(3) 橡胶包骨架结构

如图 3-48 (c) 所示，它是把冲压好的金属骨架包在橡胶之中，成为内包骨架型，其制造工艺稍微复杂一些，但刚度好，易装配，且钢板材料要求不高。

(4) 全胶油封

如图 3-48 (d) 所示，这种油封无骨架，有的甚至无弹簧，整体由橡胶模压成型。其特点是刚性差，易产生塑性变形，但是它可以切口使用，这对于不能从轴端装入而又必须用油封的部位是宜有的一种形式。

2. 油封的材料

由于油封处于大气和油的环境中，所以要求其材料的耐油性、耐氧化性良好；同时油封也常处于灰尘、泥水的环境中，且有很高的转速，因此要求其耐磨性和耐热性良好。对于某些特殊情况，例如用油封密封化学品时，则要求其材料应与介质相适应。

用作油封的橡胶主要是丁腈橡胶、丙烯酸酯橡胶和聚氨酯橡胶，特殊情况用到硅橡胶、氟橡胶和聚四氟乙烯树脂。丁腈橡胶的耐油性能优异；聚氨酯橡胶的耐磨性能突出；而硅橡胶耐高、低温性能都很好；氟橡胶则较耐高温。

此外，油封还用到骨架材料和弹簧材料。前者常用一般冷压或热轧钢板、钢带，只有海水及腐蚀性介质才用不锈钢板；后者用一般弹簧钢丝、琴钢丝或不锈钢丝等。

3. 油封的润滑

旋转轴或滑动轴上的每个油封都需要对其相互运动的密封表面进行一定的润滑，以防止装配和运动时油封的损坏。当油封用于对油或脂密封时，润滑油封的润滑剂已经存在。而用于水的密封时，油封也具备通常的润滑作用。但是，将油封用于非润滑性介质的密封时，则必须采取专门的预防措施。在这种情况下，可采用一前一后安装两个油封，并在其中间的空间中填入油或脂，如图 3-49 所示。当采用带防尘唇的油封时，可在密封唇和防尘唇间填满润滑脂，如图 3-50 所示，这些润滑剂还将带走因摩擦而产生的热量。

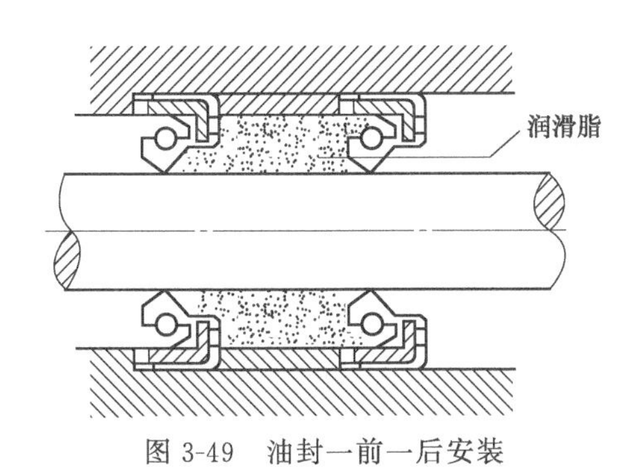

图 3-49 油封一前一后安装

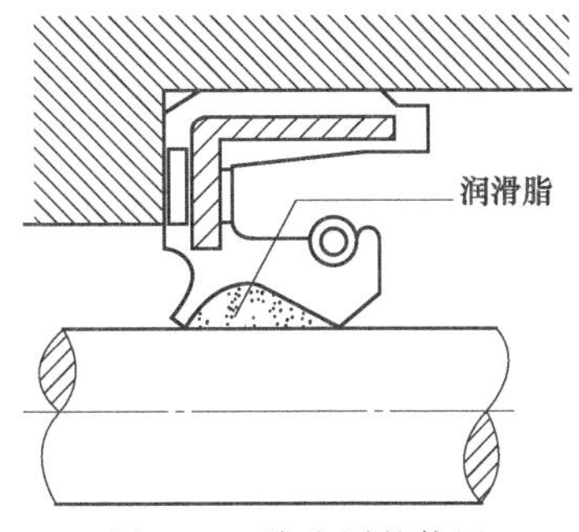

图 3-50 防尘唇的使用

4. 油封的安装

安装油封时必须十分小心。首先要对需油封的轴、孔进行严格的清理与清洗。为了使油封易于套装到轴上，必须事先在轴和油封上涂抹润滑油或脂。由于安装时油封扩张，为安装方便起见，轴端应有导入倒角，锐边倒圆，其角度应为 30°～50°，如图 3-51 所示，倒角上不应有毛刺、尖角和粗糙的机加工痕迹。为了装配方便，腔体孔口至少有 2mm 长度的倒角，其角度应为 15°～30°，不允许有毛刺，如图 3-52 所示。

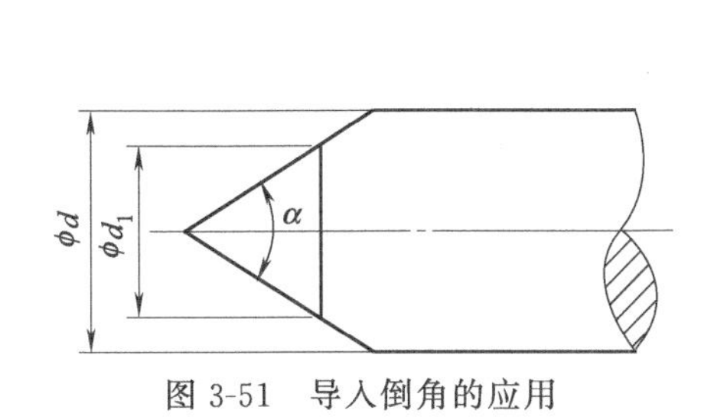

图 3-51 导入倒角的应用

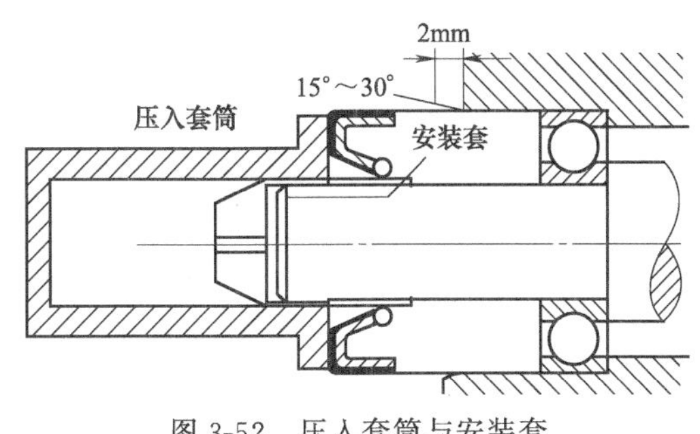

图 3-52 压入套筒与安装套

当轴上有键槽、螺纹或其他不规则部位时，为防止密封唇沿着轴表面滑动而损坏油封，轴的这些部分必须事先包裹起来，可以用油纸将其包裹，或用防护套、金属或塑料安装套将其盖住，如图 3-52 所示。

在安装油封时，最为重要的是必须将油封均匀地压入孔内。采用的压入套筒要能使压力通过油封刚性较好的部分传递。为安装顺利起见，建议在孔内涂点油。如果轴的表面因磨损而泄漏，则可用多种方法进行修复。例如，改用不同型号的油封，通过使用更大或更小尺寸的油封，使密封面发生变动；也可以采用垫片或套筒改变密封面位置，如图 3-53 所示。

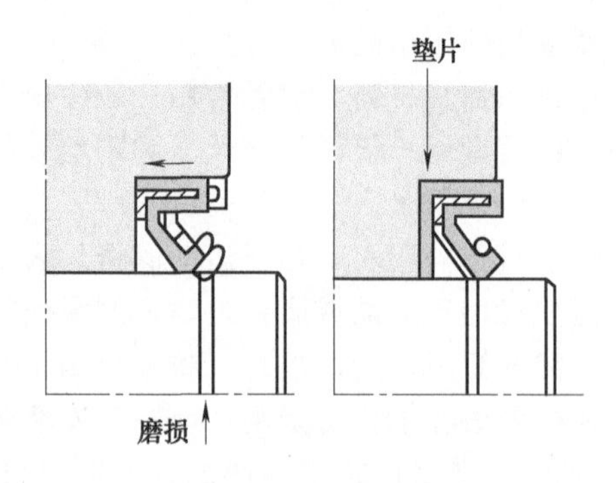

图 3-53 垫片的应用

安装油封时推荐使用的方法如图 3-54 所示。

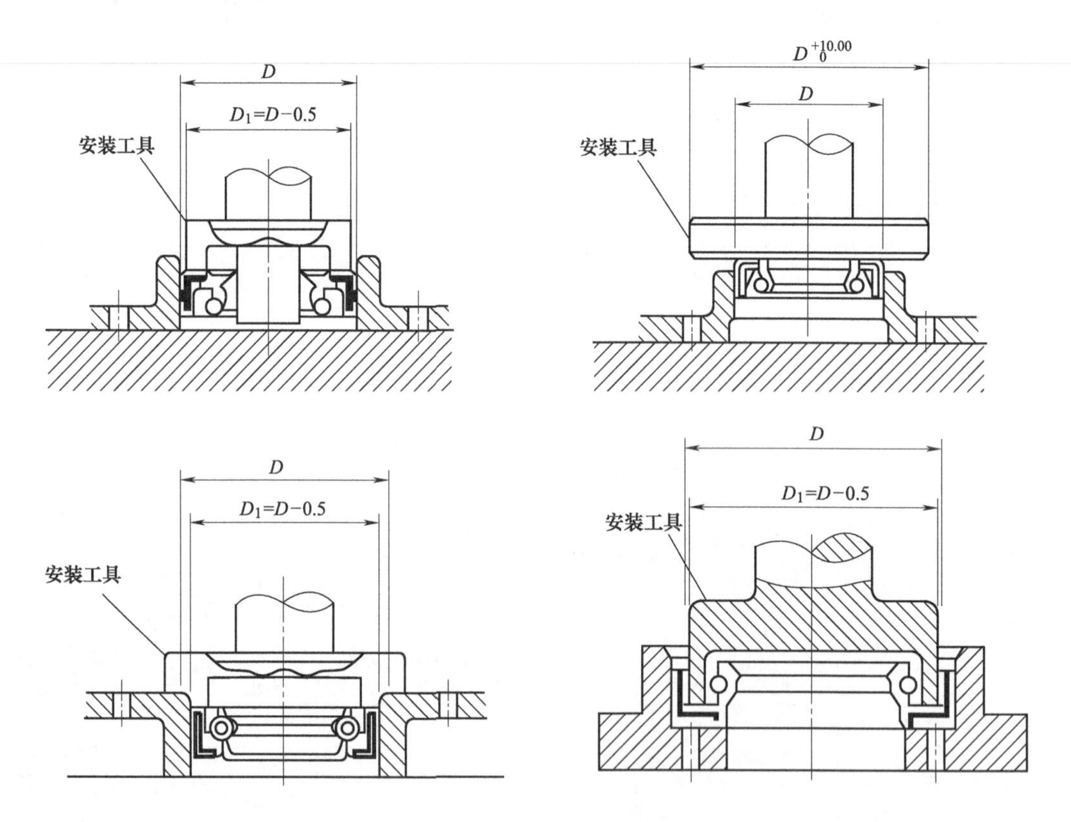

图 3-54 油封的正确安装方法

安装油封时应避免采用如图 3-55 所示的方法，防止产生油封的变形。

三、压盖填料的装填

压盖填料结构主要用作动密封件，它广泛用作离心泵、压缩泵、真空泵、搅拌机和船舶螺旋桨的转轴密封，活塞泵、往复式压缩机、制冷机的往复运动轴的密封，以及各种阀门和阀杆的旋转密封等，如图 3-56 所示。压盖填料的功能是对运动零件密封，防止液体泄漏。

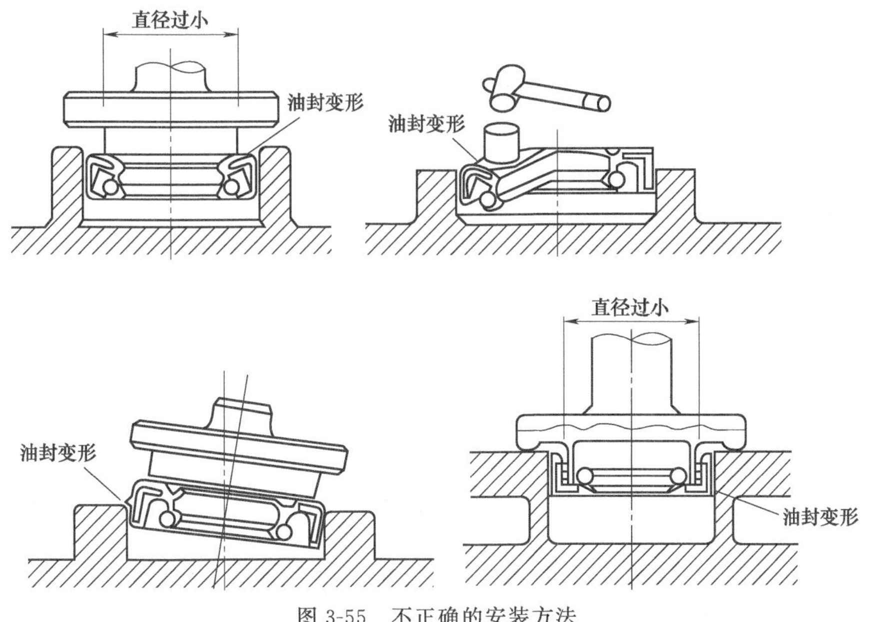

图 3-55　不正确的安装方法

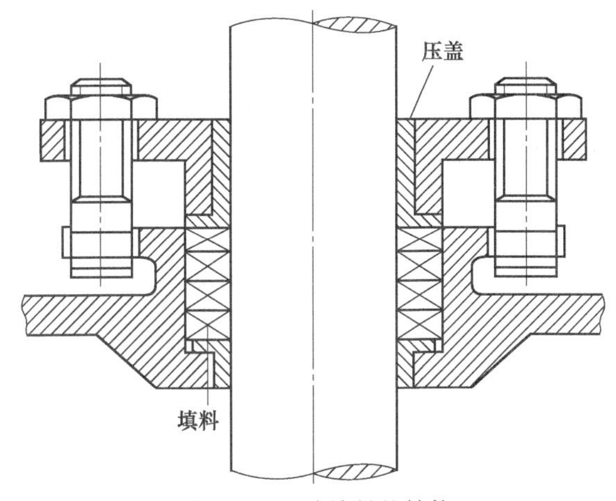

图 3-56　压盖填料的结构

1. 压盖填料的密封机理

填料装入填料腔以后，经压盖对它做轴向压缩，当轴与填料有相对运动时，由于填料的塑性，使它产生径向力，并与轴紧密接触。与此同时，填料中浸渍的润滑剂被挤出，在接触面之间形成油膜。由于接触状态并不是特别均匀，接触部位便出现“边界润滑”状态，称为轴承效应。而未接触的凹部形成小油槽，有较厚的油膜，接触部位与非接触部位组成一道不规则的迷宫，起阻止液流泄漏的作用，此称迷宫效应。这就是填料密封的机理。显然，良好的密封在于能维持轴承效应和迷宫效应，也就是说，要保持良好的润滑和适当的压紧。若润滑不良，或压得过紧都会使油膜中断，造成填料与轴之间出现干摩擦，最后导致烧轴或出现严重磨损。

为此，需要经常对填料的压紧程度进行调整，以便填料中的润滑剂在运行一段时间流失之后，再挤出一些润滑剂，同时补偿填料因体积变化造成的压紧力松弛。显然，这样经常挤压填料，最终将使浸渍剂枯竭，所以要定期更换填料。此外，为了维持液膜和带走摩擦热，需使填料处有少量泄漏。

2. 压盖填料的材料

压盖填料总是用软的、易变形的材料制成，通常以线形或环形状态供应，如图 3-57 所示。其材料又可根据主要成分分为 PTFE（聚四氟乙烯）、阿米阿克呢（驼毛斜纹织物）、石墨、植物纤维、金属、云母、玻璃和陶瓷材料等类型。

目前，多数的压盖填料都按“穿心编织”方法制造。如图 3-58 所示，每股绳都呈 45°。穿过填料截面内部，有均匀、致密、强固、弹性好、柔性大、表面平整等优点。由于其堵塞在密封腔中与轴的接触面积大而且均匀，同时纤维之间的空隙比较小，所以密封性很好。且一股磨断以后，整个填料不会松散。故有较长的使用寿命，适于高速运动轴，如转子泵、往复式压缩机和阀门等。

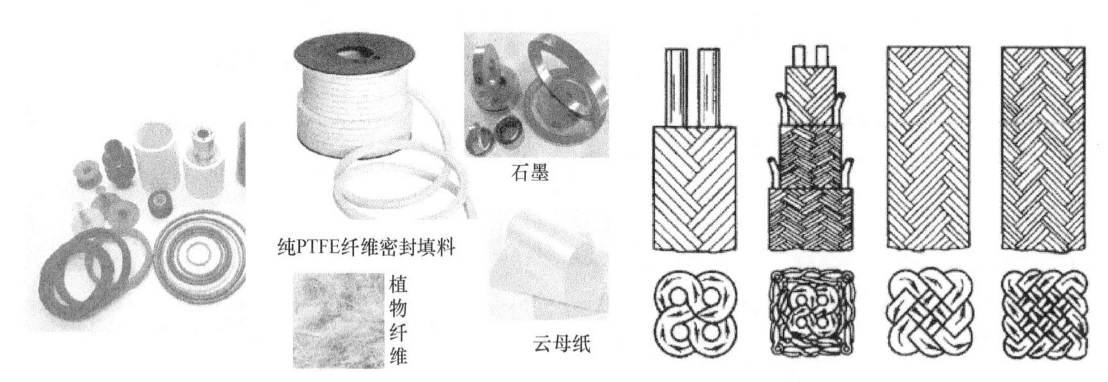

图 3-57　填料类型　　　图 3-58　填料的不同编织方法

3. 压盖填料的预压

多数的压盖填料都是编织成方形截面的，当其按实际尺寸加工并绕在轴或杆上时，填料将变形为梯形截面，如图 3-59 所示，一般的普通填料盒内装有 4～7 个填料环，所以，必须给压盖施加很大压力，才能使梯形截面重新回到原来的方形截面，填料盒深处的填料环所受轴向压力不足，压盖处较大，向内逐渐减小。其结果是，径向密封力沿填料盒纵向方向由高变低，从而出现轴严重磨损的危险。

如果选用预压至尺寸的填料环，则密封效果更好。只需施加很小的轴向压紧力，即可使径向密封力沿填料盒全长均匀地增加，所需的轴向压紧力也明显比未预压填料环低。

如图 3-60 所示，填料的受力特性是线性的，所以得到的是更均匀并能够更好调整的密封。

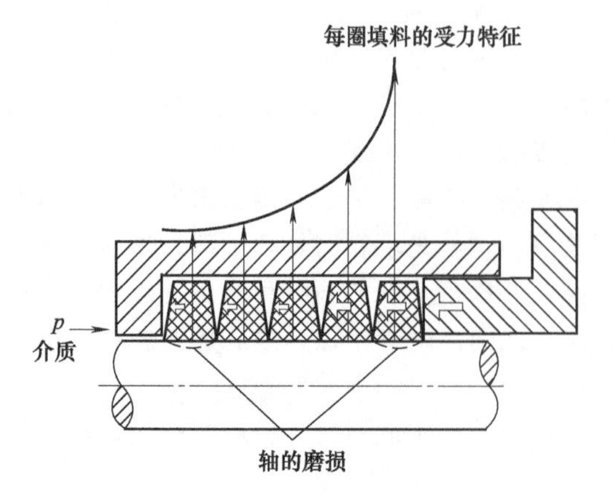

图 3-59　未受预压填料的受力特性

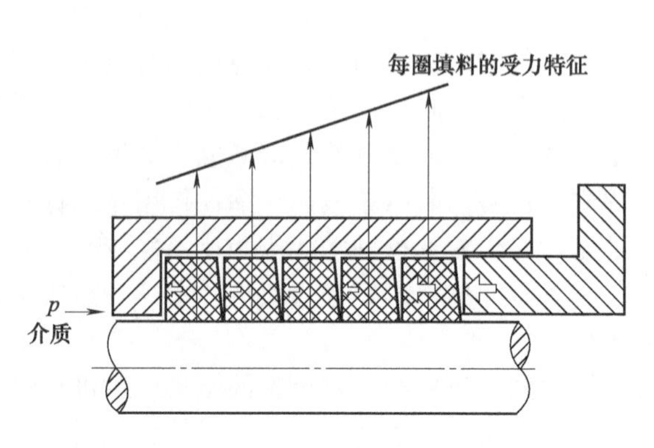

图 3-60　预压填料的受力特性

4. 封液环

封液环是位于填料之间的一个附加环，其用途是对密封装置进行冷却和润滑，如图 3-61所示。

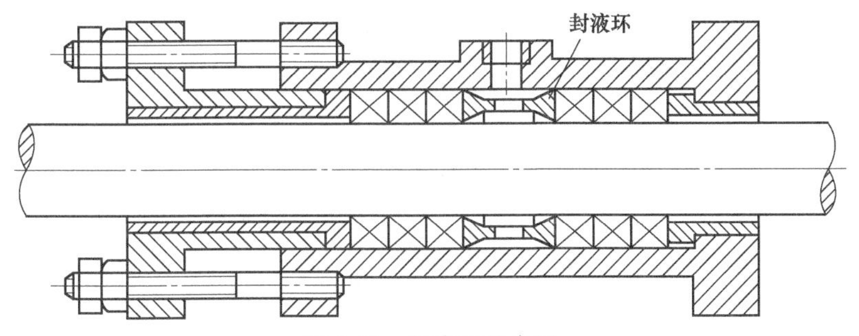

图 3-61 封液环的应用

为能向密封装置输送润滑液，填料盒上应有供封液环和外部空间连接的小孔。建议封液环的宽度是填料环的两倍（2*S*，*S* 为填料环的宽度）。这样，当因填料体积减小而造成封液环移位距离达 1.5*S* 时，可不致堵住封液环润滑（冷却或冲洗）用的小孔。

5. 填料的跑合

在新填料处于跑合阶段时，由于摩擦而引起的热量会使密封处于高温下工作的危险。必须注意的是，多数泵的填料压盖都是用合成材料制成，在高温时很快会烧毁，此后便不能使用。所以，必须严格地控制热量的产生，当发觉填料过热时，设备必须停车，经短时间冷却出现均衡的泄漏后，才可让设备重新投入运行。这种过程需要经过多次重复后，才会使轴的泄漏量达到要求，且温度保持不变。

在填料的使用过程中，润滑对填料的寿命和密封性有极大的影响，特别是当旋转或直线运动的杆的表面速度很大时，润滑显得尤为重要。常用的润滑方式有：利用介质自身进行润滑；采用专用的润滑装置，如封液环；填料自身浸渍润滑剂。如果条件许可，则应使填料盒保持连续小量的泄漏，这样可使填料以及填料盒运行寿命延长。如不允许有泄漏，则填料的压紧应使泄漏刚好停止即可，而在干燥状态下运行的填料环数应限制为最少量。

6. 压盖填料的装配

压盖填料合理装填的步骤如下。

① 用填料螺杆（图 3-62）将结构中原有的旧压盖填料（包括填料盒底部的环）从填料盒中清除出去，如图 3-63 所示。

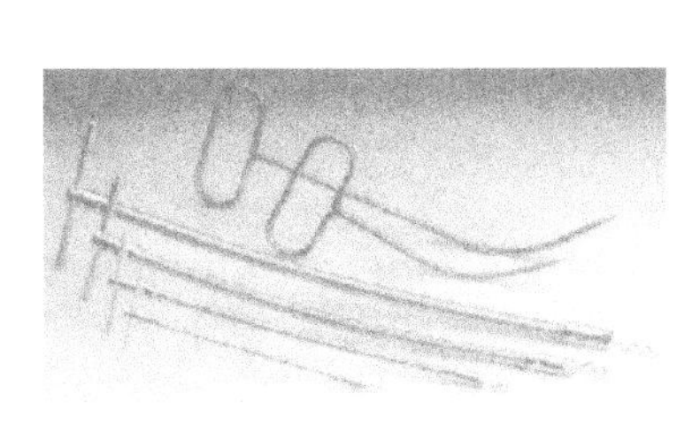

图 3-62 填料螺杆

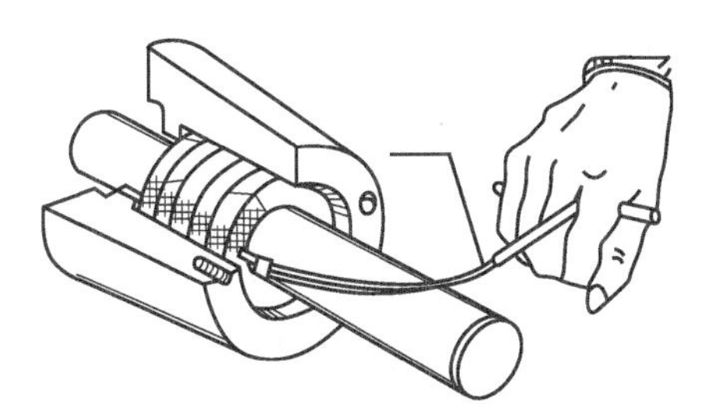

图 3-63 填料螺杆的使用

② 清洗轴、杆或主轴，并从填料盒中清除所有的旧填料残留物。填料腔表面应做到清洁、光滑。

③ 检查全部零件功能是否正常，如检查轴表面是否有划伤、毛刺等现象。用百分表检

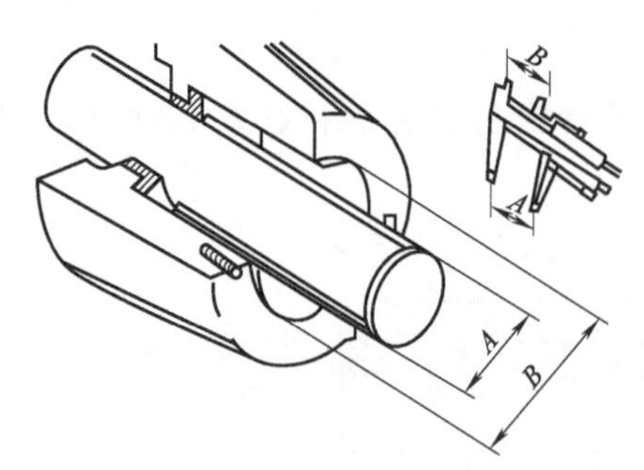

图 3-64　填料尺寸 S 的确定

查轴在密封部位的径向圆跳动量，其公差应在允许范围内。

④ 确定填料的正确尺寸：$S=(B-A)/2$。如图 3-64 所示，其中，S 为填料的厚度；B 为填料盒的孔径；A 为轴的直径。

⑤ 使用尺寸过小或过大的填料时，填料盒内会出现不必要的变形和应力。较小量的尺寸偏差可用圆杆或管子在较硬的平面上滚压来纠正，如图 3-65 所示。严禁用锤击来纠正尺寸，因为这样会破坏填料的结构。对比较陈旧的设备，如泵和阀门，则必须小心操作，因为多数的缝隙均大于许可值。采用塑料或石墨填料时，若间隙太大，则填料挤入间隙的危险特别高。这时可采用塑料或金属挡圈消除此种挤入危险，如图 3-66 所示。

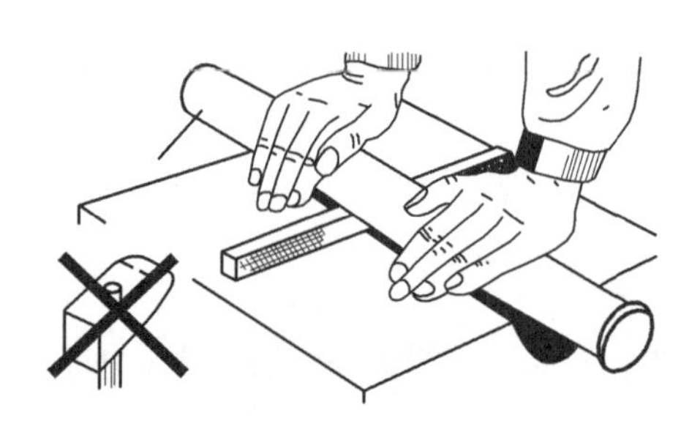
图 3-65　较厚填料的滚压

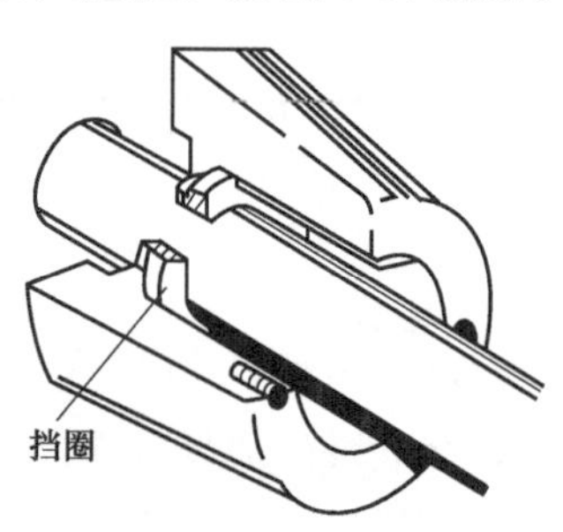

图 3-66　挡圈的应用

⑥ 对成卷包装的填料，严禁将新填料以螺旋状装入填料盒中，而应小心地将其切成具有平行切面的单独填料环后再安装。使用时应先取一根与轴径同尺寸的木棒，将填料缠绕其上，再用刀切断填料，如图 3-67 所示。含润滑脂的软编织填料和塑料填料最好使切口呈 30°斜面，因为过斜的切口会使端部易于磨损和破碎，特别是在轴径较小时，影响其密封能力。对于硬质填料或金属填料，则应优先使切口呈 45°斜面。对切断后的每一节填料，不应让它松散，更不应将它拉直，而应取与填料同宽度的纸带把每节填料呈圆环形包扎好（纸带接口应粘接起来），置于洁净处，成批的填料应装成一箱。

⑦ 装填时应一根一根装填，不得一次装填几根。方法是取一根填料，将纸带撕去，用足量的石墨润滑脂或二硫化钼润滑脂、云母润滑脂对填料进行润滑，再用双手各持填料接口的一端，沿轴向拉开使之呈螺旋形，最后从切口处套入轴径，如图 3-68 所示。注意：不得沿径向拉开，以免接口不齐。

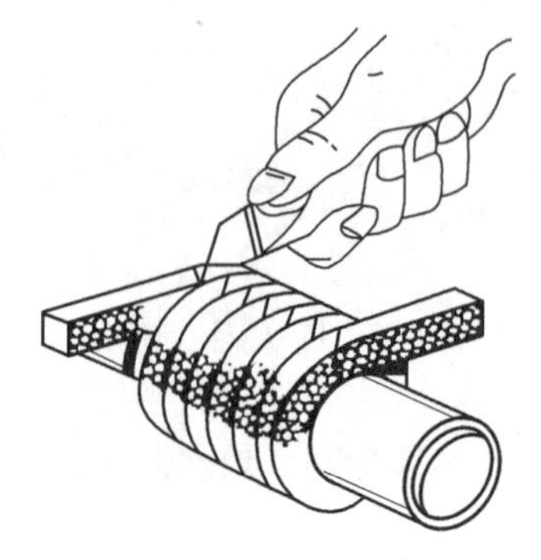
图 3-67　填料的切断

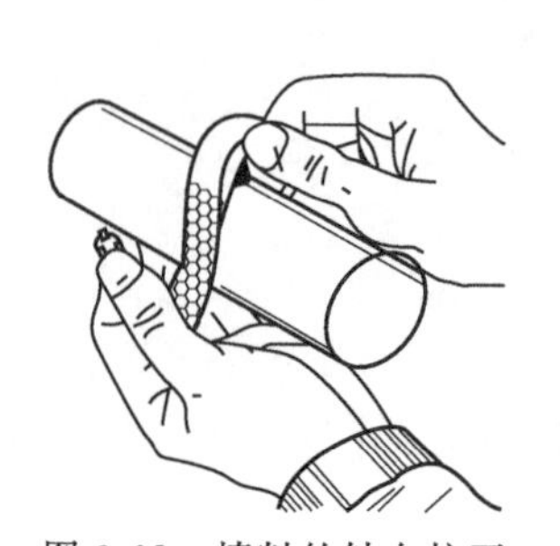
图 3-68　填料的轴向拉开

⑧ 取一只与填料腔同尺寸的木质两半轴套，合于轴上，将填料推入腔的深部，并用压盖对木轴套施加一定的压力使填料得到预压缩，如图 3-69 所示。预压缩量一般为 5%～10%，最大为 20%。再将轴转动一周，取出木轴套。

⑨ 以同样的方法装填第二根、第三根填料。但需注意，填料环的切口应相互错开 60°以上，以防切口泄漏，如图 3-70 所示。对于金属带缠绕填料，应使缠绕方向顺着轴的转向。另一个注意点是填料切口必须闭合良好。

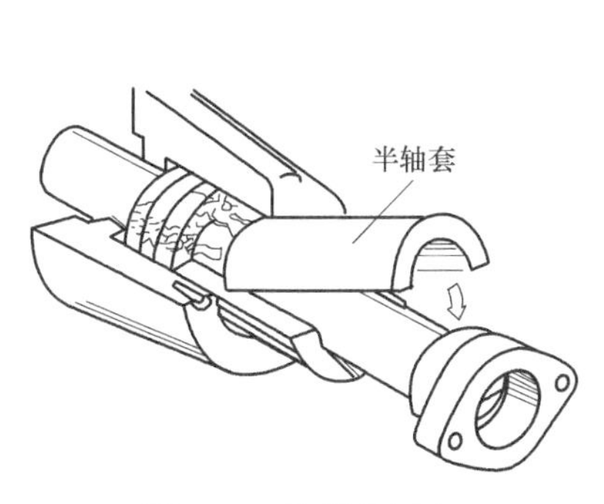

图 3-69　填料的压入

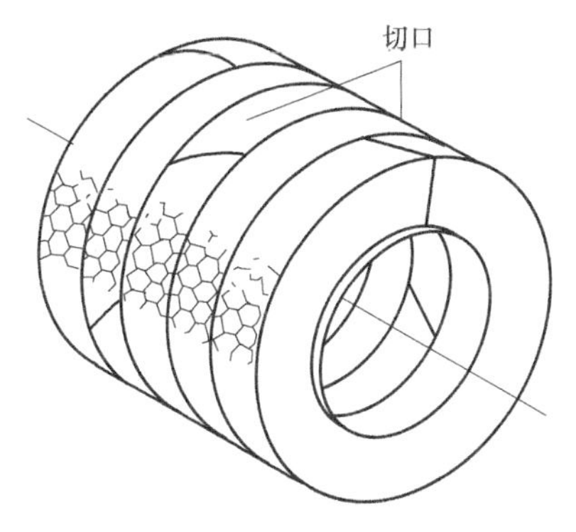

图 3-70　填料切口的错位

⑩ 最后一根填料装填完毕后，应用压盖压紧，但压紧力不宜过大，操作时要特别注意使压盖绝对垂直于衬套，防止在填料盒的填料内产生不必要的应力。同时用手转动主轴，使装配后的压紧力趋于抛物线分布，然后再略微放松一下压盖，装填即可完成。

⑪ 进行运转试验，以检查是否达到密封要求和验证发热程度。若不能密封，可再将填料压紧一些；若发热过大，将它放松一些。如此调整到只呈滴状泄漏和发热不大时为止（填料部位的温升只能比环境温度高 30～40℃），才可正式投入使用。

四、密封垫的装配

密封垫广泛用于管道、压力容器以及各种壳体接合面的静密封中。密封垫有非金属密封垫、非金属与金属组合密封垫（半金属密封垫）、金属密封垫三大类。制作密封垫的材料通常以卷装和片装形式出售，并可用各种形状的密封垫制作工具切割成密封垫片，如图 3-71 所示。除此之外，也有按所需尺寸和形状制成的密封垫片供应，这些密封垫片大多是具有金属面层和弹性内层的半金属密封垫片。

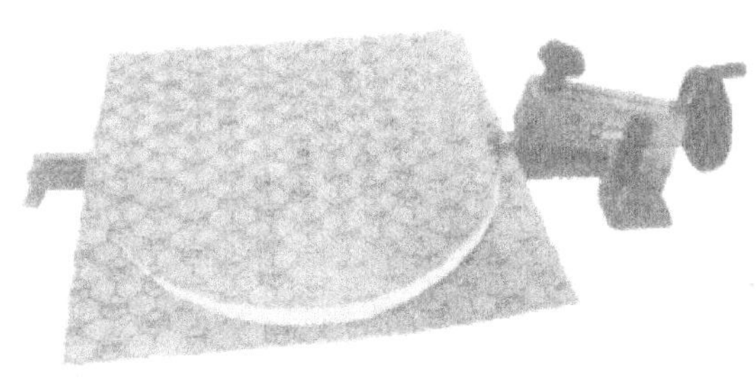

图 3-71　密封垫制作工具

1. 密封垫的要求

对密封垫的要求有如下几点。

① 具有良好的密封能力：一种良好的密封垫必须能在较长的时期内保持其密封的能力。当螺栓旋紧时，垫片即被压并同时发生径向延伸或蠕动，从而可能出现界面泄漏，所以密封垫应有高抗蠕动能力。

② 具有高致密性：密封垫具有高的致密性，可防止产生渗透泄漏，即因压力差而导致介质从高压侧通过密封垫的微缝隙渗漏到低压侧。

③ 具有较高的抗高温和抗化学腐蚀能力：在选择密封垫材料时，必须根据内部压力、温度、外部压力、抗化学腐蚀能力、密封面的形状和表面条件等决定。

2. 密封垫的材料

密封垫的材料有金属、非金属和半金属三种。常用的密封垫制作材料如下。

① 纤维：如棉、麻、石棉、皮革等纤维材质制成的密封垫，具有良好的防水、防油能力。经常用于内燃机的管道法兰。

② 软木：软木密封垫的优点是可用于被密封表面不太光滑的场所，特别适用于填料盖，观察窗盖板和曲轴箱盖，但不适用于高压和高温场合。

③ 纸：纸的厚度必须是 0.5mm 左右。用于防水、防油或防气场合的密封，其压力和温度不能太高。在水泵、汽油泵、法兰和箱盖上都有应用。

④ 橡胶：可用于被密封表面不太光滑的场合，其压力和温度不能太高。橡胶有天然橡胶和合成橡胶两种。由于天然橡胶易于被石油和油脂所破坏，所以现今主要使用合成橡胶。因为橡胶是一种柔性物质，所以经常用于水管中作密封垫片。

⑤ 铜质密封垫：只可用于表面粗糙度好的小型表面上。其适用于高温和高压，可使用于高压管道和火花塞上，通常将其装于沟槽内。

⑥ 塑料：聚四氟乙烯（PTFE 或 Teflon）是塑料中最常使用的密封材料，具有良好的防酸、防溶解和防气的能力，与其他物质间的摩擦力十分微小。由于其价格上的优势和优良的特性，已经被广泛用作密封垫材料。

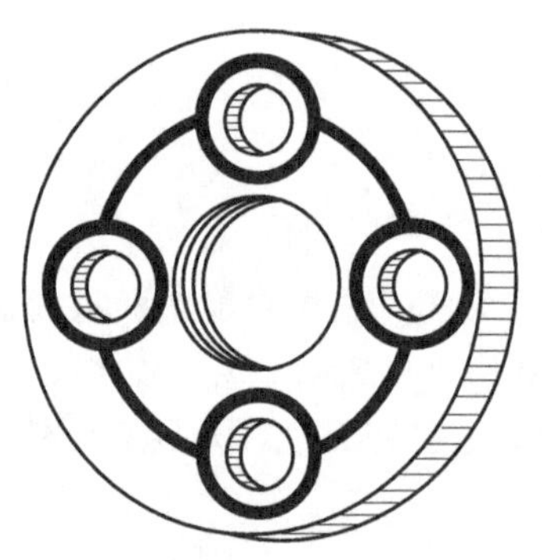

图 3-72 密封胶的应用

⑦ 薄钢板：薄钢板制成的密封垫十分坚硬，只可应用在被密封表面十分平滑且不变形的场合。这类钢质密封材料具有良好的抗高温和抗高压能力，可用于内燃机的气缸盖和进气管上作为密封垫片。

⑧ 液体垫片的使用有日益增加的趋势：它是由硅橡胶密封胶和厌氧密封胶等产品制成。密封胶通常在被密封表面上形成一个连续的呈线状的封闭胶圈，螺钉孔周围需环绕涂胶，如图 3-72 所示。应用密封胶要注意：a. 根据密封面宽度和密封间隙来决定挤出胶条的直径；b. 用胶量不宜多，尽量减少挤出密封面之外的胶量。

3. 密封垫的制作

根据材料厚度，密封垫有不同的制作方法。

如果旧的密封垫仍完整无缺，则可复制其形状和尺寸，也可从被密封零件上直接复制。以下为密封垫制作中的注意事项。

① 如果轮廓形状是基本完整的，则可将旧密封垫覆盖在新材料上并描下来，然后将密封垫剪出，如图 3-73 所示。

② 对于薄型密封垫的制作，可将材料直接覆盖在法兰上，并用拇指沿着法兰边缘按压，

从而使密封垫轮廓显出，然后将其剪出，如图 3-74 所示。

③ 对于较厚密封垫的制作，可将材料直接覆盖在法兰上，并用塑料手锤沿着边缘轻轻敲打，即可使轮廓显出，然后切制密封垫，如图 3-75 所示。注意：不得直接敲打密封垫。

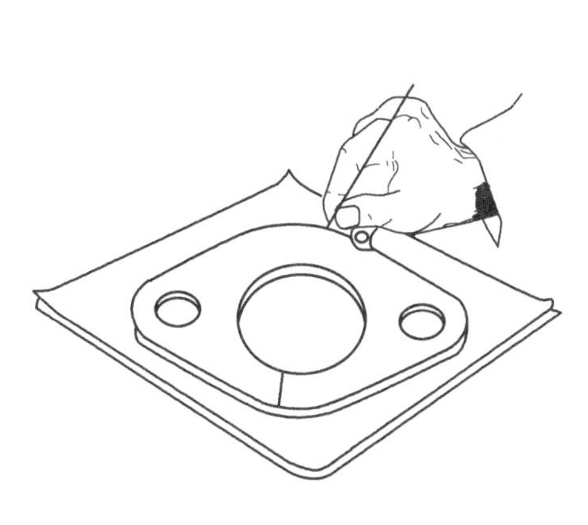

图 3-73 密封垫的复制

图 3-74 薄型密封垫的制作

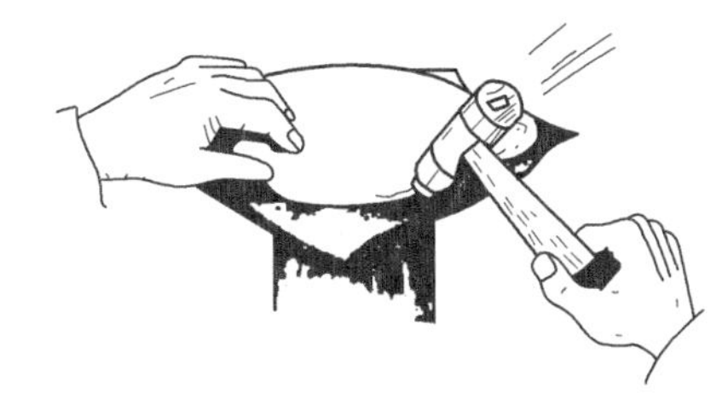

图 3-75 较厚密封垫的制作

④ 圆形的密封垫可以用密封垫制作工具来切制。

4. 密封垫的安装

在安装密封垫时，应注意以下几点。

① 应将两个被密封表面清洗干净，并清除旧密封。

② 检查被密封表面是否平直，是否已受损坏。平直度可用直尺来检查，如果法兰产生变形，则必须进行校直处理。

③ 安装密封垫时，必须在密封垫上稍稍涂抹润滑脂，这样也可防止移动。

④ 安装时，拧紧成组螺母时，要做到分次逐步拧紧。并应根据螺栓的分布情况，按一定的顺序拧紧螺母。在拧紧长方形布置的成组螺母时，应从中间开始，逐步向两边对称地扩展；在拧紧圆形或方形布置的成组螺母时，必须对称地进行，如图 3-76 所示。

⑤ 全部螺栓或螺母必须用相同的力矩旋紧，所以，建议使用力矩扳手。

⑥ 检验所安装的密封垫是否达到密封要求。

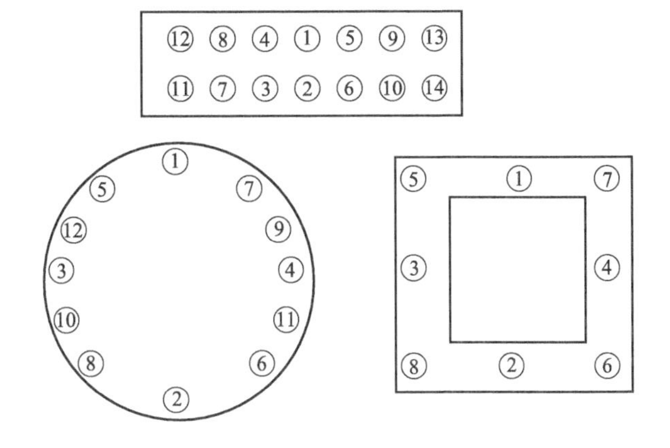

图 3-76 螺钉的拧紧顺序

第五节　滑动轴承连接的装配

滑动轴承是指轴承和轴颈相对运动时产生滑动摩擦的轴承，其主要特点是平稳、无噪声，吸振能力强，能承受较大的冲击载荷等。

一、滑动轴承结构

按结构分类，滑动轴承分为可拆式轴承、整体式轴承、锥形表面滑动轴承、多瓦自动调心轴承（图 3-77）和静压滑动轴承五种。

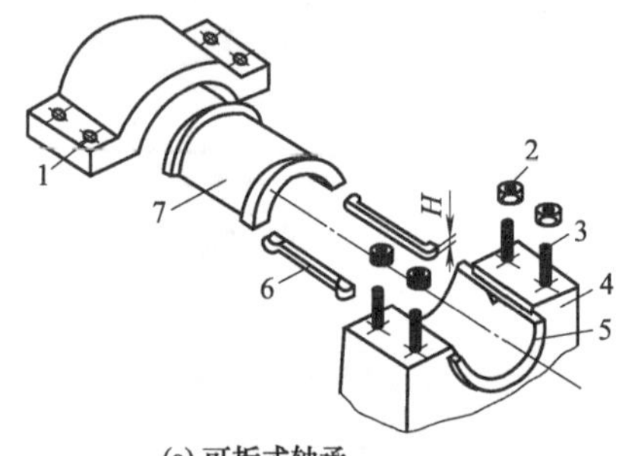

(a) 可拆式轴承

1—轴承盖；2—螺母；3—双头螺柱；4—轴承座；5—下轴瓦；6—垫片；7—上轴瓦

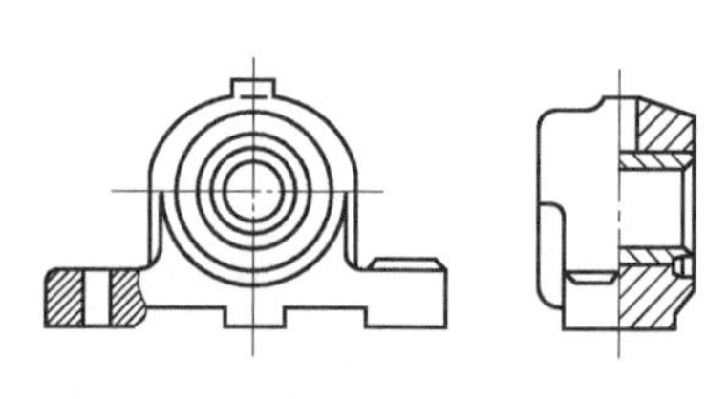

(b) 整体式轴承

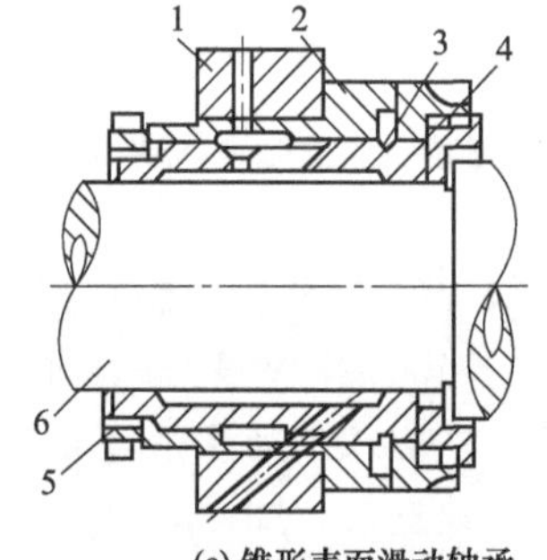

(c) 锥形表面滑动轴承

1—箱体；2—主轴承外套；3—主轴承；4,5—螺母；6—主轴

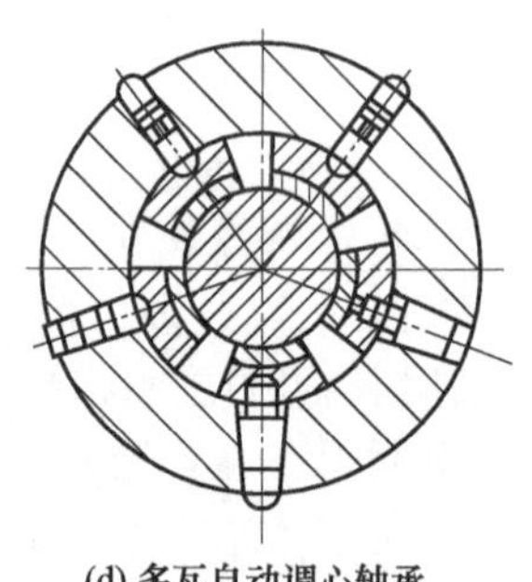

(d) 多瓦自动调心轴承

图 3-77　滑动轴承的结构

1. 整体式滑动轴承

整体式滑动轴承的特点是结构简单、制造成本低，磨损后轴与轴承间隙无法调整，一般只用在低速、载荷不大及间歇工作的场合。

2. 剖分式滑动轴承

剖分式滑动轴承（可拆式轴承）的特点是拆装方便、磨损后可进行间隙调整，特别适合用作大型和重型轴组的轴承。

3. 锥形表面滑动轴承

锥形表面滑动轴承包括内锥外柱式及内柱外锥式两种，依靠轴与轴瓦间的轴向位移来达到调整轴承间隙的目的。圆锥面的锥度常为 1∶30～1∶10。轴承长度 L 和轴承直径 d 的比值称为长径比，通常为 0.5～1.5。这类轴承一般作为主轴轴承，可按机床精度要求制成单油楔式及多油楔式。

4. **活动多油楔轴承**（多瓦式动压轴承）

这种轴承除在径向可摆动外，在轴向也能自定位，所以能消除边侧压力。

5. **静压滑动轴承**

动压滑动轴承必须在轴与轴承达到一定的相对运动速度下才能产生压力油膜，因此不适用于低速运转或转速变化范围较大的主轴，同时启动或停止时，易产生轴与轴承的接触磨损，且启动力矩较大；而静压滑动轴承克服了上述缺点，适于用作高精度设备中的主轴承，其缺点是需要一套供油设备，较动压轴承复杂得多。

二、装配方法

1. 装配要点

① 装配前都应修掉毛刺，清洗加油，并注意轴承加油孔的工作位置。

② 在装配前，还应检查轴套孔中心线与机体端面的垂直度、内孔的尺寸和圆柱度，检验轴套的方法如图 3-78 所示。

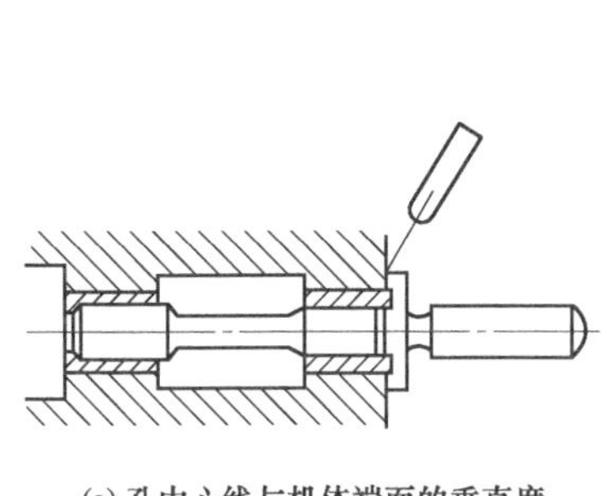

(a) 孔中心线与机体端面的垂直度

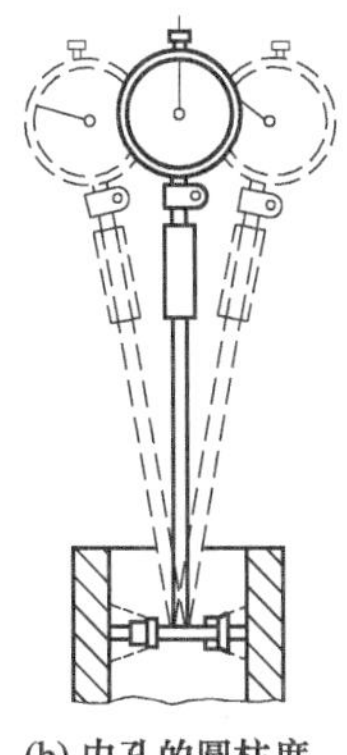

(b) 内孔的圆柱度

图 3-78　检验轴套的方法

③ 配刮轴瓦孔：首先用与轴瓦相配合的轴对研显点，然后刮削两轴瓦。研点时，将红丹粉涂在轴瓦孔表面上，然后使轴瓦与轴配合好。但要注意螺栓的松紧程度以轴能转动为宜。刮削两轴瓦时，通常先刮下轴瓦、后刮上轴瓦。

④ 将配刮好的轴瓦进行清洗，然后重新装入，调整结合面处的垫片，保证轴与轴承的配合间隙。

⑤ 如果轴套孔的壁比较薄，在压装后会产生变形。这就需要采用滚压、铰削或刮研的方式对轴套孔进行修整，使轴套内孔恢复到原来的精度。

⑥ 滑动轴承的装配方法取决于轴承的结构形式。滑动轴承在装配时，必须使轴颈和轴承之间获得所需要的间隙和良好的接触，保证主轴的运转平稳。

2. 装配方法

（1）可拆式轴承的装配

装配时，轴瓦在机体中的轴向和周向都要求固定，且不能有位移。一般的装配方法是，在轴瓦的对合面上垫以木块，然后用手锤轻轻敲打，使它的外表面与轴承座和盖紧密贴合。

在修刮轴瓦时，厚壁的应刮研其背部；薄壁的应刮研轴承座孔或选配轴瓦。在装配时，首先应使轴瓦背与其接触面接触良好，其次轴瓦的剖分面应比轴承体的剖分面高 0.5～

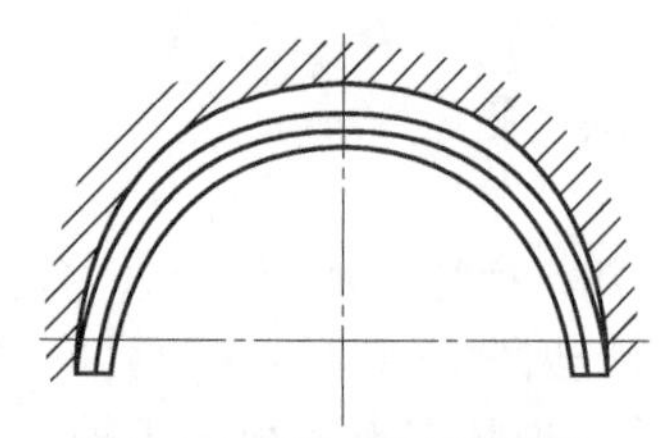

图 3-79　轴瓦的剖分面应比轴承体的剖分面高

0.1mm，以满足配合的稳定性，如图 3-79 所示。

（2）整体式轴承的装配

装配时，根据轴套的尺寸和工作位置，可用手锤或拉紧夹具压入轴承座内。

① 轴套的装配：如图 3-80（a）所示，使用垫板和手锤将轴套直接敲入（过盈量或尺寸小）；图 3-80（b）是用芯轴导向；图 3-80（c）是用导向套引导轴套方向。

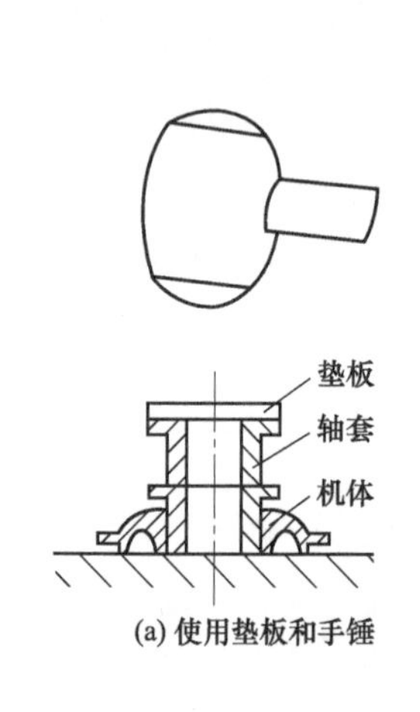

(a) 使用垫板和手锤

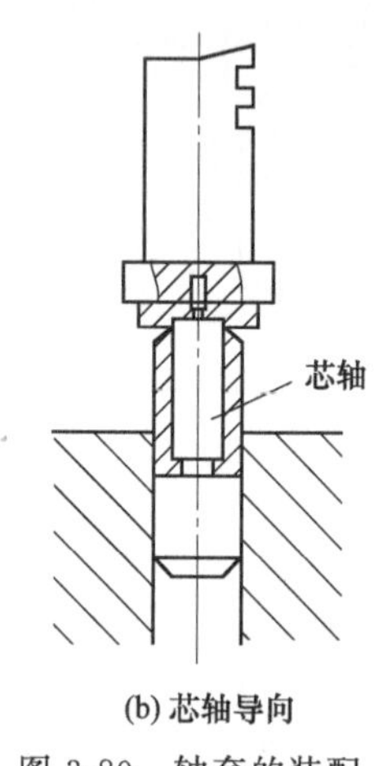

(b) 芯轴导向

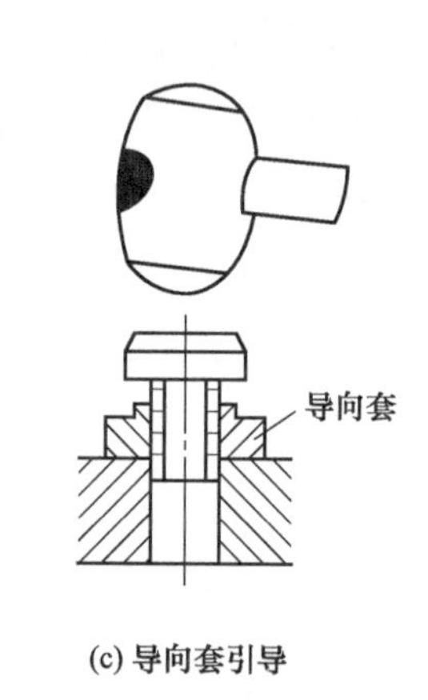

(c) 导向套引导

图 3-80　轴套的装配

② 轴套的定位：轴套压入后，如果承受载荷比较大，则应用紧定螺钉或定位销等进行定位并固定，其定位的方式如图 3-81 所示。

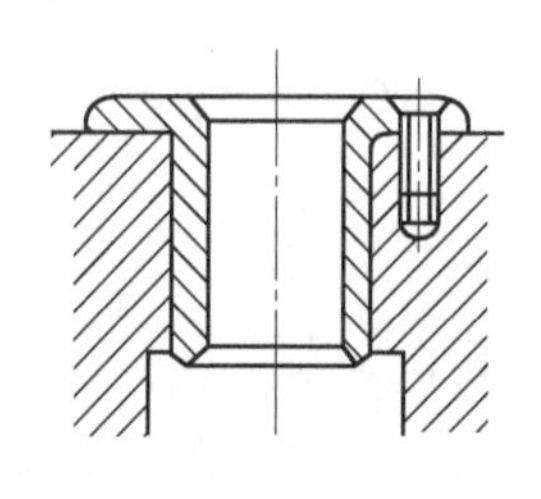

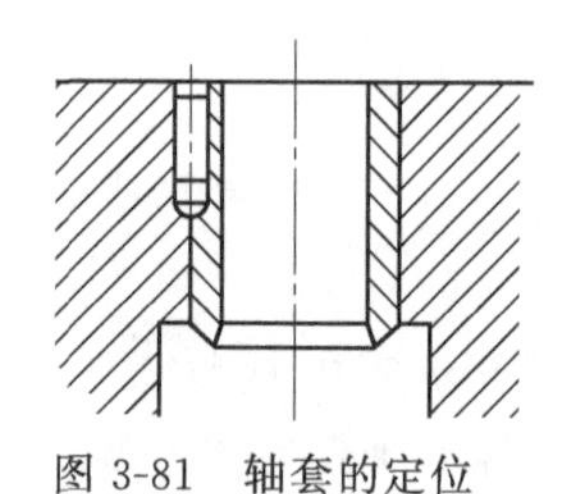

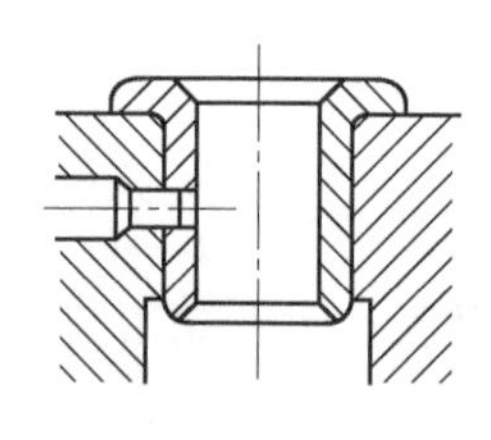

图 3-81　轴套的定位

三、滑动轴承的材料

轴瓦或轴承是滑动轴承的重要零件，轴瓦和轴承衬用的材料统称为轴承材料。常用的有巴氏合金、铜基合金、铝基合金、耐磨铸铁、塑料、橡胶、木材和碳-石墨等。

评价滑动轴承材料的主要指标有：抗压强度和抗疲劳强度；耐磨性；磨合性；防止与轴颈黏附的摩擦相容性；补偿滑动表面初始配合不良的顺应性；容许硬质颗粒嵌藏以减轻轴颈刮伤的嵌入性；导热性；耐蚀性；加工工艺性；价格等。但至今尚无一种轴承材料能够完全满足这些指标的要求，而且各指标彼此矛盾。例如，金属材料越软，则顺应性和嵌入性越好，但强度也越低，所以软金属材料只能用作轴承衬；硬度高的材料，其强度也高，但顺应性和嵌入性差，用这种材料制成的轴瓦要求轴与轴承的对中误差小。滑动轴承材料应根据载荷、速度、温度、润滑条件和寿命等因素进行选择。

① 巴氏合金：巴氏合金是一种以锡、锑、铜为主要成分的低熔点合金，又称白合金、轴承合金。1839 年，美国人巴比特以这种合金获得美国专利。合金的基体是锡中溶有铜和

锑的固溶体软组织，其中分布有锡铜锑化合物构成的硬颗粒。软组织具有良好的摩擦相容性、顺应性和嵌入性，硬颗粒具备一定的支承载荷的能力。巴氏合金强度低，只能用作软钢、铸铁或青铜轴承的轴承衬。后来，又出现以铅、锑、铜为主要成分的轴承合金。前一种称为锡基巴氏合金，后者称为铅基巴氏合金。锡基巴氏合金价格较高，主要用于高速重载的重要轴承和大型轴承。铅基巴氏合金的性能不如锡基合金，但价廉，应用较广，适用于中速、中载且载荷比较稳定的轴承。加入微量元素（如铬、铍等）制造高强度巴氏合金，是新的发展方向。

② 铜基合金：用作滑动轴承材料的铜基合金主要有：以铜、锑为主要成分的黄铜；以铜、锡为主要成分的青铜；以及铜铅合金（又称铅青铜）。铜基合金强度高，导热性和耐磨性好，允许工作温度比巴氏合金高，但顺应性、嵌入性和摩擦相容性都不如巴氏合金，可用作轴瓦或轴承衬材料。常用的含锡、磷的锡青铜，适用于中速重载或受冲击载荷的轴承；含锡、锌、铅的锡青铜，适用于中速中载的轴承；铅青铜承载能力大、疲劳强度高，适用于速度较高、受冲击载荷的轴承；铝青铜强度很高、耐蚀性好，适用于低速重载轴承。黄铜性能一般不如青铜，但价廉，主要用于低速轴承，但含锰、硅的黄铜性能优于锡青铜。

③ 铝基合金：有铝锑镁合金、铝锡合金和铝硅合金。它们的抗压强度和抗疲劳强度较高，导热性和耐蚀性好，价廉，但其摩擦相容性、嵌入性和顺应性较差，广泛用于内燃机和压缩机轴承。

④ 耐磨铸铁：价廉，但减摩性能差，只能用于低速轻载轴承。

⑤ 塑料：常用的有酚醛树脂、尼龙、聚四氟乙烯和聚甲醛等。塑料轴承自润滑性能好、摩擦系数小、抗疲劳性能好、吸振能力强、耐蚀性和嵌入性好，能用水或乳化液润滑，并可节约有色金属。但塑料强度比金属低，耐热性差、导热率低，遇油或水有膨胀现象，设计时须取较大的轴承间隙。在塑料中加入某些填料（如石墨、二硫化钼、玻璃纤维等）可降低摩擦因数和提高耐磨性；加入铜粉可提高导热率和强度。塑料轴承已在冶金、化工、纺织、食品、仪表和造船等工业中使用。

⑥ 橡胶：嵌入性和耐蚀性极好。橡胶轴承可用混有颗粒杂质的水作润滑剂，富有弹性，有消振作用，运转平稳，但导热性差，工作温度应低于 70℃，否则容易老化。天然橡胶不耐油，需要油润滑的橡胶轴承应采用耐油橡胶。

⑦ 木材：有自润滑性，成本低，耐蚀性好。木材制作的轴承可用于要求清洁卫生的食品机械、粮食加工机械等，其工作温度不得高于 65℃。铁梨木、枫木和橡木等硬质木材都适于制作木轴承。

⑧ 碳-石墨：自润滑性和耐蚀性极好，并能耐 400℃高温，但强度差，需压装在钢套中使用。这种轴承可在不易润滑、不允许油脏污、温度较高或有腐蚀性的环境中使用。

第六节　滚动轴承的装配

一、滚动轴承的结构

如图 3-82 所示，滚动轴承一般由外圈 1、内圈 2、滚动体 3 和保持架 4 组成。内、外圈上通常都制有沟槽，用来限制滚动体轴向位移。保持架可以保证滚动体等距分布，并减少滚动体间的摩擦和磨损。轴承工作时，内圈装在轴颈上，外圈装在机架的轴承孔内。通常内圈随轴颈转动，而外圈固定；也有轴承外圈转动而内圈固定的。内、外圈相对转动时，滚动体

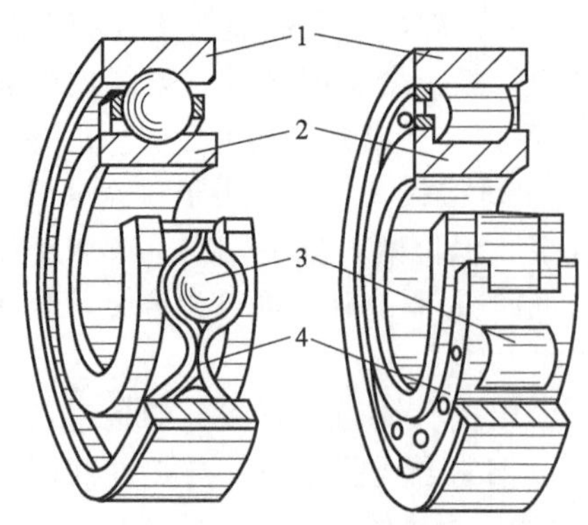

图 3-82 滚动轴承结构
1—外圈；2—内圈；3—滚动体；4—保持架

就在内、外圈的滚道间滚动。

滚动轴承是标准件，它的内圈与轴颈的配合为基孔制，外圈与孔座的配合为基轴制，配合的性质及松紧程度由设计图样给定。

二、滚动轴承装配前的准备工作

滚动轴承是一种精密部件，认真做好装配前的准备工作，对保证装配质量和提高装配效率是十分重要的。

1. 轴承装配前的检查与防护措施

① 按图样要求检查与滚动轴承相配的零件，如轴颈、箱体孔、端盖等表面的尺寸是否符合图样要求，是否有凹陷、毛刺、锈蚀和固体微粒等。并用汽油或煤油清洗，仔细擦净，然后涂上一层薄薄的油。

② 检查密封件并更换损坏的密封件，对于橡胶密封圈，则每次拆卸时都必须更换。

③ 在滚动轴承装配操作开始前，才能将新的滚动轴承从包装盒中取出，必须尽可能使它们不受灰尘污染。

④ 检查滚动轴承型号与图样是否一致，并清洗滚动轴承。如滚动轴承是用防锈油封存的，可用汽油或煤油擦洗滚动轴承内孔和外圈表面，并用软布擦净；对于用厚油和防锈油脂封存的大型轴承，则需在装配前采用加热清洗的方法清洗。

⑤ 装配环境中，不得有金属微粒、锯屑、沙子等。最好在无尘室中装配滚动轴承，如果不可能的话，则应遮盖住所装配的设备，以保护滚动轴承免于周围灰尘的污染。

2. 滚动轴承的清洗

使用过的滚动轴承，必须在装配前进行彻底清洗，而对于两端面带防尘盖、密封圈或涂有防锈和润滑两用油脂的滚动轴承，则不需进行清洗。但对于已损坏、很脏或塞满碳化的油脂的滚动轴承，一般不值得清洗，直接更换一个新的滚动轴承，则更为经济与安全。

滚动轴承的清洗方法有两种：常温清洗和加热清洗。

（1）常温清洗。常温清洗是用汽油、煤油等油性溶剂清洗滚动轴承。清洗时要使用干净的清洗剂和工具，首先在一个大容器中进行清洗，然后在另一个容器中进行漂洗。干燥后立即用油脂或油涂抹滚动轴承，并采取保护措施，防止灰尘污染滚动轴承。

（2）加热清洗。加热清洗使用的清洗剂是闪点至少为 250℃的轻质矿物油。清洗时，油必须加热至约 120℃。把滚动轴承浸入油内，待防锈油脂溶化后即从油中取出，冷却后再用汽油或煤油清洗，擦净后涂油待用。加热清洗的方法效果很好，保留在滚动轴承内的油还能起到保护滚动轴承和防止腐蚀的作用。

3. 滚动轴承在自然时效时的保护方法

在机床的装配中，轴上的一些滚动轴承的装配程序往往比较复杂，滚动轴承往往要暴露在外界环境中很长时间以进行自然时效处理，从而可能破坏以前的保护措施。因此，在装配这类滚动轴承时，要对滚动轴承采取相应的保护措施。

① 用防油纸或塑料薄膜将机器完全罩住是最佳的保护措施。如果不能罩住，则可以将暴露在外的滚动轴承单独遮住；如果没有防油纸或塑料薄膜，则可用软布将滚动轴承紧紧地包裹住以防止灰尘。

② 由纸板、薄金属片或塑料制成的圆板可以有效地保护滚动轴承。这类圆板可以按尺

寸定做并安装在壳体中，但此时要给已安装好的滚动轴承涂上油脂，并保证它们不与圆板接触，拿掉圆板的时候，要擦掉最外层的油脂，并涂上相同数量的新油脂。在剖分式的壳体中，可以将圆盘放在凹槽中用作密封。

③ 对于整体式的壳体，最佳的保护方法是，用一个螺栓穿过圆板中间将圆板固定在壳体孔两端。当采用木制圆板时，由于木头中的酸性物质会产生腐蚀作用，这些木制圆板不能直接与壳体中的滚动轴承接触，但可在接触面之间放置防油纸或塑料纸。

三、圆柱孔滚动轴承的装配方法

1. 滚动轴承装配方法的选择

滚动轴承的装配方法应根据滚动轴承装配方式、尺寸大小及滚动轴承的配合性质来确定。

（1）滚动轴承的装配方式

根据滚动轴承与轴颈的结构，通常有四种滚动轴承的装配方式。

① 滚动轴承直接装在圆柱轴颈上，如图 3-83（a）所示，这是圆柱孔滚动轴承的常见装配形式。

② 滚动轴承直接装在圆锥轴颈上，如图 3-83（b）所示，这类装配形式适用于轴颈和轴承孔均为圆锥形的场合。

③ 滚动轴承装在紧定套上，如图 3-83（c）所示。

④ 滚动轴承装在退卸套上，如图 3-83（d）所示。

后两种装配形式适用于滚动轴承为圆锥孔，而轴颈为圆柱孔的场合。

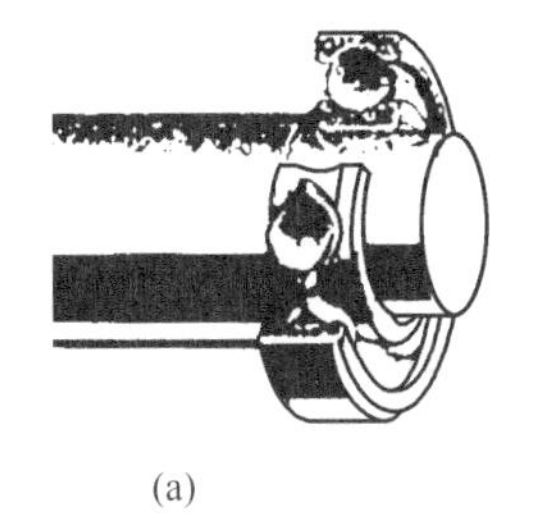
(a)

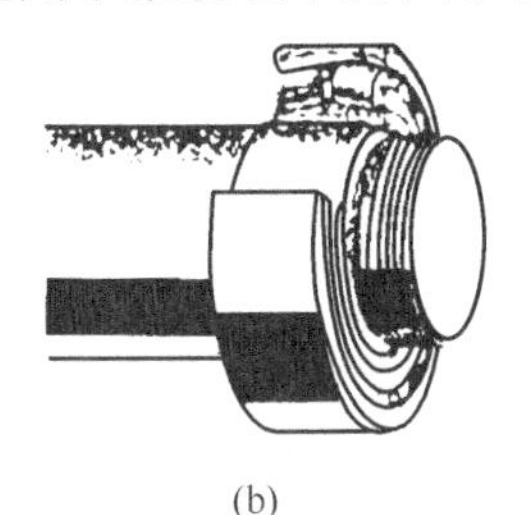
(b)

(c)

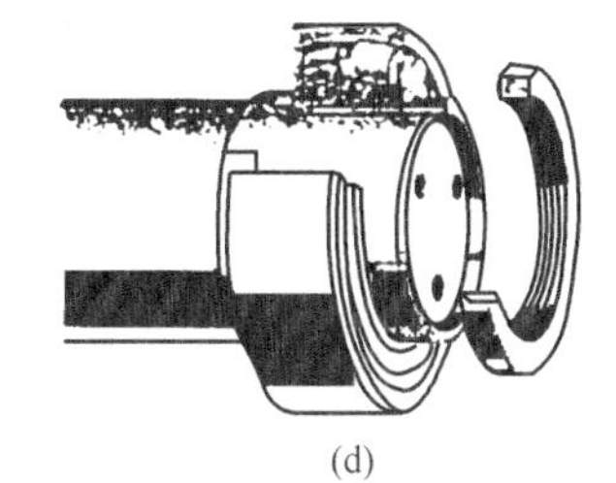
(d)

图 3-83　滚动轴承的装配方式

（2）滚动轴承的尺寸

根据滚动轴承内孔的尺寸，可将滚动轴承分为三类。

① 小轴承：指孔径小于 80mm 的滚动轴承。

② 中等轴承：指孔径大于 80mm 但小于 200mm 的滚动轴承。

③ 大型轴承：指孔径大于 200mm 的滚动轴承。

（3）配合的选择

配合的选择见表 3-4。

表 3-4　配合的选择

径向负荷与套圈的相对关系	负荷的类型	配合的选择
相对静止	局部负荷	选松一些的配合，如较松的过渡配合或间隙较小的间隙配合
相对旋转	循环负荷	选紧一些的配合，如过盈配合或较紧的紧过渡配合
相对于套圈在有限范围内摆动	摆动负荷	同循环负荷或略松一点

（4）滚动轴承的装配方法

根据滚动轴承装配方式和尺寸大小及其配合的性质，通常有机械装配法、液压装配法、压油法和温差法四种装配方法。

2. 圆柱孔滚动轴承的装配

(1) 滚动轴承装配的基本原则

① 装配滚动轴承时，不得直接敲击滚动轴承内外圈、保持架和滚动体。否则，会破坏滚动轴承的精度，降低滚动轴承的使用寿命。

② 装配的压力应直接加在待配合的套圈端面上，绝不能通过滚动体传递压力。如图 3-84所示，图 3-84 (a) 与图 3-84 (b) 均使装配压力通过滚动体传递载荷，而使滚动轴承变形，故为错误的装配施力方法，而图 3-84 (c) 和图 3-84 (d) 中装配力直接作用在需装配的套圈上，从而保证滚动轴承的精度不致破坏，故为正确的装配方法。

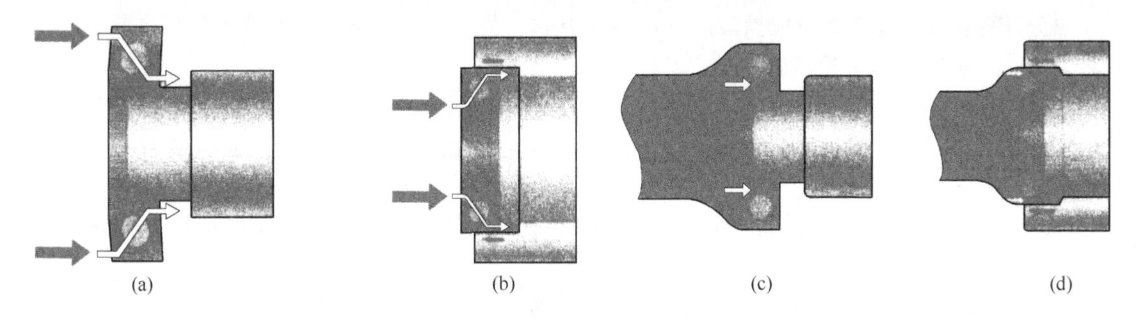

图 3-84 滚动轴承装配压力与套圈的关系

(2) 座圈的安装顺序

① 不可分离型滚动轴承（如深沟球轴承等）：这种轴承应按座圈配合松紧程度决定其安装顺序。当内圈与轴颈是配合较紧的过盈配合、外圈与壳体孔是配合较松的过渡配合时，应先将滚动轴承装在轴上，压装时，将套筒垫在滚动轴承内圈上，如图 3-85 (a) 所示，然后连同轴一起装入壳体孔中。当滚动轴承外圈与壳体孔为过盈配合时，应将滚动轴承先压入壳体孔中，如图 3-85 (b) 所示，这时，所用套筒的外径应略小于壳体孔直径。当滚动轴承内圈与轴、外圈与壳体孔都是过盈配合时，应把滚动轴承同时压在轴上和壳体孔中，如图 3-85 (c) 所示，这种套筒的端面具有同时压紧滚动轴承内外圈的圆环。

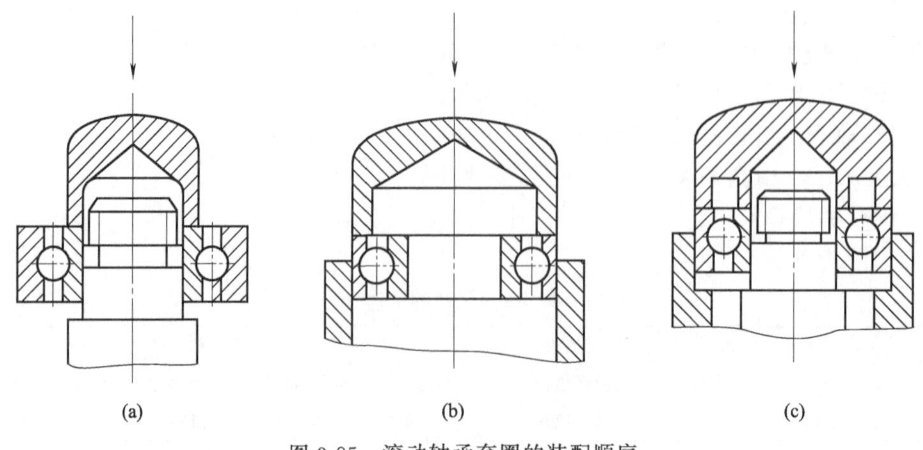

图 3-85 滚动轴承套圈的装配顺序

② 分离型滚动轴承（如圆锥滚子轴承）：这种轴承由于外圈可以自由脱开，装配时内圈和滚动体一起装在轴上，外圈装在壳体孔内，然后再调整它们的游隙。

3. 滚动轴承套圈的压入方法

压入滚动轴承套圈时，应按具体情况不同采取相应的措施。

① 当内圈与轴颈配合较紧、外圈与壳体配合较松时，应先将轴承装在轴上，反之，则应先将轴承压入壳体中。

② 当轴承内圈与轴、外圈与壳体孔都是过盈配合时，应将轴承同时压入轴与壳体中。

③ 压入时应采用专用套筒。

④ 过盈量较大时，可考虑用杠杆式、螺旋式压入机或液压机安装。

当用压入法装配时，常用的方法有以下几种。

① 套筒压入法：套筒压入法仅适用于装配小滚动轴承。其配合过盈量较小，常用工具为冲击套筒与手锤，以保证滚动轴承套圈在压入时均匀敲入，如图 3-86 所示。

② 压力机压入法：压力机压入法仅适用于装配中等滚动轴承。其配合过盈较大时，常用杠杆齿条式或螺旋式压力机，如图 3-87 所示。若压力不能满足，还可以采用液压机压装滚动轴承。但均必须对轴或安装滚动轴承的壳体提供一个可靠的支承。

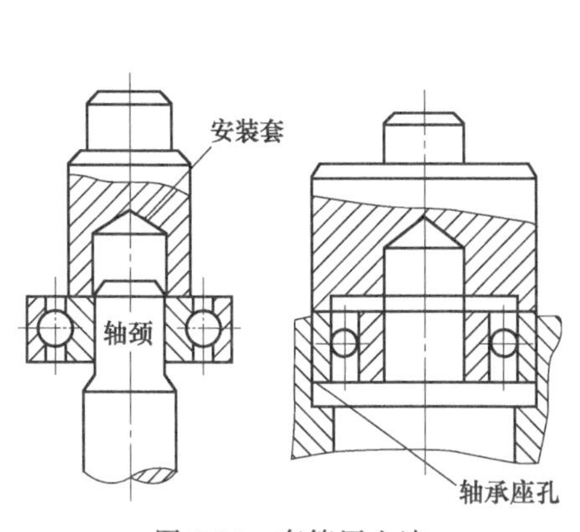

图 3-86　套筒压入法

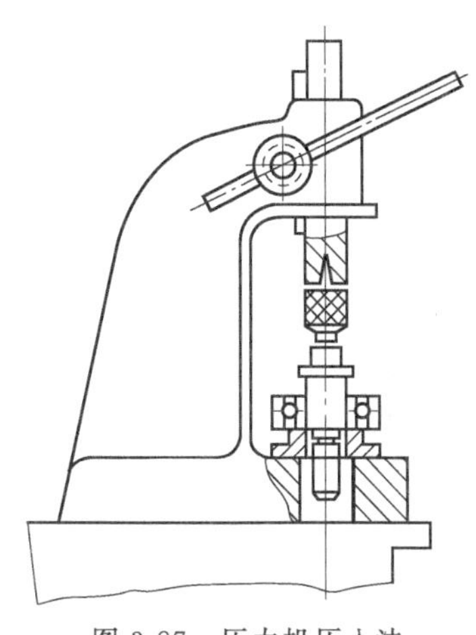

图 3-87　压力机压入法

③ 温差法：温差法一般适用于大型滚动轴承。随着滚动轴承尺寸的增大，其配合过盈量也增大，所需装配力也随之增大，因此，可以将滚动轴承加热，然后与常温轴配合。滚动轴承和轴颈之间的温差取决于配合过盈量的大小和滚动轴承尺寸。当滚动轴承温度高于轴颈 80～90℃就可以安装了。一般滚动轴承加热温度为 110℃，不能将滚动轴承加热至 125℃以上，因为温度过高将会引起材料性能的变化。更不得利用明火对滚动轴承进行加热，因为这样会导致滚动轴承材料中产生应力而变形，破坏滚动轴承的精度。安装时，应戴干净的专用防护手套搬运滚动轴承，将滚动轴承装至轴上与轴肩可靠接触，并始终按压滚动轴承，直至滚动轴承与轴颈紧密配合，以防止滚动轴承冷却时套圈与轴肩分离。

四、圆柱孔滚动轴承的拆卸方法

滚动轴承的拆卸方法与其结构有关。对于拆卸后还要重复使用的滚动轴承，拆卸时不能损坏滚动轴承的配合表面，不能将拆卸的作用力加在滚动体上，要将力作用在紧配合的套圈上。为了使拆卸后的滚动轴承能够按照原先的位置和方向进行安装，建议拆卸时对滚动轴承的位置和方向做好标记。

拆卸圆柱孔滚动轴承的方法有四种：机械拆卸法、液压法、压油法和温差法。

1. 机械拆卸法

机械拆卸法适用于具有紧（过盈）配合的小滚动轴承和中等滚动轴承的拆卸，拆卸工具为拉出器，也称拉马。

（1）轴上滚动轴承的拆卸

将滚动轴承从轴上拆卸时，拉马的爪应作用于滚动轴承的内圈，使拆卸力直接作用在滚动轴承的内圈上（图 3-88）。当没有足够的空间使拉马的爪作用于滚动轴承的内圈时，则可以将拉马的爪作用于外圈上。必须注意的是，为了使滚动轴承不致损坏，在拆卸时应固定扳手并旋转整个拉马，以旋转滚动轴承的外圈，如图 3-89 所示，从而保证拆卸力不会作用于同一点上。

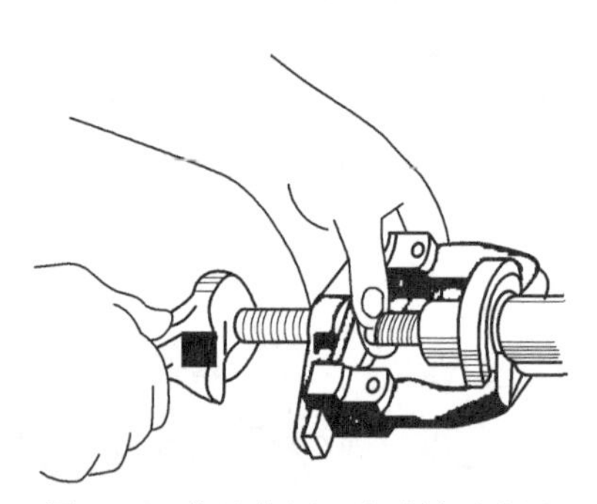

图 3-88　拉马作用于滚动轴承内圈

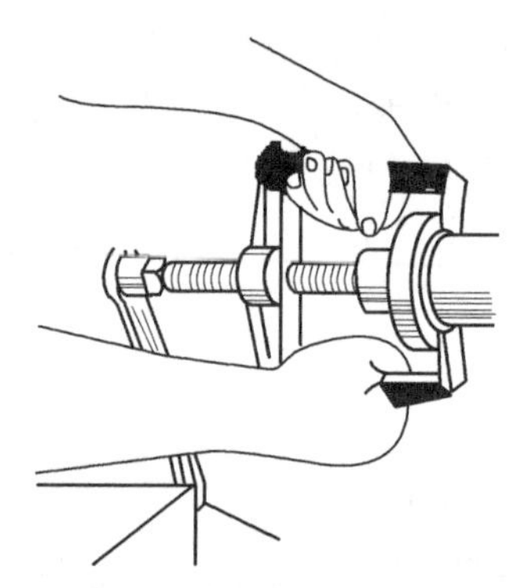

图 3-89　旋转拉马进行拆卸

（2）孔中滚动轴承的拆卸

当滚动轴承紧紧配合在壳体孔中时，则拆卸力必须作用在外圈上。对于调心滚动轴承经常通过旋转内圈与滚动体，从而便于拉马作用在外圈上进行拆卸，如图 3-90 所示。

对于安装滚动轴承的孔中无轴肩的情况，则可以采用手锤锤击套筒的方法，如图 3-91 所示，从而通过拆卸外圈的方法拆卸整个滚动轴承。但要注意，锤子上不能有尘粒，否则，这些尘粒会落在滚动轴承上，从而会导致轴承损坏。

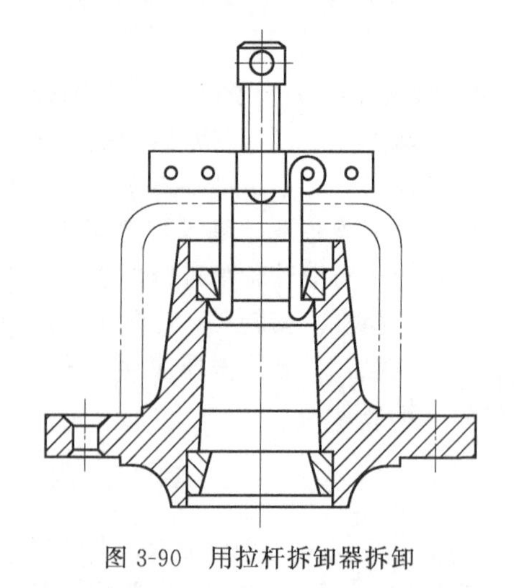

图 3-90　用拉杆拆卸器拆卸

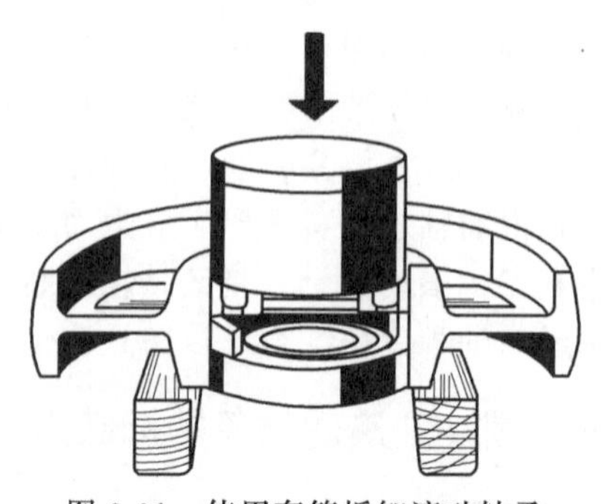

图 3-91　使用套筒拆卸滚动轴承

2. 液压法

液压法适用于具有紧配合的中等滚动轴承的拆卸。拆卸这类滚动轴承需要相当大的力，常用拆卸工具为液压拉马，其拆卸力可达 500kN。

3. 压油法

压油法适用于中等滚动轴承和大型滚动轴承的拆卸，常用的拆卸工具为油压机。用这种方法操作时，油在高压作用下通过油路和轴承孔与轴颈之间的油槽挤压在轴孔之间，直至形成油膜，并将配合表面完全分开，从而使轴承孔与轴颈之间的摩擦力变得相当小，此时只需要很小的力就可以拆卸滚动轴承了。由于拆卸力很小，且拉马直接作用在滚动轴承的外圈上，因此，必须使用具有自定心的拉马。

使用压油法拆卸滚动轴承，拆卸方便，且可以节约大量的劳力。

4. 温差法

温差法主要适用于圆柱滚子轴承内圈的拆卸，加热设备通常采用铝环。首先必须拆去圆柱滚子轴承外圈，在内圈滚道上涂上一层抗氧化油，然后将铝环加热至 225℃左右，并将铝环包住圆柱滚子轴承的内圈，再夹紧铝环的两个手柄，使其紧紧夹着圆柱滚子轴承的内圈，直到圆柱滚子轴承拆卸后才将铝环移去，如图 3-92 所示。

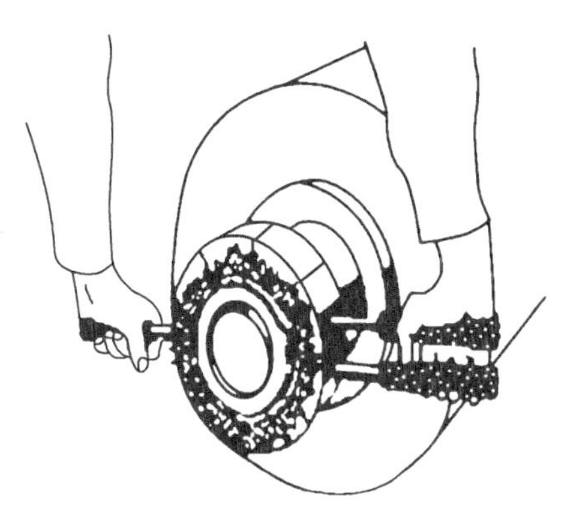

图 3-92　用铝环加热拆卸滚动轴承

如果圆柱滚子轴承内圈有不同的尺寸且必须经常拆卸，则使用感应加热器比较好。将感应加热器套在圆柱滚子轴承内圈上并通电，感应加热器会自动抱紧圆柱滚子轴承内圈，且感应加热，握紧两边手柄，直至将圆柱滚子轴承拆卸下来。

五、滚动轴承的材料

滚动轴承的性能和可靠性在很大程度上取决于制造轴承零件的材料；滚动轴承在载荷下高速旋转时，套圈滚道和滚动体接触部分反复承受较大的接触应力，长时间运转容易产生材料的疲劳剥落，导致轴承损坏，因此滚动轴承套圈和滚动体的材料必须具备硬度高、抗疲劳性强、耐磨损、尺寸稳定性好等优点。

1. 套圈和滚动体的材料

套圈和滚动体通常采用高碳铬轴承钢。多数轴承采用 GCr15，对于截面较大的轴承套圈和直径较大的滚动体，采用淬透性好的 GCr15SiMn。高碳铬轴承钢为整体淬硬钢，其表层和心部均可硬化，是滚动轴承的最佳材料。

由于使用场合不同，某些轴承要求材料具有特殊的性能，如耐冲击、耐高温、耐腐蚀等等。

对工作时承受冲击载荷的轴承或大型、特大型轴承的套圈和滚动体，通常采用渗碳轴承钢。渗碳轴承钢是在铬钼钢、铬镍钼钢或铬锰钼钢等材料表层适当深度范围内进行渗碳，使其具有致密的组织，并形成硬化层，而中心部位硬度较低，具有较好的心部冲击韧度，由于渗碳轴承钢的使用性能很好，其寿命计算与高碳铬轴承钢相同。

对于高温下工作的轴承，采用耐热性好的高温轴承钢制造。

对于工作中接触腐蚀媒介的轴承，采用不锈轴承钢制造。

值得注意的是轴承钢的清洁度，清洁度越高，非金属夹杂物越少，含氧越低，轴承疲劳寿命则越长，真空脱气或真空重熔钢能满足这一要求。对于要求高可靠性的轴承，应采用电渣重熔钢制造。

2. 保持架的材料

保持架对滚动轴承的使用性能和寿命有很大影响，其材料的选择尤为重要。

保持架材料应具有机械强度高、耐磨性好、抗冲击载荷及尺寸稳定性好等特点。保持架一般分冲压保持架和实体保持架两种。

中小型轴承用冲压保持架一般采用优质碳素结构钢钢带或钢板，如 08 或 10 钢。根据不同用途，也有采用黄铜及不锈钢板的。

大型轴承及生产批量小的轴承一般采用机制实体保持架，材料有黄铜、青铜、铝合金及结构碳素钢等。

精密角接触球轴承保持架通常采用酚醛层压布管制造。

近年来我国又开发了工程塑料保持架，其典型材料为玻璃纤维增强聚酰胺 66 (GRPA66-25)，工作温度为－30～＋120℃。该种材料重量轻，密度低，耐摩擦，耐腐蚀，弹性好，滑动性亦好，易于直接注射成型，制造成本低，已用于制造多种轴承的保持架。

第七节 销连接的装配

销连接主要用于零件的连接、定位和防松，也可起到过载保护作用。常用的有圆柱销和圆锥销两种。

一、圆柱销的装配要点

① 在装配时，销孔中应涂上黄油，把铜棒垫在销子上，用手锤轻轻地敲入或用夹子压装销子，如图 3-93 所示。

② 各连接件的销孔一般要同时加工，以保证各孔的同轴度。

③ 要控制过盈量，保证准确的数值，以保证紧固性和准确性。

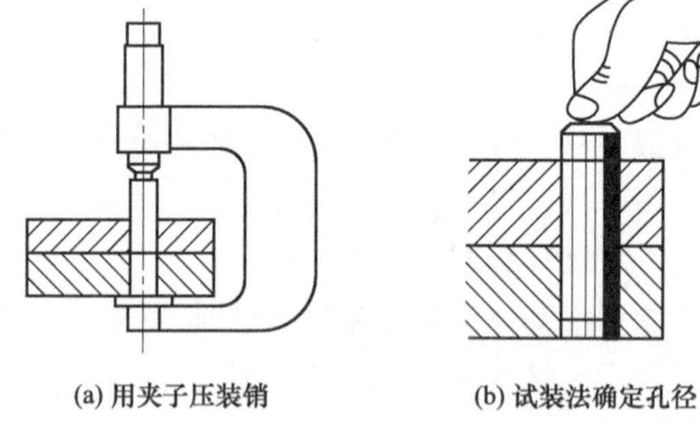

(a) 用夹子压装销　　(b) 试装法确定孔径

图 3-93　圆柱销装配要点

二、圆锥销的装配要点

① 各连接件的销孔一般要同时加工。

② 用试装法确定孔径时，以圆锥销自由插入全长的 80%～90% 为宜，如图 3-93 (b) 所示。

③ 合理地选用钻头，应根据圆锥销的小端直径和长度来选用。

三、过盈连接装配方法

过盈连接是利用相互配合的零件间的过盈量来实现连接的，属于永久性连接。过盈连接的装配方法主要有以下两种。

1. 压装法

(1) 压装法的概念

压装法是将有过盈配合的两个零件压到配合位置的装配过程。压装法分为压力机压装和手工锤击压装两种，如图 3-94 所示。

(2) 压装法的特点

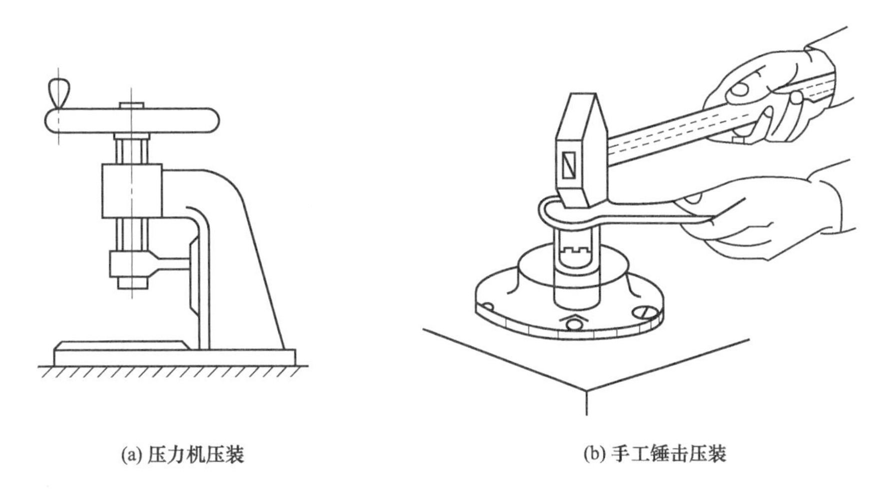

(a) 压力机压装　　(b) 手工锤击压装

图 3-94　压装法

压力机压装的导向性好，压装质量和效率较高，一般多用于各种盘类零件内的衬套、轴、轴承等过盈配合连接；手工锤击压装一般多用于销、键、短轴等的过渡配合连接，以及单件小批量生产中的滚动轴承、轴承的装配。手工锤击压装的质量一般不易保证。

2. 温差法

温差法是利用热胀冷缩的原理进行装配的，主要有冷装和热装两种。冷装是指具有过盈量的两个零件，装配时先将被包容件用冷却剂冷却，使其尺寸收缩，再装入包容件中使其达到配合位置的过程；热装是指具有过盈量的两个零件，装配时先将包容件加热胀大，再将被包容件装配到配合位置。

小　　结

1. 典型零件的装配包含螺纹连接的装配、弹簧挡圈的装配、键连接的装配、密封件的装配、滑动轴承连接的装配、滚动轴承的装配、销连接的装配等。

2. 螺纹连接的装配应注意拧紧力矩的控制、螺栓连接的防松措施、螺纹连接装配工艺要点等。

3. 弹簧挡圈的装配属于孔与轴的防松装配，此类防松零件，不仅指锁紧轴本身的防松零件，而且还指用于锁紧装配于轴上的各种零件的防松零件。常用的防松零件有键、销、紧定螺钉和弹性挡圈等。

4. 键连接的装配：常用的键的结构主要有平键、楔键（钩头楔键）、花键等。

5. 密封件的装配涉及静密封件和动密封件。静密封件用于被密封零件之间无相对运动的场合，如密封垫和密封胶。动密封件用于被密封零件之间有相对运动的场合，如油封和机械式密封件。

6. 滑动轴承连接的装配包含可拆式轴承、整体式轴承、锥形表面滑动轴承、多瓦自动调心轴承和静压滑动轴承五种的装配。

7. 滚动轴承的装配包含装配前的准备工作、轴承的装配方法、拆卸方法及滚动轴承的材料。

8. 销连接的装配涉及圆柱销和圆锥销两种装配形式，起到零件的连接、定位和防松等作用。

思考与练习

3-1 螺纹连接的装配技术要求有哪些？螺纹连接装配应注意哪些事项？

3-2 怎样用扭矩法控制螺纹连接拧紧力矩？怎样用双螺母拧紧方法安装双头螺栓？

3-3 怎样用弹簧垫圈防止螺纹连接的松动？

3-4 销连接有哪些基本类型？装配圆柱销应注意哪些事项？

3-5 用机械法拆卸滚动轴承时，如何确定滚动轴承的安装顺序？简述滚动轴承装配的基本原则。

3-6 感应加热器加热的优点有哪些？加热时应控制的温度是多少？

3-7 过盈连接的装配技术要求有哪些？

3-8 键连接有哪些基本类型？松键连接的装配技术要求有哪些？松键连接装配应注意哪些事项？

3-9 简述O形密封圈密封的原理。装配和拆卸O形密封圈时的工具有哪些？并说出其操作方法。

3-10 为什么装配时要对油封进行润滑？请说出油封的安装技术要点。

3-11 怎样装配滑动轴承？

第四章 常用传动机构的装配

第一节 带传动机构的装配

带传动允许较大的中心距，结构简单，制造、安装和维护方便，且成本低廉。带传动属于挠性传动，传动平稳，噪声小，可缓冲吸振。过载时，传动带会在带轮上打滑，而起到保护其他传动件免受损坏的作用。

一、带传动的结构

由于带与带轮之间存在滑动，传动比无法严格保持不变。带传动的传动效率较低，带的寿命一般较短，不宜在易燃易爆场合下工作。常用 V 带按腹板（轮辐）结构的不同分为四种形式：实心 V 带、轮辐 V 带、腹板 V 带和孔板 V 带，如图 4-1 所示。

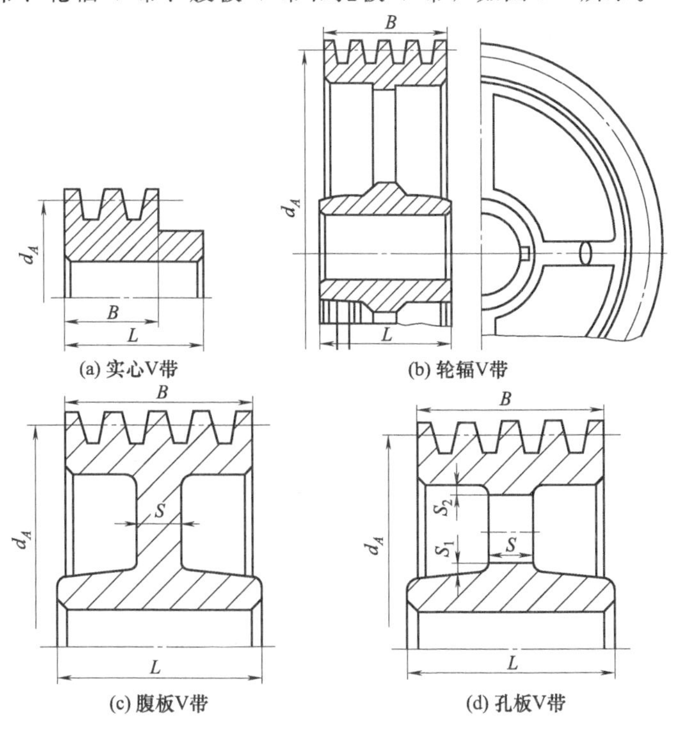

图 4-1　V 带的结构形式

二、带传动的装配

1. 初拉力的控制

带的初拉力对其传动能力、寿命和压轴力都有很大影响，适当的初拉力是保证带传动正常工作的重要因素。

安装V带时，应按规定的初拉力张紧。对于中等中心距的带传动，也可凭经验安装，带的张紧程度以大拇指能将带按下15mm为宜，如图4-2所示。新带使用前，最好预先拉紧一段时间后再使用。

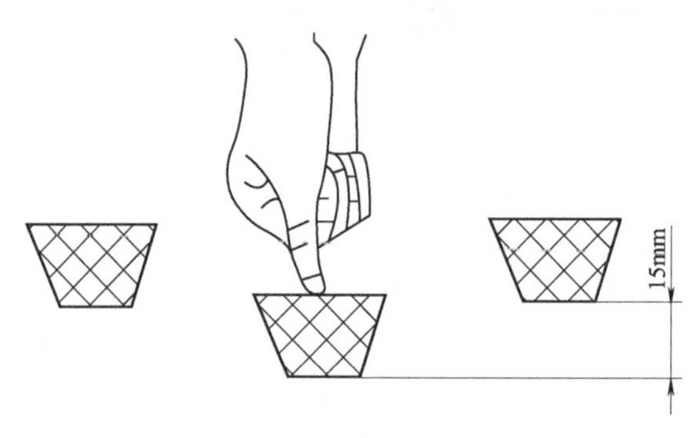

图4-2 带的张紧程度

2. V带的安装

安装时，两V带轮轴线应平行，两带轮相对的V形槽的对称面应重合，否则，会加剧带的磨损，甚至脱落；套装带时不得强行撬入，应将中心距缩小，待V带进入轮槽后再张紧；新旧带不得同组混装使用。一根带损坏，应全部更换。

3. 带轮的装配

① 带轮的轴向固定和周向固定：一般带轮孔与轴的配合为有少量过盈的过渡配合，同轴度要求较高。为了能够传递较大的扭矩，要用紧固件来保证带轮的轴向固定（图4-3）和周向固定。

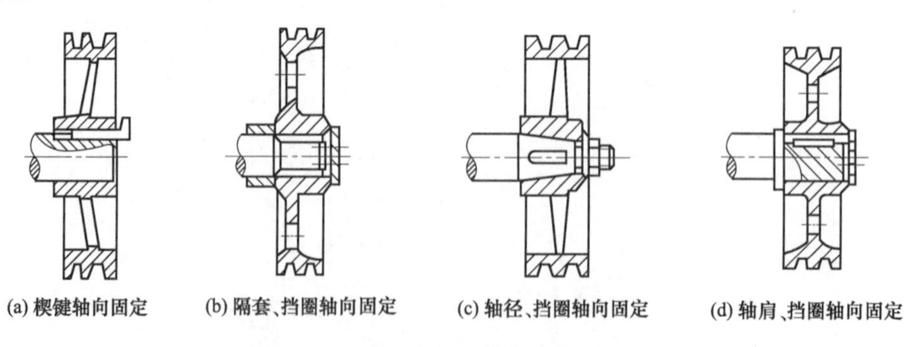

(a) 楔键轴向固定　(b) 隔套、挡圈轴向固定　(c) 轴径、挡圈轴向固定　(d) 轴肩、挡圈轴向固定

图4-3 用紧固件保证带轮的轴向固定

② 带轮的装配方法：带轮在装配时，按轮毂孔键槽和轴修配键，同时在安装面上涂上润滑油，用螺旋压入工具将带轮压到轴上（图4-4）或用锤子将带轮轻轻打入。

③ 带轮的检查：为了保证带轮在轴上安装的正确性，同时要保证两带轮相互位置的正确性，防止由于两带轮倾斜或错位引起带张紧不均匀而过快磨损，所以带轮装到轴上后，要检查带轮的端面圆跳动量和径向圆跳动量。一般情况下用划针盘检查带轮的端面圆跳动量和

径向圆跳动量，用百分表检查带轮相互位置的正确性，如图 4-5 所示。

4. 调整中心距方式

为了使 V 带具有一定的初拉力，新安装的 V 带需要张紧；带运行一段时间后，会产生磨损和塑性变形，使 V 带松弛而初拉力减小，需将带重新张紧。常用张紧方法有调节中心距和采用自动张紧装置两种。

① 调节中心距：当中心距可调时，加大中心距，使带张紧，调节中心距的张紧装置有：移动式定期张紧装置和摆动式定期张紧装置两类。

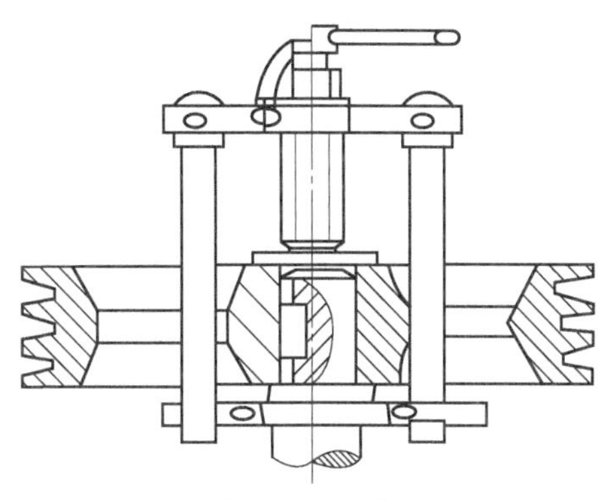

图 4-4　用螺旋压入工具将带轮压到轴上

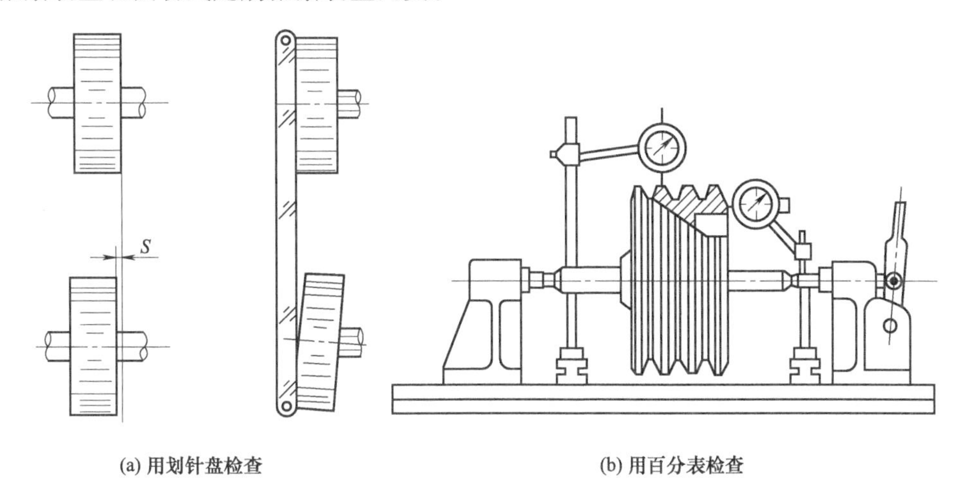

(a) 用划针盘检查　　(b) 用百分表检查

图 4-5　带轮的检查

如图 4-6（a）所示，用调节螺钉 1 使装有带轮的电动机沿滑轨 2 移动，改变中心距，从而实现张紧，这种方式称为移动式，适用于水平或倾斜不大的布置。如图 4-6（b）所示，用螺杆及调节螺母 1 使电动机绕小轴 2 摆动，改变中心距，从而实现张紧，这种方式称为摆动式，适用于垂直或接近垂直的布置。

② 采用自动张紧装置：当中心距不能调节时，可采用具有张紧轮的装置，如图 4-7 所示。它靠悬重 1 将张紧轮 2 压在带上，以保持带的张紧。

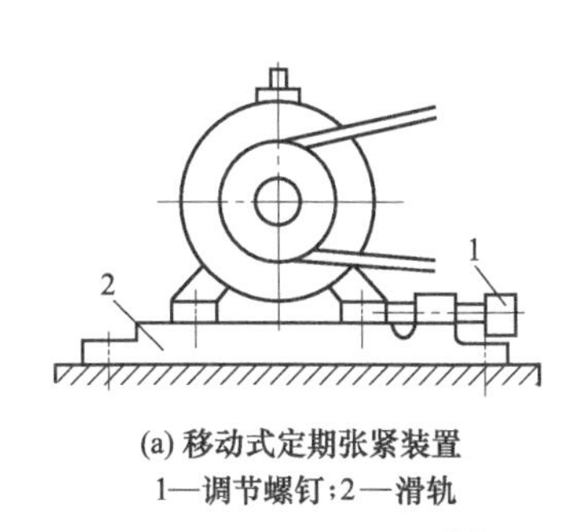

(a) 移动式定期张紧装置
1—调节螺钉；2—滑轨

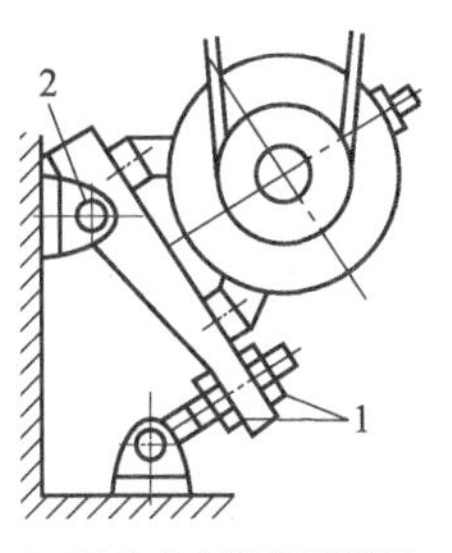

(b) 摆动式定期张紧装置
1—调节螺母；2—小轴

图 4-6　调节中心

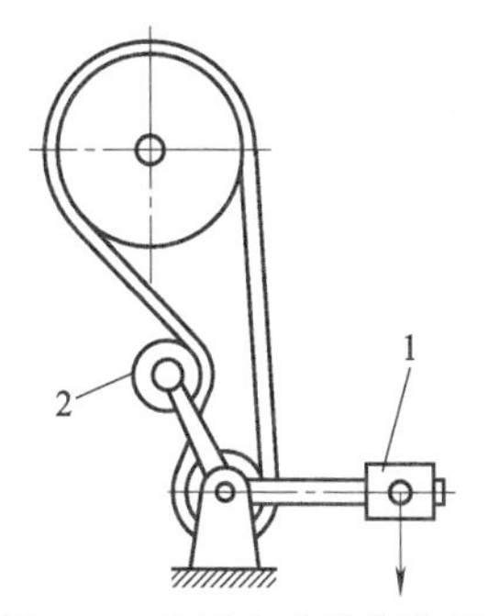

图 4-7　采用自动张紧装置
1—悬重；2—张紧轮

第二节 链传动机构的装配

链传动是在装于平行轴上的链轮之间，以链条作为曳引元件的一种啮合传动。链传动耐用、易维护、结构简单，能在较大的轴距间进行传动，因此在工程领域中得到广泛应用。

一、链传动的特点与应用

链传动和带传动相比，具有的优点是：传动效率较高；张紧力小，压轴力较小；可在湿度较大、有油污、温度较高、腐蚀等恶劣条件下工作；能保持准确的传动比；传动尺寸相同时，传动能力较大。缺点是：在工作中噪声、冲击较大，不如带传动平稳；只能用于平行轴间的传动，如图 4-8 所示。

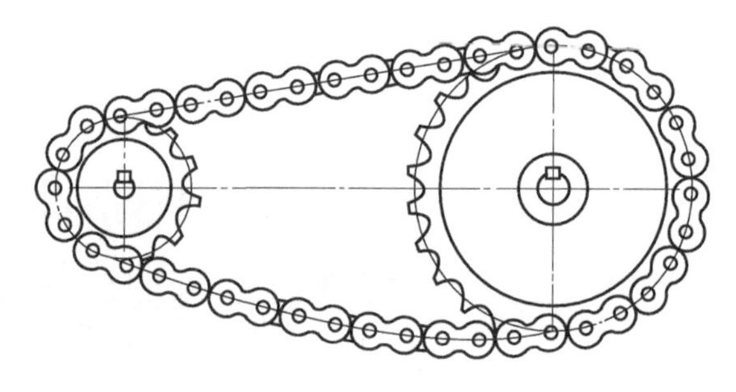

图 4-8 链传动

链传动与齿轮传动相比，具有的优点是：成本低廉，容易安装，能实现远距离传动，结构比较轻便。缺点是：传动效率较低；瞬时传动比不恒定，瞬时速度不均匀。

二、链传动的装配

(1) 链传动的装配方法

当两轴中心距可调节且链轮在轴端时，可以直接装上去，但当结构不允许时，应采用专用工具先将链条套在链轮上，然后再进行连接，如图 4-9 所示。

(2) 链装配的检验

当链传动是垂直放置时，链条下垂度 f 应小于 $2\%L$（L 为两链轮的中心距）；当链传动是水平或有一定倾斜时，链条下垂度 f 应不大于 $2\%L$（L 为两链轮的中心距），其检查方法如图 4-10 所示。

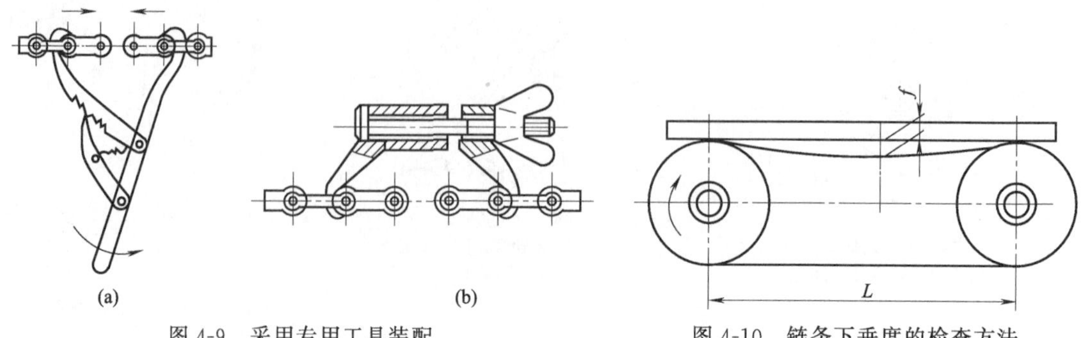

图 4-9 采用专用工具装配

图 4-10 链条下垂度的检查方法

三、链传动的布置、张紧和润滑

(1) 链传动的布置

① 链传动的两轴应平行，两轮应位于同一平面内（最好水平布置），如图 4-11（a）所示。

② 两轮中心的连线与水平面的倾斜角 α 应尽量避免超过 45°，如图 4-11（b）所示。

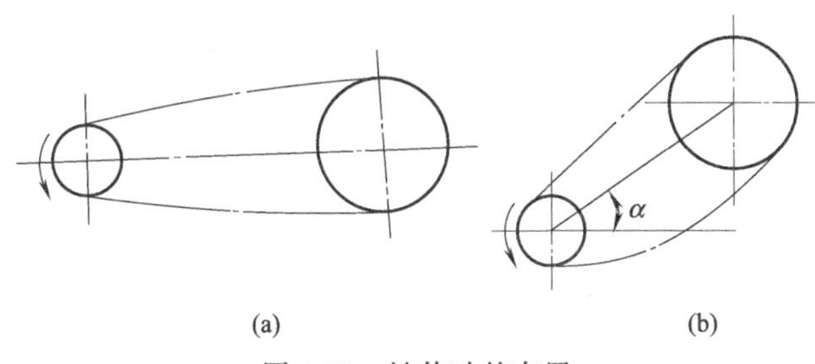

图 4-11　链传动的布置

③ 为了避免由于松边的下垂使链条和链轮发生干涉或卡死，应使松边在下；反之会出现咬链现象。当中心距较大时，还会因垂度过大而引起松边与紧边相碰撞，如图 4-12 所示。

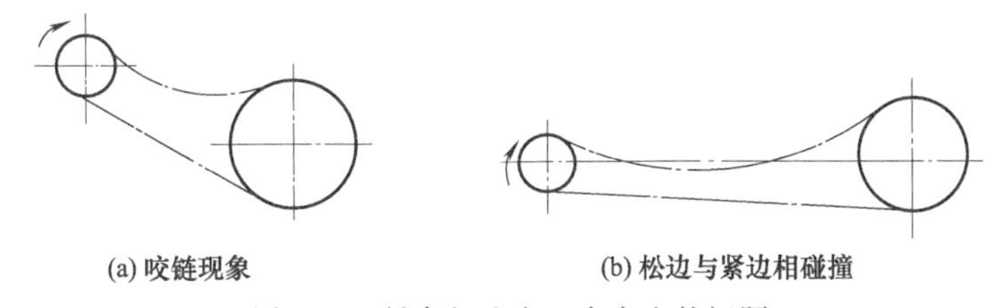

图 4-12　链条松边在上会产生的问题

(2) 链传动的张紧

链传动张紧的目的是为了避免链条的垂直度过大造成啮合不良或链条振动，同时也为了增大链条和链轮的啮合包角。当两轴轴心连线与水平面的倾斜角度大于 45°时，通常需要张紧装置。

张紧的方法很多，可通过中心距控制张紧程度；中心距不能调整时，可采用定期调整或自动张紧轮，如图 4-13 所示。

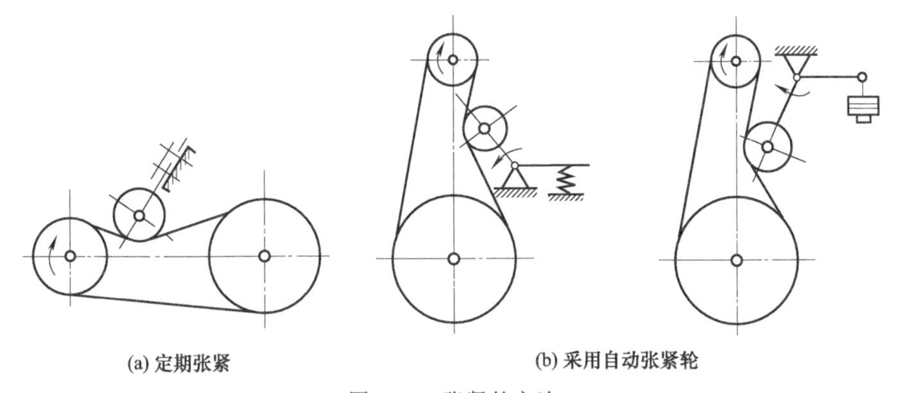

图 4-13　张紧的方法

(3) 链传动的润滑

链传动润滑的目的是减少磨损、缓冲、吸振，提高效率，延长使用寿命。

链传动的润滑方式有：飞溅润滑［图 4-14（a）］、压力油循环润滑［图 4-14（b）］、人工定期用油壶或油刷给油［图 4-14（c）］、用油杯将润滑油滴在链条上［图 4-14（d）］四种。

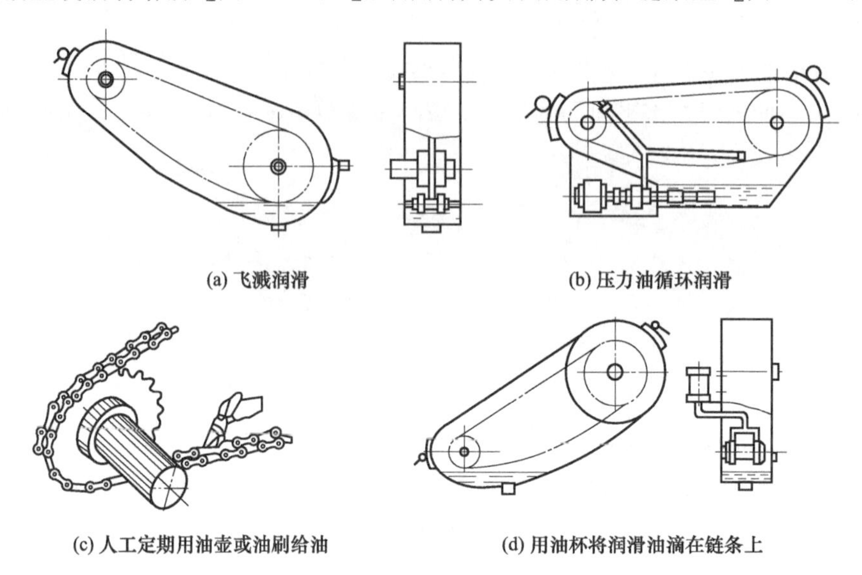

(a) 飞溅润滑　(b) 压力油循环润滑

(c) 人工定期用油壶或油刷给油　(d) 用油杯将润滑油滴在链条上

图 4-14　润滑方式

第三节　齿轮传动机构的装配

齿轮的作用是按规定的传动比传递运动和功率，齿轮是广泛应用于各种机械和仪表中的一种零件。因其传动的可靠性好、承载能力强、制造工艺成熟等优点，而成为各类机械中传递运动和动力的主要机构。

一、齿轮传动机构的装配和润滑

（1）齿轮传动机构的装配的技术要求

对各种齿轮传动装置的技术要求是：使用寿命长、换向无冲击、噪声小、传动均匀和工作平稳等。为了达到上述要求，除机壳孔和齿轮必须达到规定尺寸和技术要求外，还必须保证装配质量。其主要表现在以下几个方面。

① 保证齿轮有准确地安装中心距和适当的齿轮侧隙。

② 保证齿面有一定的接触面积和正确的接触部位。

③ 齿轮孔与轴配合要适当，紧固螺钉后，齿轮不得有歪斜和偏心现象。

④ 滑移齿轮在轴上滑移自由，滑移变换位置准确。

⑤ 对转速高的大齿轮，装配在轴上后要做平衡试验，消除振动因素。

（2）齿轮传动的装配精度

齿轮传动部件的装配精度包括齿侧间隙、轴向窜动和传动噪声三个方面。齿轮副一般都经过淬硬后研磨，以达到工作平衡和低噪声的要求。有的齿轮副在研齿时要打上啮合记号，故在装配时必须对准齿轮啮合标记，以保证啮合质量。轴上固定的齿轮，在拧紧齿轮螺钉时，需按照一定的顺序进行，并做到分次逐步拧紧，否则会使齿轮孔和轴径的间隙被挤向一侧，或因螺钉端头部垂直、定位槽不平行而产生偏移或歪斜误差，应先拧紧定位螺钉，顺时针转动齿轮，再拧紧紧固螺钉。

（3）齿轮传动的润滑

润滑可以起到减小磨损、减少齿轮啮合处的摩擦发热、降低噪声、防锈和散热等作用。齿轮在啮合传动时将产生摩擦和磨损，会造成动力损耗，而传动效率降低。因此，齿轮传动，特别是高速齿轮传动的润滑就十分重要。

齿轮传动的润滑方式主要由齿轮圆周速度的大小和特殊的工况要求决定。

① 闭式齿轮的润滑方式：对于闭式齿轮，当齿轮的圆周速度小于10m/s时，常采用大齿轮浸油润滑。一般大齿轮在运转时，将油带入啮合齿面上进行润滑，同时可将油甩到箱壁上散热；当齿轮的圆周速度大于10m/s时，应采用喷油润滑，即以一定的压力将油喷射到轮齿的啮合面上进行润滑并散热。

② 半开式及开式齿轮的润滑方式：对于半开式及开式齿轮传动，因为速度较低，通常采用润滑脂进行润滑或人工定期润滑。

二、圆柱齿轮的装配

（1）圆柱齿轮装配的技术要求

圆柱齿轮传动装配的主要技术要求是保证齿轮传递运动的准确性，相啮合的齿轮表面接触良好以及齿侧间隙符合规定等。

（2）轴与齿轮的装配

轴与齿轮的装配形式有齿轮在轴上的滑移、齿轮在轴上的固定和齿轮在轴上的空转三种形式。

齿轮在轴上的滑移和空转一般采用间隙配合，其装配比较方便。当用花键连接时，需要选择较松的位置定向装配，且在装配后，齿轮在轴上不许有晃动的情况。

齿轮在轴上的固定一般采用过渡配合或过盈配合，用平键对连接轴和齿轮。一般采用工具敲击或在压力机上装配。

（3）箱体与齿轮轴组的装配

对于半开式及闭式齿轮来说，齿轮传动的装配是在箱体内进行的，即在齿轮装入轴上的同时也将轴组装入箱体内。在装配前，为了保证装配质量，应对箱体孔中心线与基面尺寸平行度进行检查，另外，还要对端面垂直度和孔距、孔系平行度进行检验，如图4-15所示。

（4）圆柱齿轮装配情况的检查方法

① 齿侧间隙的检查方法：齿侧间隙的检查可用塞尺；对大规模齿轮则用铅丝，即在两齿长方向放置3～4根铅丝，齿轮转动时，铅丝被压扁，测量压扁后的铅丝厚度即可知其侧隙。

② 齿圈的径向圆跳动和端面圆跳动的检查方法：为了保证齿轮传递运动的准确性，齿轮装到轴上后，齿圈的径向圆跳动和端面圆跳动应控制在公差范围内。

相互啮合的接触斑点用涂色法检验。齿轮啮合接触斑点的不同情况有：齿轮副装配正确时的接触情况，如图4-16（a）所示。齿轮副装配后的中心距大于加工时的齿轮中心距的情况，如图4-16（b）所示。这是由于齿轮箱体上两孔的中心距过大，或是由于轮齿切得过薄所致，这时可将齿轮换一对，或将箱体的轴承套压出，换上新的轴承套重新镗孔。如图4-16（c）所示的接触情况是由于装配中心距小于齿轮副的加工中心距所引起的。由于齿轮的齿向误差或箱体孔中心线不平行所引起的齿面接触情况，如图4-16（d）所示。此时，必须提高箱体孔中心线的平行度或齿轮副的齿面精度。

在单件小批量生产时，可把装有齿轮的轴放在两顶尖之间，用百分表进行检查，如图4-17所示。

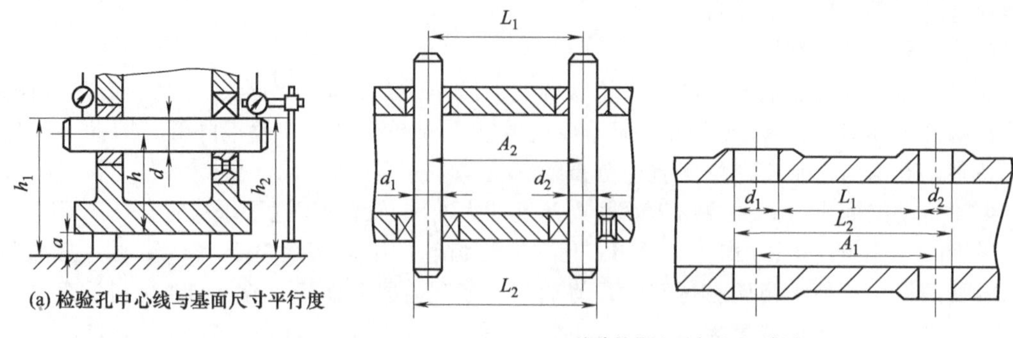

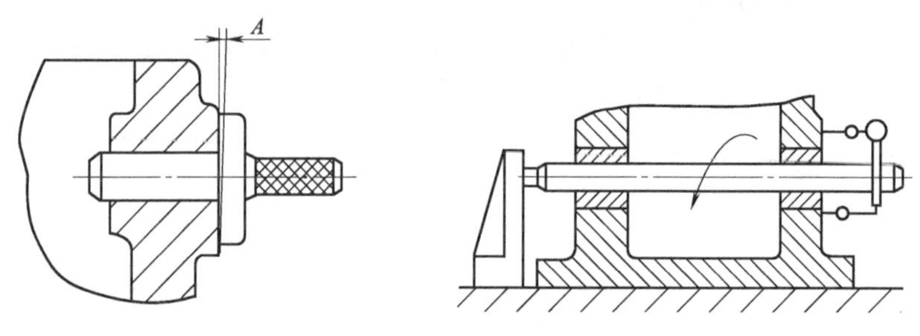

图 4-15 箱体与齿轮轴组的装配

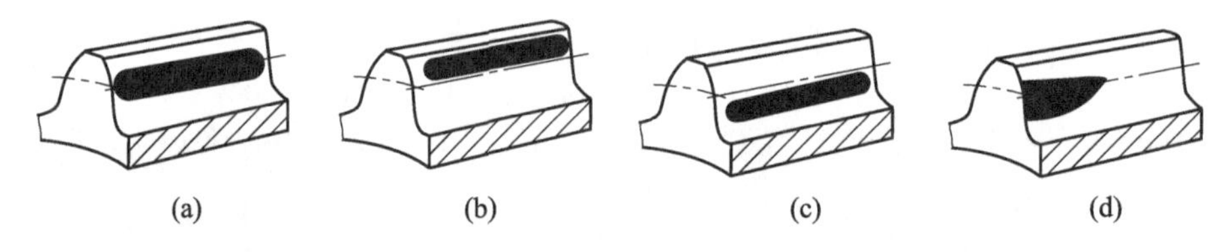

图 4-16 用涂色法检验

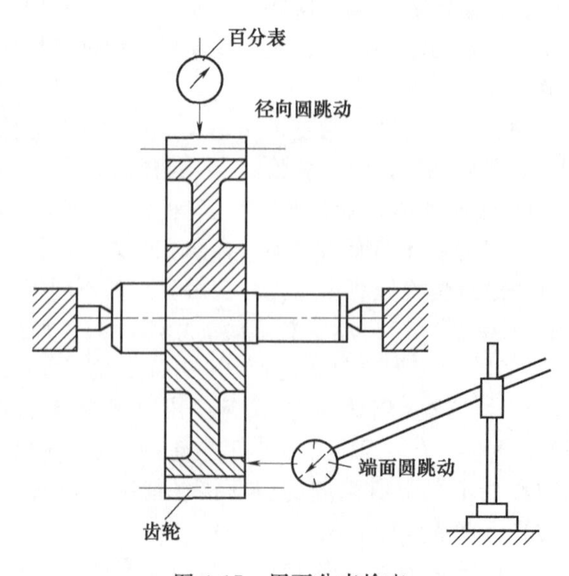

图 4-17 用百分表检查

三、圆锥齿轮的装配

圆锥齿轮用于两相交轴之间的传动。与圆柱齿轮传动相似，一对圆锥齿轮的运动相当于一对节圆锥的纯滚动。除了节圆锥以外，圆锥齿轮还有齿顶圆锥、齿根圆锥和基圆圆锥等。圆锥齿轮的结构如图 4-18 所示。另外，按传递扭矩的方式不同，锥齿轮可分为主动锥齿轮和被动锥齿轮。

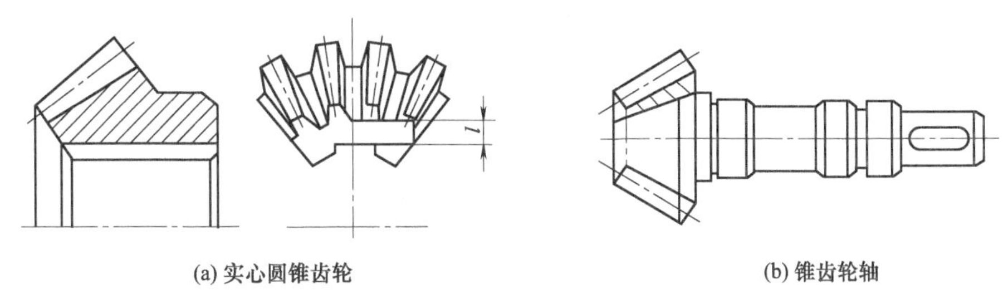

图 4-18 圆锥齿轮的结构

(1) 主动和被动锥齿轮间隙的检查与调整

一般主动和被动锥齿轮的间隙标准值为 0.08～0.12mm。如图 4-19 所示，用千分表测量主动和被动锥齿轮驱动侧齿根的跳动度，其差值即为主动和被动锥齿轮的间隙值。

如果主动和被动锥齿轮的间隙值不符合标准值，可调整轴承的左右螺母，使被动锥齿轮向主动锥齿轮离开或靠近。

(2) 主动锥齿轮轴承预紧度的检查与调整

首先，要按正常的要求正确装配主动锥齿轮和凸缘盘到减速器壳体上，但要注意不能装齿轮轴的油封，然后用拉力器测量其启动扭矩，如图 4-20 所示，根据轴承的预紧程度标准(0.3～0.7N·m)，当拉力器显示的拉力在 6～14N 的范围内即可。

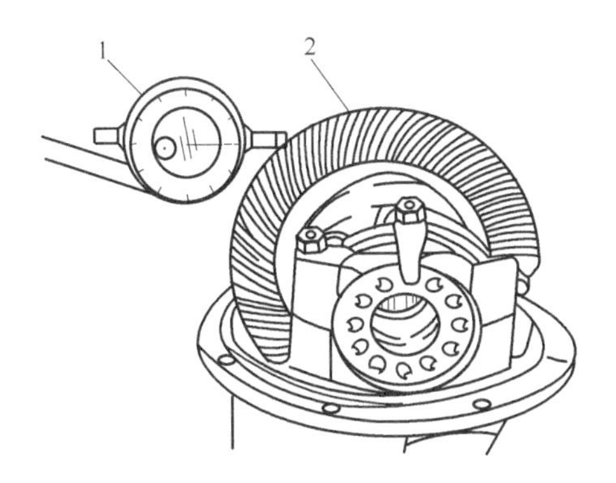

图 4-19 主动和被动锥齿轮间隙的检查

1—千分表；2—被动锥齿轮

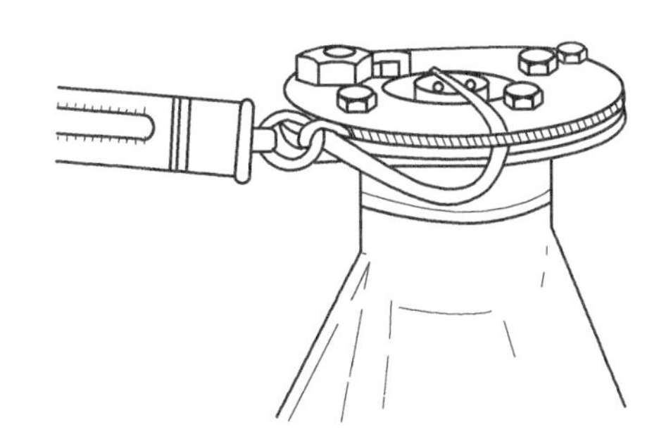

图 4-20 用拉力器测量其启动扭矩

(3) 主动和被动锥齿轮啮合时接触斑点的检查

主动和被动锥齿轮啮合时接触斑点的检查方法：在齿轮的齿表面均匀地涂抹薄薄的一层红丹油，然后缓缓地转动齿轮，检查主动和被动锥齿轮的啮合接触斑点。对比如图 4-21 所示的接触斑点，如果出现如图 4-21 (b)、 (c) 所示的情况，加以调整即可。如出现如图 4-21 (b) 所示的情况，其接触图形为低位接触，接触区域在齿顶和大端上，表明主动齿轮超出主减速器太远，应减少垫片的厚度，使主动锥齿轮向后退。如出现如图 4-21 (c) 所示的情况，其接触图形为高位接触，接触区域在大端和齿顶上，表明主动齿轮轴后退太多，应增加垫片的厚度，使主动锥齿轮向前移动。如果出现如图 4-21（d）、（e）、（f）所示的情况，则应该更换相应的缺陷零件。

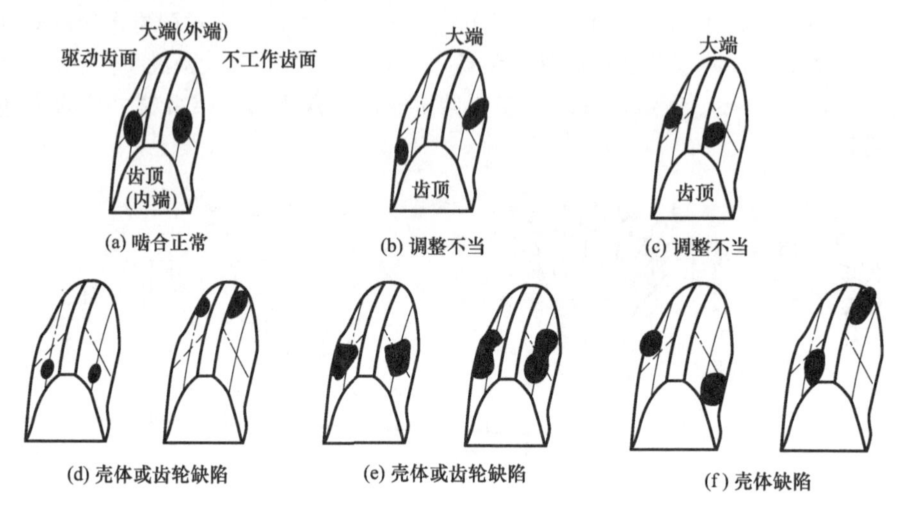

图 4-21 主动和被动锥齿轮啮合时接触斑点的检查

（4）主动和被动锥齿轮的拆装

在主动和被动锥齿轮拆装前，首先应对其进行检查，如图 4-22 所示。主要检查齿部、主动齿轮键槽和轴承工作面部有无表面剥脱、严重磨损、断裂和裂纹等缺陷。如有不良情况，应及时更换。

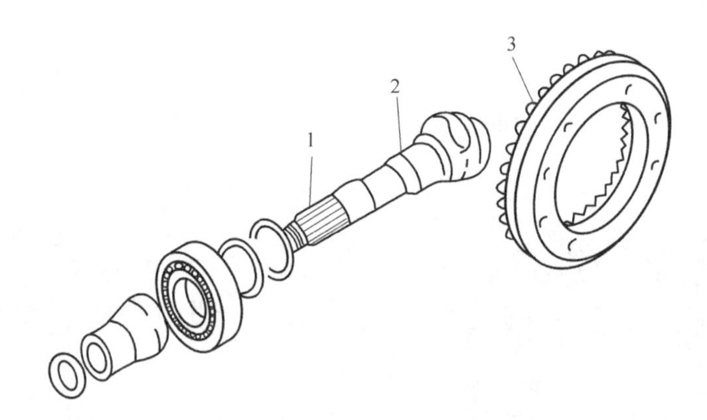

图 4-22 检查主动和被动锥齿轮
1—轴承工作面；2—齿部；3—主动齿轮键槽

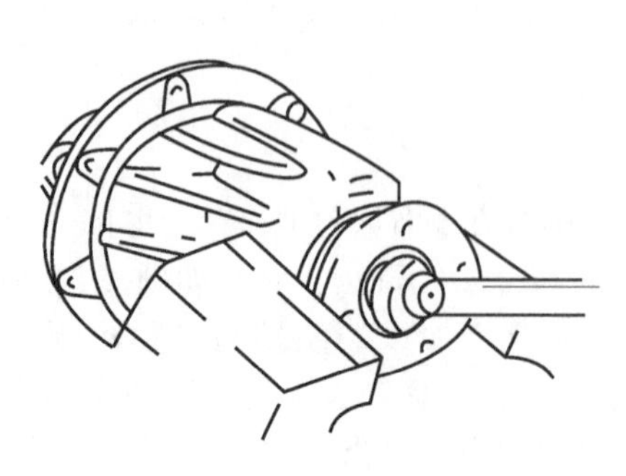

图 4-23 主动锥齿轮的拆装

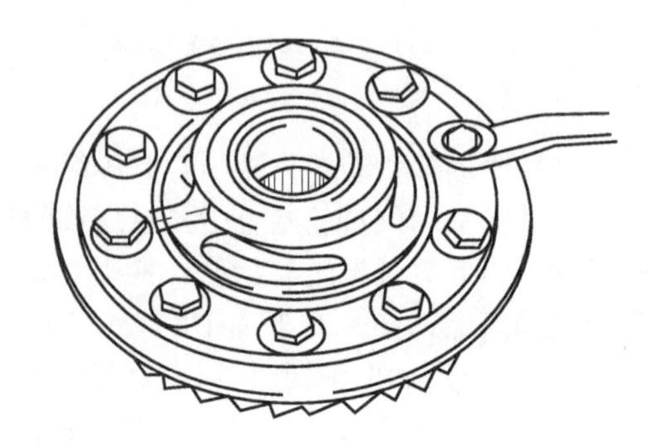

图 4-24 被动锥齿轮的拆装

主动锥齿轮的拆装方法：用台钳夹紧主减速器壳及凸缘盘，用梅花扳手旋下主动锥齿轮螺母，如图 4-23 所示，即可拆下主动锥齿轮。

被动锥齿轮的拆装方法：用台钳夹紧差速器壳体，用梅花扳手松开被动锥齿轮的安装螺栓，如图 4-24 所示，即可拆下被动锥齿轮。

第四节　螺旋传动与蜗杆传动机构的装配

一、螺旋传动机构的装配

1. 螺旋传动机构的特点

螺旋传动机构是利用丝杆与螺母组成的螺旋副来实现传动要求的，如图 4-25 所示的机构。它主要将主动件的回转运动变为从动件的直线往复运动，同时传递动力。螺旋传动具有结构简单、工作连续、平稳、承载能力大、传动精度高等优点，在各种机械中获得了广泛的应用。其缺点是由于螺纹之间产生较大的相对滑动，因而磨损大，效率低。

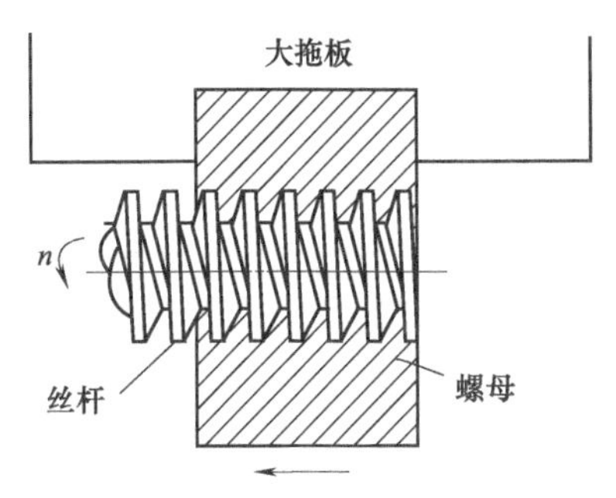

图 4-25　螺旋传动机构

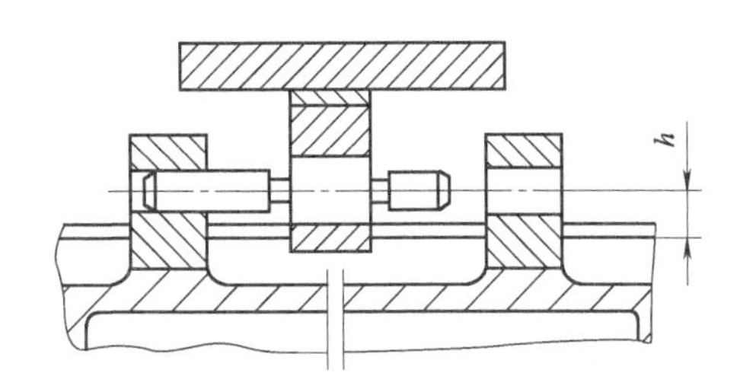

图 4-26　找正螺母对丝杆的同轴度方法

2. 螺旋传动机构的装配方法

(1) 螺旋传动精度的检查

螺旋传动精度的检查主要是指丝杆与滑动基准平面的平行度和丝杆与螺母的同轴度检查。其检查方法：找正支承丝杆的两轴承孔的轴线在同一轴线上，并与导轨基准平面平行。找正螺母对丝杆的同轴度方法如图 4-26 所示。

(2) 丝杆与螺母配合间隙的调整

丝杆与螺母配合间隙包括轴向间隙和径向间隙两大类。丝杆与螺母的轴向间隙将直接影响到加工精度和传动精度，所以一般设置调整机构进行调整。而丝杆与螺母的径向间隙是由制造精度直接保证的，因此无法调整。当径向间隙大于规定的螺母，则必须进行更换或重新配制。

丝杆与螺母的轴向间隙的调整方法：

① 双螺母消隙：双螺母消隙的调整方法，一般是通过调整两螺母相对的轴向位置，使两螺母与丝杆之间各自单边接触，如图 4-27 所示。

② 单螺母消隙：单螺母消隙的调整方法是使丝杆和螺母始终保持单面接触，使丝杆正、反回转时无空行程，如图 4-28 所示。

二、蜗杆传动机构的装配

1. 蜗杆传动机构的特点

蜗杆传动是由蜗杆与蜗轮相啮合，传递空间两垂直交错轴之间的运动和动力传动机构，

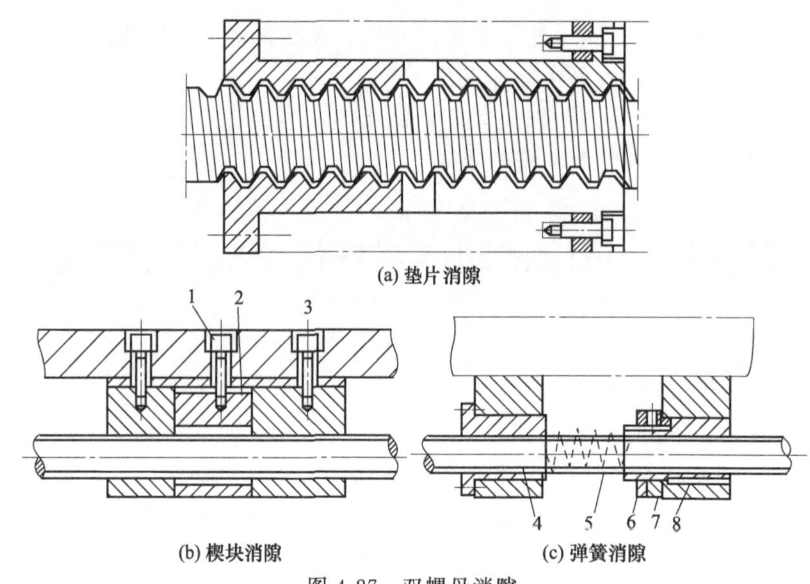

(a) 垫片消隙

(b) 楔块消隙　　(c) 弹簧消隙

图 4-27　双螺母消隙

1,3—螺钉；2—楔块；4,8—螺母；5—压缩弹簧；6—垫圈；7—调节螺母

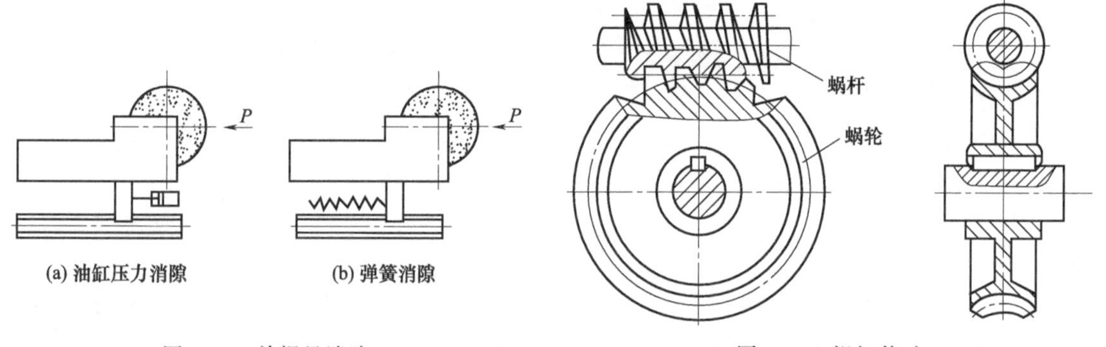

(a) 油缸压力消隙　　(b) 弹簧消隙

图 4-28　单螺母消隙

图 4-29　蜗杆传动

如图 4-29 所示。通常情况下，传动中蜗杆是主动件，蜗轮是从动件。蜗杆有单头、双头和多头之分。单头蜗杆旋转一周，蜗轮只旋转一个齿；双头、三头蜗杆旋转一周，蜗轮分别旋转两个或三个齿。因此蜗杆传动广泛应用于机械、电气设备等领域。

2. 蜗杆传动机构的装配方法

（1）蜗杆传动的润滑

由于蜗杆传动时相对滑动速度比较大、效率低、发热量大，所以润滑特别重要。如果润滑不良，会进一步导致效率显著降低，并且会带来剧烈的磨损，甚至出现咬合，故需选择合适的润滑油及润滑方式。

对于开式蜗杆传动，应采用黏度较高的润滑油或润滑脂。对于闭式蜗杆传动，根据工作条件来选定润滑油黏度和给油方式。当采用油池润滑时，在搅油损失不大的情况下，应有适当的油量，以利于形成动压油膜，且有助于散热。

（2）蜗杆传动的质量检查

① 蜗杆接触斑点的检查：蜗杆接触斑点，一般采用涂色法检查，如图 4-30 所示。

② 啮合间隙的检查：对于一般的蜗杆传动的啮合间隙，可以采用手转动蜗杆（根据空行程的量来判断间隙大小）的方法来检查；当要求较高时，应采用百分表进行测量，如图 4-31 所示。

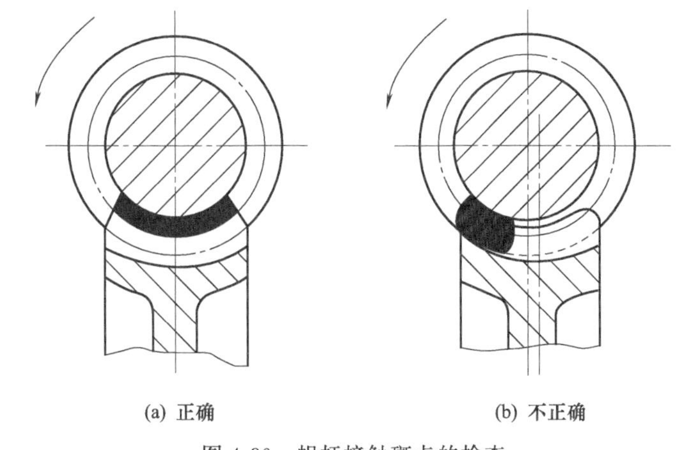

图 4-30 蜗杆接触斑点的检查

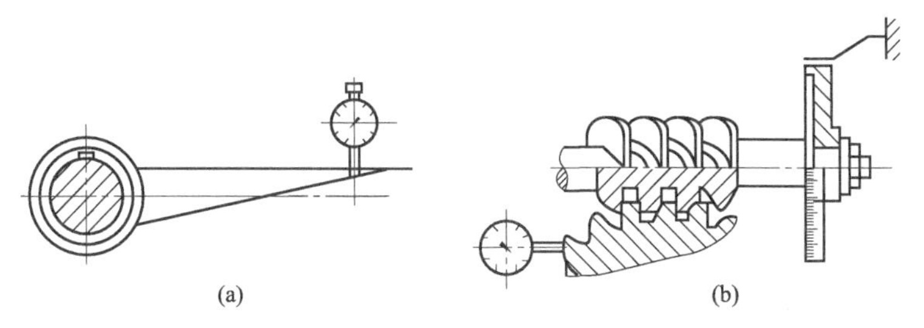

图 4-31 采用百分表测量蜗杆传动的啮合间隙

第五节 滚珠丝杠副的装配

滚珠丝杠副就是在具有螺旋槽的丝杠和螺母之间，连续填装滚珠作为滚动体的螺旋传动。当丝杠或螺旋转动时，滚动体在螺纹滚道内滚动，使丝杠和螺母做相对运动时称为滚动摩擦，并将旋转运动转化为直线往复运动。滚珠丝杠副由于具有高效增力，传动轻快敏捷，“0”间隙，高刚度，提速的经济性，运动的同步性、可逆性，对环境的适应性，位移十分精确等多种功能，使它在众多线性驱动元、部件中脱颖而出，在节能和环保时代更突显其功能的优势。在 CNC 机床功能部件中，它是产品标准化、生产集约化、专业化程度很高的功能部件，其产品应用几乎覆盖了制造业的各个领域。

一、滚珠丝杠副的结构与工作原理

（1）滚珠丝杠副的结构

滚珠丝杠副包含两个主要部件：螺母和丝杠。螺母主要由螺母体和循环滚珠组成，多数螺母（或丝杠）上有滚动体的循环通道，与螺纹滚道形成循环回路，使滚动体在螺纹滚道内循环，如图 4-32 所示。丝杠是一种直线度非常高的，其上有螺旋形槽的螺纹轴，槽的形状是半圆形的，所以滚珠可以安装在里面沿其滚动。丝杠的表面经过淬火后，再进行磨削加工。

（2）滚珠丝杠副的工作原理

滚珠丝杠副的工作原理和螺母与螺杆之间传动的工作原理基本相同。当丝杠能旋转而螺

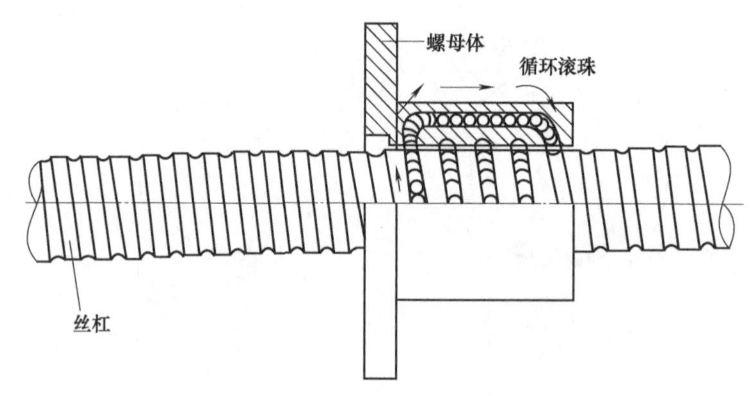

图 4-32 滚珠丝杠副的结构

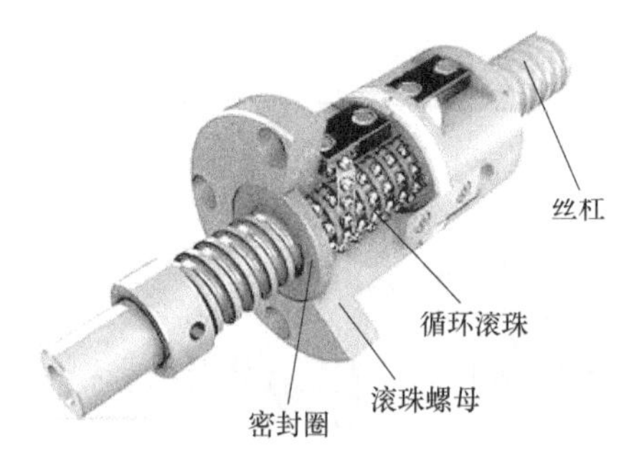

图 4-33 滚珠丝杠副的工作原理

母不能旋转时，旋转螺杆，螺母便进行直线移动。滚珠丝杠副的工作原理也一样，丝杠发生旋转，螺母发生直线运动，而与螺母相连的滑板也做直线往复运动。

循环滚珠位于丝杠和螺母合起来形成的圆形截面滚道上，如图 4-33 所示。

(3) 循环滚珠

丝杠旋转时，滚珠沿着螺旋槽向前滚动。由于滚珠的滚动，它们便从螺母的一端移至另一端。为了防止滚珠从螺母中跑出来或卡在螺母内，采用导向装置将滚珠导入返回滚道，然后再进入工作滚道中，如此往复，使滚珠形成一个闭合的循环回路。滚珠从螺母的一端到另一端，并返回滚道的运动称作循环运动，所以滚珠本身又称作循环滚珠。

二、滚珠丝杠副的应用及特点、受力

滚珠丝杠副应用范围比较广，常用于需要精确定位的机器中。滚珠丝杠副应用范围包括机器人、数控机床、传送装置、飞机的零部件（如副翼）、医疗器械（如 X 射线设备）和印刷机械（如胶印机）等。

滚珠丝杠副的优点：传动精度高，运动形式的转换十分平稳，基本上不需要保养。

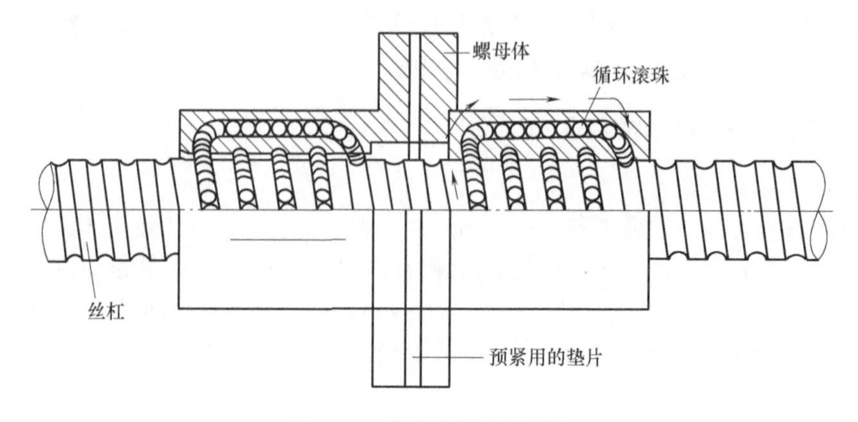

图 4-34 滚珠丝杠副的预紧

滚珠丝杠副的缺点：价格比较贵，只有专业工厂才能生产；当螺母旋出丝杠时，滚珠会从螺母中跑出来。为了防止在拆卸时滚珠跑出来，可以在螺母的两端装塑料塞。如果滚珠掉出来且不能装回滚道，那就只有请制造厂商处理。

如果对精度的要求很高，可在滚珠上施加预紧力来消除滚珠丝杠副螺母的间隙。此时需要安装两个滚珠丝杠螺母和一个垫片，如图 4-34 所示。

垫片可以把两个滚珠螺母分隔开，这样，通过调整垫片的厚度，滚珠就被压到滚道的外侧，滚珠与滚道之间的间隙便消除了，如图 4-35 所示。滚珠丝杠副的螺母有各种型号，施加预紧力的方法也是多种多样的，但原理都相同。

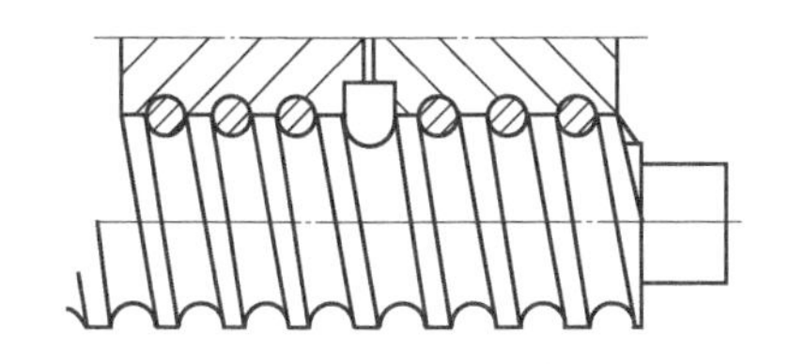

(a) 没有预紧时，螺母和丝杠之间存在间隙

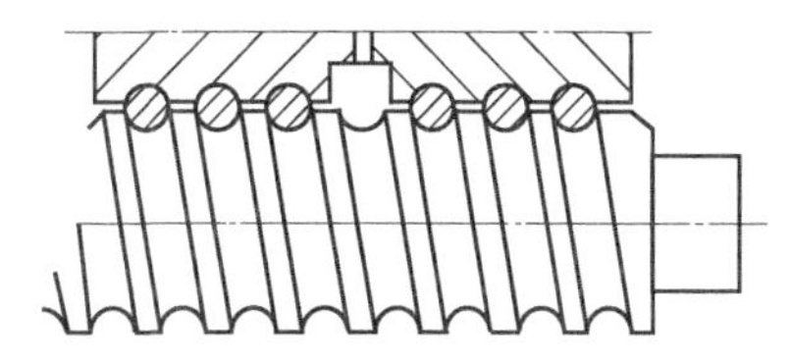

(b) 预紧后螺母和丝杠之间没有间隙

图 4-35　滚珠丝杠副预紧前后间隙的变化

丝杠的受力情况：滚珠螺母不能承受径向力，它只能承受轴向的压力（沿丝杠轴的方向）。丝杠径向受力时，很容易变形，从而影响位移的精度。

三、滚珠丝杠副的润滑与密封

1. 滚珠丝杠副的润滑

滚珠丝杠副的正常运行需要很好的润滑。润滑的方法与滚珠轴承相同，既可以使用润滑油，也可以使用润滑脂。由于滚珠螺母做直线往复运动，丝杠上润滑剂的流失要比滚珠轴承严重（特别是使用润滑油的时候）。

（1）润滑油

使用润滑油时，温度很重要。温度越高，油液就越稀（黏度变小）。高速运行时，滚珠丝杠副温升非常小，因此，油的黏度变化不大。但是，润滑油确实会流失，故一定要安装加油装置。

（2）润滑脂

使用润滑脂时，因为流失的量比较小，添加润滑剂的次数可以减少。润滑脂的添加次数与滚珠丝杠的工作状态有关，一般每 500～1000h 添加一次润滑脂。可以安装加油装置，但并不是必需的。不能使用含石墨或 MoS_2（粒状）的润滑脂，因为这些物质会给设备带来磨损或擦伤。

2. 滚珠丝杠副的密封

污染物（污物、灰尘、碎屑等）会使滚珠丝杠副严重磨损，影响滚珠丝杠副的正常运动，甚至使丝杠或其他零部件发生损坏。为此，必须对滚珠丝杠螺母进行密封，如图 4-36 所示，从而防止污染物进入滚珠丝杠副内。

密封的方法：在螺母内安装密封圈［图 4-36（a）］；在丝杠上安装平的盖子［导轨也经常被一起覆盖，图 4-36（b）］；在丝杠上覆盖柔性防护罩［导轨也经常被一起覆盖，图 4-36（c）］。

四、滚珠丝杠副的安装与调节

1. 滚珠丝杠副的安装

由于是高精度传动，滚珠丝杠副的安装和拆卸都必须十分小心。污物和任何损伤都会严重影响滚珠丝杠副的正常运动，而且还会缩短它的使用寿命，降低位移的精度。如果安装或拆卸不当，滚珠还会跑出来，要把它们重新装好是非常困难的，一般只能送到制造厂家，利用专门工具进行螺母的装配。

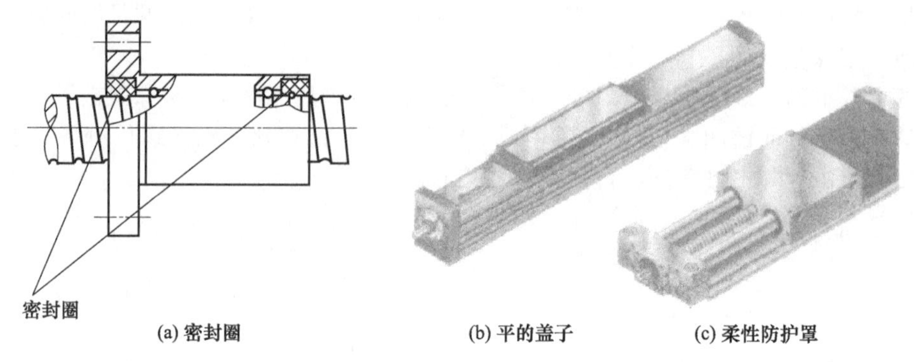

(a) 密封圈　(b) 平的盖子　(c) 柔性防护罩

图 4-36　滚珠丝杠副的密封

如果螺母在交货时没有安装在丝杠上，它的孔中（丝杠经过的地方）会装有一个安装塞。这个塞子可以防止滚珠跑出来。将螺母安装在丝杠上时，这个塞子会在丝杠轴颈上滑动。当螺母装至丝杠上而塞子会渐渐退出，螺母就可以旋在丝杠上了。当然，将螺母从丝杠上拆卸下来时，也需要这样安装塞子。

螺母的具体安装与拆卸步骤如下。

① 在塞子的末端有一橡胶圈，以防止螺母从塞子上滑下。将螺母安装在丝杠上时，首先要卸下这个橡胶圈，如图 4-37（a）所示。不要把橡胶圈扔掉，因为拆卸时还会用到它。

注意：不要让螺母从塞子上滑下。

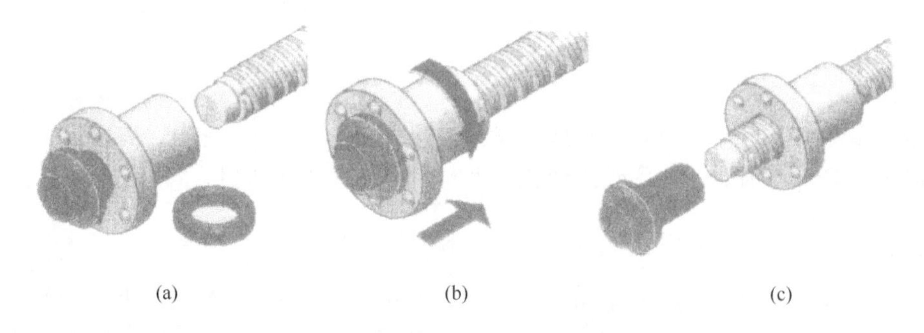

(a)　(b)　(c)

图 4-37　滚珠丝杠螺母的装配

② 安装塞的设计使螺母只能从一个方向装至丝杠上。将塞子和螺母一起滑装到丝杠轴颈上，轻轻地按压螺母直到丝杠的退刀槽处，无法再向前移动为止。

③ 慢慢地、仔细地将螺母旋在丝杠上，并始终轻轻按压螺母，直到它完全旋在丝杠上为止，如图 4-37（b）所示。

④ 当螺母旋上丝杠，安装塞仍然套在轴颈上时，就可以将安装塞卸下来了，如图 4-37（c）所示。但不要把塞子扔掉，塞子应当和橡胶圈保存在一起，因为拆卸时还要用到这些附件。

⑤ 螺母的拆卸方法与上面的步骤正好相反。首先将塞子滑装到丝杠轴颈上，然后旋转螺母至塞子上，再把它们一起卸下来。螺母卸下来以后，应当重新装上橡胶圈。

2. 滚珠丝杠的调节

滚珠丝杠必须与导轨完全平行。否则，整个运动装置就会处于过定位状态，并出现摩擦或阻滞现象。

调整时，丝杠必须与导轨在两个方向（水平方向和垂直方向）上平行，如图 4-38 所示。操作过程中可使用量块、测量杆、水平仪或百分表等量具进行测量，但测量工具的选择取决于设备的结构以及丝杠和导轨的安装位置。

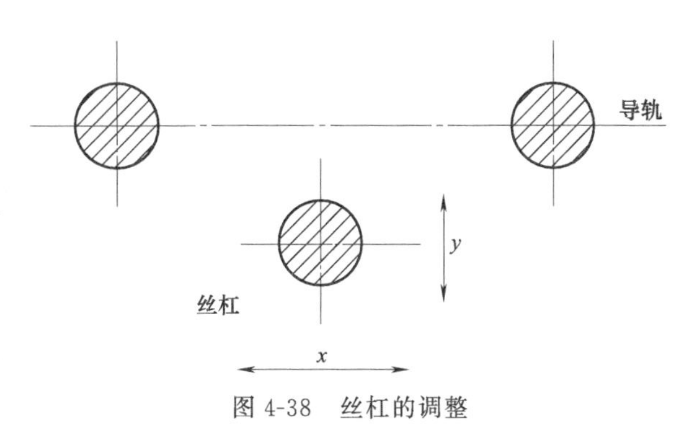

图 4-38　丝杠的调整

调整时，丝杠只能沿一个方向（水平方向）进行调整，而另一个方向（垂直方向）则必须用垫片来进行调节。因此，为了使两个轴承座具有相同的高度，调节时可以在低的轴承座下面塞入一些不同厚度的垫片。这些垫片可以由薄的黄铜片组成，黄铜片的厚度有很多种，一般从百分之几到十分之几毫米不等。根据高度差，可以使用一片或多片垫片。黄铜片在塞入之前应当先剪成适当的形状。垫片也可由多层黄铜箔压在一起组成，为了获得需要的厚度，有时必须使用大量的黄铜箔。

第六节　离合器传动

一、离合器的种类

(1) 侧齿式离合器

侧齿式离合器又称牙嵌式离合器，如图 4-39 所示。它由两个在端面上制有侧齿的套筒组成，是依靠侧齿互相嵌合来传递转矩的。侧齿齿形有梯形、锯齿形及矩形等，其中以梯形齿应用最广，它具有强度高、传递转矩大、能自动补偿齿的磨损与间隙和减少冲击等优点。

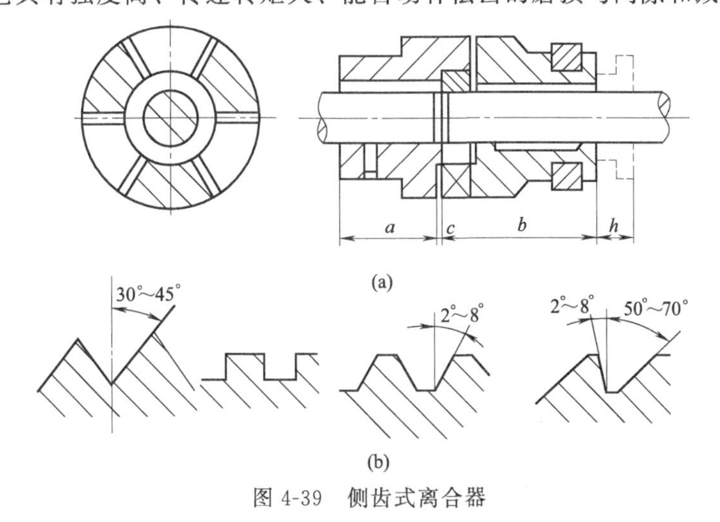

图 4-39　侧齿式离合器

(2) 摩擦离合器

摩擦离合器有圆盘式、圆锥式及多片式等，如图 4-40 所示。摩擦离合器主要特点是，在任何不同转速条件下，两轴可以随时结合或分开。摩擦面之间的结合较为平稳，无冲击，振动小，过载时摩擦面之间打滑，故起一定的保护作用。

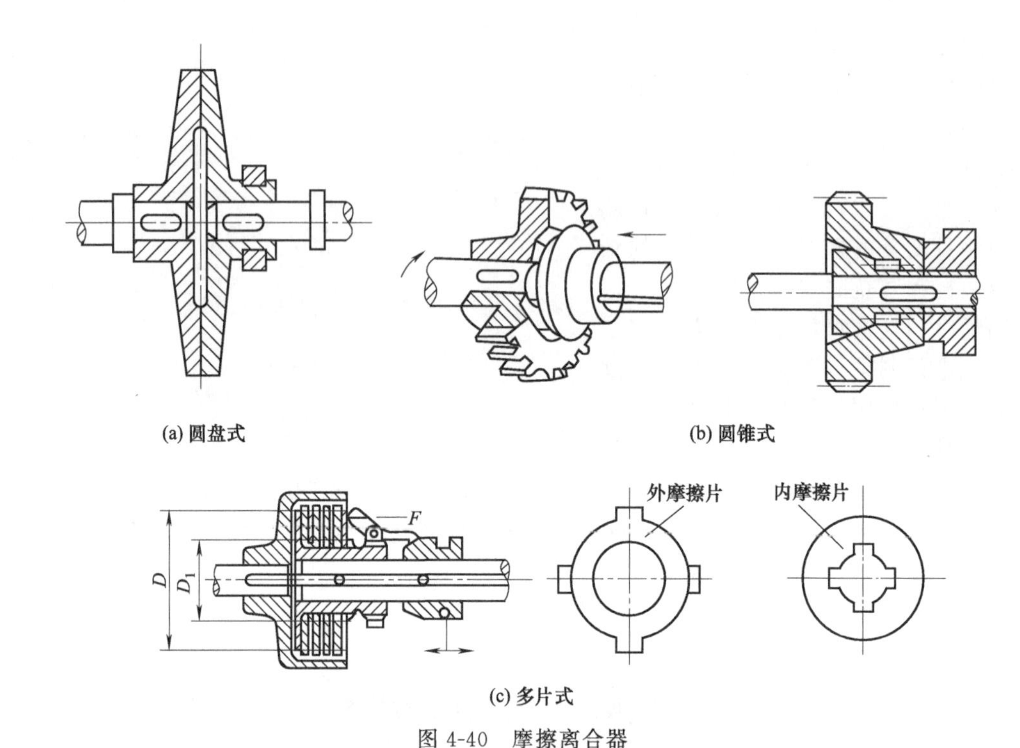

图 4-40　摩擦离合器

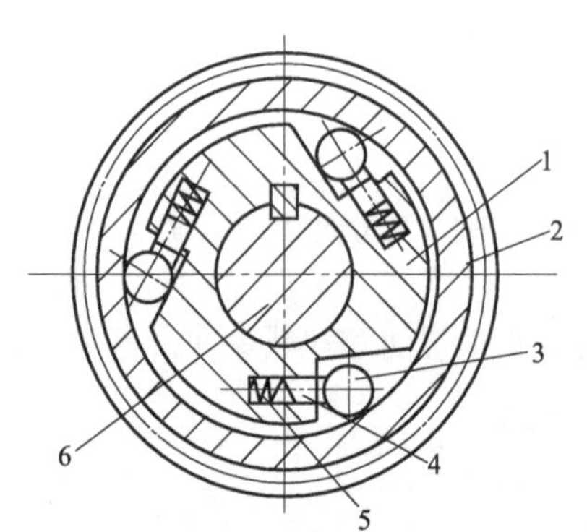

图 4-41　超越离合器
1—星轮；2—齿轮外套；3—滚柱；4—顶杆；5—弹簧；6—轴

(3) 超越离合器

超越离合器如图 4-41 所示，当齿轮外套 2 做逆时针转动时，通过弹簧 5 等零件的作用将滚柱 3 推向齿轮外套和星轮 1 的缺口所形成的楔形缝中，这样齿轮外套逆转星轮和轴 6 也跟着逆转。若轴 6 由另外的快速电机带动做逆时针高速旋转，在转速超过齿轮外套转速时，两者就按各自转速转动。

二、离合器的装配技术要求

① 结合和分开时，动作要灵活，同轴度好，能传递足够转矩，工作要求平稳可靠。

② 对侧齿式离合器，齿形间的啮合间隙要尽量小些，以防旋转时产生冲击。

③ 对圆盘式及圆锥式摩擦离合器，盘与盘的平面接触要好，圆锥与圆锥面接触要均匀，锥角一致，同轴度要好。

④ 摩擦离合器结合时，应有一定均匀的轴向压力，以保证传递一定的转矩。

⑤ 对多片式摩擦离合器内外摩擦片的基本要求：平整、平行及具有一定硬度和耐磨性。在一定的轴向压力作用下，能传递一定的转矩；在消除轴向作用力时，要保证各内外摩擦片全部脱开，做相对转动。

三、离合器的装配工艺要点

① 对侧齿式离合器，各结合子顶端倒钝锐边，并去除结合子周边毛刺。

② 检查结合相互啮合状况。

③ 将离合器的一部分固定在主动轴上，另一部分与从动轴通过导键连接，这一部分能在轴上灵活地做轴向移动，便于两结合面的结合和分开。

④ 主动轴与从动轴同轴度要好。

⑤ 圆盘式和圆锥式摩擦离合器在装到轴上后，要做接触面的涂色检查，保证在整个接触面上，接触斑点分布均匀。

⑥ 对圆盘式、圆锥式及多片式离合器，都必须做传递转矩大小的试验。此时必须保证有足够的轴向压紧力，因为在摩擦面接触良好的情况下，轴向压紧力的大小是决定离合器传递转矩大小的重要因素。

第七节 联 轴 器

联轴器与离合器都是用作轴与轴之间连接，并通过它们来传递动力的中间连接装置。所不同的是，联轴器是用来将两轴连为一体，以传递转矩；而离合器则用来使传动件间随时可结合也可分离，也就是传动时结合，不传动时就分开。

一、联轴器种类

1. 固定式联轴器

如图 4-42 所示，凸缘式联轴器属于固定式刚性联轴器，对两轴之间的对中性要求很高，但由于结构简单，使用方便，可传递较大转矩，故在低速、无冲击和轴的刚性、对中性较好的场合，得到广泛应用。

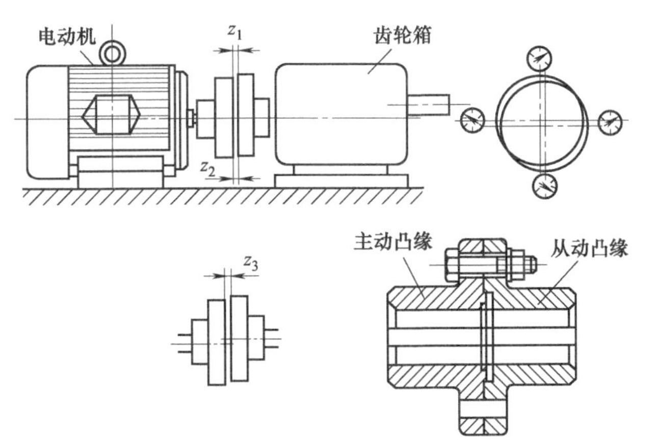

图 4-42 凸缘式联轴器

2. 可移式联轴器

被连接的两轴由于工作中不可能保证严格的对中性，总会出现某种程度的相对位移和偏斜，此时可选用可移式联轴器，如图 4-43 所示。

齿轮式联轴器转速高（可达到 3500r/min)，能传递很大的转矩，并能补偿较大的综合位移。缺点是重量大、制造成本高。十字滑块式联轴器只适宜于低速、冲击小的场合，转动时中间滑块不断变换位置，转速高时中间滑块会产生较大离心惯性力，使轴与轴承之间产生很大的附加载荷。

弹性圆柱销联轴器是用带有 4～12 个橡胶或皮革衬圈的柱销，将两个联轴盘连接在一起。由于衬圈富有弹性，在工作中两轴线稍有倾斜或径向位移时不影响正常传动，并能吸收

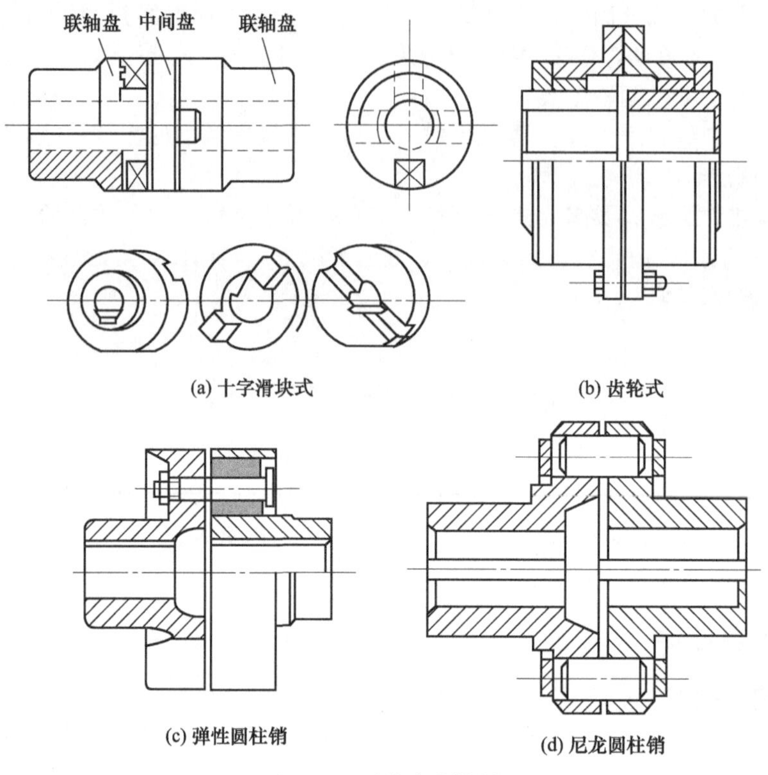

图 4-43　可移式联轴器

振动和冲击。它适用正反转变化多、启动频繁、转速较高（1100～5400r/min）的场合，在转速较低的场合不宜采用。

尼龙圆柱销联轴器与弹性圆柱销联轴器具有相似的作用。

3. 安全联轴器

安全联轴器是在机器过载或受冲击，载荷超过额定值时，联轴器中的连接件即自动断开，以保护机件不受损坏，起安全作用，如图 4-44 所示。

4. 万向联轴器

如图 4-45 所示的万向联轴器主要用于两轴交叉传动，两轴角度偏差可达到 35°～45°。其主要缺点是：当主动轴以等速旋转时，从动轴却做变角速度旋转。两轴角度偏移越大，则从动轴角速度变化也越大。为消除这种现象，一般成对使用。

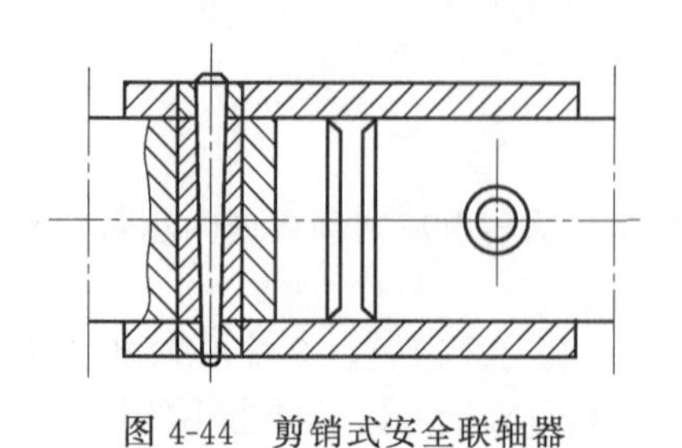

图 4-44　剪销式安全联轴器

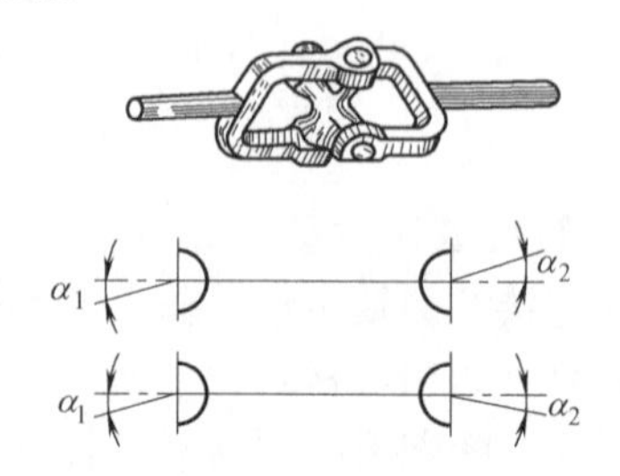

图 4-45　万向联轴器

二、联轴器装配

（1）装配技术要求

① 固定式联轴器装配时，要求严格的同轴度。

② 保证各连接件连接可靠，受力均匀，不允许有回松脱落现象。

③ 可移式联轴器同轴度虽然没有固定式联轴器要求高，但必须达到所规定的技术要求，如十字槽联轴器一般情况下轴向摆动量为 1～2.5mm，径向摆动量为（0.01d＋0.25）mm（d 为轴径）。

④ 十字槽联轴器中间盘在装配后，能在两联轴盘之间自由滑动。

⑤ 对弹性柱销或尼龙柱销移动式联轴器，两连接盘柱销插入孔及柱销固定孔，应均匀分布，同轴度好，以保证连接启动后，各柱销均匀受力。

(2) 装配工艺要点

① 测出两被连接轴各自轴心线到各自安装平面之间距离。

② 将两联轴盘通过键分别装在两轴上。

③ 把一轴所装组件（一般选较大而笨重，轴心线到安装基准距离较大的组件）固定在基准平面上。

④ 通过调整垫铁，使两联轴器、盘轴心线高低一致。

⑤ 用刀口直尺、塞尺，以固定轴组为基准，校正另一被连接轴盘，使联轴器两连接盘在水平面上中心一致，也可用百分表校正。

⑥ 均匀连接两联轴器盘，依次均匀旋紧连接螺钉。

⑦ 用塞尺检查两联轴器盘连接平面是否有间隙，要求四周塞尺塞不进。

⑧ 逐步均匀旋紧轴组件安装螺钉，旋紧螺钉的同时，检查两轴转动松紧是否一致。如不一致，需重新调整。

小　　结

① 常用传动机构的装配包含着带传动机构的装配、链传动机构的装配、齿轮传动结构的装配、螺旋传动与蜗杆传动机构的装配、滚珠丝杠副的装配、离合器传动的装配、联轴器的装配等。每类常用传动机构的装配各有自己的方法与特点。

② 带传动机构的装配：带传动属于挠性传动，过载时带会在带轮上打滑。带传动机构的装配应注意初拉力的控制、V 带的装配与皮带轮的装配以及两带轮中心距的调整等。

③ 链传动机构的装配：链传动属于平行轴间链啮合传动，其装配方法与链装配检验独特，注意链传动的布置、张紧和润滑。

④ 齿轮传动结构的装配：按照齿轮装配的技术要求和润滑条件，分别实施圆柱齿轮、圆锥齿轮等的装配。

⑤ 螺旋传动与蜗杆传动机构的装配：螺旋传动机构的装配要从精度入手、研究配合间隙与调整方法；蜗杆传动机构的装配应考虑蜗杆传动的润滑、蜗杆传动的质量等。

⑥ 滚珠丝杠副的装配：以滚珠丝杠副的特点、受力分析应用，保持其润滑与密封性能为前提，进行滚珠丝杠副的安装与调节。

⑦ 离合器传动的装配：包含着侧齿式离合的装配、摩擦离合器的装配、超越离合器的装配。

⑧ 联轴器的装配：联轴器的种类有固定式联轴器、可移式联轴器、安全联轴器、万向联轴器等。

思考与练习

4-1 简述传动轮的校准方法及其步骤。

4-2 简述夹紧套的工作原理。

4-3 简述链条的连接及装配要点。

4-4 链条的正确安装要求有哪些？如何确定链条的下垂量？如何对链条进行张紧？

4-5 什么是齿轮传动的齿侧间隙？为什么齿轮传动要留有齿侧间隙？

4-6 如何用压铅丝法测量齿侧间隙？选择齿侧间隙的依据是什么？

4-7 简述同步带传动的优点和缺点。

4-8 简述同步带磨损的现象。

4-9 什么时候使用带侧面挡圈的同步带轮？

第五章
机械装配工艺规程的编制

第一节　一般装配对零部件结构设计工艺性的要求

由于制定装配工艺的过程也是检查设计工艺性是否合理的过程，因此，应从组成单独的部件或装配单元，合适的装配基面，结构的合理性，装配的方便性，拆卸的方便性，修配的方便性，选择合理的调整补偿环以及减少修整外观的工作量等 8 个方面进行比较，说明改进的必要性和改进后对装配效率及其质量的影响，见表 5-1～表 5-8。

表 5-1　组成单独部件或装配单元

序号	注意事项	图例		说　明
		改进前	改进后	
1	尽可能组成单独的箱体或部件	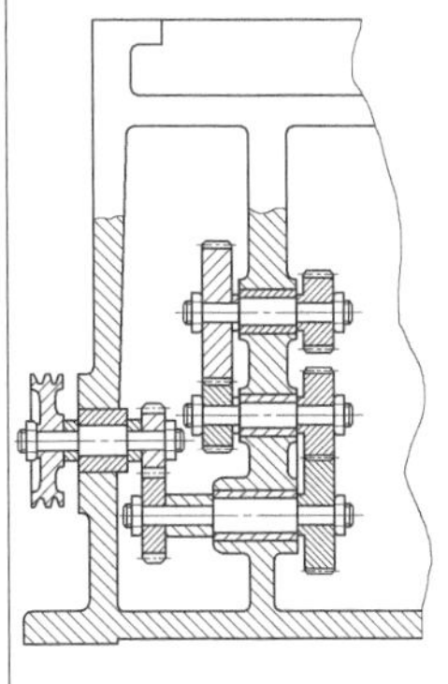 (a)	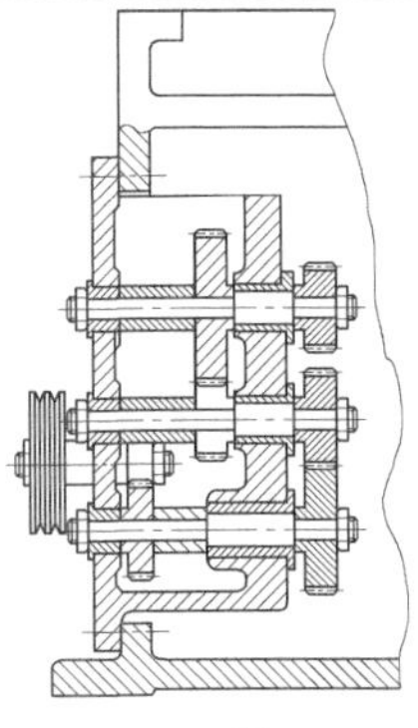 (b)	将传动齿轮组成单独的齿轮箱，以便分别装配，提高工效，便于维修
2	将部件分成若干装配单元，以便组装	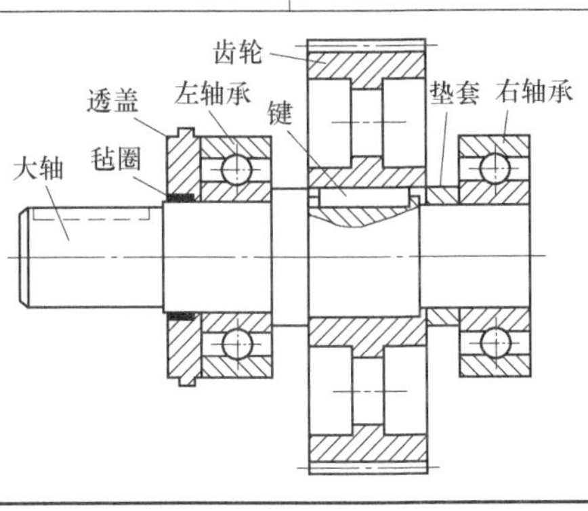 齿轮 透盖 左轴承 键 垫套 右轴承 大轴 毡圈		如图所示的大轴组装是由齿轮、键、左右轴承、垫套、透盖、毡圈组成的。而一台中等复杂程度的圆柱齿轮减速箱则可视为若干其他零件、组件装配在箱体这个基础零件上的部装

续表

序号	注意事项	图例		说明
		改进前	改进后	
3	同一轴上的零件，尽可能考虑从箱体一端成套装卸	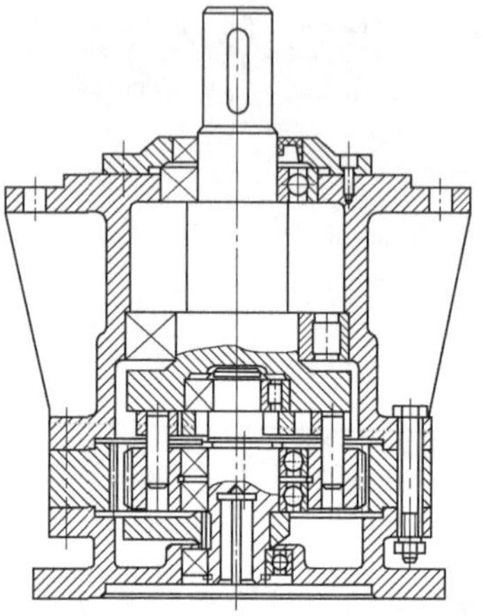		图为单偏心浮动盘式立式少齿差减速器。动力由行星齿轮经浮动盘传至输出轴，输入端及输出端均带法兰盘。上壳体零件可在组装后一次装入并与下壳体相连接

表 5-2 应具有合适的装配基面

序号	注意事项	图例		说明
		改进前	改进后	
1	零件装配位置不应是游动的，而应有定位基准	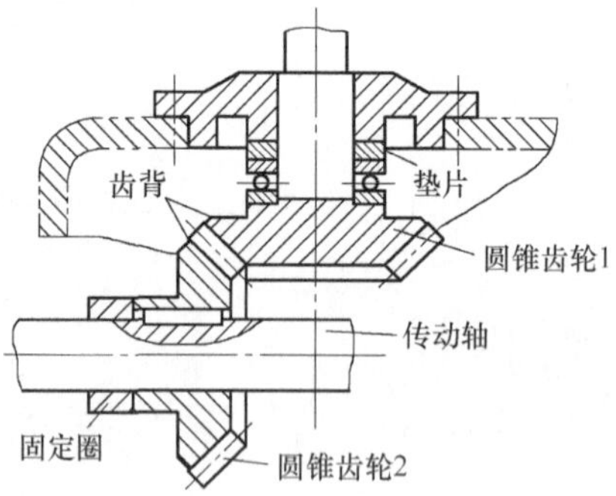 齿背 垫片 圆锥齿轮1 传动轴 固定圈 圆锥齿轮2		图中，用背锥作基准的锥齿轮，装配时将背锥面平齐，用来保证齿轮间正确的装配位置。也可使两齿轮沿各自的轴线方向移动，一直到其与假想锥顶重合为止。在轴向位置调整好后，通常用调整垫圈厚度的方法，将齿轮的位置固定
2	避免用螺纹定位	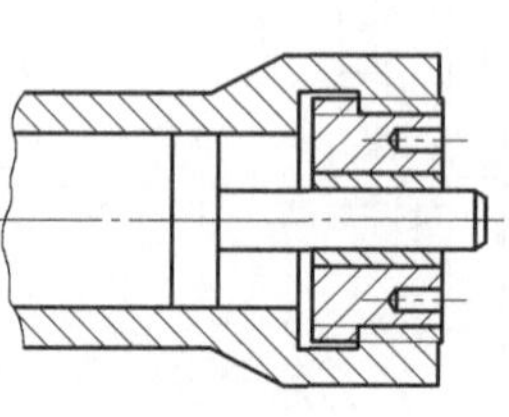 (a)	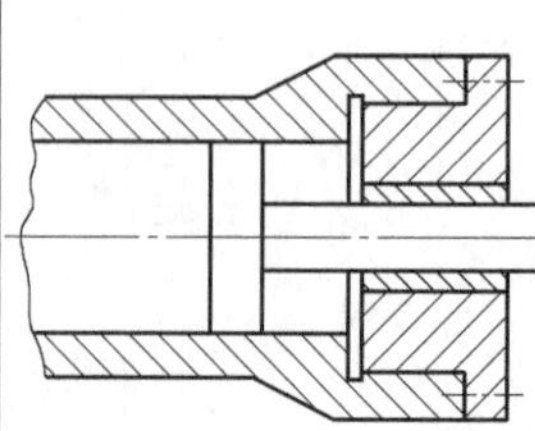 (b)	图(a)中由于有螺纹间隙，不能保证端盖孔与液压缸的同轴度，须改用圆柱配合面定位

续表

序号	注意事项	图例		说　明
		改进前	改进后	
3	互相有定位要求的零件，应按同一基准来定位	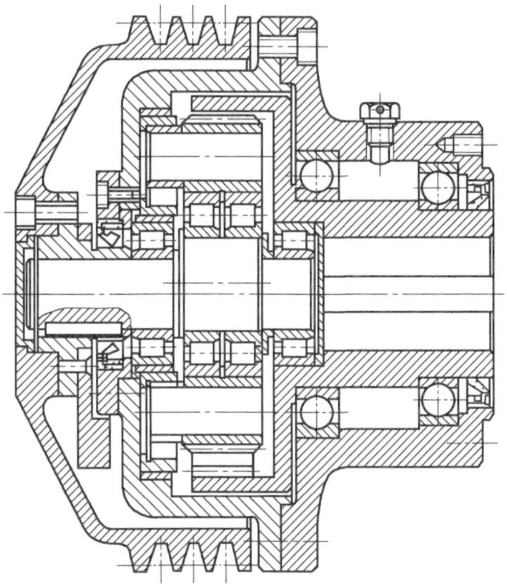		图为V带轮式Z-X-V型少齿差减速器。其柱销悬臂安装于与机体固连的孔板中；驱动轮做平面运动；固定机体、内齿轮输出或固定内齿轮机体输出
4	挠性联结的部件，可以用不加工面作基面	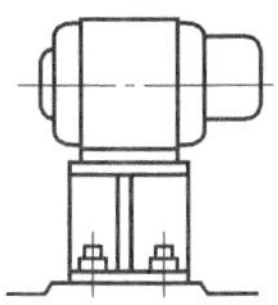 (a)	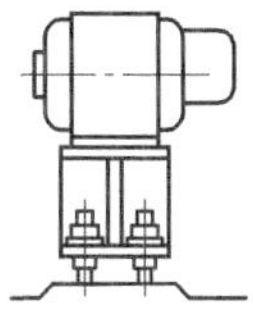 (b)	电动机和液压泵组装件，两端以电线和油管联结，无配合要求，可用不加工面定位

表5-3　结合工艺特点、考虑结构的合理性

序号	注意事项	图例		说　明
		改进前	改进后	
1	轴和毂的配合在锥形轴头上必须留有一充分伸出部分a，不许在锥形部分之外加轴肩	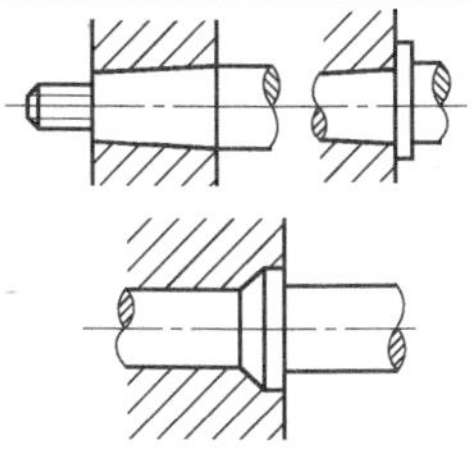 (a)	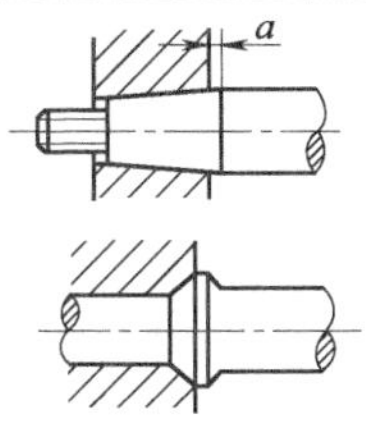 (b)	使轴和轴毂能保证紧密配合
2	圆形的铸件加工面必须与不加工处留有充分的间隙a	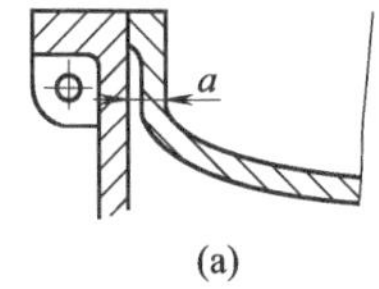 (a)	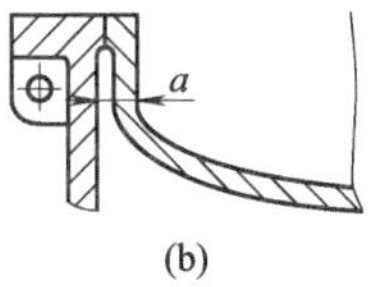 (b)	防止铸件圆度有误差，两件相互干涉
3	定位销的孔应尽可能钻通	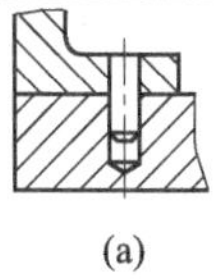 (a)	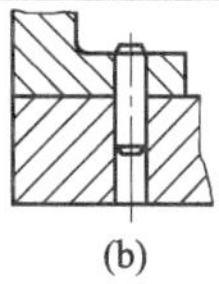 (b)	销子容易取出

续表

序号	注意事项	图例		说　明
		改进前	改进后	
4	螺纹端部应倒角	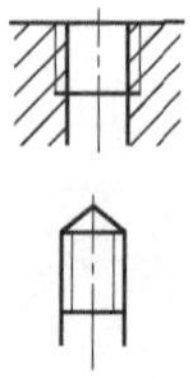 (a)	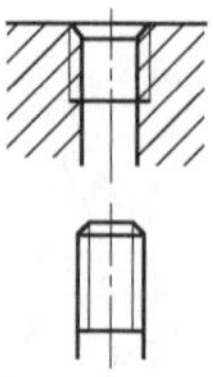 (b)	避免装配时将螺纹端部破坏

表 5-4　考虑装配的方便性

序号	注意事项	图例		说　明
		改进前	改进后	
1	考虑装配时能方便地找正和定位	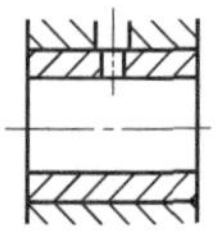 (a)	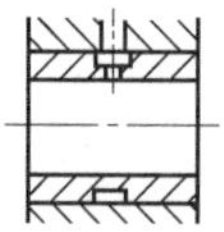 (b)	为便于装配时找正油孔，做出环形槽
		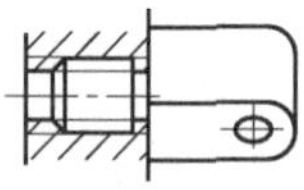 (a)	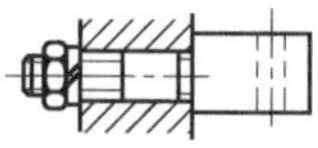 (b)	有方向性的零件应采用适应方向要求的结构，改进后的图例可调整孔的位置
2	轴上几个有配合的台阶表面，避免同时入孔装配	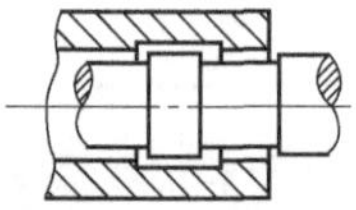 (a)	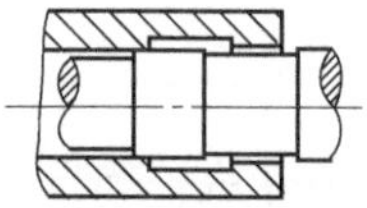 (b)	轴上几个台阶同时装配，找正不方便，且易损坏配合面。图(b)可改善工艺性
3	轴与套相配部分较长时，应做退刀槽	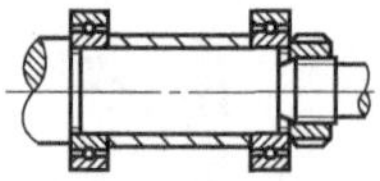 (a)	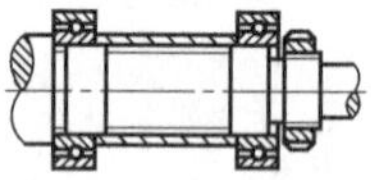 (b)	避免装配接触面过长
4	尽可能把紧固件布置在易于装拆的部位	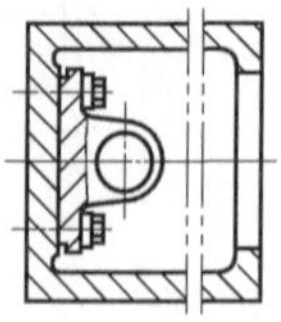 (a)	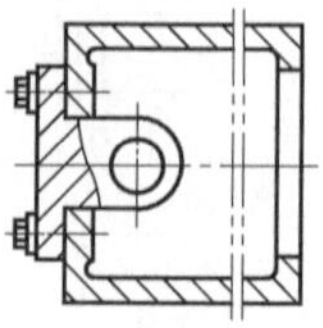 (b)	图(a)轴承架需用专用工具装拆，改进后，比较简便
5	应考虑电气、润滑、冷却等部分安装、布线和接管的要求	—	—	在床身、立柱、箱体、罩、盖等设计中，应综合考虑电气、润滑、冷却及其他附属装置的布线要求，如做出凸台、孔、龛及在铸件中敷设钢管等

表 5-5　考虑拆卸的方便性

序号	注意事项	图例		说　明
		改进前	改进后	
1	在轴、法兰、压盖、堵头及其他零件的端面，应有必要的工艺螺孔	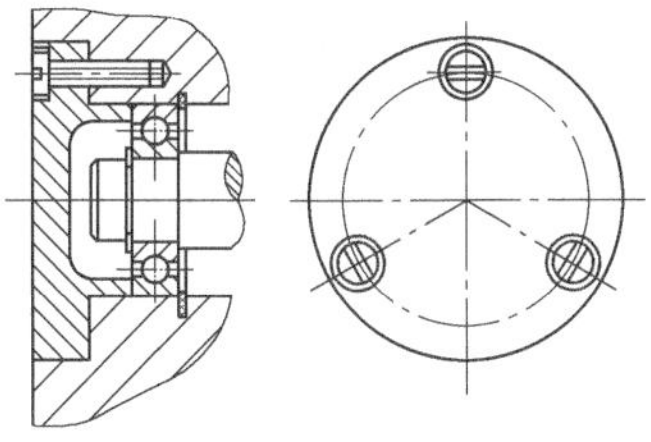 (a)	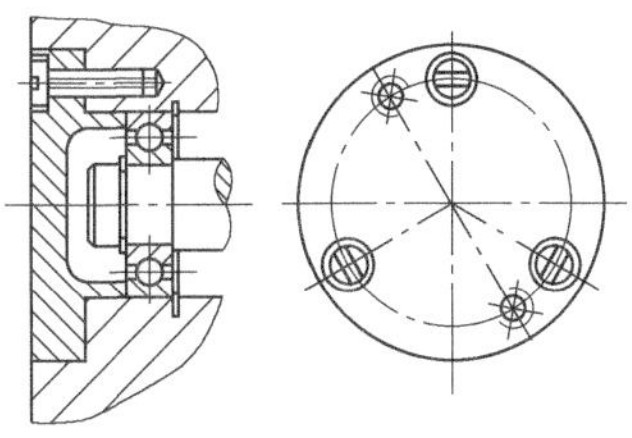 (b)	避免使用非正常拆卸方法，易损坏零件
2	做出适当的拆卸窗口、孔槽	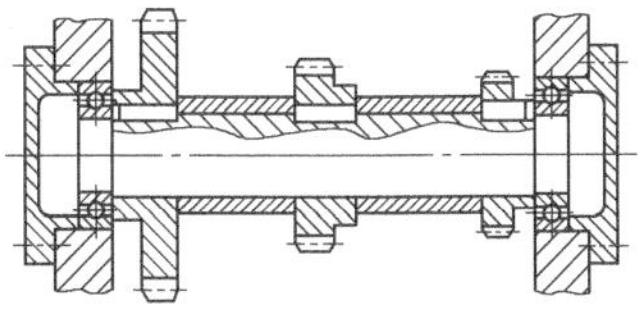 (a)	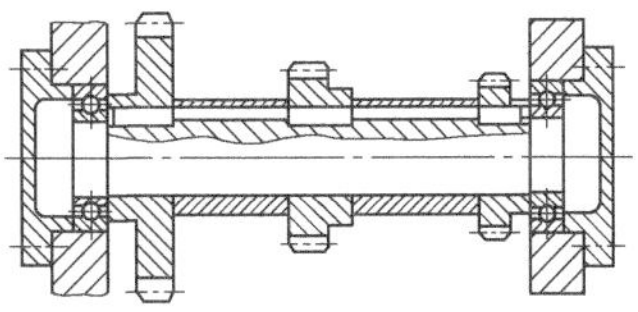 (b)	在隔套上做出键槽，便于安装，拆时不需将键拆下
3	当调整维修个别零件时，避免拆卸全部零件	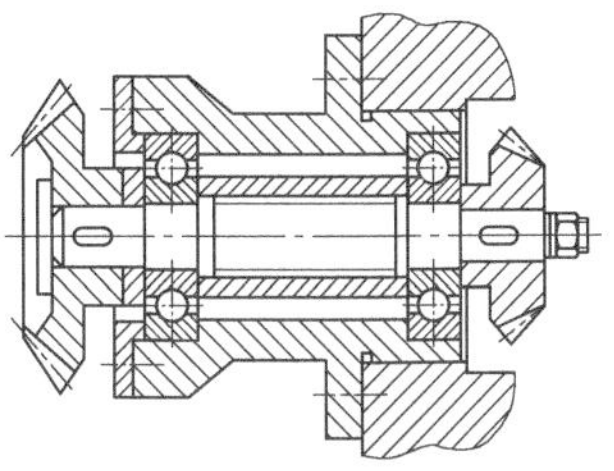 (a)	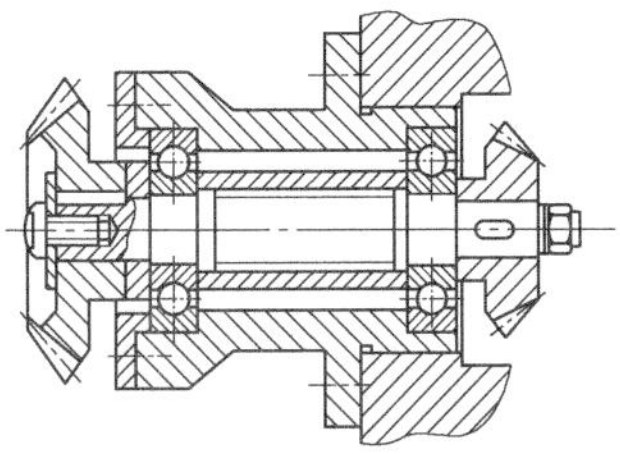 (b)	图(a)中，在拆卸左边调整垫圈时，几乎需拆下轴上全部零件

表 5-6　考虑修配的方便性

序号	注意事项	图例		说　明
		改进前	改进后	
1	尽量减少不必要的配合面	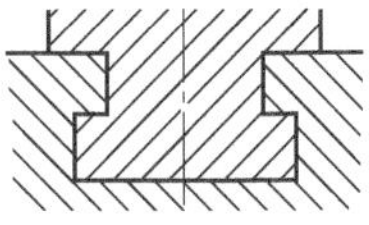 (a)	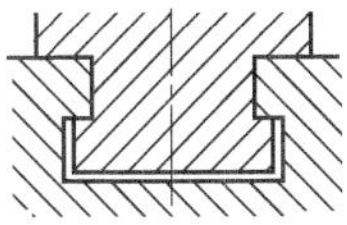 (b)	配合面过多，零件尺寸公差要求严格，不易制造，并增加装配时修配工作量
2	应避免配作的切屑带入难以清理的内部	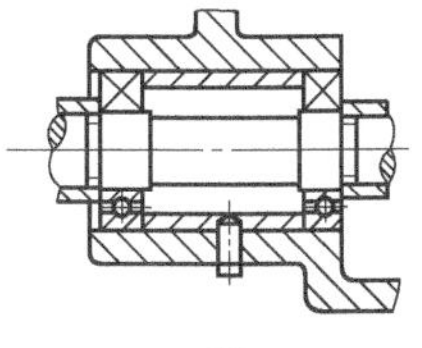 (a)	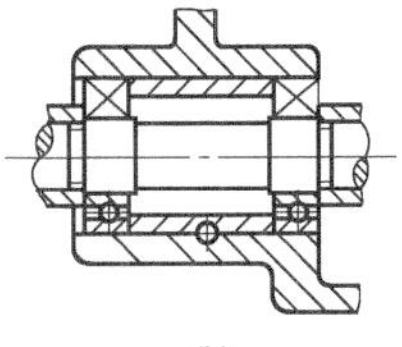 (b)	在便于钻孔部位，将径向销改为切向销，避免切屑带入轴承内部

续表

序号	注意事项	图例		说　明
		改进前	改进后	
3	减少装配时的刮研和手工修配工作量	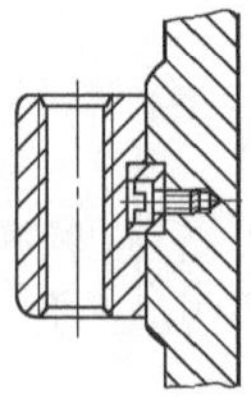 (a)	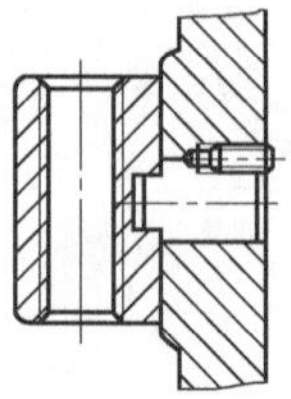 (b)	用键定位的丝杠螺母,为保证螺母轴线与刀架导轨的平行度,通常要进行修配;如用两侧削平的圆柱销来代替键,就可转动圆柱销来对导轨调整定位,最后固定圆柱销,不用修配
4	减少装配时的机加工配作	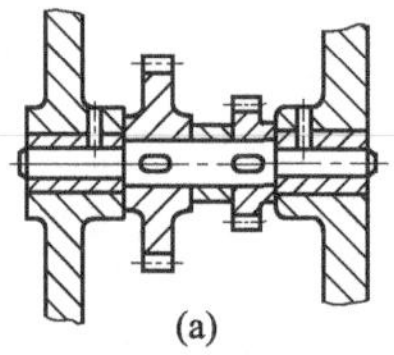 (a)	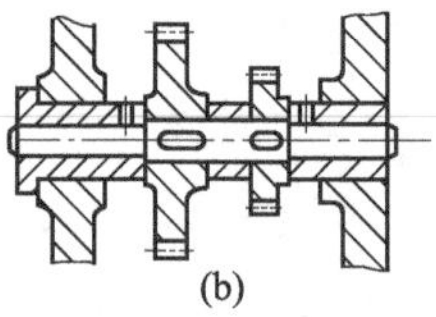 (b)	避免装配时将螺纹端部破坏
		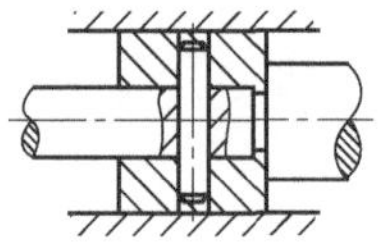 (a)	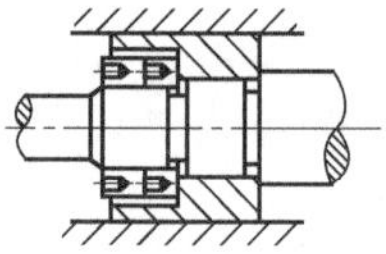 (b)	

表 5-7　选择合理的调整补偿环

序号	注意事项	图例		说　明
		改进前	改进后	
1	在零件的相对位置需要调整的部位,应设置调整补偿环,以补偿尺寸链误差,简化装配工作	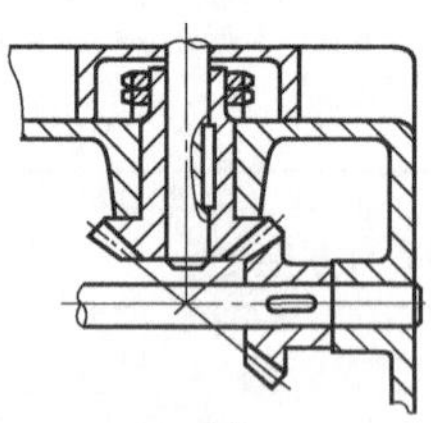 (a)	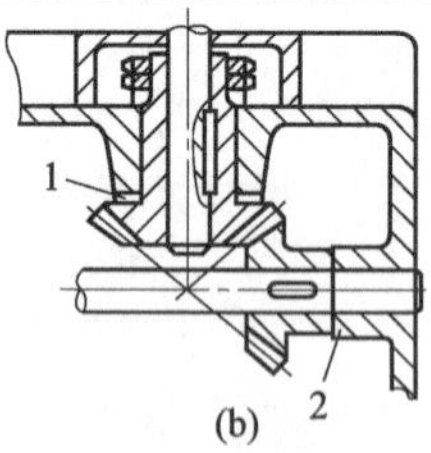 1 2 (b) 1,2—调整垫片	图(a)中,锥齿轮的啮合要靠反复修配支承面来调整;图(b)中,可用修磨调整垫片1和2的厚度来调整
		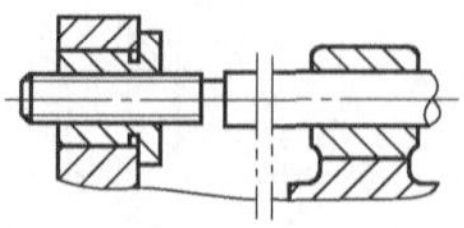 (a)	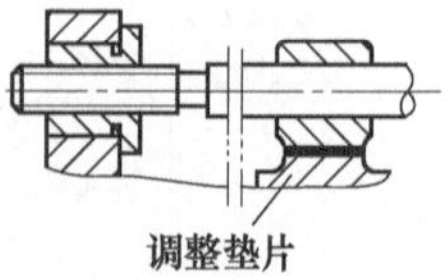 调整垫片 (b)	用调整垫片来调整丝杠支承与螺母的同轴度
2	调整补偿环应考虑测量方便	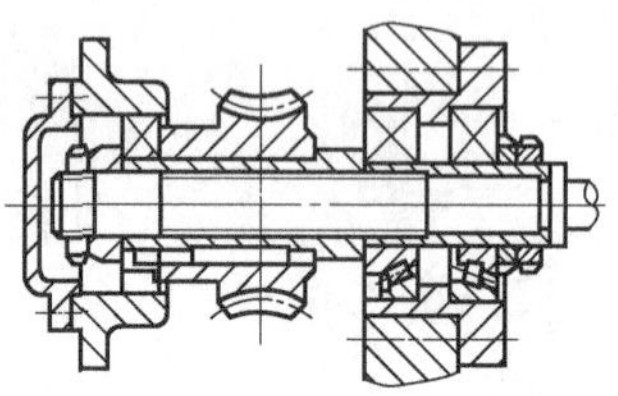		调整垫片尽可能布置在易于拆卸的部位

续表

序号	注意事项	图例		说明
		改进前	改进后	
3	调整补偿环应考虑调整方便	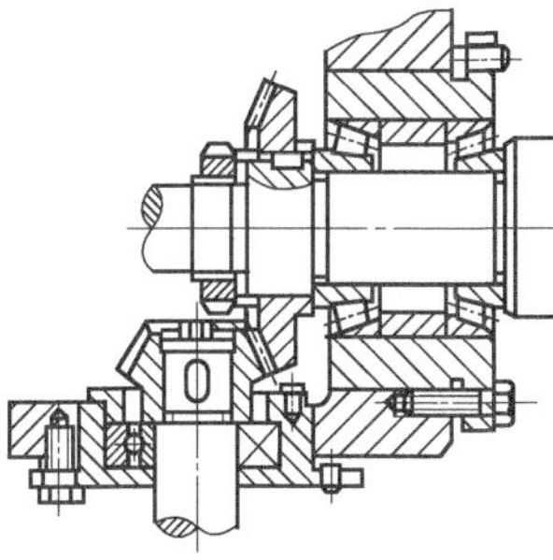		精度要求不太高的部位，采用调整螺钉代替调整垫片，可省去修磨垫片，并避免孔的端面加工

表 5-8 减少修整外观的工作量

序号	注意事项	图例		说明
		改进前	改进后	
1	零件的轮廓表面，尽可能具有简单的外形和圆滑地过渡	—	—	床身、箱体、外罩、盖、小门等零件，尽可能具有简单外形，便于制造装配，并可使外形很好地吻合
2	部件接合处，可适当采用装饰性凸边	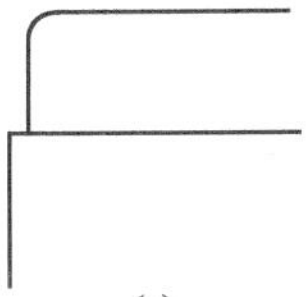 (a)	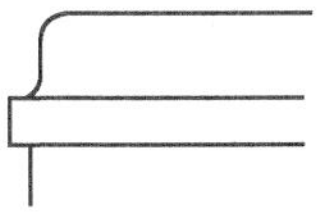 (b)	装饰性凸边可掩盖外形不吻合误差，减少加工和整修外形的工作量
3	铸件外形结合面的圆滑过渡处，应避免作为分型面	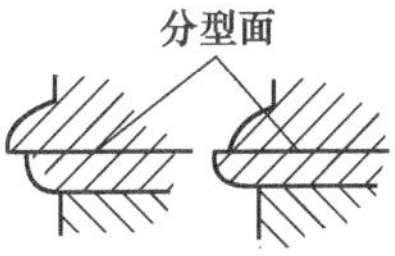 分型面 (a)	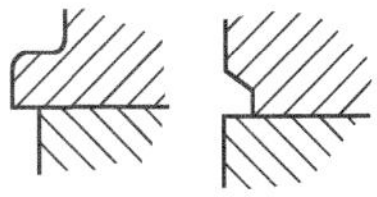 (b)	在圆滑过渡处做分型面，当砂箱偏移时，就需要修整外观
4	零件上的装饰性肋条应避免直接对缝连接	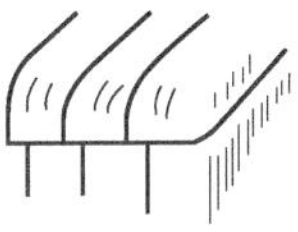 (a)	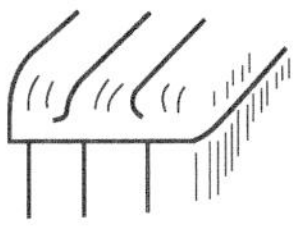 (b)	装饰性肋条直接对缝很难对准，反而影响外观整齐
5	不允许一个罩（或盖）同时与两个箱体或部件相连	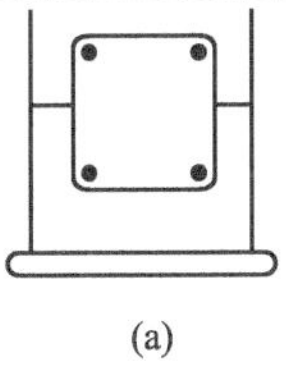 (a)	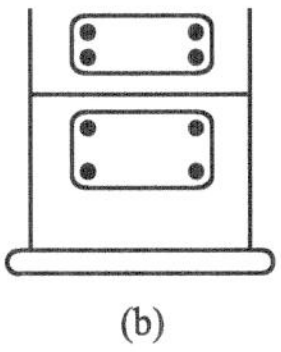 (b)	同时与两件相连时，需要加工两个平面，装配时也不易找正对准，外观不整齐
6	在冲压的罩、盖、门上适当布置凸条	—	—	在冲压的零件上适当布置凸条，可增加零件刚性，并具有较好的外观

第二节　齿轮传动机构的装配要求

齿轮传动是平缝机中最常用的传动方式之一，要求传动均匀，工作平稳，换向无冲击，噪声小和使用寿命长等。为达到这些要求，除齿轮和机壳孔必须达到规定尺寸和技术要求外，还必须保证齿轮装配质量达到下述要求。

① 齿轮孔与轴配合要适当，紧固后齿轮不得有歪斜和偏心现象。

② 保证齿轮有准确的安装中心距和适当的齿侧间隙。

③ 保证齿面有一定的接触面积和正确的接触部位。

齿轮与轴的装配：齿轮是在轴上进行工作的，轴上安装齿轮的部位应光洁，定位槽等应符合图纸要求，齿轮在轴上固定连接。由于齿轮安装孔与轴之间为间隙配合，因此在拧紧齿轮上的两个螺钉时，如果拧紧力不均匀，会造成齿轮孔与轴径的间隙挤向一侧产生偏移或歪斜，或因螺钉端头不垂直、定位槽不平行而产生偏移或歪斜误差。正确的方法是，先拧紧定位螺钉，顺时针转动齿轮，再拧紧紧固螺钉。

装配锥齿轮的顺序：先把齿轮套在主轴上，把主轴部件装入机壳中；再把竖轴装入机壳中，套上竖轴上齿轮；然后把下轴装入机壳中，套上下轴锥齿轮；最后套上竖轴下齿轮。

主轴部件装入机壳：这是关键工序，装配的方式应根据机壳的具体结构而定。为了保证质量，必须了解机壳装齿轮轴孔的尺寸精度等是否达到规定的技术要求。包括孔和平面的尺寸精度、几何形状精度；孔和平面的表面粗糙度及外观质量；孔和平面的相互位置精度。前两项的检测比较简单，孔和平面的相互位置精度检测方法如下。

（1）同轴度检测

机壳的两孔同轴度检测一般用综合量规来检查［图 5-1（a）］，若综合量规能自由地推入两个孔中，则说明孔的同轴度在规定允许误差范围内。

（2）孔相互位置精度检测

① 孔平行度检测：可用芯轴加百分表检查［图 5-1（b）］，将机壳放在等高支承上，在测量距离为 L_2 的两个位置上测得的数据分别为 M_1 和 M_2。

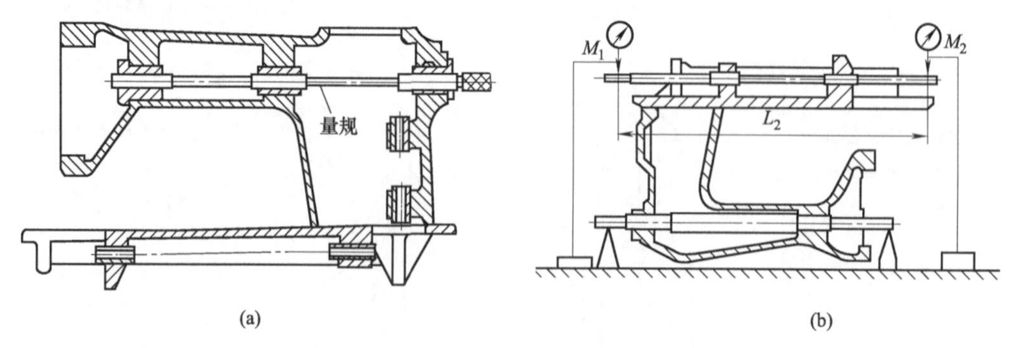

图 5-1　孔和平面的相互位置精度检测

平行度误差：

$$f=\frac{L_1}{L_2}(M_1-M_2) \tag{5-1}$$

式中　L_1——技术要求的测量长度值，取 100mm。

测量时应选用与孔成无间隙配合的芯轴。

② 孔垂直度检测：用专用垂直量座加芯轴、百分表检测［图 5-2（a）］。将机壳套在专用垂直量座上，使机壳上轴线与平板垂直，在测量距离为 L_2 的两个位置上测得的数据分别为 M_1和 M_2。

垂直度误差：

$$f=\frac{L_1}{L_2}(M_1-M_2) \tag{5-2}$$

式中 L_1——技术要求的测量长度值，取 100mm。

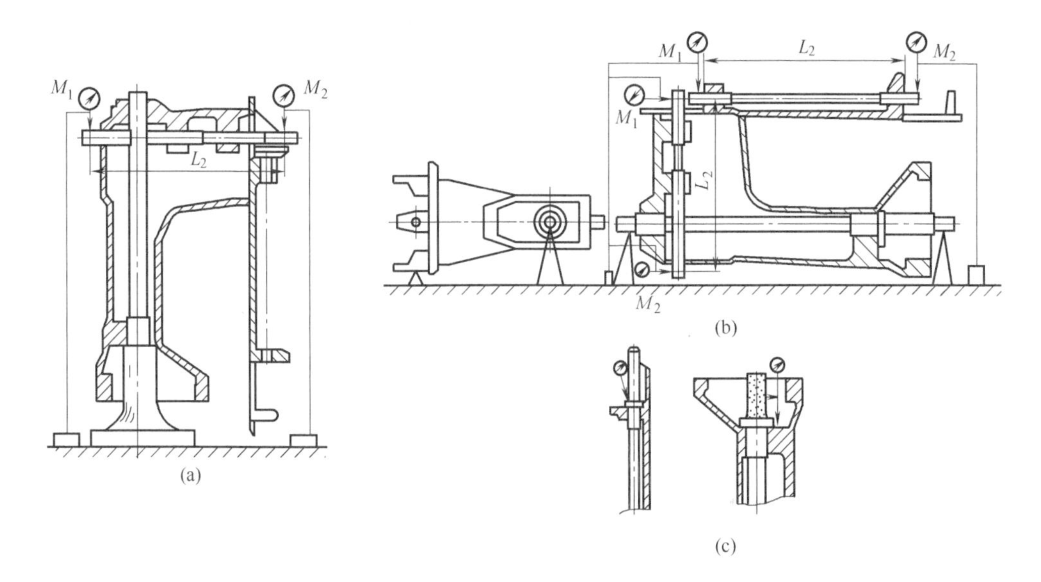

图 5-2 孔系相互位置精度检测

测量时应选用与孔成无间隙配合的芯轴。

③ 孔相交度检测：用芯轴插入上轴、下轴、竖轴等轴孔中，将机壳侧卧在等高的支承上，将下轴孔的心棒调整至上轴轴线同一平面内［图 5-2（b）］。在测量距离为 L_2的两个位置上测得的数据分别为 M_1和 M_2。

各轴相交度误差：

$$f=\frac{L_1}{L_2}(M_1-M_2) \tag{5-3}$$

式中 L_1——技术要求的测量长度值，取 100mm。

测量时应选用与孔成无间隙配合的芯轴。

④ 端面对孔的垂直度检测：将专用芯轴插入机壳被测的轴孔中，转动芯轴一周测量整个端面，并记录示数，取最大示数差为该端面对轴孔的垂直度误差［图 5-2（c）］。

（3）两齿轮的轴向定位

平缝机用锥齿轮是用背齿面作基准的。装配时将背齿面对齐，来保证两齿轮正确的装配位置。按工艺要求先装好竖轴下锥齿轮和下轴锥齿轮副，装配时可以使两个齿轮沿着各自的轴线方向移动，一直移到与它们的假想锥体顶点重合在一起为止。在轴向位置调整好以后，拧紧锥齿轮的定位和紧固螺钉，再调整各自的套轴，将齿轮的位置固定好［图 5-3（a）］。

（4）齿轮轴部件装入机壳后，齿轮必须有良好的啮合质量。因此，需要检查齿侧间隙轴向窜动和传动噪声。

齿侧间隙的检测方法［图 5-3（b）］：将一个齿轮固定，在另一个齿轮上装上夹紧杆。

由于侧隙的存在，装有夹紧杆的齿轮便可摆动一定角度，从而推动百分表的测头，得到表针的示数，百分表测头距齿轮轴线的距离为 L。

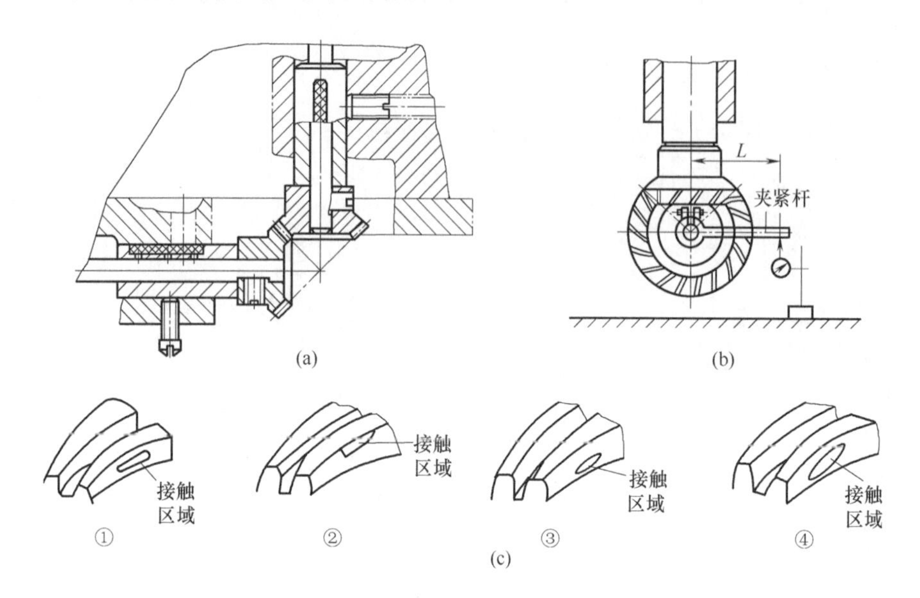

图 5-3　齿侧间隙的检测和齿轮啮合面

轴向窜动的检测方法：将百分表的测头直接与齿轮的顶面接触，由于齿轮后端面与轴套端面之间有间隙存在，因此推拉齿轮就能在百分表上测得数据，此数值即为轴向窜动值。

传动噪声的检测方法：按平缝机产品质量检验规范中规定的方法检测。

锥齿轮副一般都经淬硬后研磨，以达到工作平衡和低噪声的要求。有的齿轮副在研齿时打上啮合标记，故在装配时必须对准齿轮的啮合标记，以保证啮合质量。

在平缝机高速运转中，70%以上噪声是由齿轮副传动产生的。在噪声频率中，既有齿轮的啮合频率，也有其本身的固有频率，而前者是产生啮合噪声的重要因素，其关系式：

$$f=\frac{nZ}{60} \tag{5-4}$$

式中　n——转速，r/min；

　　Z——齿轮齿数。

齿轮啮合时，由于齿轮受到连续敲击而使齿轮产生振动（在一般情况下，主要是轴向振动），进而出现恼人的噪声。

齿轮的精度是一个很复杂的研究课题，一般伞齿轮精度直接由工作母机及刀具来保证。为了有效地降低噪声，单靠提高齿轮的加工精度是不能完全解决问题的，精密的齿轮加工和装配相配合才是降低噪声的有效方法。

理想的齿轮啮合，应当是两齿轮的彼此节圆互相重合，其啮合时节圆重合精度的好坏，直接影响噪声，重合误差小，即啮合面好，往往噪声也小。反之，则噪声大。

检查接触精度是从根本上寻找产生齿轮噪声原因的最好方法。常用的检查方法是，在一个齿轮的齿面上涂以红丹粉，另一齿轮齿面上涂上普鲁士蓝，根据两齿轮啮合时涂色的均匀性衡量齿轮的接触精度。

一般正常的接触区域应在整个齿面的中部。如图 5-3（c）①所示，接触面积占整个齿面的 70%左右。当然实际的接触区域有可能产生如图 5-3（c）②、③、④所示的不正常的情况。这种不正常的接触齿面，原因有两种：一是齿轮本身的定位有问题，如与装齿轮副的轴对称性、轴角尺度、齿轮精度有关；二是安装高度未达到定位要求。

原因一常常是由于平缝机机壳本身的加工精度所决定，一般产生齿面的斜角接触，齿长方面的单边接触等。

原因二的情况是常见的，较易调整，效果也较好。具体调整为：如果主动齿是齿板接触的，应将主动齿朝脱离被动齿方向移动，再调整被动齿与主动齿之间的间隙即可；如果主动齿是齿顶接触的，应将主动齿朝被动齿方向移动，调整其间隙即可。

调整的最终结果是两齿轮的啮合区域在中部。

同样在调节齿轮啮合时，侧隙大小也是非常重要的，精度较高的齿轮侧隙可小一些，当然噪声也会小。侧隙过大的齿轮啮合时，会产生啮合面间的撞击声，声音似汽船声；而侧隙过小时，会产生因摩擦而引起的尖叫声。

调节齿轮啮合时，可移动立轴上、下套和下轴后套筒，调节时先要旋松套筒及齿轮的紧固螺钉，调节好后，再分别将它们拧紧。

第三节　减速器装配工艺编制

一、概述

前面我们已经学习过装配的相关知识，了解了减速器的装配过程，在机械制造企业，通常采用装配工艺规程将整个工艺过程和方法确定下来，用来指导工人进行装配工作和组织生产等。那么如何将图 1-1 减速器的装配工艺过程用文件形式确定呢？如何编制机械装配工艺规程？

由图 1-1 可知，减速器是由 3 个组件装配在箱体上组成的，这 3 个组件先装配哪一个，后装配哪一个，每个组件如何装配，装配有何技术要求都需要在装配工艺文件上提出严格的要求，这就需要编制机械装配工艺卡，用来进行生产管理，以确保产品质量满足设计要求。下面主要阐述如何编制机械装配工艺卡。

二、装配工艺

1. 装配工艺卡

机械装配工艺规程是规定产品及部件的装配顺序、装配方法、装配技术要求、检验方法及装配所需设备、工艺装备、时间定额等内容的技术文件。一般中小机械制造企业，主要用装配工艺卡代替，格式见表 5-9。装配工艺卡是以工序为单位，详细说明各工序的内容、装配顺序、技术要求等，主要用作生产准备、生产组织和指导装配工人进行生产。

2. 编制装配工艺规程的基本原则

① 保证产品的装配质量，以延长产品的使用寿命。

② 保持先进性，尽可能采用先进装配工艺技术和装配经验。

③ 保持经济性，合理安排装配顺序和工序，尽量减少钳工手工劳动量，缩短装配周期，提高装配效率，降低成本。

④ 以人为本，充分考虑安全性和环保性。

3. 编制装配工艺规程的方法

（1）收集装配的原始资料

① 产品图纸和技术性能要求：收集产品图纸，包括总装图、部件装配图和零件图。

表 5-9　装配工艺卡

<table>
<tr><td colspan="3" rowspan="2">（工厂）</td><td colspan="4" rowspan="2">装配工艺卡</td><td colspan="3">产品名称型号</td><td colspan="2">部件名称</td><td colspan="3">装配图号</td></tr>
<tr><td colspan="3"></td><td colspan="2"></td><td colspan="3"></td></tr>
<tr><td colspan="3">车间名称</td><td colspan="2">工段</td><td colspan="2">班组</td><td colspan="3">工序数量</td><td colspan="2">部件数量</td><td colspan="3">净重</td></tr>
<tr><td colspan="3"></td><td colspan="2"></td><td colspan="2"></td><td colspan="3"></td><td colspan="2"></td><td colspan="3"></td></tr>
<tr><td>工序号</td><td colspan="2">工序名称</td><td colspan="4">装配内容</td><td colspan="3">设备</td><td colspan="2">工艺装备</td><td colspan="2">工人技术等级</td><td>工序工时</td></tr>
<tr><td></td><td colspan="2"></td><td colspan="4"></td><td colspan="3"></td><td colspan="2"></td><td colspan="2"></td><td></td></tr>
<tr><td></td><td colspan="2"></td><td colspan="4"></td><td colspan="3"></td><td colspan="2"></td><td colspan="2"></td><td></td></tr>
<tr><td></td><td colspan="2"></td><td colspan="4"></td><td colspan="3"></td><td colspan="2"></td><td colspan="2"></td><td></td></tr>
<tr><td></td><td></td><td colspan="2"></td><td colspan="2"></td><td colspan="2"></td><td rowspan="2">设计（日期）</td><td colspan="2" rowspan="2">审核（日期）</td><td colspan="2" rowspan="2">标准化（日期）</td><td colspan="2" rowspan="2">会签（日期）</td></tr>
<tr><td></td><td></td><td colspan="2"></td><td colspan="2"></td><td colspan="2"></td></tr>
<tr><td>标记</td><td>处数</td><td colspan="2">更改文件号</td><td colspan="2">签字</td><td colspan="2">日期</td><td></td><td colspan="2"></td><td colspan="2"></td><td colspan="2"></td></tr>
</table>

② 产品的生产纲领：产品的生产纲领决定了产品的类型，而生产类型的不同，其装配工艺特征也不同，在设计装配工艺规程时应予考虑。

③ 现有生产条件：为了使编制的装配工艺规程能切合实际，必须了解本单位现有生产条件，包括已有的装配设备、工艺设备、装配工具、装配车间的生产面积以及装配工人的技术水平等。

④ 准备相关资料：充分准备好相关资料。

（2）分析产品图纸

从产品的总装图、部装图了解产品结构，明确零、部件之间的装配关系；了解装配技术要求，研究装配方法，掌握装配中的关键技术，制定相应的装配工艺措施，确保产品装配精度。零件图可以作为在装配时对其补充加工或核算装配尺寸链的依据；技术性能要求则可作为指定产品检验内容、方法及设计装配工具的依据。

（3）划分装配单元

将产品划分成可进行独立装配的若干个独立单元，将产品划分成装配单元时，应便于装合和拆开，以基准件为中心划分装配单元件，尽可能减少进入总装的单独零件，缩短总装配周期。

（4）选择装配基准

无论哪一级的装配单元，都需要选定某一零件作为装配基准件。选择装配基准件时应遵循以下原则。

① 尽量选择产品基体或主干零件作为装配基准件，以利于保证产品装配精度。

② 装配基准件应有较大的体积和重量，有足够支承面，以满足陆续装入零部件时的作业要求和稳定性要求。

③ 选择的装配基准件应有利于装配过程的检测、工序间的传递运输和翻身转位等作业。

（5）确定装配顺序

确定装配顺序的基本原则如下。

① 预处理工序在前。

② 先下后上，先内后外，先难后易。先进行基础零、部件的装配，使产品重心稳定；先装产品内部零部件，使其不影响后续装配作业；先利用较大空间进行难装零件的装配，按照动力传递路线安排装配顺序。

③ 及时安排检验工序。

④ 用同设备及需要特殊环境下装配的工序，在不影响装配节拍的情况下，尽量集中。处于基准件同一方位的工序尽量集中。

⑤ 电线、油（气）管路应与相应工序同时进行，以免零、部件反复拆卸。

⑥ 易燃、易爆、易碎、有毒物质应放在最后工序，以减小安全防护工作量。

(6) 划分装配工序

① 划分装配工序，明确工序装配内容，确定具体设备及工艺装备。

② 制定各工序操作规范。如过盈配合所需压力，变温装配的温度，紧固螺栓连接的拧紧扭矩及装配环境要求等。

③ 明确工序装配质量要求。

④ 计算工时定额等。

(7) 填写装配工艺卡

及时填写装配工艺卡。

三、减速器装配工艺规程

应用以上基本知识，编制图 1-1 减速器总装配工艺卡，如表 5-10 所示。

表 5-10　减速器总装配工艺卡

<table>
<tr><td colspan="2" rowspan="2">（工厂）</td><td colspan="2" rowspan="2">装配工艺卡</td><td>产品名称型号</td><td>部件名称</td><td colspan="2">装配图号</td></tr>
<tr><td>减速器</td><td></td><td colspan="2"></td></tr>
<tr><td colspan="2">车间名称</td><td>工段</td><td>班组</td><td>工序数量</td><td>部件数量</td><td colspan="2">净重</td></tr>
<tr><td colspan="2">装配车间</td><td></td><td></td><td>6</td><td>3</td><td colspan="2"></td></tr>
<tr><td>工序号</td><td>工序名称</td><td colspan="2">装 配 内 容</td><td>设备</td><td>工 艺 装 备</td><td>工人技术等级</td><td>工序工时</td></tr>
<tr><td>1</td><td>预备</td><td colspan="2">清洗检查：
①清洗零件
②加工相关零件配
③检查箱体孔和轴承外圈尺寸
④做好装配准备工作</td><td>摇臂钻床</td><td>卡规
塞规
内径百分表</td><td></td><td></td></tr>
<tr><td>2</td><td>组装</td><td colspan="2">安装蜗杆组件：
①将轴承外圈装入箱体右端
②装入蜗杆轴组件
③将轴承外圈装入箱体左端
④装入右端轴承盖并拧紧螺栓
⑤消除右端轴承间隙，测量所需调整垫片厚度，并加工
⑥安装调整垫片和左端盖
⑦测量蜗杆轴轴向间隙，保证间隙在 0.01～0.02mm 之间</td><td>压力机</td><td>百分表
磁性表座</td><td></td><td></td></tr>
</table>

续表

工序号	工序名称	装配内容	设备	工艺装备	工人技术等级	工序工时
3	试装	确定蜗轮轴组件和锥齿轮轴-轴承套组件的位置 ①确定蜗轮轴组件位置 将轴承内圈装入蜗轮轴左端，将蜗轮轴通过箱体孔装上蜗轮、锥齿轮，装上左轴承外圈、右端轴套，移动蜗轮轴，调整蜗杆与蜗轮正确啮合位置（蜗轮中间平面与蜗杆轴线重合），测量左轴承端面至孔端面距离 H，调整并加工左轴承盖台肩尺寸至 H，装上蜗轮轴左端轴承盖，并用螺钉拧紧，右端用轴套代替轴承，并用调整螺钉消除间隙 ②确定蜗轮轴上锥齿轮与锥齿轮轴-轴承套组件的位置 装入锥齿轮轴-轴承套组件，调整两锥齿轮正确的啮合位置（使齿背齐平），分别测量轴承套组件肩面与孔端面的距离 H_1 以及蜗轮轴上的锥齿轮端面与蜗轮端面的距离 H_2，并调好两垫圈厚度尺寸，然后拆下各零件，加工两调整垫圈	压力机 CA6140 车床	深度游标卡尺 游标卡尺		
4	总装	①安装蜗轮轴组件 从大轴孔方向装入蜗轮轴，同时依次将键、蜗轮、垫圈、锥齿轮、垫圈和圆螺母装在轴上。然后从箱体轴承孔两端分别装入滚动轴承及轴承盖。用螺钉旋紧，调好间隙，装好后用手转动蜗杆时，应灵活，无阻滞现象 ②安装锥齿轮轴-轴承套组件 将锥齿轮轴-轴承套组件与调整垫圈一起装入箱体，并用螺钉紧固 ③安装联轴器分组件等	压力机			
5	检验	调整和精度检验（按技术要求进行）				
6	试运转	①清理箱体内腔，注入润滑油，装上箱盖 ②连接电动机 ③空载试车 空载运行 30min 后，检查轴承温升、噪声等 ④加载试车 1/3 载荷运行 20min 2/3 载荷运行 20min 满载荷运行 20min				

					设计（日期）	审核（日期）	标准化（日期）	会签（日期）
标记	处数	更改文件号	签字	日期				

第四节 装配工艺编制训练

一、编制图1-6锥齿轮轴-轴承套组件装配工艺卡

① 工作任务：编制图1-6锥齿轮轴-轴承套组件装配工艺卡。

② 工作结果：锥齿轮轴-轴承套组件装配工艺卡见表5-11。

表5-11 锥齿轮轴-轴承套组件装配工艺卡

<table>
<tr><td colspan="2" rowspan="2">（工厂）</td><td colspan="3" rowspan="2">装配工艺卡</td><td colspan="2">产品名称型号</td><td colspan="2">部件名称</td><td colspan="3">装配图号</td></tr>
<tr><td colspan="2"></td><td colspan="2">轴承套</td><td colspan="3"></td></tr>
<tr><td colspan="2">车间名称</td><td>工段</td><td colspan="2">班组</td><td colspan="2">工序数量</td><td colspan="2">部件数量</td><td colspan="3">净重</td></tr>
<tr><td colspan="2">装配车间</td><td></td><td colspan="2"></td><td colspan="2">5</td><td colspan="2">1</td><td colspan="3"></td></tr>
<tr><td>工序号</td><td>工序名称</td><td colspan="3">装配内容</td><td colspan="2">设备</td><td colspan="2">工艺装备</td><td colspan="2">工人技术等级</td><td>工序工时</td></tr>
<tr><td>1</td><td>组装</td><td colspan="3">分组件装配：圆锥齿轮与衬垫的装配
以锥齿轮轴为基准，将衬垫2套装在轴上</td><td colspan="2"></td><td colspan="2"></td><td colspan="2"></td><td></td></tr>
<tr><td>2</td><td>组装</td><td colspan="3">分组件装配：轴承盖与毛毡的装配
将已剪好的毛毡圈6塞入轴承盖槽内</td><td colspan="2"></td><td colspan="2"></td><td colspan="2"></td><td></td></tr>
<tr><td>3</td><td>组装</td><td colspan="3">分组件装配：轴承套与轴承外圈的装配
①用专用工具分别检查轴承套孔及轴承外圈尺寸
②在配合面涂上机油
③以轴承套为基准，将轴承外圈压入孔内至底面</td><td colspan="2">压力机</td><td colspan="2">卡规
内径百分表</td><td colspan="2"></td><td></td></tr>
<tr><td>4</td><td>部装</td><td colspan="3">锥齿轮轴-轴承套组件装配：
①以圆锥齿轮组件为基准，将轴承套分组件套装在轴上
②在配合面上加油，将轴承内圈压装在轴上，直至与隔圈接触
③将另一轴承外圈涂上油，轻压至轴承套内
④装入轴承盖分组件，调整端面的高度，使轴承符合要求后拧紧螺钉
⑤安装平键，套装齿轮、垫圈，拧紧螺母，注意配合面加油
⑥检查锥齿轮轴转动的灵活性及轴向窜动量</td><td colspan="2">压力机</td><td colspan="2"></td><td colspan="2"></td><td></td></tr>
<tr><td>5</td><td>检验</td><td colspan="3">按技术要求检验</td><td colspan="2"></td><td colspan="2"></td><td colspan="2"></td><td></td></tr>
<tr><td></td><td></td><td colspan="3"></td><td colspan="2"></td><td colspan="2"></td><td colspan="2"></td><td></td></tr>
<tr><td></td><td></td><td></td><td></td><td></td><td rowspan="2">设计
（日期）</td><td colspan="2" rowspan="2">审核
（日期）</td><td colspan="2" rowspan="2">标准化
（日期）</td><td colspan="2" rowspan="2">会签
（日期）</td></tr>
<tr><td></td><td></td><td></td><td></td><td></td></tr>
<tr><td>标记</td><td>处数</td><td>更改文件号</td><td>签字</td><td>日期</td><td></td><td colspan="2"></td><td colspan="2"></td><td colspan="2"></td></tr>
</table>

二、编制相关部件或产品的装配工艺卡

根据以上所学内容，分别按照提示内容编制图 5-4、图 5-5、图 5-6、图 5-8 的装配工艺卡。

1. 平口钳的装配

图 5-4 所示的平口钳是常用的通用机床夹具之一。该平口钳由 17 个零件组成，在装配工艺设计中保证达到以下装配技术要求。

① 固定钳身上导轨下滑面及底平面、底盘和下表面的平行度误差小于 0.11mm，表面粗糙度 $Ra<6.3\mu m$，导轨两侧面平行度误差小于 0.01mm，表面粗糙度 $Ra<1.6\mu m$。

② 活动钳身上凹面表面粗糙度 $Ra<1.6\mu m$，活动钳身两侧面表面粗糙度 $Ra<3.2\mu m$。

③ 两钳口装配后的间隙达到 0.02mm。

④ 零件和组件必须按照装配图要求装配在规定的位置，各轴线之间应该有正确的相对位置。

⑤ 固定连接件（螺钉、螺母等）必须保证零件或组件牢固地连接在一起。

⑥ 活动钳身与滑板装配后，滑动要轻快且无松动感。

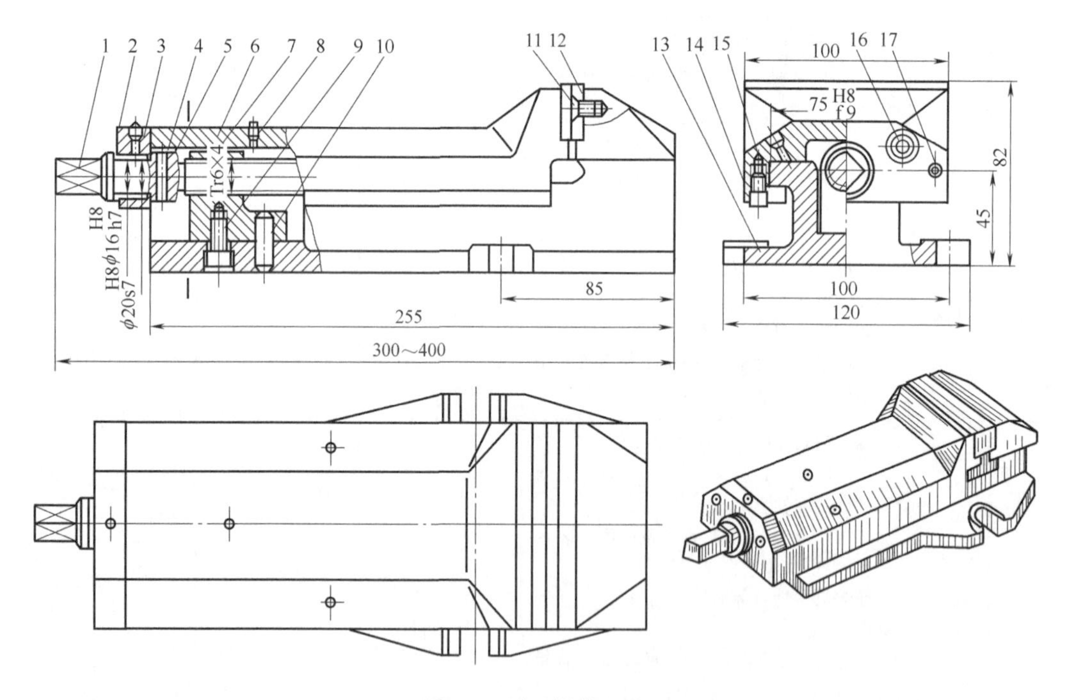

图 5-4　平口钳装配图

1—螺杆；2—轴衬；3—挡板；4—锥销（φ4×25）；5—挡圈；6—活动钳身；7—螺母；8—油杯；9—螺钉（M8×6）；10—锥销（φ8×28）；11—螺钉（M6×12）；12—钳口板；13—钳座；14—压板；15—螺钉（M6×16）；16—螺钉（M8×20）；17—锥销（φ6×25）

2. CA6140 型卧式车床尾座的装配

CA6140 型卧式车床是我国自行设计制造的一种卧式车床。图 5-5 是 CA6140 型卧式车床尾座装配图，它由多个零件组成，包括尾座体、尾座垫板、紧固螺母、紧固螺栓、压板、尾座套筒、丝杠螺母、螺母压盖、手轮、丝杠、压紧块手柄、上压紧块、下压紧块、调整螺栓等。

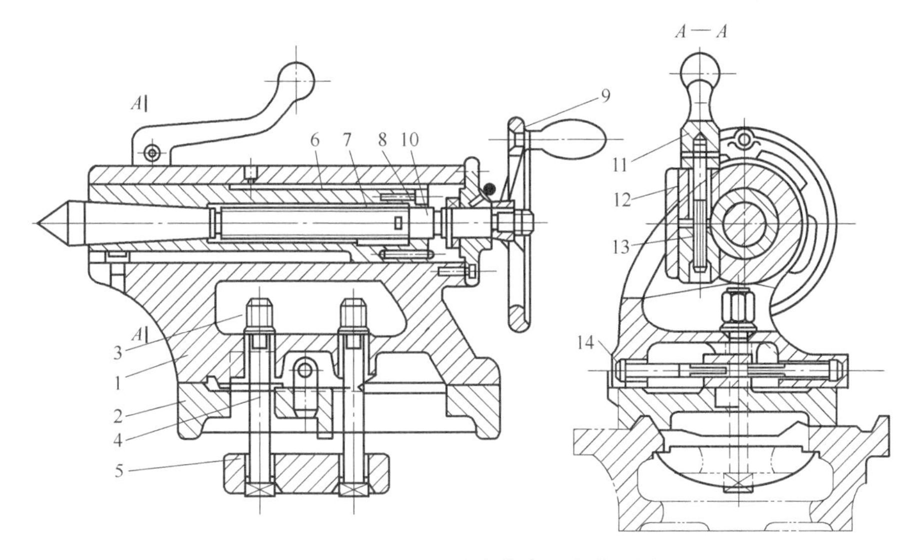

图 5-5　CA6140 型卧式车床尾座装配图

1—尾座体；2—尾座垫板；3—紧固螺母；4—紧固螺栓；5—压板；6—尾座套筒；7—丝杠螺母；8—螺母压盖；9—手轮；10—丝杠；11—压紧块手柄；12—上压紧块；13—下压紧块；14—调整螺栓

车床尾座可沿导轨纵向移动调整其位置，在套筒的锥孔里插上顶尖，可以支承较长工件的一端，还可以在套筒内安装钻头、铰刀等刀具，实现孔的钻削和铰削加工。

在装配工艺设计中保证达到以下装配技术要求。

(1) 套筒与尾座体配合良好，以手能推入为宜。

(2) 零件全部装配完毕后，注入润滑油，运动部位运动要感觉轻快自如。

(3) 尾座套筒的前端有一对压紧块，它与套筒有一抛物线状接触面。若接触面积低于70%，要用涂色法检查并用镗刀或刮刀修整，使其接触面符合要求。

(4) 尾座体与尾座垫板的接触要好，可先将尾座体的接触面在刮研平板上刮出，并以此为基准，刮出尾座垫板。刮尾座体底面时，要经常测量套筒孔中心线与底面的平行度误差。尾座本身和对于主轴中心线的误差，可通过修刮垫板底部与床身的接触面来保证。

① 套筒孔（即顶尖套筒）轴线与床身（底面）导轨的平行度误差。

上母线允差：在 100mm 长度内为 0.01mm，只许套的前端向上偏。

侧母线允差：在 100mm 长度内为 0.03mm，只许套的前端向人操作的方向偏。

② 主轴锥孔轴线和尾座套筒锥孔轴线对床身导轨等高性要求（图 2-1)。为了消除顶尖套中顶尖本身误差对装配精度的影响，一次检验后将顶尖套中的顶尖退出，旋转 180°重新插入再检验一次，误差值即为两次测量结果的代数和的 1/2。上母线允差为 0.06mm（只允尾座高)。

3. CA6140 型卧式车床中滑板的装配

如图 5-6 所示的滑板结构，它是 CA6149 车床上用来安装刀架，并使之做纵向、横向或斜向的进给运动。在装配工艺设计中保证以下功能的实现。

(1) 床鞍（大刀架、纵溜板)

滑板箱带动刀架沿床身导轨纵向移动，其上面有横向导轨，可沿床身的导轨做纵向直线运动。在床鞍上有经过精确加工的燕尾形导轨，中滑板 2 即在此导轨面上移动。中滑板的上下导轨方向要严格垂直。为了调整导轨磨损后的间隙，在导轨间安装有带斜度的镶条。拧松锁紧螺母 9，然后稍拧紧调节螺钉 10，即可以适当减少滑板与床身导轨之间的间隙，调整后

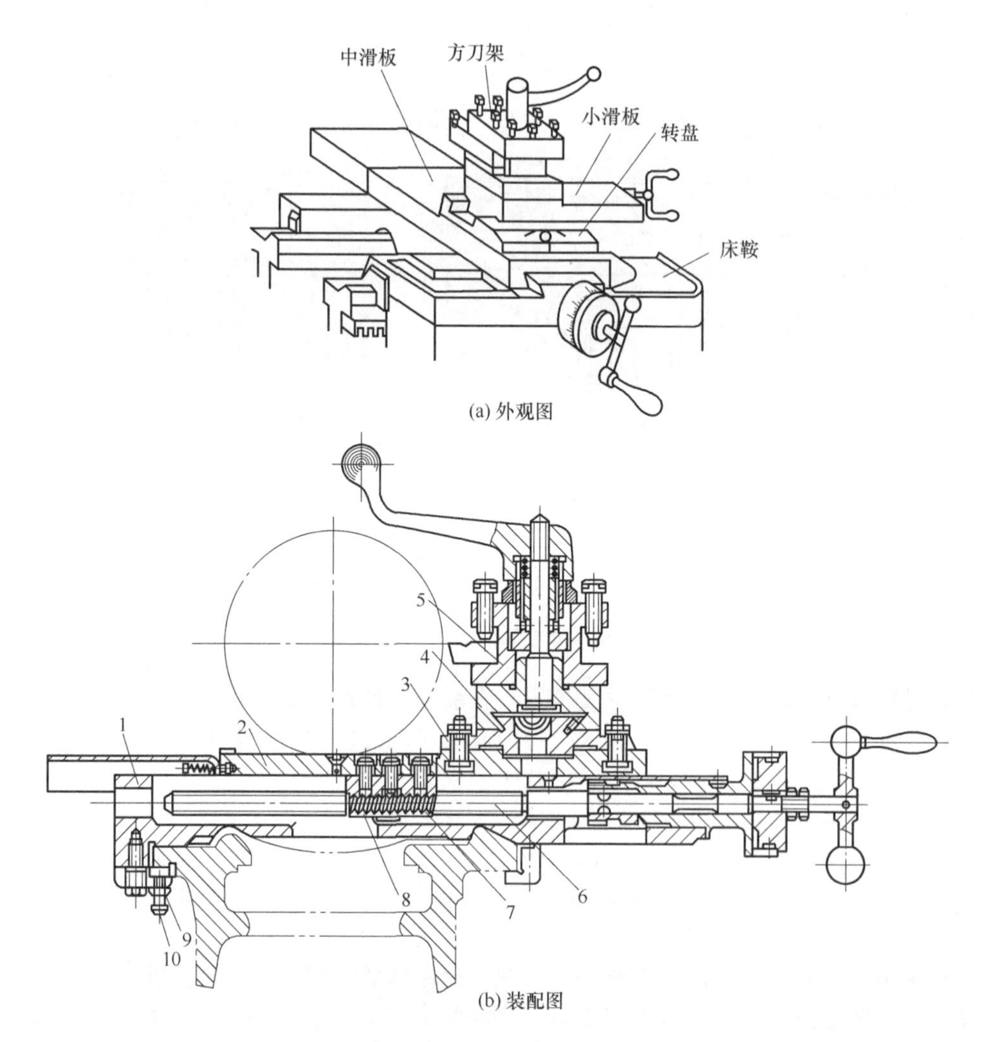

(a) 外观图

(b) 装配图

图 5-6 滑板结构

1—刀架体；2—中滑板；3—转盘；4—小滑板；5—方刀架；6—丝杠；
7,8—螺母；9—锁紧螺母；10—调节螺钉

要拧紧锁紧螺母 9。

(2) 中滑板（横刀架、横溜板）

中滑板可沿床鞍上的导轨横向移动，用于横向车削工件及控制背吃刀量。中滑板利用丝杠 6 传动，螺母 7 和 8 则安在中滑板下面。

① 中滑板的组成：中滑板由横滑板、丝杆、垫片、左右螺母、螺钉、镶条等部分组成。

② 中滑板的工作原理：中滑板主要是利用螺旋传动进行工作的。螺旋传动是构件的一种空间运动，是利用螺旋副来传递运动和（或）动力的一种机械传动，可以方便地把主运动件的回转运动转变为从动件的直线运动。螺旋传动具有结构简单，工作连续、平稳，承载能力大、传动精度高等优点，它的缺点是摩擦损失大，传动效率低。

(3) 转盘

转盘 3 与中滑板 2 相配合，中滑板 2 上部有圆形导轨，还有 T 形环槽，槽内装有螺钉，把转盘 3 与中滑板 2 固定在一起。松开螺钉，可以使安装在转盘上的小滑板 4 转动一定的角

度，以便用小滑板实现刀具的斜向进给运动来加工锥度较大的短圆锥体（只能手动）。

（4）小滑板（小溜板）

它控制长度方向的微量切削，可沿转盘上面的导轨做短距离移动，将转盘偏转若干角度后，小刀架做斜向进给，可以车削圆锥体。

（5）方刀架

它固定在小刀架上，可同时安装四把车刀，使用手柄可以使刀架体1转位，把所需要的车刀转到工作位置上。方刀架5用螺杆装在小滑板4上，用来装夹刀具。

4. CA6140型卧式车床主轴的装配

图5-7是CA6140型卧式车床主轴箱展开图，图5-8是CA6140型卧式车床主轴（Ⅳ轴）装配图。Ⅳ轴的组成与功用具体描述如下。

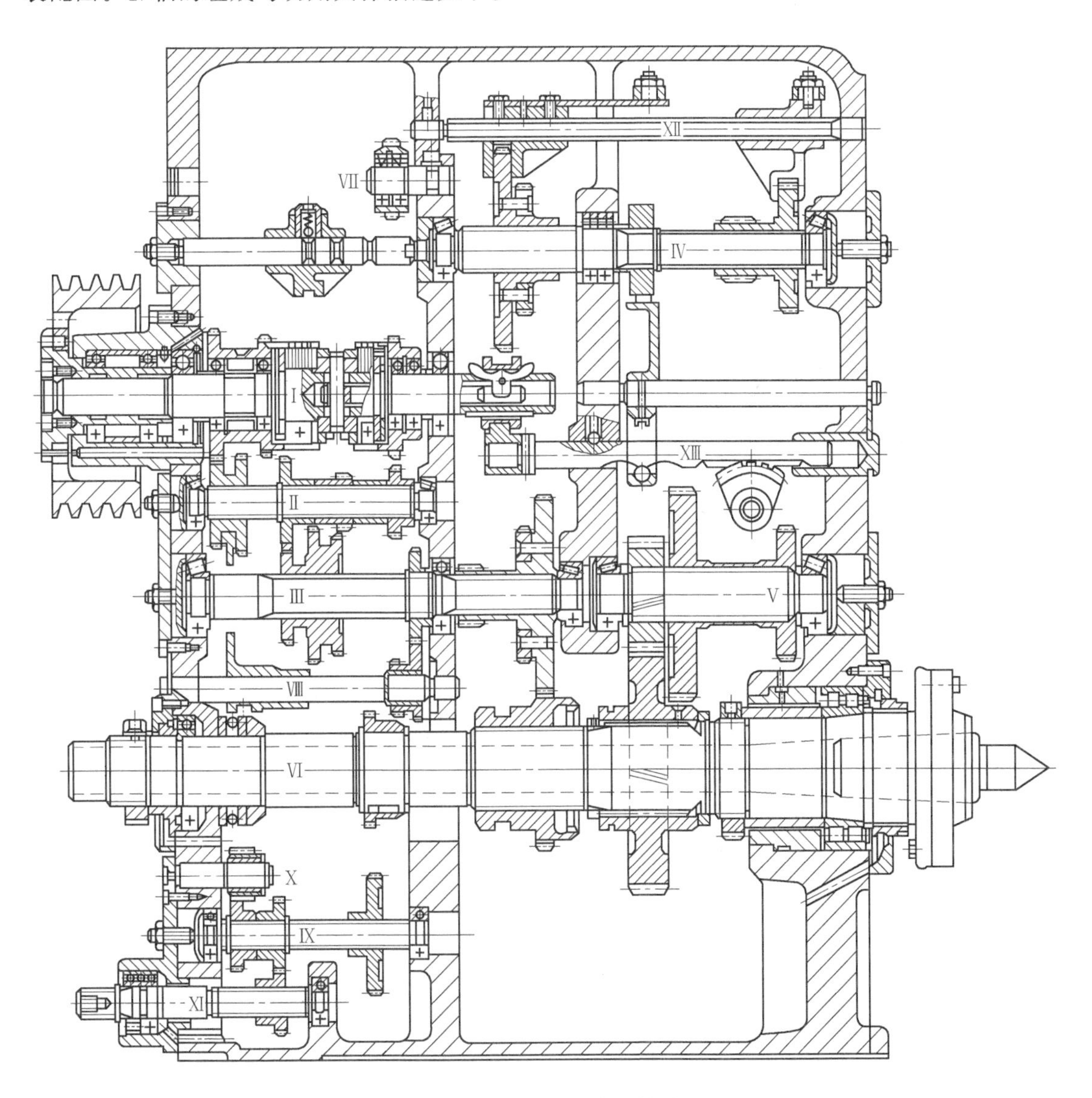

图5-7　CA6140型卧式车床主轴箱展开图

CA6140型卧式车床的主轴是一个空心阶梯轴，其内孔用于通过长棒料或穿入钢棒卸下顶尖，或通过气动、液压或电气夹紧装置的管道、导线。主轴前端7∶12的锥孔用于安装前

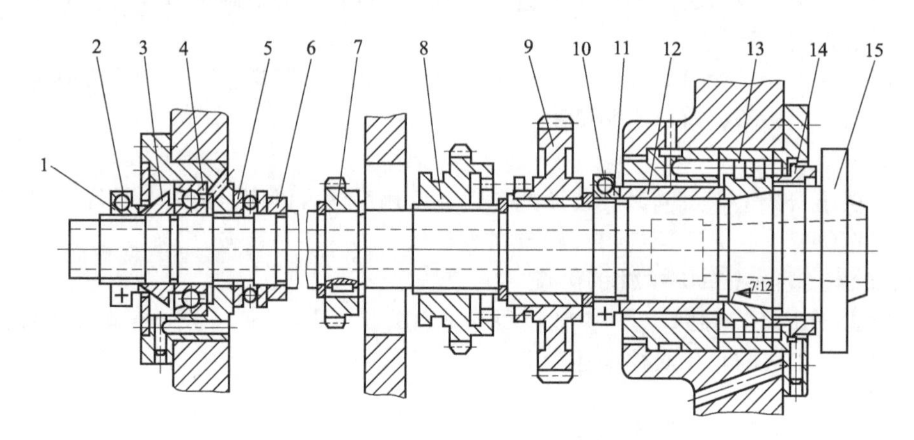

图 5-8　CA6140 型卧式车床主轴装配图

1,11,14—螺母；2,10—锁紧螺钉；3,12—轴套；4　角接触球轴承，5—推力球轴承；
6—轴承套；7～9—齿轮；13—双列圆柱滚子轴承；15—主轴

顶尖或芯轴，利用锥面配合的摩擦力直接带动顶尖或芯轴转动。主轴前端采用短锥法兰式结构。主轴轴肩右端面上的圆形拨块用于传递转矩。主轴尾端的圆柱面是安装各种辅具（气动、液压或电气装置）的安装基面。

主轴的前支承是 D 级精度的 NN3021K 型双列圆柱滚子轴承 13，用于承受径向力。这种轴承具有刚性好、精度高、尺寸小及承载能力大等优点。后支承有 2 个滚动轴承：一个是 D 级精度的 7215 AC 型角接触球轴承 4，大口向外安装，用于承受径向力和由后向前方向的轴向力；还采用一个 D 级精度的 51215 型推力球轴承 5，用于承受由前向后方向的轴向力。

主轴上装有 3 个齿轮：右端的斜齿圆柱齿轮 9 空套在主轴 15 上。采用斜齿轮可以使主轴运转比较平稳；由于它是左旋齿轮，在传动时作用于主轴上，轴向分力与纵向切削力方向相反，因此，还可以减少主轴后支承所承受的轴向力。中间的齿轮 8 可以在主轴的花键上滑移，它是内齿离合器。当离合器处在中间位置时，主轴空挡，此时可较轻快地扳动主轴，以便找正工件或测量主轴旋转精度。当离合器在左面位置时，主轴高速运转；当离合器移到右面位置时，主轴中、低速运转。左端的齿轮 7 固定在主轴上，用于传动进给链。

根据已学过的 CA6140 型卧式车床（图 5-7）知识，分析、设计并编制图 5-8 CA6140 型卧式车床主轴的装配工艺。

小　　结

① 机械装配工艺规程是规定产品及部件的装配顺序、装配方法、装配技术要求、检验方法及装配所需设备、工艺装备、时间定额等内容的技术文件。

② 装配工艺涉及的工艺文件是装配工艺卡。装配工艺卡是以工序为单位，详细说明各工序的内容、装配顺序、技术要求等，主要用作生产准备、生产组织和指导装配工人进行生产。

③ 制订装配工艺卡：遵循装配工艺规程的基本原则开展；“7 步法”为开展装配工艺规程制订的方法：收集装配的原始资料开始→分析产品图纸→划分装配单元→选择装配基准→确定装配顺序→划分装配工序→填写装配工艺卡。

思考与练习

5-1　何谓机械装配工艺规程？机械装配工艺规程有何作用？

5-2　编制装配工艺规程基本原则是什么？

5-3　分析装配图的目的是什么？

5-4　简述编制装配工艺规程的步骤和方法。

5-5　在图 1-1 所示的减速机装配图中，请指出总装配基准件是哪一个零件？在图 1-6 锥齿轮轴组件装配图中，基准件又是哪一个零件？

5-6　在表 5-10 减速机总装配工艺卡中有一道试装工序，请问安排这道试装工序的目的是什么？

第六章
阀门的装配工艺制定

第一节 阀 门 实 例

如图 6-1（a）所示球阀，如何进行装配呢？

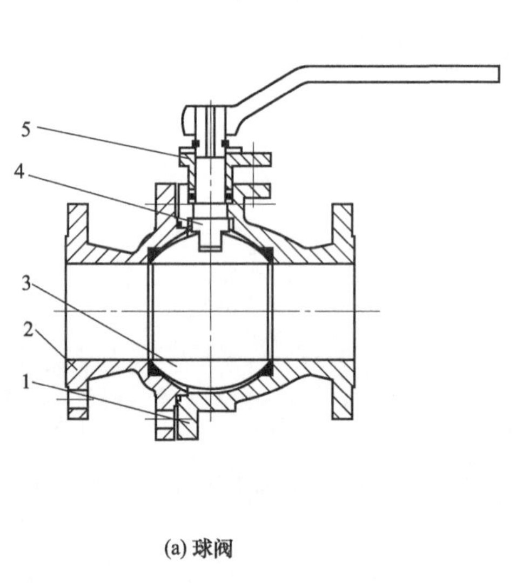

(a) 球阀

1—右阀体；2—左阀体；3—球体；4—阀杆；5—填料压盖

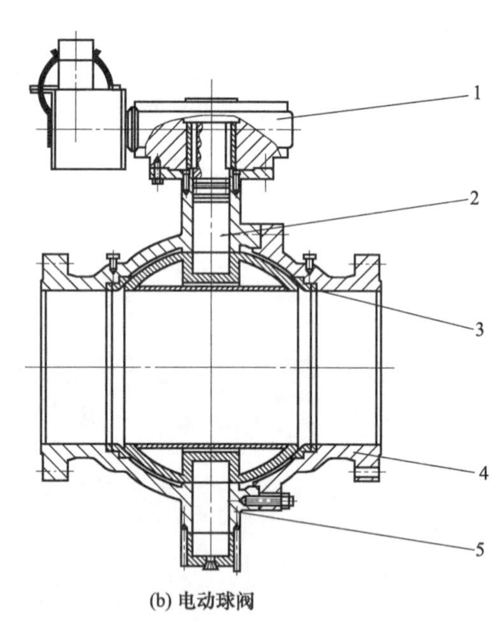

(b) 电动球阀

1—电动装置；2—阀杆；3—球体；4—右阀体；5—左阀体

图 6-1 球阀

球阀和旋塞阀是同一个类型的阀门，只是它用带圆形通孔的球体作为启闭件，球体由阀杆带动，并绕阀杆的轴线做旋转运动，以实现启闭动作。球阀在管路上主要做切断、分配和改变介质流动方向用。球阀具有结构简单、密封可靠、启闭迅速、适用范围广（可用于大小口径和高、低压的各种管道）、维修和操作方便等优点，因此，近年来迅速发展成为一种最常使用的阀门。

球阀按结构形式可分为浮动球球阀、固定球球阀和弹性球球阀。

（1）浮动球球阀

球阀的球体是浮动的，在介质压力作用下，球体能产生一定的位移并紧压在出口端的密封面上，保证出口端密封。

浮动球球阀的结构简单，密封性好，但球体承受工作介质的载荷全部传给了出口密封圈，因此要考虑密封圈材料能否经受得住球体介质的工作载荷。这种结构广泛用于中低压球阀。

（2）固定球球阀

球阀的球体是固定的，受压后不产生移动。固定球球阀都带有浮动阀座，受介质压力后，阀座产生移动，使密封圈紧压在球体上，以保证密封。通常在球体的上、下轴上装有轴承，操作扭矩小，适用于高压和大口径的阀门。

为了减少球阀的操作扭矩和增加密封的可靠程度，近年来又出现了油封球阀，即在密封面间压注特制的润滑油，以形成一层油膜，既增强了密封性，又减少了操作扭矩，更适用于高压大口径的球阀。

（3）弹性球球阀

球阀的球体是弹性的。球体和阀座密封圈都采用金属材料制造，密封比压很大，依靠介质本身的压力已达不到密封的要求，必须施加外力。这种阀门适用于高温、高压介质。

弹性球体是在球体内壁的下端开一条弹性槽，而获得弹性。当关闭通道时，用阀杆的楔形头使球体胀开与阀座压紧达到密封。在转动球体之前，先松开楔形头，球体随之恢复原形，使球体与阀座之间出现很小的间隙，可以减少密封面的摩擦和操作转矩。

球阀按其通道位置可分为直通式、三通式和直角式。后两种球阀用于分配介质与改变介质的流向（图 6-1）。

第二节 阀门概述

阀门是流体输送系统中的控制装置，在管道工程上有着广泛的应用。阀门在管路中主要用来切断和接通管路介质；防止介质倒流；调节介质的压力和流量；分离、混合或分配介质，防止介质压力超过规定数值；改变介质的流动方向以及保护管路系统或容器、设备的安全。随着全球经济的高速发展，由于电力（包括火电、水电、风电、太阳能发电，特别是核电）、石油、天然气、化工、长输管线、水利、建筑、各种低温工程、海底采油及海水淡化等工业的迅速发展，对阀门的需求量急剧增加。阀门的技术参数更高，像用于核电站、超临界、超超临界以及高温高压临氢阀门等，对其结构、材料、使用性能、驱动方式等方面都提出了新的更高的要求。它与生产建设、国防建设和人民生活都有着密切的联系。

一、阀门的性能

阀门，从最简单的截止阀到极为复杂的自控系统中所用的各种阀门，其品种和规格繁多。阀门的公称通径从 1mm 的仪表针型阀到 10m 的工业管路用阀；阀门的工作压力从超高真空 1.33×10^{14} MPa 到 1000MPa 的超高压，工作温度从超低温－269℃到 1430℃的高温，工作介质的流速最高超过声速的 11 倍。阀门的启闭可采用多种控制方式，如手动、气动、电动、液动、电-液或气-液联动及电磁驱动等，也可在压力、温度或其他形式传感信号的作用下，按预定的要求动作，或者只进行简单的开启或关闭。阀门的材料除铸铁、碳素钢及合金结构钢、有色金属外，还采用高强耐蚀高合金钢、耐热钢、低温钢、钛及钛合金和钴铬钨硬质合金等。阀门的填料和垫片材料已从石墨、石棉、合成塑料和合成橡胶发展到碳素纤维和膨胀石墨等。

二、阀门的发展

阀门的用途极为广泛，在航空、航天、原子能工业、火箭及军工、核电、风电及太阳能发电等尖端技术方面，需要大量的各种类型的阀门。例如，一座有 2 套百万千瓦级核电机组的核电站，需闸阀、截止阀、止回阀、蝶阀、安全阀、主蒸汽隔离阀、球阀、隔膜阀、减压阀和控制阀等各类阀门约 3 万台，按每年有 250 万千瓦核电机组建设计算，每年核电阀门的需求量在 3.8 万余台。

阀门在现代化工业生产及国民经济的各个工业部门中，无论是采油、炼油、化工、发电、冶金和矿山等重工业部门，或纺织、塑料、制糖、造纸、制药和食品等轻工业部门都需要各种管路来输送介质，需要各种类型的阀门来控制介质的输送。据统计，一个石油化工联合企业，需要各种类型、各种公称通径的阀门近万台。

阀门是水利工程所必需的重要设备。我国南水北调工程采用了复杂的大口径液控缓闭止回蝶阀和电液联动的大口径蝶阀。

在交通运输业中，不仅在轮船、飞机和火车上需用阀门，在长距离输送石油、天然气和固体物质的管线上，均需要大量各种类型的阀门。

由此可见，在促进国民经济发展和改善人民生活方面，阀门都起着不可忽视的作用。

三、阀门的分类

阀门的种类繁多，用途广泛。随着各类成套设备工艺流程和性能的不断改进，阀门种类还在不断增加，分类方法也比较多，常用的分类方法有以下几种。

(1) 按结构特征分

① 截门形：启闭件沿着阀座的中心线移动［图 6-2 (a)］。

② 闸门形：启闭件沿着垂直于阀座中心线的方向移动［图 6-2 (b)］。

③ 旋塞和球形：启闭件是柱塞或球体，围绕本身的中心线旋转［图 6-2 (c)］。

④ 旋启形：启闭件围绕阀座外的轴线旋转［图 6-2 (d)］。

⑤ 蝶形：启闭件是圆盘，围绕阀座内的轴线旋转（中线式）或阀座外的轴线旋转（偏心式）［图 6-2 (e)］。

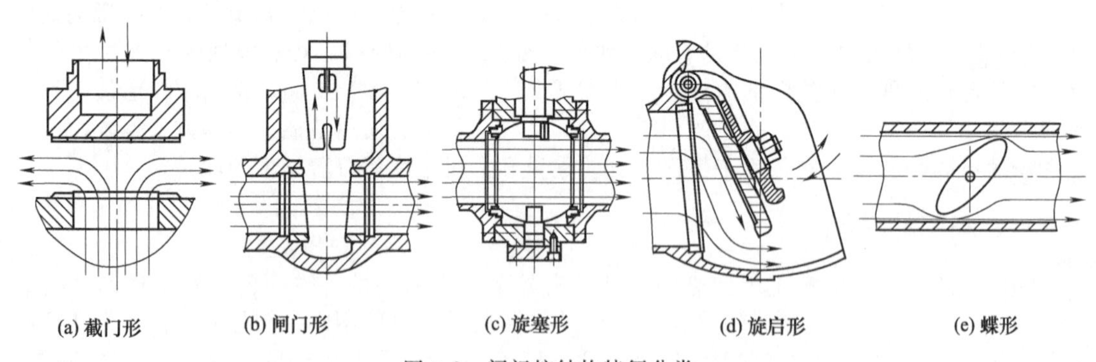

图 6-2　阀门按结构特征分类

(2) 按用途分

① 截断阀类：主要用于切断和接通管路中的介质。如闸阀、截止阀、球阀、旋塞阀、隔膜阀、蝶阀、柱塞阀和针型仪表阀等。

② 止回阀类：阻止管路中的介质倒流。如各种不同结构的止回阀和底阀。

③ 调节阀类：主要用于调节或控制管路中介质的流量和压力。如节流阀、调节阀和减压阀等。

④ 安全阀类：用于控制管路介质超压时的安全保护，排放多余介质，防止压力超过规定数值。如各种类型的安全阀。

⑤ 分流阀类：用于改变管路中介质流动的方向，起分配、分流或混合介质的作用。如分配阀、三通旋塞、三通或四通球阀等。

⑥ 分离介质阀类：用于各种不同结构的蒸汽疏水阀和空气疏水阀。

⑦ 多用阀类：用于替代2个、3个甚至更多个类型的阀门。如截止止回阀、止回球阀、截止止回安全阀等。

⑧ 指示和调节液面高度类：如液面指示器、液面调节器等。

⑨ 其他特殊用途类：如排污阀、放空阀、温度调节阀、过流保护紧急切断阀等。

(3) 按驱动方式分

① 手动阀门：借助手轮、手柄、杠杆、扳手或链轮等，由人力操纵的阀门，当需要传递较大的力矩时，可装蜗轮或齿轮等减速装置。

② 电动阀门：借助于电动机、电磁或其他电气操纵的阀门。

③ 气动阀门：借助于压缩空气操纵的阀门。

④ 液动阀门：借助于液体（水、油等液体介质）操纵的阀门。

⑤ 自动阀门：依靠介质（液体、气体、蒸汽）本身的能力而自行动作的阀门。

(4) 按压力分

① 真空阀：适用于绝对压力小于0.1MPa（即760mm汞柱高）的阀门，通常用毫米水柱（mmH_2O）或毫米汞柱（mmHg）表示压力。

② 低压阀门：适用于公称压力≤PN16的阀门。

③ 中压阀门：适用于公称压力PN16～100（不含PN16）的阀门。

④ 高压阀门：适用于公称压力PN100～1000（不含PN100）的阀门。

⑤ 超高压阀门：适用于公称压力＞PN1000的阀门。

(5) 按介质工作温度分

① 常温阀门：适用于介质温度－29～120℃的阀门。

② 中温阀门：适用于介质温度120～425℃的阀门。

③ 高温阀门：适用于介质温度＞425℃的阀门。

④ 低温阀门：适用于介质温度－29～－100℃的阀门。

⑤ 超低温阀门：适用于介质温度－100℃以下的阀门。

(6) 按公称尺寸分

① 小口径阀门：适用于公称尺寸DN＜40的阀门。

② 中口径阀门：适用于公称尺寸DN50～300的阀门。

③ 大口径阀门：适用于公称尺寸DN350～1200的阀门。

④ 特大口径阀门：适用于公称尺寸DN＞1400的阀门。

(7) 按阀体材料及阀体衬里材料分

① 按阀体材料分

a. 金属材料阀门。如铸铁阀门、碳钢阀门、铸钢阀门、低合金钢阀门、高合金钢阀门、铜合金阀门、铝合金阀门、铅合金阀门、钛合金阀门、镍合金阀门、锆合金阀门和蒙乃尔合金阀门等。

b. 非金属材料阀门。如陶瓷阀门、玻璃钢阀门和塑料阀门等。

② 按阀体衬里材料分

a. 金属阀体衬里阀门。如铜合金、合金钢和硬质合金等。

b. 非金属阀体衬里阀门。如橡胶、氟塑料、尼龙橡胶、衬胶和衬搪瓷等。

(8) 按与管道连接方式分

① 法兰连接阀门：阀体上带有法兰，与管道采用法兰连接。

② 焊接连接阀门：阀体上带有焊口，与管道采用焊接连接。

③ 对夹连接阀门：用双头螺栓将阀门连接在管道上的法兰之间。

④ 螺纹连接阀门：阀体上带有内螺纹或外螺纹，与管道采用螺纹连接。

⑤ 夹箍连接阀门：阀体上带有夹口，与管道采用夹箍连接。

⑥ 卡套连接阀门：采用卡套与管道连接。

四、常用阀门的结构

1. 闸阀

闸阀是广泛使用的一种阀门。闸阀也叫闸板阀，是指启闭件（闸板）由阀杆带动，沿阀座（密封面）做直线升降运动的阀门，在管路上主要作为切断介质用。

闸阀有两个密封副，可以使用在介质向两个方向流动的管路上。通常适用于不需要经常启闭，而且保持闸板全开或全闭的工况。闸阀适用的压力、温度及口径范围很大，尤其适用于中、大口径的管道。闸阀不适合作为调节或节流使用。对于高速流动的介质，闸板在局部开启状况下可以引起闸门的振动，而振动有可能损伤闸板和阀座的密封面，而节流会使闸板遭受介质的冲蚀。根据闸板结构的不同，闸阀可分楔式弹性单闸板闸阀、楔式双闸板闸阀、平行式双闸板闸阀和带顶块撑开的平行式双闸板闸阀（图 6-3）。按阀杆的螺纹位置划分，可分为明杆闸阀和暗杆闸阀两种。

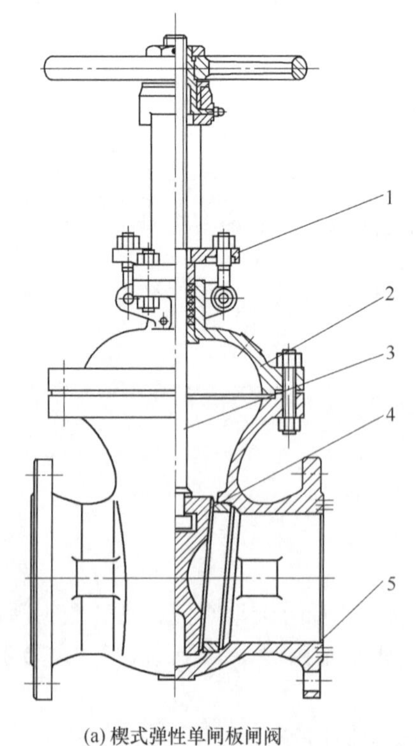

(a) 楔式弹性单闸板闸阀

1— 填料压盖；2—阀盖；3—阀杆；4—闸板；5— 阀体

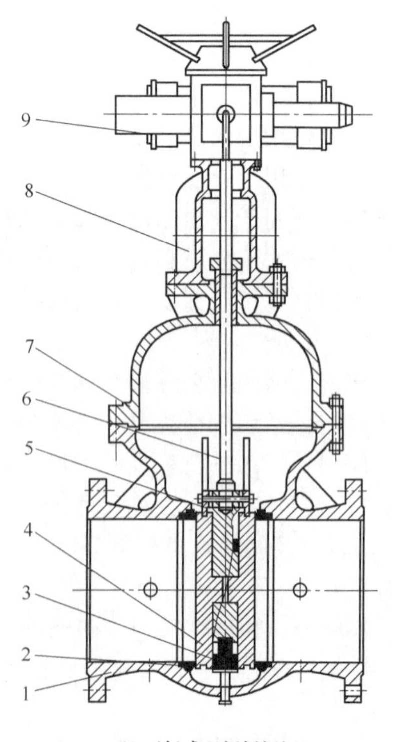

(b) 平行式双闸板闸阀

1—阀体；2—阀座；3—楔块；4—闸板；5—闸板架；6—阀杆；7—阀盖；8—支架；9—电动装置

图 6-3 闸阀

2. 截止阀

截止阀的启闭件是塞形的阀瓣，密封面呈平面、锥面或球面，阀瓣由阀杆带动，沿阀座（密封面）做直线升降运动，阀杆开启或关闭行程相对较短，具有非常可靠的切断动作。截止阀的阀瓣（启闭件）沿阀座轴线方向移动时，可接通或截断管路中的介质。由于截止阀结构简单，而且截止阀一旦处于开启状态，它的阀座和阀瓣密封面之间就不再有接触，因而它的密封面机械磨损较小，密封面间摩擦力小，寿命较长，制造与维修方便，调节性能好，因此使用极为普遍。截止阀是一种常用的截断阀，主要用来接通或截断管路中的介质，一般不用于调节流量。截止阀适用压力、温度范围很大，但一般用于中、小口径的管道。根据阀体结构不同，截止阀分为直通式截止阀、直流截式止阀、角式截止阀和柱塞式截止阀。近年来，随着军工、核电等行业发展，一些系统中的截止阀要求无泄漏，在填料密封同时增加波纹管密封，双重密封确保阀门在一些重要系统中保持无泄漏（图 6-4）。

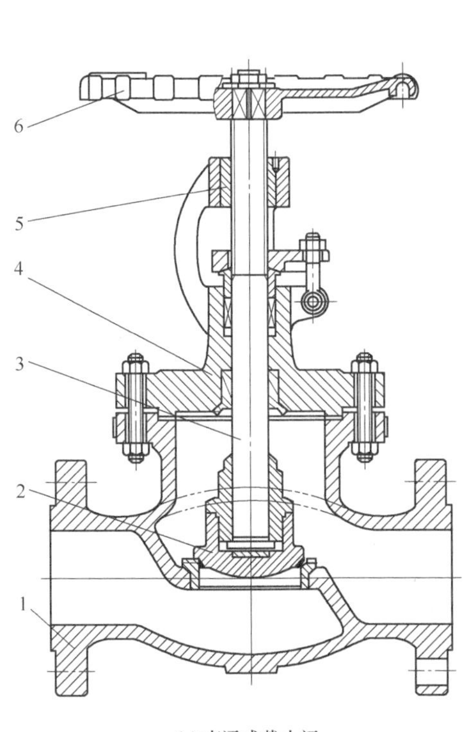

(a) 直通式截止阀

1—阀体；2—阀瓣；3—阀杆；4—阀盖；5—阀杆螺母；6—手轮

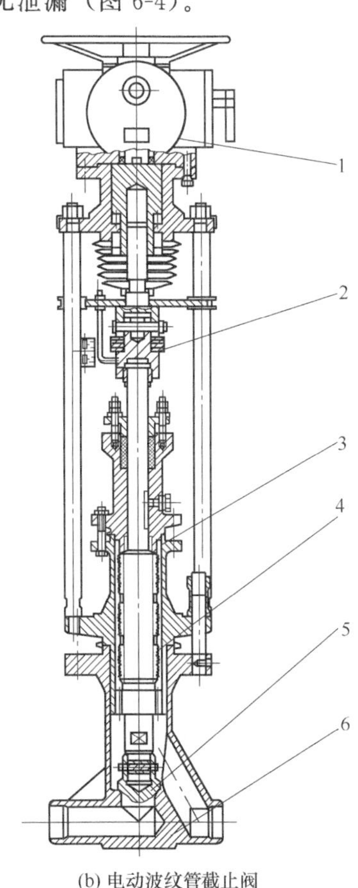

(b) 电动波纹管截止阀

1—电动装置；2—蝶簧；3—阀盖；4—波纹管；5—阀瓣；6—阀体

图 6-4 截止阀

3. 止回阀

止回阀的阀瓣借助介质的作用力而自动开闭，是能自动阻止流体倒流的阀门。用于介质单向流动的管路上。流体从进口侧流向出口侧。当进口侧压力低于出口侧时，阀瓣在流体压差、自身重力等因素作用下自动关闭以防止流体倒流。常用的有旋启式止回阀、升降式止回阀和蝶式止回阀等。

升降式止回阀可分为立式和卧式两种。旋启式止回阀分为单瓣式、双瓣式和多瓣式三种。蝶式止回阀为直通式。

旋启式止回阀，其阀体形状与闸阀相似，阀瓣绕固定在阀体上的销轴旋转，以接通或切断管路（图 6-5）。

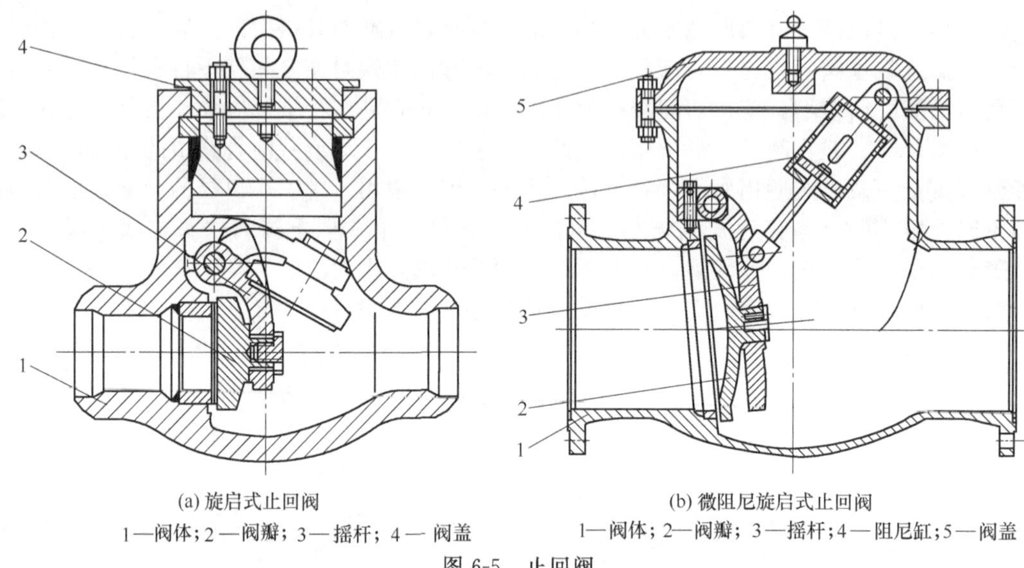

(a) 旋启式止回阀
1—阀体；2—阀瓣；3—摇杆；4—阀盖

(b) 微阻尼旋启式止回阀
1—阀体；2—阀瓣；3—摇杆；4—阻尼缸；5—阀盖

图 6-5 止回阀

4. 蝶阀

蝶阀是启闭件（蝶板）由阀杆带动，并绕阀杆的轴线做旋转运动，以实现开启和关闭的阀门。蝶阀在管路上主要用作切断和节流，亦可设计成具有调节或截断兼调节的功能。采用橡胶等软密封圈的蝶阀，密封性能较好，一般作切断用。如今各种结构的金属密封面蝶阀（图 6-6）已广泛用于管路切断及节流。

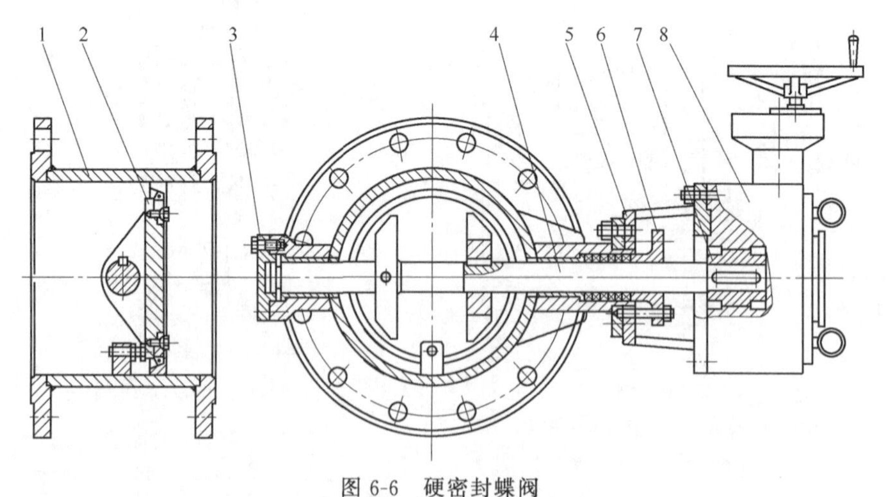

图 6-6 硬密封蝶阀

1—阀体；2—蝶板；3—轴承压盖；4—阀杆；5—支架；6—填料压盖；7—阀杆螺母；8—传动装置

蝶阀结构简单，体积小，重量轻，只由少数几个零件组成，而且蝶板只需旋转 90°即可快速启闭，操作方便，同时该阀门具有良好的流体控制特性。蝶阀处于完全开启位置时，蝶板厚度是介质流经阀体时唯一的阻力，因此通过该阀门所产生的压力降很小，故具有较好的流量控制特性。蝶阀同时具有启闭迅速、流体阻力和操作转矩小等优点，故应用比较普遍，在低压大中口径管道上的使用越来越多。

第三节　阀门装配工艺制定

装配是阀门制造过程中的最后一个阶段。阀门装配是根据装配工艺规程，将组成阀门的各个部件和零件连接在一起，使其成为阀门产品的过程。

部件按照其装配时的情况，可分为组件和分组件。直接进入阀门总装配的部件称为组件，进入组件装配的部件称为一级分组件，进入一级分组件装配的部件称为二级分组件，依此类推。由于阀门的结构不太复杂，分组件的级数实际上并不多。

用作装配基准的零件或部件称为基准零件、基准组件。

可以单独进行装配的零件及部件称为装配单元。任何种类的阀门均能分成若干个装配单元。

一、阀门的几种装配方法

阀门制造中常用的装配方法可分为三种，即完全互换法、修配法及调整法。

装配方法是与解装配尺寸链的方法密切相关的。根据对装配尺寸链的分析，可确定达到规定的装配精度所应采取的最适宜的装配方法。所谓解装配尺寸链，就是结合设计要求与制造方面的经济性，确定装配尺寸链中各环的极限尺寸或极限偏差。

阀门由许多零件装配而成，因此，零件的精度将直接影响阀门的装配精度。研究零件精度与装配精度的关系，对选择装配方法和指导设计工作都很有必要。为了便于分析零件精度对装配精度的具体影响，通常运用尺寸链的基本理论。

二、阀门的装配过程

阀门一般采用固定式装配。阀门的部件装配和总装配是在一个固定的工作地点进行，所需的零件和部件全部运到该装配工作地。通常部件装配和总装配分别由几组工人同时进行，这样既缩短了装配周期，又便于使用专用的装配工具，对工人技术等级的要求也比较低。

1. 装配前的准备工作

阀门零件在正式装配前需去除机械加工形成的毛刺、焊接残留的焊渣，并进行清洗，这些统称为装配前的准备工作。这些准备工作对装配质量有很大的影响。

(1) 去除零件的毛刺和焊渣

机械零件在装配前均应去除毛刺。由于阀体、阀盖、阀瓣、阀杆等零件直接与介质接触，毛刺和焊渣若清除不净，阀门工作时受带压介质的冲刷，极易将残留的毛刺和焊渣带入介质中而造成介质不洁，从而引起阀门密封面的擦伤。因此，装配前应注意将阀门零件的毛刺和焊渣等清除干净，以免给用户造成隐患。

去除毛刺和焊渣的工作可用锉刀、錾子或风铲手工进行。工作时应注意不要划伤或破坏已加工表面，特别是密封面。铸造阀门的内腔也要用风动砂轮将表面的包砂、铁豆等仔细磨光，这样不仅防止异物被冲刷而混入介质，而且也提高了阀门内腔的表面精度。

去除毛刺和焊渣是阀门装配过程的第一道工序，经此工序后，才能清洗零件。

(2) 阀门零件的清洗

作为流体管路控制装置的阀门，内腔必须清洁。为保证介质的纯度和避免介质污染，对阀门内腔清洁度的要求更为严格。装配前应对阀门零件进行清洗，将零件上的切屑碎末、残留的润滑冷却液、铲落在内腔的毛刺和焊渣以及其他污物洗除干净。

一般工业用阀门的清洗，分为初洗、干燥和最后清洗等步骤。初洗通常用加碱的清水或热水进行喷刷（也可用煤油进行刷洗）。初洗后的零件要在80～90℃的烘箱中干燥，或采用热风吹干，以免零件锈蚀。

阀体和阀瓣等零件经初洗、干燥后方可进行密封面研磨，以避免切屑、砂粒等污物混入研磨剂而划伤密封表面。零件经研磨、抛光后，需进行最后清洗。最后清洗通常是将密封面部位用汽油刷净，然后用压缩空气吹干并用布擦干净。目前，国内有些厂家采用超声波清洗机来清洗阀门零部件，取得了很好的效果。

对于有清洁度要求的阀门，应按有关清洗技术条件进行清洗。一般清洗技术条件中，对清洗步骤、方法、清洗剂、清洗工具甚至装配间的清洁度、温度等均有详细的规定。

2. 阀门的总装配

阀门通常是以阀体作为基准零件按工艺规定的顺序和方法进行总装配。总装前要对零、部件进行检查，防止未去毛刺和没有清洗的零件进入总装。装配过程中，零件要轻放，避免磕碰或划伤已加工表面。对阀门的运动部位（如阀杆、轴承等）应涂以工业用黄油。

阀盖与阀体中法兰多采用螺栓连接。紧固螺栓时，应对角交错、均匀地拧紧，否则阀盖在圆周上受力不均而易于发生渗漏。一圈螺栓紧固后，还需再紧一次，以防松动。紧固时，使用的扳手不宜过长，避免预紧力过大，从而影响螺栓强度。对预紧力有严格要求的阀门，可使用扭矩扳手。

总装完成后，应旋动手轮检查阀杆的运动是否灵活，有无阻滞现象，阀盖和支架等零件的安装方向是否符合图纸要求，密封面及阀体内腔是否清洁。装配好的阀门在行程内操作应轻便灵活，每个活动部件在任何位置都无卡阻现象。检查合格后的阀门方能进行试验。

三、阀门装配工艺规程的编制

阀门装配工艺规程的主要内容为：规定合理的装配顺序及装配方法；选择并确定装配工具及设备；规定装配各工序的技术条件及质量检查方法等。

装配工艺规程常用下列几种文件形式。

① 装配工艺卡片。

② 装配系统图。

③ 装配工艺守则。

1. 装配工艺卡片

装配工艺卡片是一种主要的装配工艺文件。它较详细地规定了阀门装配过程中各工序、工步的操作方法，确定了所需的工装及设备和检查方法等。其常用格式如表6-1所示。

表6-1　装配工艺卡片

厂名		装配工艺卡片				产品型号规格		第　页	
								共　页	
工序号	工步号	操作内容		小组	使用设备	工具名称与编号		装配零件名称及件号	
								名称	件号

表6-2为闸阀的典型装配工艺卡片，表6-3为截止阀的典型装配工艺卡片，表6-4为旋启止回阀的典型装配工艺卡片，表6-5为三偏心金属硬密封蝶阀的典型装配工艺卡片，表6-6为中线软密封蝶阀的典型装配工艺卡片，表6-7固定式管线为球阀的典型装配工艺卡片。

表 6-2　闸阀的典型装配工艺卡片

装配工艺过程卡片		产品型号			零件图号	全部零件	备注：一体式阀盖
		产品名称		闸阀	零件名称	整机装配	
工序号	工序名称	工序内容	装配部门	设备及工艺装备		辅助材料	工时定额/min
0	领料	将阀门的全部配套零部件由库房领出分发至装配车间各班组	班组	行车　推车			
5	清洁	去除零部件的油污、毛刺等，使工件的内表面清洁光滑	班组	锉刀		洗涤剂、纱布	
10	检验	检查清洁度	质检部				
15	组装	一、阀体总成					
		1. 配装阀座（本体堆焊闸阀此条不适用）	班组				
		(1)将螺纹阀座装入阀体座槽内，然后用风动扳手和特制的工装夹具将阀座扳紧		专用夹具、扳手			
		(2)将镶焊阀座装入阀体座槽内，然后装入工艺闸板，并用工艺装备将闸板固定，最后在转胎上焊接阀体和阀座，2个阀座与阀体都焊接好后，清理焊渣并松开固定闸板的工艺装备，取出闸板		夹具、扳手、转胎、电焊机			
		2. 配装闸板					
		用“闸板位置导向卡板”使闸板T形槽处于阀体中心，用手锤振击阀体（非加工面）使闸板和阀座的密封面吻合（以密封副间无光隙为标识，其理想状态是阀座密封面的最低点和闸板密封面的最低点重合）		手锤			
		二、阀盖总成					
		1. 配装上密封座					
		将上密封座旋入上密封座螺孔内并紧固		专用工具			
		2. 配装活节螺栓、销轴、开口销，穿入的开口销必须向两侧分辟，单侧分辟的角度不小于90°（以工作位置计起）					
		3. 按照相应型号规格的明细表要求的数量加装填料及编织填料					

续表

装配工艺过程卡片		产品型号			零件图号	全部零件	备注：一体式阀盖
		产品名称		闸阀	零件名称	整机装配	
工序号	工序名称	工序内容	装配部门	设备及工艺装备		辅助材料	工时定额/min
15	组装	4. 配装阀杆螺母、轴承(对于装配图上有安装轴承要求的)及轴承压盖，按装配图的尺寸配钻轴承压盖和阀盖并攻螺纹，旋入紧定螺钉并紧固		手电钻、钻头、丝锥、一字螺丝刀			
		5. 从油杯孔注入润滑脂并旋紧油杯		注脂枪、扳手		润滑脂	
		6. 配装手轮，旋入锁紧螺母并用紧定螺钉紧定锁紧螺母，使之相对于手轮无转动为准		扳手、一字螺丝刀			
		7. 将阀杆旋入上密封座，并小心通过填料组部位，待阀杆头部超过填料函 30mm 时，按装配图所示的要求装入填料压套、填料压板，并将阀杆的螺纹部分旋入阀杆螺母，以阀杆的光杆部位超出填料 15mm 为准					
		8. 将活节螺栓穿过填料压板并装入垫圈，旋入并紧固螺母		扳手			
		三、阀体、阀盖总成					
		1. 装入止口垫片并将阀杆挂入闸板的 T 形槽内，转动手轮，使阀杆上升 1/2 行程(1 个行程为相应规格阀门的 *DN* 值)并调整中口垫片，使之内边缘距阀体止口内腔为 4mm 为宜					
		2. 将全螺纹螺柱穿入阀体和阀盖连接的各螺栓孔，并在全螺纹螺柱的两端旋入螺母，用手锤振击阀盖法兰的外边缘，使阀体和阀盖中法兰的错位度不大于 2mm 为宜，按对角及顺时针紧定螺母		手锤、电动扳手			
20	标记	在规定部位打印组别代码	质检部班组	手锤、钢字码			
25	试验	1. 闸门启闭试验					
		在闸板的升降过程中要求动作灵活，无卡阻现象					

续表

装配工艺过程卡片		产品型号		零件图号	全部零件	备注：一体式阀盖
		产品名称	闸阀	零件名称	整机装配	
工序号	工序名称	工序内容	装配部门	设备及工艺装备	辅助材料	工时定额/min
25	试验	2. 上密封试验		试压机		
		试验方法及保压时间按照 API 598—2009《阀门的检查和试验》及公司《阀门性能试验规程》进行				
		3. 强度试验		试压机		
		试验方法及保压时间按照 API 598—2009《阀门的检查和试验》及公司《阀门性能试验规程》进行				
		4. 密封试验		试压机		
		试验方法及保压时间按照 API 598—2009《阀门的检查和试验》及公司《阀门性能试验规程》进行				
		5. 气密封试验		试压机		
		试验方法及保压时间按照 API 598—2009《阀门的检查和试验》及公司《阀门性能试验规程》进行				
30	油漆防护	1. 清洁阀门外表面	班组			
		2. 连接处、密封面、流道孔等处涂防锈油脂			洗涤剂、保养中防锈油、脂	
		3. 其余裸露外表面油漆防护		空气压缩机、喷枪	油漆、刷子	
		4. 风干(烘干)油漆防护层				
35	标记	1. 装钉铭牌	班组	手电钻、手锤	铆钉	
		2. 按要求打印标记，进行出厂编号		手锤、钢字码		
40	终检	对整机(体)阀门进行出厂检验	质检部			
45	封堵	清楚试验滞留的积水，擦净内腔，涂防锈油并在通径两端用闷盖盖住，防止脏物进入		抹布、刷子		
50	装箱					
55	入库		车间	行车、推车		
编制		审核		审定	日期	

表 6-3 截止阀的典型装配工艺卡片

装配工艺过程卡片		产品型号		零件图号	全部零件	
		产品名称	截止阀	零件名称	整机装配	
工序号	工序名称	工序内容	装配部门	设备及工艺装备	辅助材料	工时定额/min
0	领料	将阀门的全部配套零部件由库房领出分发至装配车间各班组	班组	行车、推车		
5	清洁	去除零部件的油污、毛刺等，使工件的内表面清洁光滑	班组	锉刀		
10	检验	检验清洁度	质检部			
15	组装	一、阀杆总成				
		1. 将阀杆放入阀瓣上端的内孔中，以阀杆大头轴部能在阀瓣轴孔内自由转动为宜				
		2. 将阀瓣盖旋入阀瓣内孔紧固，以阀杆能上下窜动2mm为宜		扳手		
		二、阀盖总成				
		1. 将上密封座旋入阀盖上密封座螺孔内并紧固		扳手		
		2. 将活节螺，栓、销轴穿入阀盖耳孔，穿入的开口销必须沿180°方向分辟，单侧分辟角度不得小于90°(以工作位置计起)				
		3. 按照相应型号规格明细表要求的数量加装填料及编织填料				
		4. 旋入阀杆螺母并紧固，按装配图示的要求配钻阀杆螺母和阀盖的孔并攻螺纹，旋入紧定螺钉并紧固				
		三、阀体、阀盖总成				
		1. 将总成好的阀杆旋入阀盖的上密封座轴孔中，小心通过填料组部位，将阀杆头部超过填料函30mm时，按要求装入填料压套、填料压板，然后将阀杆梯形螺纹旋入阀杆螺母，以阀杆上密封距上密封座10mm为宜				

续表

装配工艺过程卡片		产品型号			零件图号	全部零件
		产品名称		截止阀	零件名称	整机装配
工序号	工序名称	工序内容	装配部门	设备及工艺装备	辅助材料	工时定额/min
15	组装	2. 将活节螺栓穿过填料压板并装入垫圈，旋入螺母并紧固		扳手		
		3. 将止口垫片放入阀体止口内，并将阀盖的凸台放入阀体止口内，调整止口垫片，使之内边缘距阀体中腔4mm为宜			润滑脂	
		4. 将双头螺柱穿入阀体和阀盖连接的各螺栓孔，并在双头螺柱的两端旋入螺母，用手锤振击阀盖的外边缘，使阀体和阀盖中法兰的错位度不大于2mm为宜，按对角及顺时针紧固螺母		手锤、电动扳手		
		5. 按装配图示的要求，放入平垫片，旋入六角螺母并紧固				
20	标记	在规定部位打印组别代码	质检部班组	手锤、钢字码		
25	试验	1. 闸门启闭试验				
		在闸板的升降过程中要求动作灵活，无卡阻现象				
		2. 上密封试验				
		试验方法及保压时间按GB/T 26480—2011《阀门的检验和试验》及公司《阀门性能试验规程》进行		试压机		
		3. 强度试验				
		试验方法及保压时间按GB/T 26480—2011《阀门的检验和试验》及公司《阀门性能试验规程》进行		试压机		
		4. 密封试验				
		试验方法及保压时间按GB/T 26480—2011《阀门的检验和试验》及公司《阀门性能试验规程》进行		试压机		

续表

装配工艺过程卡片		产品型号		零件图号	全部零件	
		产品名称	截止阀	零件名称	整机装配	
工序号	工序名称	工序内容	装配部门	设备及工艺装备	辅助材料	工时定额/min
25	试验	5. 气密封试验		试压机		
		试验方法及保压时间按 GB/T 26480—2011《阀门的检验和试验》及公司《阀门性能试验规程》进行				
30	油漆防护	1. 清洁阀门外表面	班组			
		2. 连接处、密封面、流道孔等处涂防锈油脂			洗涤剂、保养中防锈油、脂	
		3. 其余裸露外表面油漆防护		空气压缩机、喷枪	油漆、刷子	
		4. 风干(烘干)油漆防护层				
35	标记	1. 装钉铭牌	班组	手电钻、手锤	铆钉	
		2. 按要求打印标记,进行出厂编号		手锤、钢字码		
40	终检	对整机(体)阀门进行出厂检验	质检部			
45	封堵	清除试验滞留的积水,擦净内腔,涂防锈油并在通径两端用闷盖盖住,防止脏物进入		抹布、刷子		
50	装箱					
55	入库		车间	行车、推车		
编制		审核		审定	日期	

表 6-4 旋启止回阀的典型装配工艺卡片

装配工艺过程卡片		产品型号			零件图号	全部零件
		产品名称		旋启止回阀	零件名称	整机装配
工序号	工序名称	工序内容	装配部门	设备及工艺装备	辅助材料	工时定额/min
0	领料	将阀门的全部配套零部件由库房领出分发至装配车间各班组	班组	行车、推车		
5	清洁	去除零部件的油污、毛刺等，使工件的内表面清洁光滑	班组	锉刀	洗涤剂、纱布	
10	检验	检查清洁度	质量部			
15	组装	上阀瓣	班组			
		1. 将阀瓣、支架、摇臂打磨干净				
		2. 将圆柱销装入支架、摇臂内				
		3. 将摇杆装在阀瓣头上面，保证转动灵活				
		4. 将平垫圈装在摇杆头上面，用来固定阀瓣脱落				
		5. 将螺母装在阀瓣头上面，用开口销固定，以免让螺母脱落		专用夹具、扳手		
		6. 将挂钩装在阀体上，用内六角螺钉将阀瓣固定在阀体上，用弹簧垫片防止挂钩松动，防止内六角螺钉脱落				
		7. 用平垫圈调整阀瓣与阀座的密封面				
		8. 将中法兰垫片装在阀体上，然后将阀盖装在阀体上，用螺栓、螺母拧紧		扳手		
		9. 将吊环装在阀盖上，用于起吊方便。整机装配完成，用于试压		扳手		
20	标记	在规定部位打印组别代码	质量部班组	手锤、钢字码		
25	试验	1. 阀门启闭试验				
		在阀瓣的升起过程中要求全开状态，无卡阻现象				

续表

装配工艺过程卡片		产品型号		零件图号	全部零件	
		产品名称	旋启止回阀	零件名称	整机装配	
工序号	工序名称	工序内容	装配部门	设备及工艺装备	辅助材料	工时定额/min
25	试验	2. 通径试验				
		将阀瓣提升至最上端后，检查标准流量旋启灵活，无卡在上面下不去现象				
		3. 压力试验		试压泵、接管、法兰		
		根据产品不同要求，根据 API 598—2009《阀门的检查和试验》有关规定进行		卡箍、盲板		
30	排放	1. 试验完毕后，将滞留在阀体内的液体排放干净	班组	空气压缩机、接头		
		2. 密封副涂抹密封脂，并来回摆动阀瓣		手动	密封脂	
		用不锈钢丝将阀瓣吊起，用泡沫塑料保护阀座密封面				
35	油漆防护	1. 清洁阀门外表面	班组		洗涤剂、保养中防锈油、脂	
		2. 连接处、密封面、流道孔等处涂防锈油脂				
		3. 其余裸露外表面油漆防护		空气压力机、喷枪	油漆、刷子	
		4. 风干(烘干)油漆防护层				
40	标记	1. 装钉铭牌	班组	手电钻、手锤	铆钉	
		2. 按要求打印标记，进行出厂编号		手锤、钢字码		
45	终检	对整机(体)阀门进行出厂检验	质量部			
50	入库	将合格产品送入成品库	车间	行车、推车		
编制		审核		审定		日期

表 6-5 三偏心金属硬密封蝶阀的典型装配工艺卡片

装配工艺过程卡片			产品型号		零件图号	全部零件
			产品名称	三偏心金属硬密封蝶阀	零件名称	整机装配
工序号	工序名称	工序内容	装配部门	设备及工艺装备	辅助材料	工时定额/min
0	领料	用行车把阀体、蝶板吊入指定的装配车间	班组	行车		
		到半成品库,用手推车把阀杆、底盖、圆柱销、滚动轴承、蜗轮传动装置等分发到装配车间		手推车		
		到标准件库,把标准件分发到装配车间				
5	清洁	去除零部件的油污、毛刺等,使工件的内表面清洁光滑,达到装配要求	班组	锉刀	洗涤剂、纱布	
10	检验	检查清洁度	质检部			
15	组装	阀体总成				
		1. 装蝶板				
		将蝶板吊入阀体内,使蝶板密封面与阀座重合,让阀体、蝶板装阀杆处在同一直线上,以便装入阀杆(注意安装方向)		行车、铜棒、专用工具		
		2. 装滑动轴承				
		将滑动轴承装入阀体上、下的阀杆孔中(用专用工具),使滑动轴承装配到位				
		3. 装阀杆				
		用行车将下阀杆吊到阀体尾部,小端面对准阀杆孔,用铜棒将阀杆敲入阀体和蝶板的孔内,将阀杆全部敲入阀体的阀杆孔内		行车、铜棒		
		4. 装底盘				
		把垫片装入阀体尾部的定位孔中,后将底盖装入阀体尾部的定位孔中,调整方向,装入螺钉,将螺钉交错拧紧		扳手		
		5. 装填料压盖				
		先将填料顺着阀杆装入阀体的填料孔中,后将填料压盖顺着阀杆装入孔中 装入弹性垫圈和螺母,将螺母交错拧紧压实填料		扳手		

续表

装配工艺过程卡片			产品型号		零件图号	全部零件
			产品名称	三偏心金属硬密封蝶阀	零件名称	整机装配
工序号	工序名称	工序内容	装配部门	设备及工艺装备	辅助材料	工时定额/min
15	组装	6. 装支架				
		在阀体的大端旋入双头螺柱，调整好伸出长度，将支架对准方向放入阀体的大端，装入弹性垫圈和螺母，将螺母交错拧紧		扳手		
		7. 配装圆柱销				
		调整好阀杆键槽的方向，压紧蝶板的大面，使阀门处于封闭状态				
		按实际情况定尺寸，钻圆柱销孔、铰圆锥销孔，把圆柱销放入孔中，用铁锤把圆柱销打入阀杆和蝶板的孔中		摇臂钻、铁锤、铰刀、钻头、行车		
		8. 装蜗轮传动装置				
		用行车将蜗轮传动装置吊到阀体大端，调整好方向，阀杆上装入键，对准传动装置的蜗轮孔，用铁锤将传动装置缓缓地打入阀杆，直至装配到位		专用工具、铁锤、扳手		
		装入弹性垫圈、螺母并将螺母交错拧紧				
		9. 装支架定位销				
		用行车将阀门吊到摇臂钻工作台面上，在支架与阀体大端之间及支架与蜗轮传动装置之间钻孔，钻好后打入圆柱销		摇臂钻、铁锤、钻头、行车		
20	标记	在规定部位打印班组代码	质检部	手锤、钢字码		
25	试验	阀门试验				
		1. 启闭试验				
		蝶板在90°旋转中，阀门从全开到全关动作灵活，无卡阻现象				

续表

装配工艺过程卡片			产品型号		零件图号	全部零件
			产品名称	三偏心金属硬密封蝶阀	零件名称	整机装配
工序号	工序名称	工序内容	装配部门	设备及工艺装备	辅助材料	工时定额/min
25	试验	2. 强度试验				
		试验方法和保压时间按 GB/T 13927—2008《工业阀门　压力试验》进行		试压机		
		3. 密封试验				
		试验方法和保压时间按 GB/T 13927—2008《工业阀门　压力试验》进行		试压机		
		4. 气密封试验				
		试验方法和保压时间按 GB/T 13927—2008《工业阀门　压力试验》进行		试压机		
30	油漆	1. 清洁阀门外表面	班组	手锤、锉刀	洗涤剂、纱布	
		2. 阀门外表面及不平处涂腻子，用砂纸打平			砂纸	
		3. 刷除锈油		刷子	除锈油、脂	
		4. 涂红色底漆		刷子	油漆	
		5. 按要求喷油漆		空气压缩机、喷枪	油漆	
		6. 风干(烘干)油漆				
		7. 法兰两端面上涂上防锈漆				
35	标牌	1. 装钉铭牌	班组	手锤、手电钻	铆钉	
		2. 按要求打印标记，进行出厂编号		手锤、钢字码		
40	终检	对整台阀门进行出厂检验	质检部			
45	封堵	清除积水，擦净内腔				
50	装箱					
55	入库		班组	行车、推车		
编制		审核		审定		日期

表 6-6 中线软密封蝶阀的典型装配工艺卡片

装配工艺过程卡片			产品型号		零件图号	全部零件
			产品名称	中线软密封蝶阀	零件名称	整机装配
工序号	工序名称	工序内容	装配部门	设备及工艺装备	辅助材料	工时定额/min
0	领料	用行车把阀体、蝶板吊入指定的装配车间	班组	行车		
		到半成品库，用手推车把阀杆、下压盖、蜗轮传动装置分发到装配车间		手推车		
		到标准件库，把标准件分发到装配车间				
5	清洁	去除零部件的油污、毛刺等，使工件的内表面清洁光滑，达到装配要求	班组	锉刀、刀片	洗涤剂、纱布	
10	检验	检查清洁度	质检部			
15	组装	阀体总成				
		1. 装蝶板				
		在阀体的密封面处涂上润滑油，将蝶板吊入阀体内，使阀体、蝶板、阀杆处在同一直线上，用铜棒将蝶板装阀杆处敲到阀座和阀体平行，保证同心，以便装阀杆		行车、铜棒、专用工具	润滑油	
		2. 装下阀杆				
		用行车将下阀杆吊到阀体尾部，锥度面对准阀杆孔，用铁锤将阀杆敲入阀体和蝶板内，阀杆下端面凹下阀体小端面 20mm		行车、铁锤		
		3. 装轴套、O 形密封圈				
		先将轴套装入阀杆和阀杆的间隙之间(专用工具)，装入 O 形密封圈		专用工具、铁锤		
		4. 装下压盖				
		将下压盖装入阀体尾部，八方对准，装入螺栓和弹性垫圈		扳手		
		将螺栓交错拧紧				

续表

装配工艺过程卡片			产品型号		零件图号	全部零件
			产品名称	中线软密封蝶阀	零件名称	整机装配
工序号	工序名称	工序内容	装配部门	设备及工艺装备	辅助材料	工时定额/min
15	组装	5. 装上阀杆				
		用行车将上阀杆吊到阀体大端，锥度面对准阀杆孔，用铁锤将阀杆敲入阀体和蝶板内，阀杆端面凸出阀体大断面160mm		行车、铁锤		
		6. 装轴套、O形密封圈				
		先将轴套装入阀体和阀杆的间隙之间(到底，专用工具)，装入O形密封圈		专用工具、铁锤		
		再装入一个轴套，轴套端面凹下阀体大端8mm(专用工具)				
		7. 装蜗轮传动装置				
		用行车将蜗轮传动装置吊到阀体大端，上阀杆对准传动装置的蜗轮孔，用铁锤将传动装置缓缓地打入阀杆，转动传动装置，使操作手轮与阀体法兰垂直，装入弹垫、螺母，将螺母交错拧紧		专用工具、铁锤、扳手		
		8. 装锥销				
		把蝶板敲平，使蝶阀处于密封状态		摇臂钻、铁锤、铰刀、钻头		
		按实际情况定尺寸，钻锥销孔，把锥销放入孔中，用铁锤把锥销敲下去				
20	标记	在规定部位打印班组代码	质检部	手锤、钢字码		
25	试验	阀门试验				
		1. 启闭试验				
		蝶板在90°旋转中，阀门从全开到全关应动作灵活，无卡阻现象				

续表

装配工艺过程卡片			产品型号		零件图号	全部零件
			产品名称	中线软密封蝶阀	零件名称	整机装配
工序号	工序名称	工序内容	装配部门	设备及工艺装备	辅助材料	工时定额/min
25	试验	2. 强度试验				
		试验方法和保压时间按 GB/T 13927—2008《通用阀门　压力试验》进行		试压机		
		3. 密封试验				
		试验方法和保压时间按 GB/T 13927—2008《通用阀门　压力试验》进行		试压机		
		4. 气密封试验				
		试验方法和保压时间按 GB/T 13927—2008《通用阀门　压力试验》进行		试压机		
30	油漆	1. 清洁阀门外表面	班组	手锤、锉刀	洗涤剂、纱布	
		2. 阀门外表面及不平处涂腻子，用砂纸打平			砂纸	
		3. 刷除锈油		刷子	除锈油、脂	
		4. 涂红色底漆		刷子	油漆	
		5. 按要求喷油漆		空气压缩机、喷枪	油漆	
		6. 风干(烘干)油漆				
		7. 法兰两端面上涂上防锈漆				
35	标牌	1. 装钉铭牌	班组	手锤、手电钻	铆钉	
		2. 按要求打印标记，进行出厂编号		手锤、钢字码		
40	终检	对整台阀门进行出厂检验	质检部			
45	封堵	清除积水，擦净内腔				
50	装箱					
55	入库		班组	行车、推车		
编制		审核		审定	日期	

表 6-7 固定式管线球阀的典型装配工艺卡片

装配工艺过程卡片			产品型号		零件图号	全部零件
			产品名称	固定式管线球阀	零件名称	整机装配
工序号	工序名称	工序内容	装配部门	设备及工艺装备	辅助材料	工时定额/min
0	领料	用插车把阀体,左、右体放入指定的装配车间	班组	插车		
		到半成品库,用手推车把球体、阀杆、下阀盖、支撑圈、蜗轮等分发到装配车间		手推车		
		到标准件库,把标准件分发到装配车间				
5	清洁	阀门内腔清洁干净,表面无脏物和粘附铁屑等杂物,阀门内腔涂防锈油	班组	空气压缩机、喷枪、刷子	洗涤剂、纱布	
10	检验	检查清洁度	质检部			
15	组装	一、阀体总成				
		1. 装球体				
		将无油润滑轴承装入球体,与下盖配合的轴孔应先装入四氟乙烯垫片,然后再装无油润滑轴承,用铜棒将其敲入球体,将球体吊入阀体内,让阀体上下孔与球体无油轴承孔处在同一直线		行车、铜棒		
		2. 装下盖、O 形密封圈		行车、铁锤		
		先将 O 形密封圈放入槽中,套上密封垫后装入阀体,用铁锤将其敲入阀体与球体中				
		将螺栓旋入阀体,螺母应对称,逐次拧紧		扳手		
		3. 装阀杆				
		将阀杆装入阀体与球体,用铜棒将其敲入		铜棒		
		用圆柱销将键固定于阀杆上,转动阀杆,使球可以灵活转动,无卡阻现象		铁锤、扳手		
		4. 装密封套、O 形密封圈				
		先将 O 形密封圈放入槽中,套上密封垫后装入阀体,用铁锤将其敲入阀体与球体中		行车、铁锤		

续表

装配工艺过程卡片			产品型号		零件图号	全部零件
			产品名称	固定式管线球阀	零件名称	整机装配
工序号	工序名称	工序内容	装配部门	设备及工艺装备	辅助材料	工时定额/min
15	组装	将螺钉对称、逐次、均匀拧紧	班组	扳手		
		二、左右体总成		剪刀		
		1. 装弹簧座				
		将弹簧装入弹簧孔中,防火垫缠绕于弹簧座预留处	班组		黄油	
		2. 装阀座支撑圈、O形密封圈	质检部			
		将O形密封圈装入槽中后与弹簧座相配合组装,再将组合后的支撑圈与弹簧座一起装入左、右体	班组		黄油	
		三、阀门总成				
		1. 左、右体,O形密封圈				
		先将O形密封圈装入槽中,套上密封垫后将左、右体装入阀体中,将螺栓旋入阀体中,螺母应对称、逐次、均匀拧紧		行车、扳手	黄油	
		2. 装连接盘				
		先将防火密封垫装在支撑轴预留位置处,再将连接盘装入支撑轴中				
		将螺钉对称、逐次、均匀拧紧		扳手		
		3. 装弹性圆柱销				
		配钻弹性圆柱销孔,用铁锤将弹性圆柱销敲入孔中		摇臂钻、钻头、铁锤		
		4. 装蜗轮传动装置				
		用行车将蜗轮传动装置吊到阀体上方,阀杆对准传动装置的蜗轮孔		行车、铁锤		
		用铁锤将传动装置缓缓打入阀杆				
		转动传动装置,使操作手轮与阀体法兰平行,装入弹垫、螺栓、螺母				
		螺母应对称、逐次、均匀拧紧				

续表

装配工艺过程卡片			产品型号		零件图号	全部零件
			产品名称	固定式管线球阀	零件名称	整机装配
工序号	工序名称	工序内容	装配部门	设备及工艺装备	辅助材料	工时定额/min
20	标记	在规定部位打印班组代码	质检部	手锤、钢字码	黄油	
25	试验	阀门试验				
		1. 启闭试验				
		球体90°旋转,阀门从全开到全关动作灵活,无卡阻现象		试压机		
		2. 强度试验				
		试验方法和保压时间按API6D《管线阀门》进行				
		3. 密封试验				
		试验方法和保压时间按API6D《管线阀门》进行				
		4. 气密封试验				
		试验方法和保压时间按API6D《管线阀门》进行				
30	油漆	1. 清洁阀门外表面	班组			
		2. 刷除锈油		刷子		
		3. 涂红色底漆		刷子		
		4. 按要求喷油漆		空气压缩机、喷枪		
		5. 风干(烘干)油漆				
35	标牌	1. 装钉铭牌	班组	手锤、手电钻		
		2. 按要求打印标记,进行出厂编号		手锤、钢字码		
40	终检	对整台阀门进行出厂检验	质检部			
45	封堵	清除积水,擦净内腔,两端用闷盖盖住				
50	装箱					
55	入库		班组	行车、推车		
编制		审核		审定	日期	

2. 装配系统图

用图的形式将阀门零、部件的装配顺序表示出来，并注上简要的装配工艺说明（如焊接、配钻、攻螺纹、调整和检验等），这样的图称为装配系统图。

装配系统图的绘制方法为：先画一条横线，在横线左端画出代表基准零件或基准部件的长方格，然后按装配顺序自左向右，从横线上引出代表直接进入总装配的零件和组件的长方格，零件画在横线上方，组件画在横线下方，在横线右端画出代表成品的长方格。各组件的绘制方法与此类同。有的阀门厂在代表成品的长方格右端还用箭头及文字表示阀门总装后的工艺过程（如试验、钉标牌等）。装配系统图用于指导装配阀门，特别是在多品种、单件小批生产的阀门厂，常与装配工艺守则结合使用，以代替装配工艺卡片。

3. 装配工艺守则

装配工艺守则是一种通用的工艺文件，它规定了各装配工序的操作方法、技术要求、检验方法以及需用的设备和工具等。由于工艺守则是一种通用的工艺文件，故其不能反映出每种阀门具体的装配顺序，而只能将阀门装配工艺过程中的共同性的问题作一规定。因此，这种工艺文件通常与装配系统图结合使用。多品种、小批量、轮番生产的阀门厂，生产的阀门的型号、规格往往达数百种，如对每一规格的阀门都编制一套装配工艺卡片，不仅工作量大，而且也没有必要。由于同一类阀门的装配方法基本相同，技术要求亦较近似，若编制装配工艺卡片，则其内容难免重复，故一般只用工艺守则把各工序的操作方法、技术要求、检查方法等规定下来，作为同类阀门装配过程的通用性指导文件。这样不但节省了编制工艺卡片的劳动量，也便于工人掌握和贯彻。

第四节　阀门装配工作的机械化

长期以来，阀门的装配工作主要是依靠人工来完成的。人工装配劳动强度大、效率低。随着数控机床、加工中心等高效设备的应用，阀门机械加工的工艺水平和生产效率有了显著的提高。装配工作的这种落后状况难以适应现代大规模生产的需要。因此，装配工作的机械化已成为当前阀门制造业的紧迫问题，必须优先加以考虑。

本部分将常用的几种阀门装配机械简单作一介绍。

1. 喷丸清洗机

中、小型阀门的阀体可采用喷丸清洗机进行初洗。该清洗机的工作原理如图 6-7 所示。喷丸清洗机由泥浆泵、清洗槽、喷管及工作台等部分组成。清洗时，先将阀体安装在工作台上，然后开动泥浆泵把清洗槽内由铁丸、石英砂和碱水组成的喷丸液抽至喷管，此时打开阀门，0.5～0.6MPa 的压缩空气则经管进入喷管，使喷丸液高速冲击阀体内腔表面。阀体上的氧化皮、切屑末和油污等被喷丸和石英砂冲磨掉，并被碱水带走，从而达到清洗的目的。清洗完后，先关闭泥浆泵，让压缩空气将阀体内腔残留的喷丸液吹干，再关闭阀门。

2. 小型阀体清洗机

图 6-8 所示的小型阀体清洗机，可用来清洗 *DN*32 以下的截止阀及安全阀阀体。

该清洗机由储水箱和清洗托盆两部分组成。储水箱上部装有塑料泵（功率 2.2kW，流量 6t/h），清洗托盆内有 3 根 3/4in 的水管，管壁上钻有多个不同直径的喷水孔，分别用来清洗不同规格的阀体。水管上方装有前后倾斜 15°的支架，以支撑阀体。为防止水流飞溅，清洗托盆上装有活动的有机玻璃防水罩。

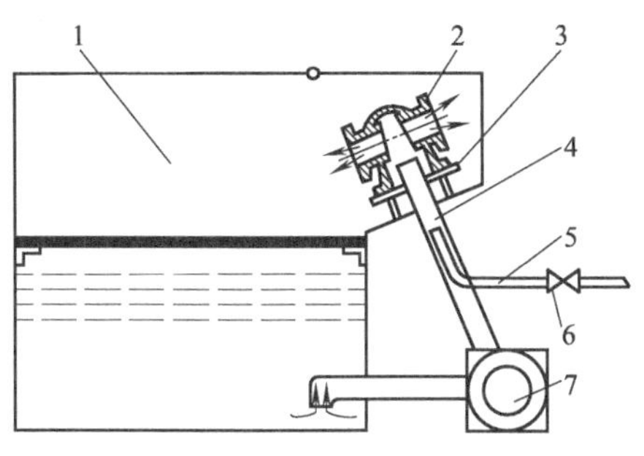

图 6-7　喷丸清洗机

1—清洗槽；2—阀体；3—工作台；4—喷管；
5—管；6—阀门；7—泥浆泵

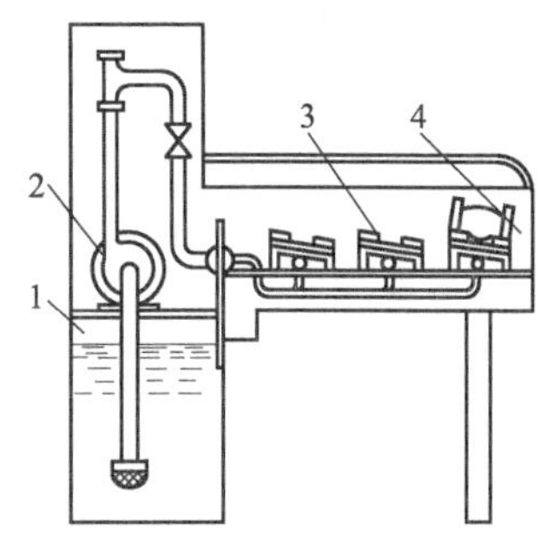

图 6-8　小型阀体清洗机

1—储水箱；2—塑料泵；
3—支架；4—清洗托盆

3. 风动扳手

大、中型阀门的阀体与阀盖均采用螺栓连接，装配时需拧紧几个甚至几十个螺母。用扳手紧固时，工人的劳动量繁重，螺栓预紧力也不易均匀。为了减轻笨重的体力劳动并提高装配效率，可使用风动扳手来紧固螺栓。

图 6-9 为拧紧螺栓直径 $d \leqslant 20\text{mm}$ 的风动扳手，其工作压力为 0.5MPa，并可根据旋紧螺母的不同规格来更换扳手头。

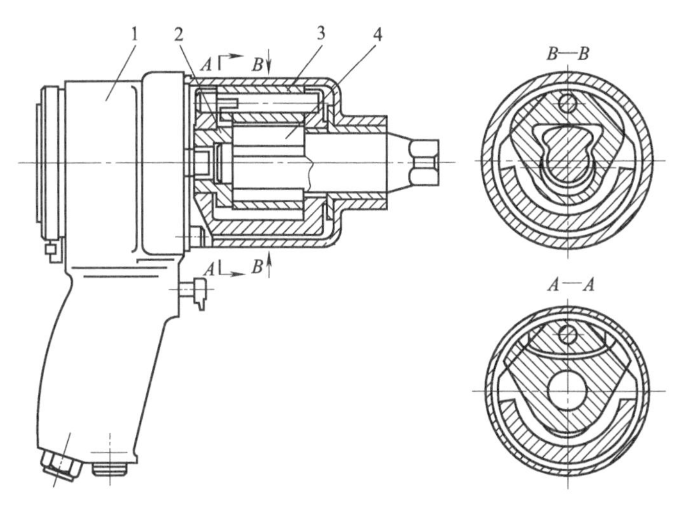

图 6-9　风动扳手

1—风动机；2—转动拨叉；3—冲击块；4—扳轴

该风动扳手采用滑片式风动机经转动拨叉带动冲击块旋转，冲击块使扳轴上的扭矩增大，故迫使冲击块摆动从而与扳轴脱开，冲击块旋转一周后，再次冲击扳轴而拧动螺母，如此反复冲击，直到螺母拧紧为止。

一般的风动扳手由于结构尺寸太长，往往受支架、手轮等零件位置的限制，操作颇为不便。但这种手枪形的风动扳手结构简单、扭矩大、外形尺寸短，故一般在阀门装配时使用。

4. 电动扳手

小型阀门的阀盖与阀体一般采用螺纹连接，装配时可采用图 6-10 所示的电动扳手紧固阀盖。电动扳手由支架、滑轨、工作台及扳手体四部分组成。支架用槽钢制成，呈门字形，其上端固定有两根工字钢制的滑轨。扳手体可在滑轨上纵向移动，以旋紧纵向安装在工作台上的一排阀门。当扳手体移至阀门上方后，可开动升降电机，经蜗轮、蜗杆减速，齿轮、齿条传动，使扳手头下降，然后关闭升降电机，开动主电机，使主轴转动而旋紧阀盖。在达到规定的扭矩后，主电机自动切断，此时，可开反车使扳手头上升，再将扳手体沿滑轨纵向移动，以紧固下一个阀门。这种电动扳手结构虽较复杂，但生产率高，适于成批生产的阀门厂使用。

5. **扭力扳手**

在没有动力源或野外维修阀门时，可采用图 6-11 所示的扭力扳手来紧固螺栓。该扳手是一小型行星减速机，结构紧凑，体积小，变速比大，用以高倍增大扭力扳手输出扭矩，对大型紧固螺栓实现定扭矩装配，可以提高阀门的装配质量。图 6-11 中 5 为机体，即内齿轮，外圆上焊有反力臂 8，用以固定机体。4 为一级行星系统，包括行星架、行星轮等，进行一级减速，并将力矩传递至二级行星系统 6，进行二级减速，二级行星架的轴端即输出端。有两种形式，通常情况下做成 $S=32$ 的六方轴，配用专用套筒；也可根据需要做成其他的方轴，配用标准重型套筒。2 是棘轮止退机构。3、7 分别为 205、207 轴承，用以支撑输入输出两端。一级行星系统浮动，用以均载。1 为太阳轮、外周为六方，与止退棘轮结合，上端是扭力扳手接口，用以输出力矩。

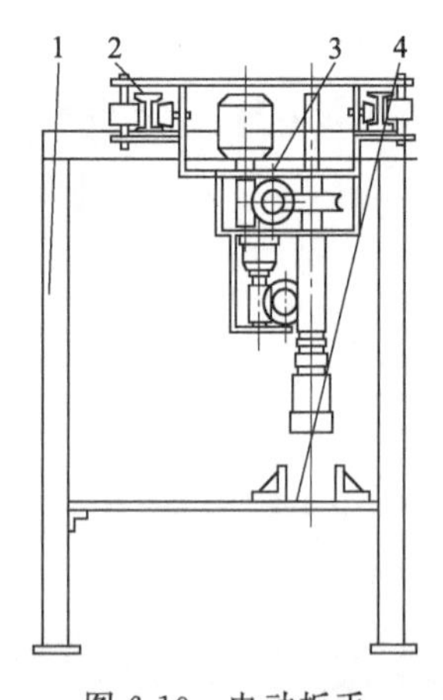

图 6-10 电动扳手

1—支架；2—滑轨；3—扳手体；4—工作台

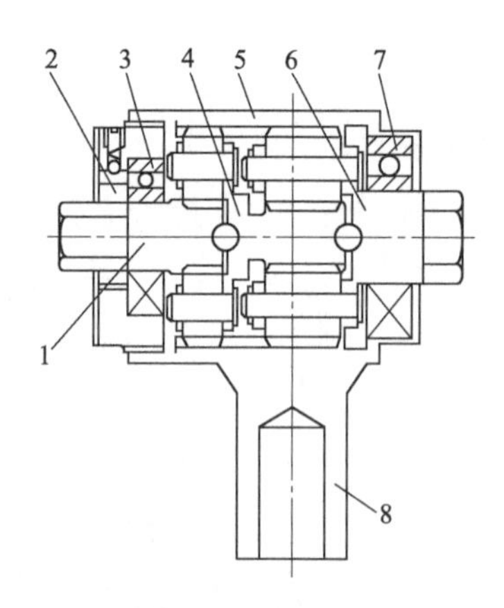

图 6-11 扭力扳手

1—太阳轮；2—棘轮止退机构；3,7—轴承；4—一级行星系统；5—机体；6—二级行星系统；8—反力臂

小 结

① 阀门结构比较有特色，常用的阀门结构有闸阀、截止阀、止回阀、蝶阀等，分别适用于不同的用途。

② 阀门制造中常用的装配方法可分为三种，即完全互换法、修配法及调整法。

③ 阀门的装配过程包含：装配前的准备工作；阀门的总装配。

④ 阀门装配工艺规程的主要内容为：规定合理的装配顺序及装配方法；选择并确定装配工具及设备；规定装配各工序的技术条件及质量检查方法等。

⑤ 阀门装配工艺规程常用的文件形式有：装配工艺卡片、装配系统图及装配工艺守则。

第七章
平缝机装配工艺制定

第一节　概　　述

一、平缝机实例

图 7-1 为平缝机结构，当所有零部件加工完成后，如何将它们装配起来？

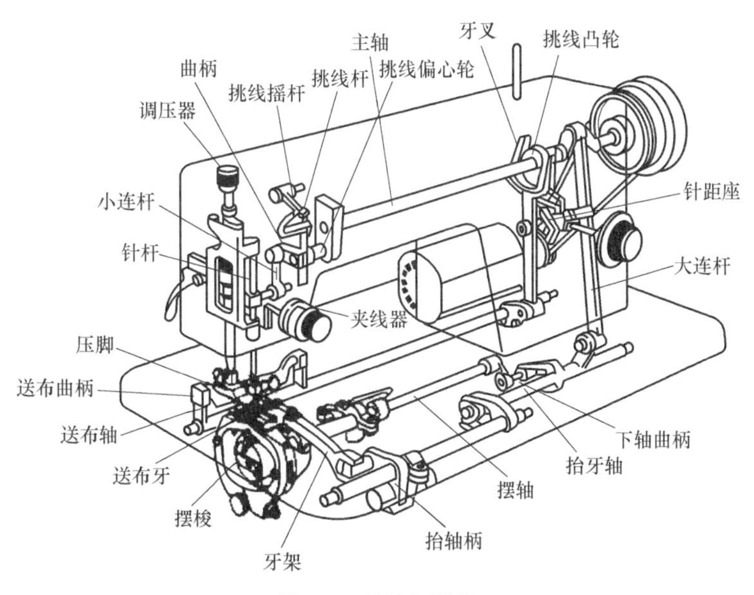

图 7-1　平缝机结构

平缝机由四个机构组成，分别为针杆机构、勾线机构、送料机构和压脚机构。缝针带引缝线刺穿缝料的机构称为针杆机构。针杆机构的任务是驱动机针，引导面线穿过缝料，形成面线线环，为缝线的相互交织做准备。针杆机构的作用最终是由机针来实现，平缝机在工作时为将缝料缝合在一起，机针要做穿刺运动。机针穿刺缝料的运动方式有垂直方向、水平方向，有直线式、曲线式。针杆的高度定位是缝制设备在使用和维修中的一个重要参数，双直针或多直针高度是不一样的，高度定位时一般以长针为准。针杆运动从上死点到下死点之间的距离称为针杆行程。针杆行程是缝制设备的重要参数，针杆行程和机针的有效工作行程是两回事，机针有效行程是指机针从刺布瞬间开始至机针达到最低点这段距离。勾住线环的机构称勾线机械，它承担着勾线、分线、过线、脱线及放底线的作用。输送、回收、收紧针线的机构称挑线机构。挑线杆在每一个工作循环中担负着收、放面线并与送布机构配合完成缝纫线迹的形成。输送缝料的机构称送料机构。平缝机在送料过程中，大部分是依靠来自压脚施加的压力来配合送料运动的。由于压脚机构的作用，使缝料与缝料之间，缝料与送布牙之间产生摩擦力，这种摩擦力有利于送布和减少缝料间滑移。

平缝机属于精密机械之一，在实现缝纫的各个工作过程，主要依靠四大机构（包括其他辅助机构）的配合来完成，无论哪个部位运行稍有误差，都会影响缝纫质量。在平缝机的装配工艺制定过程中，应对各阶段中各机构的配合状况、时间要求、尺寸参数以及各主要零件的几何形状、光洁度等因素进行综合分析研究，尽量做到装配工作的准确可靠。

二、平缝机装配的技术要求与工艺选定

装配工作是平缝机制造或大修过程中最后阶段的生产作业，所以装配工作质量的优劣对整个产品的质量起着决定性的作用。如果装配不符合规定的技术要求，平缝机就不能正常工作，而零部件之间、机构之间的相互位置不正确，轻则影响平缝机的工作性能，重则无法工作，如过线类零件留有一点小毛刺，就会造成平缝机工作无法进行。另外，在装配过程中，不重视清洁问题，粗枝大叶，乱打乱敲，不按规范装配，是不可能装出合格的产品的。装配质量差的平缝机，精度低、性能差、响声大、力矩重、寿命短；反之，对某些精度不很高的零部件，经过仔细地选择装配和精确地调整，仍能装配出性能较好的产品来。所以说，装配工作是一项非常重要而细致的工作。

1. 平缝机装配的基本概念

按照规定的方法和要求，将各类检验合格的零件组装成组件，再将这些组件加上其他零件组装成部件，以及将若干部件、零件组装成一台平缝机，最后经调整、试缝、检验、装箱的生产过程称为装配。

（1）机器装配的工艺过程

机器装配工艺过程一般由以下四个工作步骤组成。

① 装配前的准备：熟悉产品装配图，了解产品用途、零件的结构作用及零件间的装配关系、技术要求。确定装配方法，准备所需的工具。

检查零件加工质量，对装配的零件进行清洗，对有特殊要求的零件，还应进行修配或平衡与压力试验等。

② 装配：对结构复杂的机器装配工作，通常按部件装配和总装配进行。

③ 调整、检查、试车：调整零件或机构的相互位置、配合间隙、结合面松紧等，使机构或机器工作协调。检查机构或机器的几何精度和工作精度。试车检查机构或机器运转的灵活性、振动情况、工作温度、噪声、转速、功率等性能参数是否达到要求。

④ 装箱：机器装成之后，为了使其美观、防锈和便于运输，还要做好涂装、涂油和装箱工作。对大型机器，还要进行拆卸和分装。

（2）装配工作的组织形式

装配工作的组织形式随生产类型及产品复杂程度和技术要求的不同而不同，一般分为单件小批量装配和生产流水线装配两种形式。

① 单件小批量装配：将产品或部件的全部装配工作安排在一个固定工作地进行，在装配过程中，产品的位置不变，装配所需的零件和部件都集中在工作地附近。

单件生产时，由一个工人或一组工人去完成。这种装配形式对工人的技术要求较高，装配周期长，生产效率低。

成批生产时，装配工作通常分为部件装配和总装配，一般用于较复杂的产品。

② 生产流水线装配：指工作对象在装配过程中有顺序地由一个工人转移到另一个工人，这种转移可以是装配对象的移动，也可以是工人自身的移动。通常把这种装配组织形式叫流水线装配。

由于广泛采用互换性原则，使装配工作工序化，因此，生产流水线装配质量好、效率高，是一种先进的装配组织形式，适合于大批量生产。

(3) 装配工艺规程

① 装配工艺规程及作用：由于机械产品的应用极其广泛，产品结构、生产过程日趋复杂，随着生产环节的多样化，生产周期的变长，生产规模的扩大，产品要求的提高，对机器生产过程的装配环节的要求也越来越高。在长期生产实践中，人们认识到，没有一整套规范和指导装配生产的措施，很难保证产品设计要求和提高生产效率，这就逐步形成了装配工艺规程。所以装配工艺规程就是规定产品及部件的装配顺序、装配方法、装配技术要求和检查方法以及装配所需设备、工具、时间定额等指导装配施工的一系列技术文件。

它是提高装配质量和效率的必要措施，也是组织生产的重要依据。

② 装配工艺规程的内容及形式

a. 装配工艺规程的内容。用以组织指导装配生产的装配工艺规程通常包含以下主要内容：对所有的装配单元和零件规定出既保证装配精度，又使生产率最高且最经济的装配方法；规定所有的零件和部件的装配顺序；划分工序、工步，决定内容、工艺参数、操作要求以及所用设备和工艺装备；决定工人等级和工时定额；确定检查方法和装配技术条件；专用工具及工艺装备明细和材料消耗工艺定额明细等；必要的工艺附图、装配流程图、工艺守则等。

b. 装配工艺规程的形式。装配工艺规程主要以技术文件的形式下达到生产现场，指导装配生产。这些技术文件通常有工艺过程卡、工艺卡、工艺守则、工艺附图、装配流程图、工具及工装明细表等。

(4) 装配尺寸链

在机器装配或零件加工过程中，由相互关联的尺寸形成的封闭尺寸组，称为尺寸链。

(5) 常用装配方法

机器装配中，常用的装配方法有完全互换装配法、选择装配法、修配装配法和调整装配法等。

① 完全互换装配法：在同一种零件中任取一个，不需修配即可装入部件中，并能达到装配技术要求，这种装配方法称为完全互换装配法。这种装配法的特点和应用范围如下。

a. 装配操作简便，对工人的技术要求不高。

b. 装配质量好，生产效率高。

c. 装配时间容易确定，便于组织流水线装配。

d. 零件磨损后更换方便。

e. 对零件精度要求高。

② 选择装配法：选择装配法分为直接选配法和分组选配法两种。

a. 直接选配法。由装配工人直接从一批零件中选择合适的零件进行装配的方法，称为直接装配法。这种方法比较简单，其装配质量是靠工人的感觉或经验确定，装配效率低。

b. 分组选配法。将一批零件逐一测量后，按实际尺寸大小分成若干组，然后将尺寸大的包容件（如孔）与尺寸大的被包容件（如轴）配合；将尺寸小的包容件与尺寸小的被包容件配合。

分组选配法的特点及适应范围：

• 经分组选配后，零件的配合精度高，所以常用于大批量生产中装配精度要求高的场合。

• 因零件制造公差可放大，所以加工成本降低。

• 增加了测量分组的工作量，可能造成半成品和零件积压。

③ 修配装配法：在装配时根据装配的实际需要，在某一零件上去除少量的预留修配量，以达到精度要求的装配方法。

④ 调整装配法：在装配时根据装配的实际需要，改变部件中可调整零件的相对位置或选用合适整件，以达到装配技术要求的装配方法。

2. 装配时应掌握的技术内容

① 了解产品的结构、性能要求，熟悉部件装配联系图、总装图以及装配工艺规程。

② 熟悉零件明细表，了解零件的作用以及相互的关系。

③ 产品质量标准和检验方法。

④ 装配工艺要点：

a. 装配时应做到装一道，紧一道，轻一道，润滑一道（每装一道该紧固的螺钉应按要求紧固，转动要轻滑，并做好润滑工作）。

b. 凡是轴向间隙，都应做到手感基本无间隙。

c. 零件的方向定位，方向不要搞错。

d. 配合间隙应达到机器性能所要求的精度。

e. 齿轮间隙要小，但不能轧重，啮合情况要好。

f. 尺寸定位要准确，要按产品性能的要求定位。

g. 凡是相互装配的零件，装前先相互配套一下。

h. 凡是运动的轴装进相配套的轴套后，均要求轻滑，但不能松动。

i. 凡是有螺钉定位在轴上的零件，如轴上有定位平面、刻线、锥孔等，一般情况下，均以轴的旋向的第一个螺钉进行定位，且螺钉必须紧固在规定的位置上，先定位，后支紧。

j. 装配时，必须每一道装好后，才能装下一道工序，否则会产生零部件全部装上后，螺钉紧固之后发生重轧，且发生轧重的地方也不好判断。

k. 需配件的，要先把相关零件组装且达到要求后，再装配到整机上。

l. 紧圈有的是两个端面中一面磨削过而另一端面不进行磨削，在组装时应注意磨削过的光面是与其他零件相接触的，例如与轴套端面接触。

m. 凡是弹簧均应有一定的弹力，具体多大，维修中应分析具体情况，保证机器能正常工作为原则。例如倒缝操作杆曲柄弹簧拉力太小，将影响倒缝操纵扳手正常回弹到原位，或因振动使其抖动。如拉力过大，倒缝操纵扳手使用时压力就需很大。又如压紧杆弹簧，弹力过小压不住缝料将产生跳针，压力过大将影响正常送料。

n. 油线要通到需润滑处，但又不能影响机构的运动，油线或塑料管及铝、铜油管不能靠在转动的轴上，以防磨损，更不能与运动的零件相碰，但又要安装稳妥。在使用中不会因振动而移位、脱落，固定时用力不能过大，否则会使毛细作用受阻，影响油的渗流。

o. 轴套拆下再安装时，要注意它上面的油孔位置，要与供油孔对准，或对准有油线的方向，有些零件正反都可安装，但一面有油孔，这时就要使油孔向上再安装以便油能进入。

有些连杆盖和连杆柄在安装时一定要注意油孔向上，还要注意原来的配合方向，一般在侧面或端面有标记，这时要认清。

p. 类似调节曲柄的零件，与之铰接的零件在不知具体定位尺寸时，先不要向长槽或弯月形槽的某一边靠足，可先固定于中间位置，以便调整时两边都留有余地。

q. 机壳上有些孔是工艺孔，这是为旋转螺钉伸进开刀而加工的孔，这时要注意，需旋转的螺钉要与其对准，特别是有两个螺钉的零件，要特别注意哪一个螺钉对准工艺孔。例如要使平缝机抬牙轴紧圈紧固时，有一个螺钉要对准平板侧壁的工艺孔，而另一个螺钉则从机器正下方可以旋紧。如果错位，另一个螺钉就会看不见，则将漏旋。

r. 有锥销的组件装在机器上时，一定要将锥销大端装在上方，小端在下方。

s. 对有些零件要施加冲击力时，应根据情况选择合适的工具及办法。有时要用铜榔头，如无铜榔头时，也应衬一块木块之类物品再敲击，且用力要适当，不可用蛮力。

t. 凡是拆下零件时，要先记住零件的安装位置和方向，以及分析一下相关零件的相互关系，不要急于拆下，以便再装上时，不至于方向装反、位置不对或漏装零件造成不必要的返工。

u. 轴上有定位孔或者定位平面的，螺钉要对准定位孔或定位平面，如有两个螺钉，一般是旋向的第一个螺钉为定位螺钉，另一个为紧定螺钉。在拆下时需要注意，必要时做好记号，便于组装时不会搞错。

v. 密封圈压入时，不能被零件或机壳损伤（如切掉一块）。一般要注意压入处不能有锐角的缺口，如有应修整一下，修成小倒角或小圆角，压入时还应先涂少许黄油。

3. 装配工艺的选定

根据产品精度要求的高低、生产批量的大小，从经济角度考虑，平缝机的装配工艺有如下几种。

(1) 一般装配

指不经过选择的进行装配，这种装配方式适合大规模生产，要求零件加工精度高，互换性强，有利于产品的维修和质量保证。

(2) 分组装配

分组装配就是把加工精度低的相配合零件，根据零件实际尺寸依照配合公差进行分组，分组越多，每一组零件相互配合的公差值越小，则零件加工尺寸的精度相对越高。

分组装配适用于精度要求高的平缝机装配，使用一般精度的零件，通过测量将相配合的零件分成两组或三组，使大尺寸的孔与大尺寸的轴相配合，小尺寸的孔和小尺寸的轴配合，从而使在不增加零件精度，也不增加生产成本的情况下达到提高装配精度的目的。

如：针杆与针杆孔的配合 $\phi7.24H7\,(^{+0.015}_{0})$ mm/$\phi7.24h6\,(^{0}_{-0.009})$ mm，采用一般装配时，其配合后最小的间隙是 0，最大的间隙是 0.024mm，配合公差是 24μm。如果将零件分成两组进行装配，其结果见表 7-1。

表 7-1 零件分成两组进行装配 μm

组别	孔公差 H7	轴公差 h6	最大间隙	最小间隙	配合公差
1	+0.75 0	−9 −4.5	16.5	4.5	12
2	+15 +7.5	−4.5 0	19.5	7.5	12

可见配合公差较一般装配减小了 50%，最大间隙减小 18.7%～31%，最小间隙亦有相应增加，从而提高了装配精度。如果将零件分成三组，则装配精度会进一步提高。

（3）对偶装配

对偶装配是两件相配合的零件，首先将一个相配零件的尺寸加工好，另一件则根据所加工的实际尺寸配研，使之达到高精度的配合要求。这种装配形式，有的通过精加工方法，如精磨轴的尺寸来配合孔的尺寸（一般外径的加工尺寸精度比孔的加工尺寸精度容易达到和测量），或通过配合研磨手段来达到。

对于精度要求特别高的平缝机，如果采取提高零件精度的办法来提高装配精度，这在生产上和经济上来说是十分不合算的。此时可在不增加太多生产成本的条件下采用对偶装配的方法来提高装配精度。其方法是将相配合的两个零件之一按一般精度制造，另一个零件则留有一定的精加工余量。在装配现场测出一般精度加工零件的实际尺寸，再按此实际尺寸对留有精加工余量的另一配合零件进行精加工，使之达到要求的配合精度。仍以上述的针杆与针杆孔的配合为例：针杆为 $\phi 7.24_{-0.009}^{\ 0}$ mm，实际测得尺寸为 $\phi 7.24-0.009$mm，由于针杆套留有精加工余量（一般为 0.01～0.02mm），此时可对针杆套的孔通过研磨等方法加工到 $\phi 7.24-0.005$mm，这样即可得配合间隙为 0.004mm 的高配合精度。

（4）部件装配

部件装配是指机器在进入总装配之前的装配，由于平缝机的复杂程度不同，部件装配的内容也不一样。

一台复杂的机器部件里面往往包含着部件，这就是通常所说的一级部件、二级部件的层次关系。

（5）机器装配

机器装配是把零件和部件装在一台完整的机器上的过程。

（6）调试

调试包含调整和试车两部分内容。

① 调整：调节零件或机构的相互位置、配合间隙、连接松紧等，目的是使各类零件处于各自适当的位置。

② 试车：对平缝机性能的试校，也是对其运转灵活性、工作温升、密封性、噪声、振动和力矩等方面的检查。

装配组织形式主要取决于生产规模，常见的几种装配组织形式的选择与比较见表 7-2。

表 7-2　装配组织形式的选择与比较

序号	生产规模	装配方法与组织形式	自动化程度	特　点
1	单件生产	手工(使用简单的工具)装配,无专用或固定的工作台、位	手工	生产效率低,装配质量在很大程度上依赖于装配工人的技术水平和工作责任心
2	成批生产	装配工作台相对固定,配置有专用的装配工具、夹具、量具和设备,间隔一定的生产周期成批地装配相同型号的平缝机。可组成装配对象固定而装配工人流动的流水线	人工流水线	装配作业通常分为漆后加工、配件装配和机头装配三大部分,这种生产组织形式工作效率较高,装配质量较稳定
3	大批量生产	平缝机的生产数量很大,每个工位重复完成同一工序,每个工人只完成一部分工作 在装配过程中,装配对象按工艺流程具有严格节奏的用人工依次移动或以滚道行走、传送带输送的方式,进行由上一道工序转移到下一道工序的工作 为了保证装配工作的连续性,在装配线所有的工位上,工作量的时间应相等。所以要求装配工人都能按生产顺序和生产节拍完成工作量	人工或机械化传输流水线	装配线上要求零件的互换性强,由于广泛采用互换性强的零件组装,并且装配作业工序化,所以产品装配质量好、场地利用率高、生产效率高、周期短 对装配工人的技术水平要求相对较低

续表

序号	生产规模	装配方法与组织形式	自动化程度	特　点
4	成批生产	机头装配中，在一个独立的工位，由一个装配工人完成所有的装配工序(试缝工序除外)。通常所有的装配工具、夹具、量具和设备等都配置在该工位周围，机器同定在工作台专用工装上可多方位旋转 该装配方法在国内极少采用，一般为欧洲国家所采用	人工独立作业(岛式作业法)	由于一个工人完成多道工序，所以生产效率较流水线低，装备费用高 对装配工人的知识水准和技术水平要求很高 对产品质量的溯源性强，该装配方法适用于产品结构复杂的平缝机种

第二节　针杆挑线部件装配

一、针杆挑线部件的组成及作用

1. 组成

图 7-2 为针杆挑线部件图，当针杆挑线部件零组件明细表中（表 7-3）所有零部件加工完成后，如何将它们装配起来？

在工业平缝机的挑线机构中，通常有凸轮挑线机构、连杆挑线机构和旋转挑线机构。凸轮挑线机构结构较为紧凑，挑线杆线眼运动可设计成任何运动规律，但不适用于缝纫速度在 1200 针/分以上的平缝机。旋转挑线机构结构简单，面线传递和消耗的自动协调，挑线杆能充分平衡，使惯性力减少，适用于 6000 针/分线迹的缝纫机中。连杆挑线机构的特点是，沿封闭曲线运动的机构线眼没有极限位置，使面线断线率减少，适用于 5000 针/分线迹速度的平缝机中。目前大多数工业平缝机都采用连杆挑线机构，下面着重介绍连杆挑线机构。

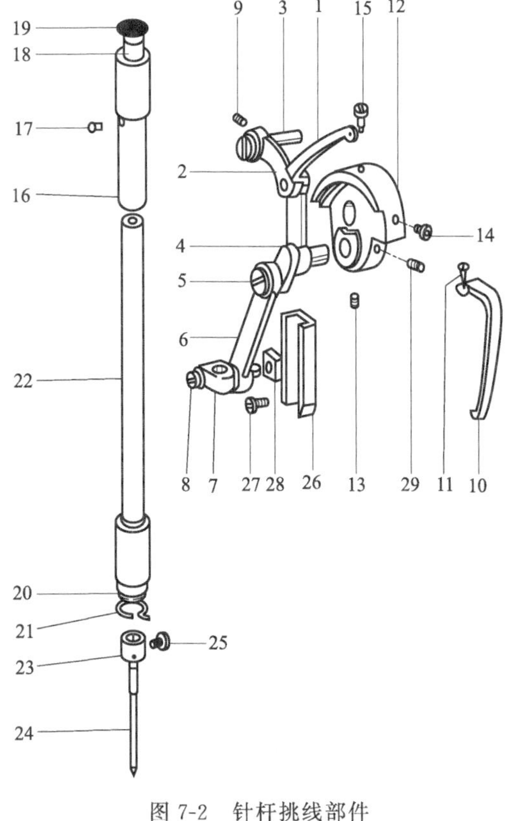

图 7-2　针杆挑线部件

注：图注见表 7-3。

连杆挑线机构组成如图 7-3 所示。连杆挑线机构的主动件是安装在上轴左端的针杆曲柄 1，由于形状像麦粒，故有麦果之称。挑线曲柄 2 穿过挑线杆体 6 端部的孔而紧固在针杆曲柄 1 上。挑线连杆 3 的凸头套在挑线杆体 6 中部的孔内，挑线连杆 3 由挑线连杆销 4 连接于机壳眼孔。挑线曲柄 2 的另一端套有针杆连杆 12，并用挑线曲柄螺钉 7 在轴向限位。针杆连杆 12 下端孔中套上针杆连接柱 8，针杆 9 由针杆连接柱 8 固紧，并在针杆 9 上、下套筒内做上下运动。上轴旋转，针杆曲柄 1 旋转，通过挑线曲柄 2、针杆连杆 12 等，使针杆9做上下直线运动。挑线杆体6做上下挑线运动，挑线杆体6上的穿线孔5也随之上下移动。此移动与针杆的上升、下降有节奏地配合，使面线在针杆的上下各个位置移动时，有相应的抽紧和放松以形成线迹，针杆连接柱滑块10与针杆滑块导轨11相配合，能防止针杆绕轴向转动。

表7-3 针杆挑线部件零组件明细表

序号	图号	名称	件数			序号	图号	名称	件数		
			M	H	B				M	H	B
1	22T2-001A1a	挑线杆组件	1			15	22T2-007	针杆曲柄定位螺钉	1	1	1
	48T2-001A1a	挑线杆组件		1		16	153200004	针杆轴套(上)	1	1	1
	78T2-001A1a	挑线杆组件			1	17	22T2-009	针杆轴套(上)螺钉	1	1	1
2	22T2-001A2	挑线连杆	1	1	1	18	22T2-010	针杆轴套(上)毡塞	1	1	1
3	22T2-001A3	挑线连杆铰链轴	1	1	1	19	22T2-011	橡皮塞(ϕ8.8mm)	1	1	1
4	22T2-001A4	挑线曲柄	1			20	153200005	针杆轴套(下)	1		
	78T2-001A2	挑线曲柄		1	1		124T2-006	针杆轴套(下)		1	1
5	22T2-001A6	挑线曲柄螺钉(左旋)	2	2	1	21	22T2-012C2	针杆轴套(下)过线勾	1	1	1
6	22T2-001A7b	针杆连杆组件	1			22	153200003	针杆	1		
	48T2-001A2	针杆连杆		1	1		78T2-004	针杆		1	1
7	22T2-001A8	针杆接头	1	1	1	23	48T2-004	针杆过线环	1	1	1
8	22T2-001A9	针杆接头螺钉	1	1	1	24	DBX1	机针14#	1		
9	22T2-002	挑线连杆铰链轴螺钉	1	1	1		DPX5	机针18#		1	
10	36T2-007	挑线杆防护罩	1	1			DPX5	机针22#			1
	78T2-002	挑线杆防护罩			1	25	22T2-017	夹针螺钉	1	1	1
11	22T2-004	挑线杆防护罩螺钉			1	26	22T2-018	针杆接头滑块导轨	1	1	1
12	22T2-005B1	针杆曲柄	1	1		27	22T2-019	滑块导轨螺钉	2	2	2
	48T2-002B1	针杆曲柄			1	28	22T2-020	针杆接头滑块	1	1	1
13	48T2-002B2	挑线曲柄螺钉	1	1	1	29	22T2-005B3	挑线曲柄定位螺钉	1	1	1
14	22T2-006	针杆曲柄螺钉	1	1	1						

注：M，H，B表示不同缝制厚度的衣料对应的针杆、针板、挑线连杆组件、旋梭组件、针杆曲柄等。

2. 运动

挑线杆体的运动比较复杂，如图7-4所示。O'表示挑线连杆孔的中心，O表示挑线杆体端部孔的中心，D表示挑线杆中部孔的中心，E则表示挑线杆体穿线孔。挑线杆体上穿线孔的运动轨迹似叶子状。从图7-4中可以很清楚地看出，挑线杆体穿线孔每一瞬间的空间位置和运动速度是不断变化的。这是为了适应机针与旋梭在形成线迹过程中不同的线量要求，即有时需要抽线，有时需要放线。9′、10′、11′、12′、1′、2′、3′、4′、5′穿线孔逐渐下降供给缝线，5′、6′、7′、8′、9′穿线孔迅速上升收取缝线。

挑线杆体是挑线机构中的主要工作件，它的运动轨迹同引线和勾线机构的运动时间配合如下。

① 机针在引线阶段，挑线杆体下落，输送给缝针所需要的线量。

② 当旋梭套住面线线环后，挑线杆体继续下落送线，满足旋梭扩大线环所需要的线量。

③ 当线环将绕过旋梭架时，挑线杆就要开始收线。使线环在梭子表面贴紧滑过，让线

环产生弹力，以便顺利滑出。

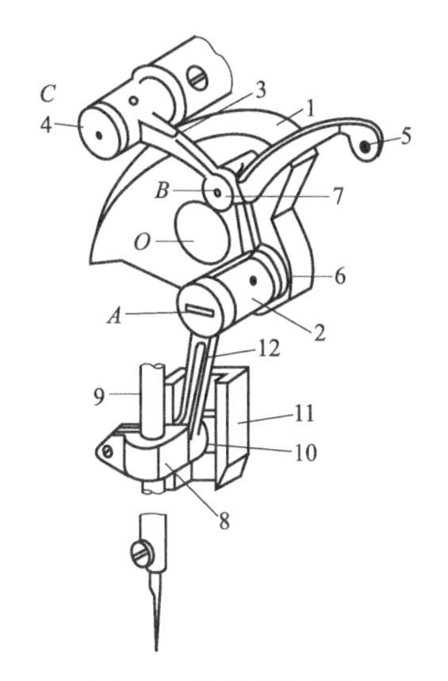

图 7-3　连杆挑线机构

1—针杆曲柄；2—挑线曲柄；3—挑线连杆；4—挑线连杆销；5—挑线杆上的穿线孔；6—挑线杆体；7—挑线曲柄螺钉；8—针杆连接柱；9—针杆；10—针杆连接柱滑块；11—针杆滑块导轨；12—针杆连杆

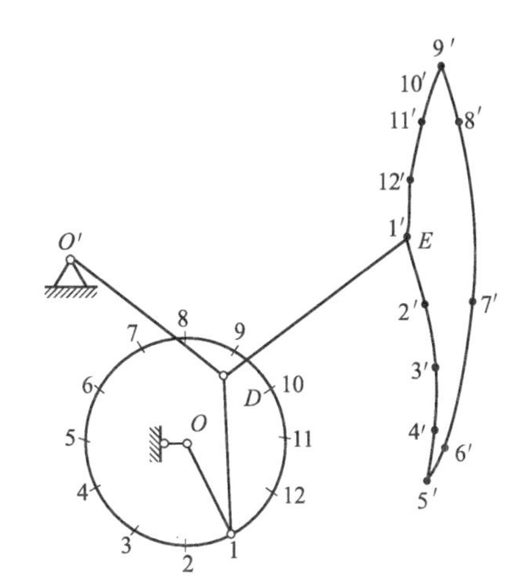

图 7-4　挑线杆体的运动

O'—挑线连杆孔的中心；O—挑线杆体端部孔的中心；D—挑线杆中部孔的中心；E—挑线杆体穿线孔；1～12—回连杆机构 A 点的运动轨迹；1′～12′—E 点的运动轨迹

④ 当线环通过旋梭架时，挑线杆迅速上升把面线从旋梭里抽吊出来。

⑤ 当机针第二次下降接触缝料前，挑线杆收紧线迹。同时从线团中抽出一定长度的面线，供下一个工作循环需要。

要实现这些技术要求，必须做好针杆挑线部件的装配工作。

二、连杆传动机构的装配要求

① 连杆孔与轴配合应有适当的间隙，以保证高速运转。

② 连杆孔与轴配合应转动平稳，无咬住、阻滞或松动的现象。

③ 连杆孔与轴配合应有良好的接触面，以提高耐用度。

三、挑线杆组件的配装方法

挑线杆组件如图 7-5 所示，在配装挑线杆组件以前，首先要对挑线杆 7 和挑线连杆 1 进行校正，使挑线杆两孔平行度在 100mm 内不大于 0.07mm，挑线连杆外圆与 ϕ7.94mm 孔的两孔平行度 100mm 内不大于 0.07mm，同时要注意用绿油抛光膏拉光挑线杆的过线孔、挑线杆与挑线连杆的配合要活络，一般来说，配好后挑线连杆应能靠自重落下为宜，必要时可研磨挑线杆孔。

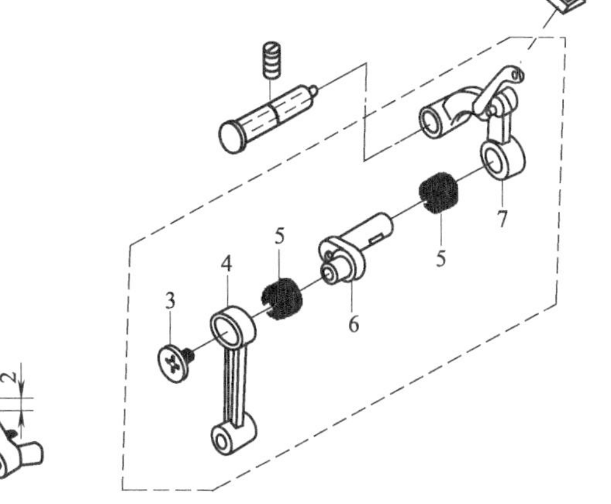

图 7-5　挑线杆组件

1—挑线连杆；2—挑线连杆油线；3—挑线曲柄左旋螺钉；4—针杆连杆；5—挑线杆滚针轴承；6—挑线曲柄；7—挑线杆

针杆连杆 4 的 $\phi12$mm 和 $\phi6.35$mm 两孔平行度也必须调校，要求为 100mm 内不大于 0.07mm。把 $\phi2$mm 的羊毛线穿入挑线连杆的两油线孔内，拉紧打结后头不能留得过长，以免妨碍挑线杆组件的运动。

在装配挑线杆滚针轴承 5 时，一定要使滚针轴承配上后，挑线杆或针杆连杆的运动灵活，无阻轧感，但径向间隙不能太大。为达到此目的，必须对滚针轴承进行选配，根据图纸要求，滚针轴承的滚针直径分别为 $\phi2_{-0.02}^{0}$mm、$\phi2_{-0.04}^{-0.02}$mm、$\phi2_{-0.06}^{-0.04}$mm、$\phi2_{-0.08}^{-0.06}$mm 四档，现一般常用的是后两档，用户可根据自己的需要选择适合的滚针轴承。

组件配装好后，要注意挑线杆和挑线连杆 $\phi12$mm 与 $\phi7.94$mm 两孔平行度允差在 100mm 内不大于 0.01mm。

第三节　针杆部件装配

一、针杆部件的组成与运动

1. 组成

结合图 7-2 针杆挑线部件和图 7-6 针杆机构，如何将针杆机构装配起来？

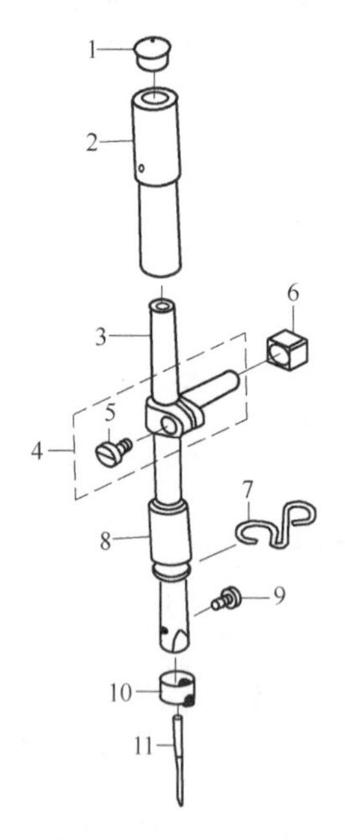

图 7-6　针杆机构

1—孔塞；2—针杆上套筒；3—针杆；4—针杆连接柱；5—螺钉；6—滑块；7—导线；8—针杆下套筒；9—支针螺钉；10—针杆线钩；11—机针

针杆机构的零部件名称及机构的组成如图 7-6 所示。机构的传动：由上轮带动上轴和固定在上轴上的针杆曲柄转动，再通过装在针杆曲柄小孔内的一个挑线曲柄的一端，牵动针杆连杆，产生平面连杆运动，从而带动针杆 3 在上下两个套筒 2 和 8 中上下往复滑动，针杆下端有容针孔，机针 11 塞入容针孔后，用支针螺钉 9 紧固。

2. 运动

平缝机的针杆机构，一般都采用最简单的中心曲柄连杆机构，也就是说，针杆的往复运动轴线是和曲柄回转中心重合的。同时作为驱动部件的针杆曲柄又起平衡块作用，能够抵消一部分作用在上轴上的惯性力，挑线曲柄做成双头销的形式，它与针杆连杆铰接的轴颈靠针杆很近，减小了连杆作用与针杆上的弯曲力矩，而且在挑线曲柄的两铰接处都用上了滚针轴承，保证了运转性能良好。

针杆连杆的另一端套在固定于针杆的连接柱 4 的销轴上，针杆连接柱在针杆上的固定是抱夹式，这样，挪动针杆连接柱在针杆上的位置就可以调节机针的高度。针杆在机壳头部的上套筒 2 和下套筒 8 中滑动，上套筒做得较长，保证了针杆有较好的稳定性，下套筒和针杆的配合间隙很小（$\phi7.24_{+0.005}^{+0.020}$mm/$\phi7.24_{-0.009}^{0}$mm，最大间隙 0.029mm），这是为了防止机壳头部的油顺针杆泄漏。为了耐磨，套筒的材料选用铜或其他合金材料。

二、GC型平缝机的刺料机构的结构特点

GC型平缝机的刺料机构结构见图7-7，平缝机上轴1的前端安装着起平衡作用的针杆曲柄2，在其上装置双曲拐的挑线曲柄3，挑线曲柄的外侧轴颈与针杆连杆4的上端相连，而针杆连杆的下端与针杆连接轴7相连。针杆连接轴用螺钉10与针杆9连接。连接轴的右端装有滑块5。上轴旋转时，带动针杆曲柄，通过挑线曲柄、针杆、连杆、针杆连接轴将动力传递给针杆使其做上下往复运动。与GB型平缝机刺料机构的区别主要在于针杆在挑线曲柄曲拐上的安装位置，前者针杆连杆上端在靠近针杆曲柄的一侧，而后者却位于外侧曲拐上。

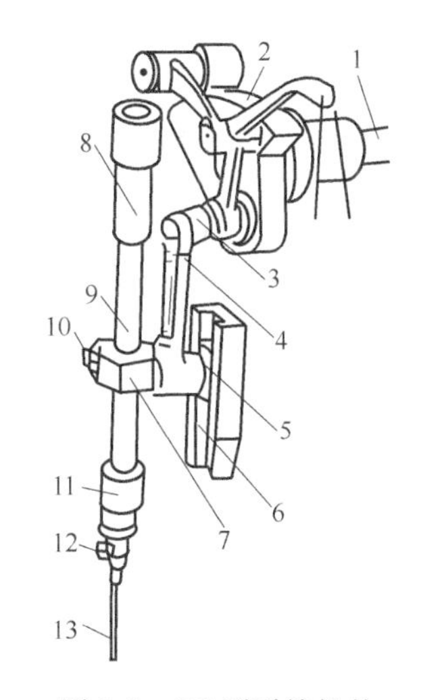

图7-7 GC型平缝机的刺料机构结构
1—上轴；2—针杆曲柄；3—挑线曲柄；4—针杆连杆；5—滑块；6—滑块导向槽；7—针杆连接轴；8—针杆上套筒；9—针杆；10—螺钉；11—针杆下套筒；12—螺钉；13—机针

这种机构的特点是：针杆运动属于正弦或余弦定律的简谐运动，在所有的不等速运动中，是一种平稳而有利的运动。从而实现慢—快—慢—快—慢的循环运动，正好适合平缝机机针刺料和形成线环的需要。

要实现这些需要，必须做好针杆机构的装配工作。

第四节 勾线机构装配

一、勾线机构的组成与运动

1. 组成

图7-8所示为伞形齿轮传动的旋梭勾线机构。根据结构图，分析其传动原理。总结出旋梭勾线机构的特点。

勾线机构的任务是勾住缝针抛出来的线环，使它绕过藏有底线的旋梭架，使底、面两根缝线互相锁紧。

梭机构即勾线机构是工业平缝机的重要机构。在很多情况下，平缝机的工作质量及其生产效率都取决于梭机构的结构。目前梭机构一般可分成两组：纵向梭和旋梭。在工业平缝机中，不生产纵向梭子的平缝机了，由于这种机器生产效率太低，这种梭子仅在特殊用途的机器中被限制性采用。旋梭则被广泛地运用，旋梭又分成摆动和旋转两类。摆动梭仅允许在缝速为2200针/分迹的平缝机中采用，旋转梭则可在高速平缝机中采用。

2. 运动

现代的工业平缝机一般都采用旋转梭勾线机构。在使用旋梭的平缝机中，上下轴之间的传动一般采用伞齿轮传动或成型橡胶齿形带传动，从动力学的观点出发，用齿轮或带子传动没有速度变化的波动，全部运动是稳定的物体进行单纯旋转，在传动机构中消除了产生很大惯性负荷的可能性，因此，即使在高速下，平缝机的运转也是平稳的。

如图7-8所示，在上轴上用两个螺钉紧固着上轴大伞齿轮，与上轴大伞齿轮啮合的竖轴上伞齿轮1装在竖轴3的上端，其搭子端面紧紧靠在竖轴上套筒2上端，套筒用紧固螺钉安装在

机壳的套筒内，在竖轴下端和下轴后端装着竖轴下伞齿轮5和下轴伞齿轮6，这些伞齿轮搭子的端面同样紧靠在竖轴下套筒4和下轴右套筒7上，这些套筒也用螺钉紧固在机壳套筒孔内。

齿轮啮合运转时有充足的油进行润滑，保证了它的运转情况良好，当上轴按顺时针方向旋转时，通过上轴伞齿轮啮合竖轴上伞齿轮，通过竖轴下齿轮啮合下轴齿轮，下轴8就按逆时针方向旋转，并同时带动旋梭11一起旋转。

旋梭11由螺钉紧固在下轴8的端部，随下轴一起转动。梭架内装有梭子和梭芯，旋梭定位钩10一端固定在机壳上，另一端侧面有一凸块，此凸块嵌入梭架，所以，在工作时，梭床围绕梭架旋转。

梭子 E 的顶部有圆形缺口，当梭子放入梭架时，此缺口被梭架内缘上两个铆钉状定位钉所阻挡，因此梭子与梭架保持不动，而绕有底线的梭芯则活套在芯轴上，受梭架的旋转勾线而转动，逐渐放出底线与面线形成锁式线迹。

二、勾线机构的结构与调整

1. 旋梭和梭子的结构

旋梭和梭子的结构如图7-8所示，它们在旋梭勾线机构中的作用如下。

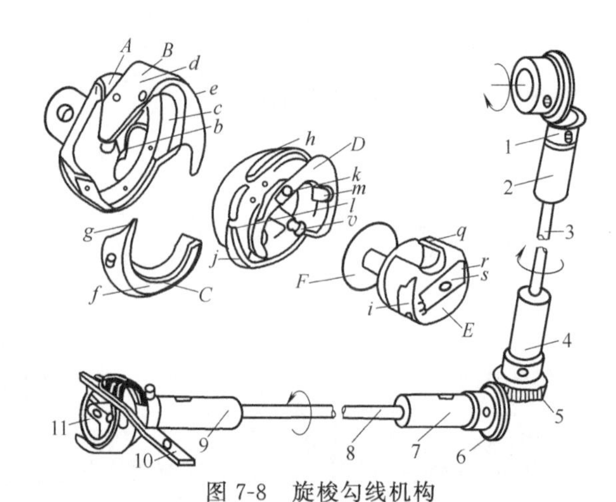

图7-8 旋梭勾线机构

1—竖轴上伞齿轮；2—竖轴上套筒；3—竖轴；4—竖轴下套筒；5—竖轴下伞齿轮；6—下轴伞齿轮；7—下轴右套筒；8—下轴；9—下轴左套筒；10—旋梭定位钩；11—旋梭；A—梭床；b—旋梭尖；B—旋梭皮；e—旋梭皮凹面；C—旋梭板；j—旋梭架导轨；g—旋梭板尖；D—旋梭架；l—导轨端挡线；m—旋梭架缺口；E—梭子；q—梭芯套壳；i—梭皮；r—梭门底钩；s—梭门盖；v—梭子轴；F—梭芯；h—内梭头凸轨；k—定位钩缺口；f—脱线导向面

(1) 旋梭的作用

旋梭由梭床 A、旋梭皮 B、旋梭板 C 和旋梭架 D 组成。它安装在下轴的左端，随下轴一起旋转。旋梭上的梭钩是穿套机针线圈用的。旋梭皮起着扩大机针线圈的作用。旋梭架上导轨 j 与梭床上的导槽相配合，旋梭板使旋梭架不脱落。由于旋梭定位钩10的凸头嵌进旋梭架凹口，故当梭床随下轴旋转时，旋梭架是不旋转的。

① 梭床 A：主要作用是使旋梭紧固在下轴左端，通过导槽与旋梭架相配合，勾套机针线环由旋梭尖 b 带动。

② 旋梭皮 B：主要作用是稳定勾套的机针线环，使线环稳定地套过梭子端面。挑松底线是由于旋梭皮凹面 e 的作用。

③ 旋梭板 C：主要作用是挡住旋梭架导轨 j。旋梭板尖 g 作用是套住围绕旋梭架后脱出的线环，使线环抽吊稳定。

④ 旋梭架 D：主要作用是安放梭子。导轨端挡线 l 挡住旋梭套钩的线环，使面线顺利围绕旋梭架运动。导轨 j 与梭床上的导槽配合，使旋梭架稳定地旋转。旋梭架缺口 m 用于嵌合梭门底弯钩，使梭子定位。

（2）梭子的作用

梭子 E 由梭芯套壳 q、梭皮 i、梭门底钩 r 和梭门盖 s 组成。主要作用是安放卷绕底线的梭芯 F。梭门底钩 r 与梭架缺口 m 和梭架的梭子轴 v 嵌合使梭子稳定，并使梭芯不易脱落。调节底线张力是通过梭皮 i 实现的。

梭芯 F、梭子 E 和梭床 A 的装配关系是梭芯套在梭子里，再一起嵌装进旋梭架 D 的梭子轴中。当机器运转时，因底线不断引出，梭芯 F 做旋转。因为梭子 E 的梭门底钩 r 嵌进旋梭架凹口 m 中，所以梭子 E 是不旋转的。

梭芯上绕有一定量的底线。在缝纫工作过程中，梭芯上的底线用完后，必须停机调换梭芯。这样的时间是白白浪费掉的，所以总是希望梭芯上绕有尽可能多的底线。也就是说，梭芯的容量要大，但梭芯的容量是由它的尺寸决定的（外径 D、内径 d 和有效的工作部分宽度 b），扩大梭芯的尺寸会同时扩大梭子的尺寸和需要放长绕过梭芯所用的面线，也要放长挑线机构中挑线杆的尺寸，这些都将降低旋梭的旋转速度，也就是降低缝纫机的生产率，所以梭芯的底线储备必须适宜。

目前，通常的缝纫机传动比都是 $i=2$，这是根据平缝机的线迹形成原理，主轴转一周（机针做一次上下往复运动），下轴（旋梭）应该转两周的要求而选择的。

2. 勾线、挑线机构的调整

勾线、挑线机构的调整要点和技术要求，主要有下列几点。

（1）机针与旋梭的配合（引线机构与勾线机构的配合）

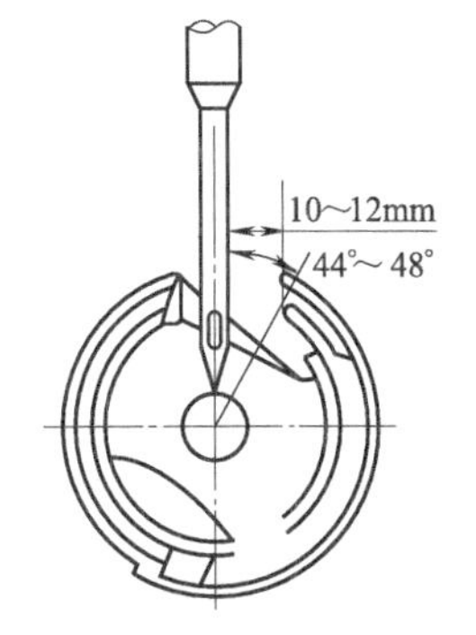

图 7-9　机针在最低位置时与旋梭的位置

① 机针与旋梭的配合间隙：在机针安装正确、不弯曲的前提下，机针从上而下运动，旋梭旋转。当机针降至最低位置，旋梭的梭尖嘴应该在 44°～48°的范围内。距离机针中心 10～12mm，如图 7-9 所示。当机器需要缝纫较薄的缝料时，旋梭的梭尖嘴和机针的中心间距应调到 8～12mm。调节时，只要旋松旋梭上的两个螺钉，将旋梭向顺时针方向拨转一个角度，定位间距就增大。反之，将旋梭向逆时针方向拨过一个角度，定位间距就减小。

② 机针与旋梭的高低配合：各种缝纫机的针杆位置，都是由机器本身勾线的实际需要决定的。由于线迹结合形式不同，所以针杆位置高低的调整，有的以针孔为准，有的则是以针尖为准。一般平缝机都以针孔为准。因为线环的形成与针尖的长短没有直接关系。机针从最低位置向上回升约 2.2mm 的时候，旋梭尖必须位于缝针针眼上部距针孔 2 mm 左右的地方，如图 7-10 所示。一般在这个时候，梭尖也正好位于机针短槽边凹缺的中心，机针上的线环也正处在理想的形状。

在实际修理过程中，旋梭定位基本相符合的条件下，主要是调节好机针自身的高低位置。机针自身高低位置的确定，除以旋梭尖为基础外，别无其他参照物。根据经验，一般定位在针尖到针板平面约 18mm。

③ 机针与旋梭的左右配合：旋梭安装在下轴的左端，旋梭平面与下轴前轴套的平面间隙一般保持在 0.03mm 左右。因此，下轴前套装进机壳的位置并不是任意的。它的安装基准是以旋梭装上以后，旋梭钩尖转到勾线环位置时，机针与旋梭的左右配合间距，应保持在 0.5～1.5mm，以不碰为准，如图 7-11 所示。

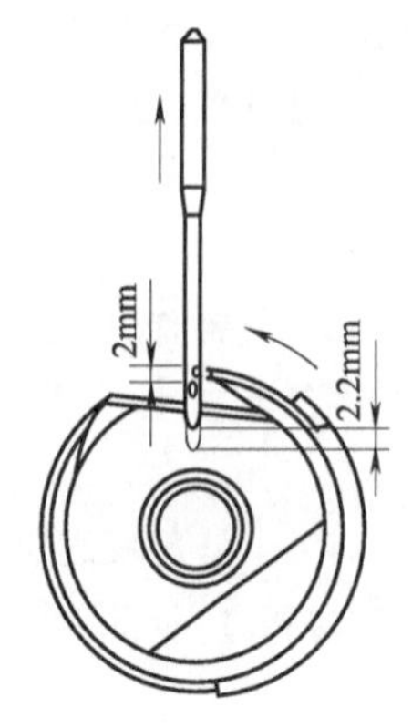

图 7-10 正确的勾线时机示意图

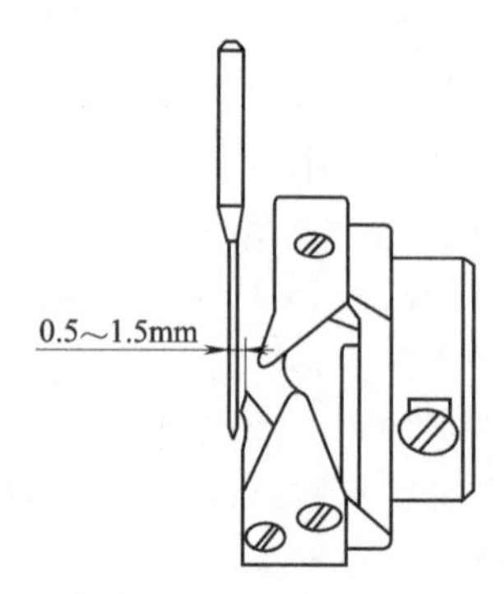

图 7-11 勾线环时钩尖与机针的侧面距离

如钩尖与机针的距离过大，线环稍有变形，会产生跳针故障；如两者的距离太小，则易产生互相摩擦，一则损伤机件，二则会引起断线、斜线迹和断针的故障。

(2) 旋梭定位与旋梭架配合

① 左右配合：旋梭定位钩的凸头嵌在旋梭架的凹口中，旋梭定位钩由螺钉紧固在机壳上。因此旋梭在旋转时，旋梭架是不能随之旋转的。当旋梭尖穿套线圈回绕一圈后，缝线要通过旋梭定位钩，从梭架的凹凸接口处脱出。这一凹凸接口处的左右间距不宜过大或过小。过大了会使高速旋转的旋梭架晃动，并从凹口处脱开定位钩凸头的控制，造成机件损伤或产生线圈不稳定和噪声过大。如过小，则不能使缝线顺利抽吊出针板孔，会产生浮线，严重时产生断线现象。故一般旋梭定位钩凸头与旋梭架凹口左右的间距保持在 0.45～0.65mm (此间距亦可根据缝线线径粗细来适当调节)，如图 7-12 所示。

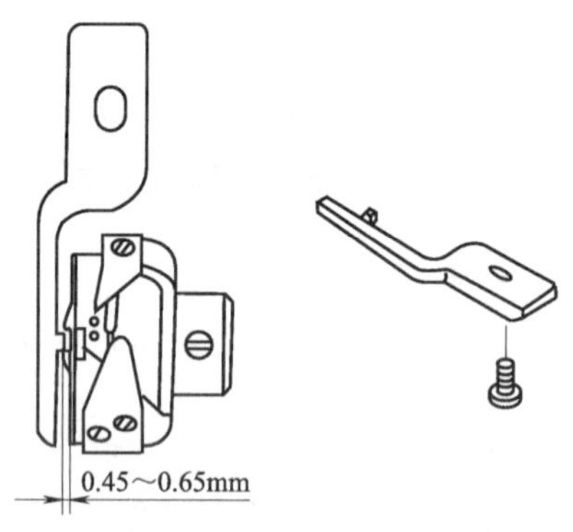

图 7-12 定位钩与旋梭架的左右配合

② 高低配合：一般定位钩凸头上端与旋梭架凹口斜面上端基本相平。

如过高，旋梭定位钩凸头有与旋梭皮相碰的可能性，对旋梭尖勾套线圈有一定影响；过低则会使底线有引带不上来的可能，同样会产生抛线和线迹不清等故障。

③ 旋梭定位钩前后位置的确定：凸块与缺口的前后间隙约为 0.5mm。旋梭定位一般向操作者前方偏一些，这样有利于脱线。但以机针下降时应能从旋梭架容针孔中穿过为原则，不允许偏调到相碰的位置。

通过以上要求，保证旋梭与机针、旋梭式勾线机构的勾线、分线、脱线，最终保证缝纫线迹的形成。

第五节 送料机构装配

一、送料机构的组成与运动

1. 组成

工业平缝机的送料机构如图 7-13 所示。如何将该机构装配起来呢？

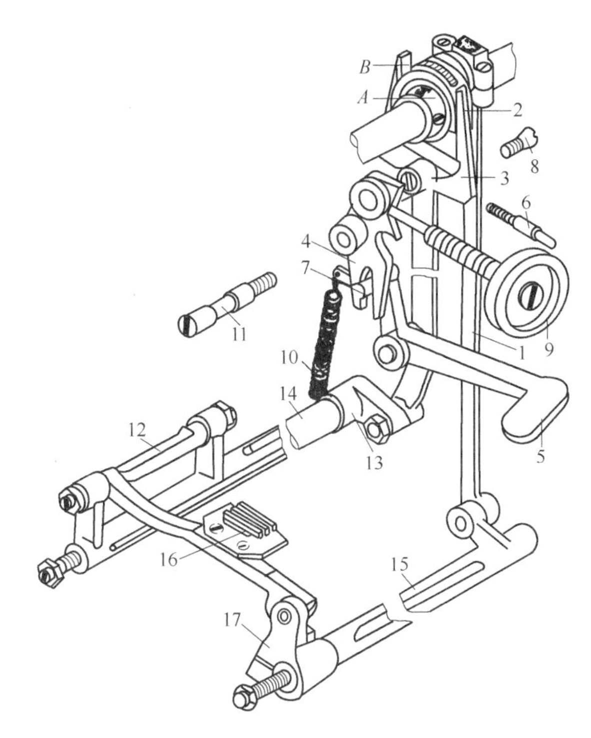

图 7-13 送料机构

1—抬牙连杆；2—叉形送料杆；3—针距连杆；4—针距调节器；5—倒顺杆扳手；
6—针距调节螺钉；7—滚柱；8—针距连杆销；9—号码盘；10—倒顺杆拉簧；11—倒顺杆螺丝销；
12—牙架；13—送料轴曲柄；14—送料轴；15—抬牙轴；16—送料牙；17—抬牙曲柄；
A—送料抬牙偏心轮；*B*—偏心轮套圈

2. 运动

（1）送料牙的前后运动

当上轴旋转，由于送料抬牙偏心轮 *A* 的偏心作用，通过偏心轮套圈 *B* 而产生叉形送料杆 2 的摆动。但由于受到针距连杆 3 的牵制，所以不仅环绕针距调节器 4 的中点为活动支点摆动，而且还产生垂直方向的移位。因此再通过送料轴曲柄 13 推动送料轴 14 的往复转动。送料牙 16 安装在牙架 12 上。牙架由一套锥形螺杆及螺母安装在送料轴上，所以送料轴的往复转动必定推动送料牙做前后运动。

（2）送料牙的上下运动

当上轴旋转，由于送料抬牙偏心轮 *A* 的偏心作用，通过抬牙连杆 1 使抬牙轴 15 往复转动。抬牙曲柄 17 的凸头嵌合在牙架凹口内，当抬牙轴往复转动时，通过抬牙曲柄而使牙架上的送料牙做上下运动。

工业平缝机送料机构的作用是，在完成一个线迹以后，为了保证构成新的线迹，缝料就应当移动一个完全相同的距离，即周期性地移动缝料。

连续地移动（传送）缝料的概念也就是针距的概念，所谓针距是机针两次连续刺穿缝料之间的距离，它常用毫米测量或在一定的长度内计算其个数。各种平缝机有各种不同的针距幅度，针距应根据工作的性质及其被缝制缝料的种类及厚度而确定。

在工业平缝机上，缝料的移动一般采用摩擦法，它由送料牙对缝料的摩擦作用完成。

送料牙是一个扁平的零件，如图 7-14 所示。送料牙表面具有相同高度的牙齿，齿形向一个方向倾斜，其角度为 45°～60°。这样的角度最容易攫住和移动缝料。牙齿尖端锉钝

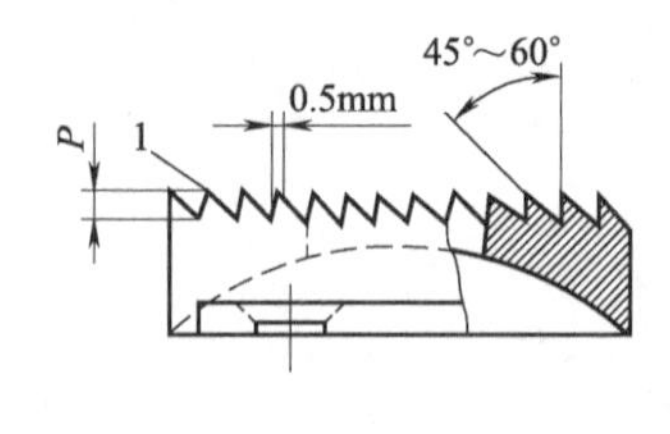

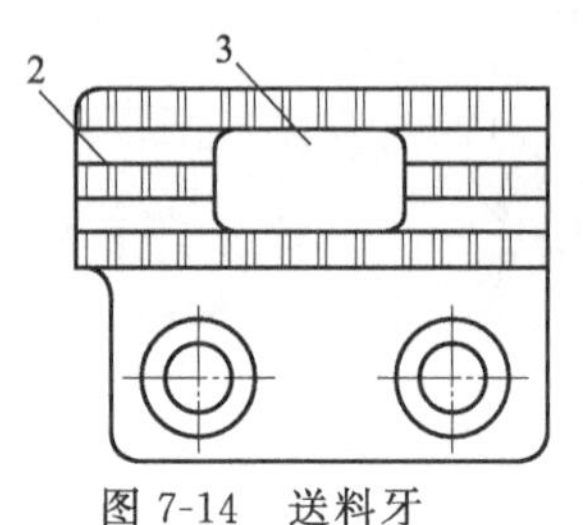

图 7-14　送料牙

1—齿尖；2—中排牙齿；3—切口

0.5mm，以防损坏缝料。

平缝机上采用的送料牙是各不相同的，这与平缝机所要完成的工序性质有关。例如，在单针平缝机上，送料牙可设有两排牙齿或三排牙齿。三排牙齿能自如地移动任意厚度的缝料。由于送料牙中间设有切口，中排牙齿在该处中断。这个切口的作用是，在送料牙移动缝料过程中，使挑线杆有可能收紧线迹。在这种情况下，去掉边上一排牙齿，就可以确定跟机针并排的导向直线。

送料牙的工作过程如图 7-15 所示。当缝针退出缝料以后，送料牙就上升（露出针板 0.8～0.9mm）向前运动。因为送料牙顶面有锯齿，缝料上面有压脚压住缝料，压脚的底面非常光滑，因此缝料被送料牙咬住送到要求的距离。然后下降离开针板表面和缝料脱离，返回到原来位置。

这里应当指出，如果没有加压机构同送料牙一起工作，向针板压板压紧缝料，那么有牙齿的送料牙本身是不能送料的。通常使用压脚压紧缝料，这种压脚安装在压杆下端，在压杆上一般装有压杆弹簧，弹簧的压力可以调节。

没有压脚的机器是不能完成缝纫的，在运转过程中，当开始构成线环，然后将线环抽归这个阶段，就是用压脚的压力将缝料固定在针板上的，假如没有压脚缝料，就会和机针一起提升，而在机针针孔这边就不可能获得线环。最后，在送料牙上升时，只有将缝料压紧在送料牙和压脚之间，才有可能用送料牙的牙齿抓紧缝料，然后使它移动形成线迹。

送料牙与机针之间运动快慢的配合关系是，送料牙的移动与针杆同步或可稍慢一些。当机针针尖下降接近针板平面 0～2mm 时，送料牙齿尖应该下降到与各针板平面相平的位置。此时一次送料结束，如图 7-16 所示。

送料牙的工作时间是指移动缝料的时间，它在有效工作时间内要符合以下原则。

① 一定要保证收缩线圈完毕后才能送料。如送料太快，就会给收线带来阻碍，产生断线。

② 机针还未退出缝料时不能送料，机针刺入缝料之前送料必须停止。

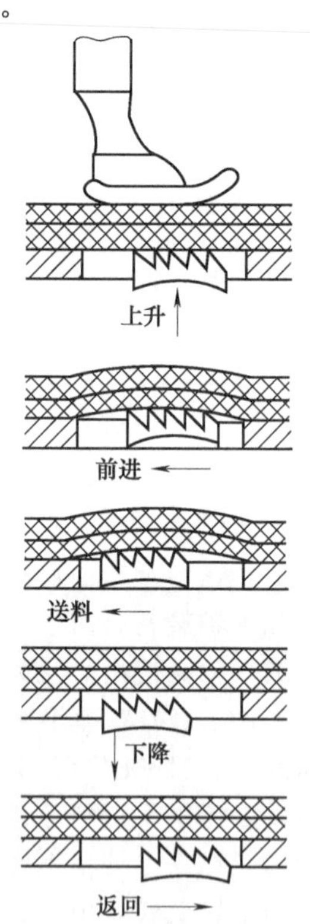

图 7-15　送料牙的工作过程

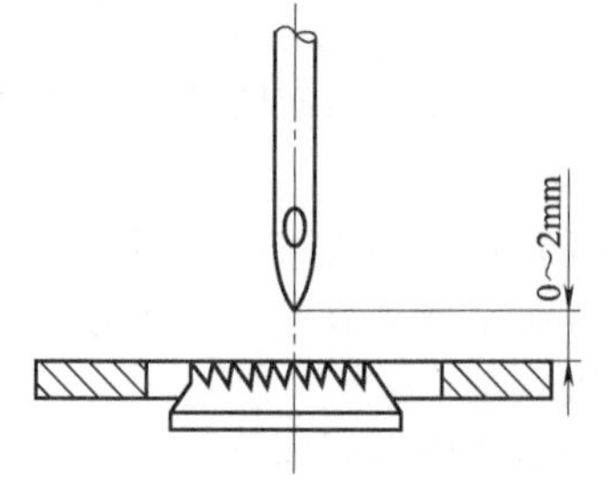

图 7-16　送料牙与机针运动快慢的配合

工业平缝机的送料运动实际上是由两个机构完成，即平移机构和抬高机构。它们同时从固定在上轴的两个偏心轮获得运动，而这一对偏心轮制成一个零件。送料牙的工作是由送料牙的一个前后运动和一个上下运动的复合运动，在压脚和针板的配合下进行送料。

二、送料机构的装配

1. 送料调节器组件的装配

送料调节器组件的配装如图 7-17 所示。送料调节器 1 磨过的一面对准送料调节器连杆7，用轴位螺钉4和螺母3紧固，紧固后的送料调节器运动需灵活，但手感轴位应无间隙。

如图7-17所示，在送料调节器连杆另一孔上装上拉簧调节曲柄销8，再在调节销上装上拉簧调节曲柄6，然后用拉簧调节曲柄销螺钉9固定，轻轻拨动调节曲柄，检查有无松动现象。

送料调节器销2向上插入调节器孔内，销子转动应灵活。

依次拧紧拉簧调节曲柄螺钉5和拉簧调节曲柄定位螺钉。注意：拉簧调节曲柄螺钉轻轻旋到底，不要拧紧，而拉簧调节定位螺钉的端面不能露出曲柄的内侧，以免造成以后装配其他零件困难。

2. 送料偏心轮组件的装配

在配装送料偏心轮组件前，先要对有关零件进行校正：

① 送料大连杆 ϕ35mm 与 ϕ10.2mm 两孔平行度校正100mm不大于0.15mm。

② 抬牙连杆 ϕ20.63mm 与 ϕ10.2mm 两孔平行度校正100mm不大于0.28mm。

③ 送料小连杆 ϕ10.2mm 两孔平行度校正100mm不大于0.20mm。

送料偏心轮组件的配装如图7-18所示。首先靠近送料曲柄15的光面配上送料小连杆10，用轴位螺钉16和螺母12紧固，不得有间隙，配装的时候要注意小连杆的方向，从刻印标记 A 的反面装上轴位螺钉，不得搞错。

在送料偏心轮1上装上送料偏心轮螺钉2，螺钉头不要顶出送料偏心轮孔内侧，把偏心轮固定在夹具上，装上滚针轴承3，此滚针轴承的滚针有 $\phi 2.5_{-0.02}^{0}$ mm、$\phi 2.5_{-0.04}^{-0.02}$ mm、$\phi 2.5_{-0.06}^{-0.04}$ mm、$\phi 2.5_{-0.08}^{-0.06}$ mm 四档尺寸可供选配，装配时一定要选择合适的尺寸。

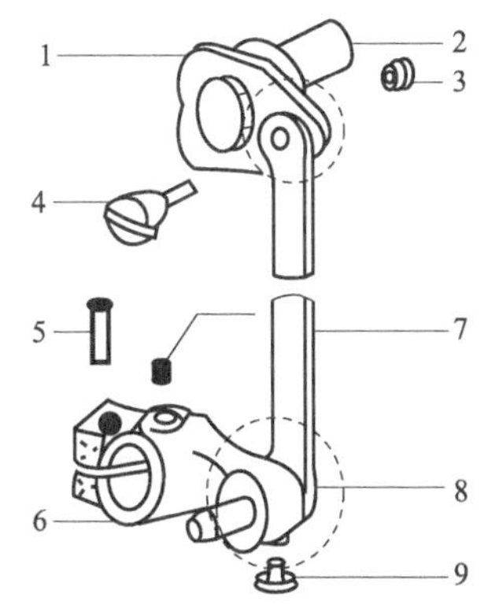

图7-17　送料调节器组件的配装

1—送料调节器；2—送料调节器销；3—调节器连杆轴位螺母；4—调节器连杆轴位螺钉；5—拉簧调节曲柄螺钉；6—拉簧调节曲柄；7—送料调节器连杆；8—拉簧调节曲柄销；9—拉簧调节曲柄销螺钉

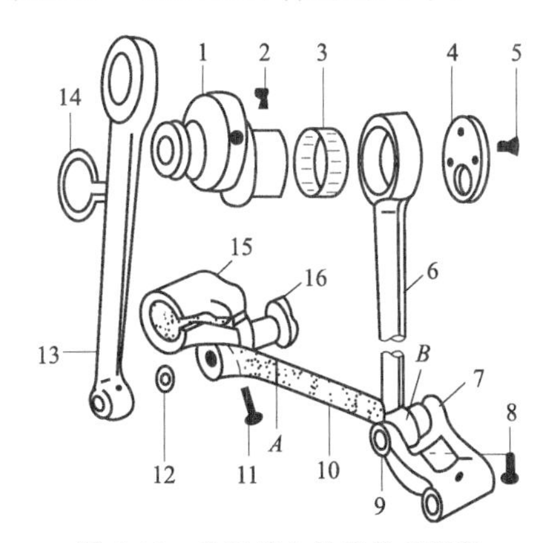

图7-18　送料偏心轮组件的配装

1—送料偏心轮；2—偏心轮螺钉；3—滚针轴承；4—偏心轮盖板；5—盖板螺钉；6—送料大连杆；7—送料摆杆；8—摆杆销螺钉；9—送料摆杆销；10—送料小连杆；11—送料曲柄螺钉；12—送料曲柄轴位螺母；13—抬牙连杆；14—抬牙连杆轴用挡圈；15—送料曲柄；16—送料曲柄轴位螺钉；A—刻印标记；B—油孔

如图7-18所示，装上送料大连杆6，然后再装上送料偏心轮盖板4，对齐螺孔后，拧上3个偏心轮盖板螺钉5，装配时要注意送料大连杆的方向，油孔 B 的一面要朝上，配好后用手转动偏心轮，应转动灵活。

在偏心轮另一头套上抬牙连杆13，方向与送料大连杆相同，然后装上抬牙连杆轴用挡圈 14，轴用挡圈不分正反面，但必须切实卡在偏心轮挡圈槽内，以防脱落，装好后转动抬牙连杆，不应有重轧。

在送料大连杆另一头装上送料小连杆 10，送料摆杆 7 插入送料摆杆销 9，用摆杆销螺钉 8 紧固，摆杆销螺钉紧固在送料摆杆销的定位孔内，螺钉紧固后，送料摆杆要达到能靠自重落下的要求。

最后，装上送料曲柄螺钉 11，不要拧紧，掉不下来即可。

3. 牙架组件的装配

牙架组件的配装如图 7-19 所示。在牙架 1 上装上垫圈 2*A*，各抬牙滑块销 3 进行铆接，铆接压力大约有 0.3 MPa，铆好后套上抬牙滑块 4 和垫圈 2*B*，对另一头进行铆接，压力同前，铆好后垫片要贴紧抬牙滑块，不能有间隙，轻轻转动滑块无阻滞感。

把牙架固定在夹具上，如图 7-19 所示方向。牙架座 6 与牙架对齐后插入牙架销 8，推到位，紧固两牙架销螺钉 7。

用 ϕ2mm 油线 9 从 *C* 向 *D* 穿过牙架销孔，*C* 处打结拉到底，*D* 处在 40mm 打结后剪断。在牙架座底部拧上紧固螺钉 5，注意只要轻轻拧进几牙即可。

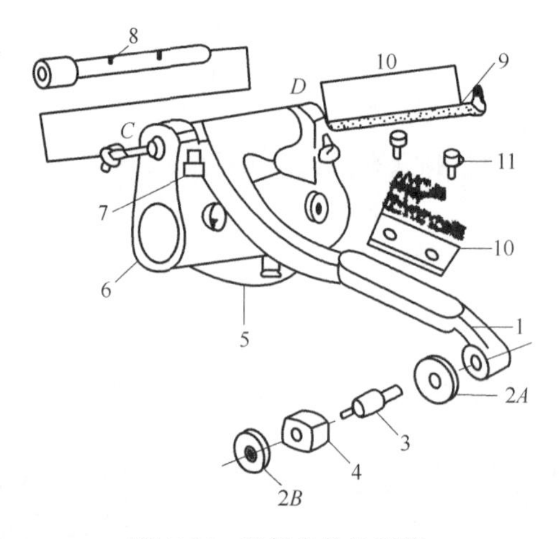

图 7-19 牙架组件的配装

1—牙架；2—抬牙滑块销垫圈；3—抬牙滑块销；4—抬牙滑块；5—牙架座紧固螺钉；6—牙架座；7—牙架销螺钉；8—牙架销；9—牙架销油线；10—送料牙；11—送料牙紧固螺钉

第六节 压脚机构装配

一、压脚机构的组成与运动

1. 组成

工业平缝机的压脚机构如图 7-20 所示。如何将该机构装配起来呢？

为了使送料牙能移送缝料，在送料牙和缝料之间应有足够的摩擦力。压脚机构的功能就是保证这个摩擦力的产生。当压脚作用时，机针和挑线杆朝上运动，则把缝料压在针板的水平面上。此外，压脚对缝料保持一定的压力，这就大大方便了挑线杆体收紧线迹的工作。当压脚停止对缝料作用时，被压紧的缝料中的弹性力就在线迹中产生足够的拉力使缝层紧贴。

图 7-20 中压脚安装在压紧杆下端。压紧杆贯穿在机壳左部与针杆上下轴套孔平行的临近上下两个孔内，压紧杆中部安装着压杆导架和压杆升降架。压杆导架一端嵌入机壳导槽内防止压紧杆晃动。压杆导架紧固在压紧杆上，它能调节压紧杆上下与旋转方向的位置。

为了适应缝纫不同厚度的缝料，经常需要调节压脚的压力大小。压杆导架上套有压杆簧，压杆簧上部有调压螺钉。调压螺钉套在压紧杆上，旋在机壳螺孔中，当调压螺钉顺时针方向旋转调节，压脚压力加大；逆时针方向旋转，压脚压力减小。

抬压脚操作有手动和膝动两种。抬压脚杠杆中端由杠杆螺钉固接于机壳上。杠杆左端装上抬压脚杠杆销，销套在压脚升降上端孔内。右端由拉杆接头螺钉连接拉杆接头，由拉杆体上端与拉杆接头连接并由螺母定位。下端弯钩套进拉杆杠杆的孔内，拉杆杠杆座连接在机体上。手抬压脚操作，只要扳动压紧杆扳手，在压紧扳手凸轮面的作用下能使压脚抬起。放开扳手，压脚压下。当用膝推动操纵板时，由拉杆杠杆、拉杆体等使抬压脚杠杆右端向下运动，则抬压脚杠杆左端向上，再由压杆升降架推动压杆导架，联动压紧杆与压脚一起被抬起。当不操作抬压脚时，由拉杆簧的作用使压杆升降离开压杆导架，压脚压下。

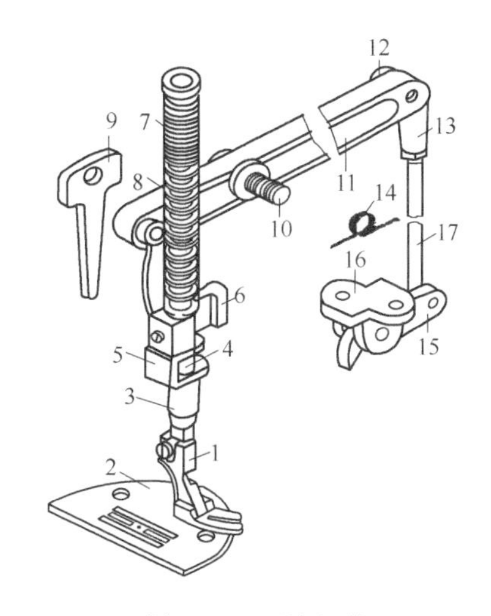

图 7-20　压脚机构

1—压脚；2—针板；3—压紧杆套筒；4—压紧杆；5—压杆升降架；6—压杆导架；7—调压螺钉；8—压杆簧；9—压紧杆扳手；10—杠杆螺钉；11—抬压脚杠杆；12—拉杆接头螺钉；13—拉杆接头；14—拉杆簧

2. 运动

工业平缝机的送料运动实际上是由两个机构完成，即平移机构和抬高机构。它们同时从固定在上轴的两个偏心轮获得运动，而这一对偏心轮制成一个零件。送料牙的工作是由送料牙的一个前后运动和一个上下运动的复合运动，在压脚和针板的配合下进行送料。

二、轴套类及轴承等的装配

1. 轴套和轴的装配

根据生产形式分为两种方法，成批生产时用手锤加导向芯轴将轴套敲入，大量生产时用专用设备将轴套压入。

压入或敲入轴套时，应注意配合面的清洁并涂上润滑油，同时注意轴套的油孔位置必须与机壳相应的注油孔对准。

采用手工敲入时，要防止轴套歪斜，敲击芯轴的声响应从空击声转到实体声，轴套的轴肩压到机壳的端面已定位即可。在压入轴套后，要用平端紧定螺钉固定轴套防止轴套松动。

2. 轴类零件的装配

轴是平缝机中的重要零件，某些传动零件只有装在轴上才能正常工作。如连杆、齿轮、带轮及旋梭等。

轴的作用可以概括为两个方面：一是支承轴上零件，并使其有确定的工作位置；二是传递运动和扭矩。为了保证轴组件能正常工作，不仅要使轴本身有足够的强度、刚度和抗振性能，而且要求轴和其他零件装配后运转平稳。

主轴部件的精度是指其装配调整之后的回转精度。它包括主轴的径向圆跳动、轴向窜动以及主轴旋转的均匀性。为此，除要求主轴本身具有很高的精度外，还要求采用正确的装配和调整方法，以及良好的润滑条件等。

影响主轴部件旋转精度的因素有两种：一种是主轴部件径向圆跳动，它产生于主轴本身的精度，如主轴同轴度、圆度、圆柱度等，以及机壳或轴套前后孔的同轴度、圆度、圆柱度；另一种是主轴部件的轴向窜动，凸轮、曲柄、套筒、带轮的端面圆跳动。在装配时，其配合间隙过大，就会引起轴向窜动；若间隙过小，又会使主轴在旋转一周的过程中，产生阻力不均的现象。

主轴部件的装配：将机壳上的轴套压入机壳中，轴套上的油孔对准机壳上的润滑孔。将主轴组件装入轴套中，各部位加油。其技术要求是前后套与孔的配合间隙小于 0.037mm，主轴的轴向窜动间隙小于 0.041mm，转矩小于 24.5N。

3. 滚动轴承的装配

滚动轴承由内圈、外圈、滚动体和保持架四部分组成。它具有摩擦小、效率高等优点，在高速平缝机上广泛采用。在滚动轴承内圈与轴之间、外圈与轴承孔之间，为防止转动时产生相对转动，影响滚动轴承的工作特性，它们之间需要有一定的配合紧度。由于滚动轴承是专业厂大量生产的标准部件，其内径和外径都是标准的公差尺寸，因此轴承的内圈与轴的配合应为基孔制，外圈与轴承孔的配合应为基轴制，不同配合的松紧程度由轴和轴承孔的尺寸公差来保证。

滚动轴承配合中，过盈的松紧要求，应考虑负荷和转速的大小、负荷方向和性质、旋转精度和装拆是否方便等因素。当负荷方向不变时，转动套圈应比固定套圈的配套紧一些，过盈太小，转轴与内圈易相对转动，影响滚动轴承正常工作；过大则会引起轴承变形和减少轴承的游隙，造成轴承工作时产生热膨胀而损坏。

（1）装配前的准备工作

① 按所装的轴承准备好所需的工具和量具。

② 清洗轴承，如轴承是用防锈油封存的，可用汽油或煤油清洗；如用厚油和防锈油脂防锈的轴承，可用轻质矿物油加热溶解清洗（油温不超过 100℃）。溶解清洗时，把轴承浸入油内，待防锈油脂溶化后即从油中取出，冷却后再用汽油或煤油清洗。经过清洗的轴承应整齐地排列在零件盘中待用。对于两面带防尘盖、密封圈或涂有防锈润滑两用脂的轴承，则不用清洗。

③ 按工艺要求检查与轴承配合的零件，如轴、垫圈、端盖、轮轴等表面是否有凹陷、毛刺、锈蚀和固体微粒。

④ 检查轴承型号与装配工艺要求是否一致。

（2）滚动轴承游隙的调整

轴承的游隙分为径向游隙和轴向游隙两类。有些轴承，由于结构上的特点，其游隙可以在装配或使用过程中通过调整轴承圈的相互位置确定。如向心推力球轴承、圆锥滚子轴承和双向推力球轴承等。许多轴承都要在装配过程中控制和调整游隙，其方法是轴承内圈、外圈有适当的轴向位移。

（3）滚动轴承装配

滚动轴承的装配方法应根据轴承的结构、尺寸大小和轴承部件的配合性质而定。装配时的压力应直接加在待配合的套圈端面上，不能通过滚动体传递压力。下面仅介绍圆柱孔轴承的装配。

1）圆柱孔轴承的装配：轴承内圈与轴紧配合，压装时，可先将轴承装在轴上，在轴承端面垫上铜或软钢的装配套筒［图 7-21（a)(1)］，然后把轴承压至轴肩为止。

轴承外圈与轮为紧配合，内圈与轴为较松配合，压装时，可将轴承装在轴孔中，在轴承端面垫上铜或软钢的装配套筒［图 7-21（a)］，然后把轴承压至轴孔台肩为止。装配套筒的外径应略小于轴孔的直径。

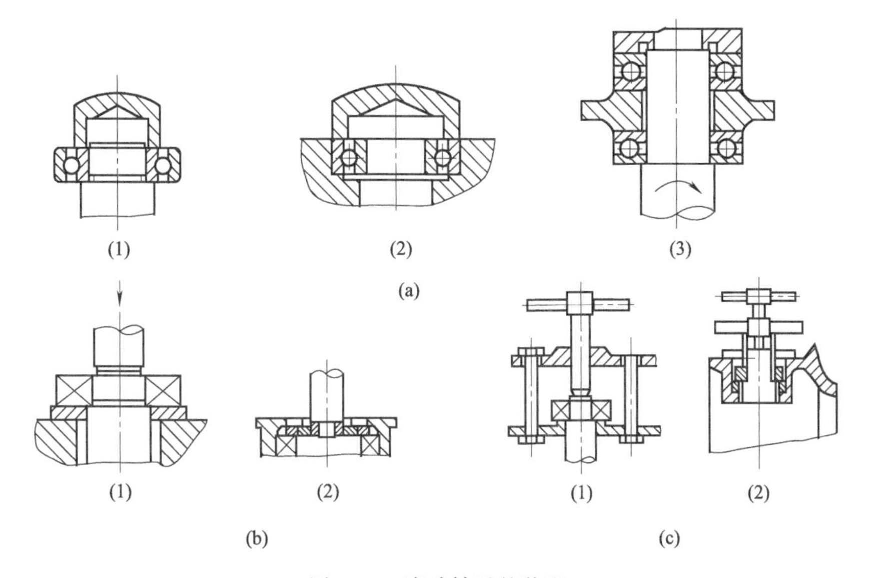

图 7-21 滚动轴承的装配

2）圆柱孔轴承的拆卸：用压力拆卸圆柱孔轴承的方法见图 7-21（b)。用拉出器拆卸圆柱孔轴承方法见图 7-21（c)。使用拉出器时应注意以下几点。

① 拉出器两脚的弯角应小于 90°，两脚尖要勾在滚动轴承的平面上。

② 拆轴承时，拉出器的两脚与螺杆应保持平行。

③ 拉出器的螺杆头部应制成 90°夹角或装有钢球。

④ 拉出器使用时，两脚与螺杆的距离应相等。

3）轴承装配应注意的问题：滚动轴承上标有代号的端面应装在可见部件，以便更换。为了保证滚动轴承工作时有一定的热膨胀余地，在同轴的两个轴承中，必须有一个外圈（或内圈）在热膨胀时可产生轴向移动，以免轴或轴承产生附加应力损坏轴承，甚至咬死轴承。

在装配过程中，应严格保持清洁，防止杂物进入轴承的滚道内。轴承装配后，应无卡住和歪斜现象，运转灵活、无噪声。

第七节 其他组件的装配

机壳组件的装配如图 7-22 所示，油盘组件装配如图 7-23 所示，皮带罩与绕线器组件的装配如图 7-24 所示，过线架组件的装配如图 7-25 所示。

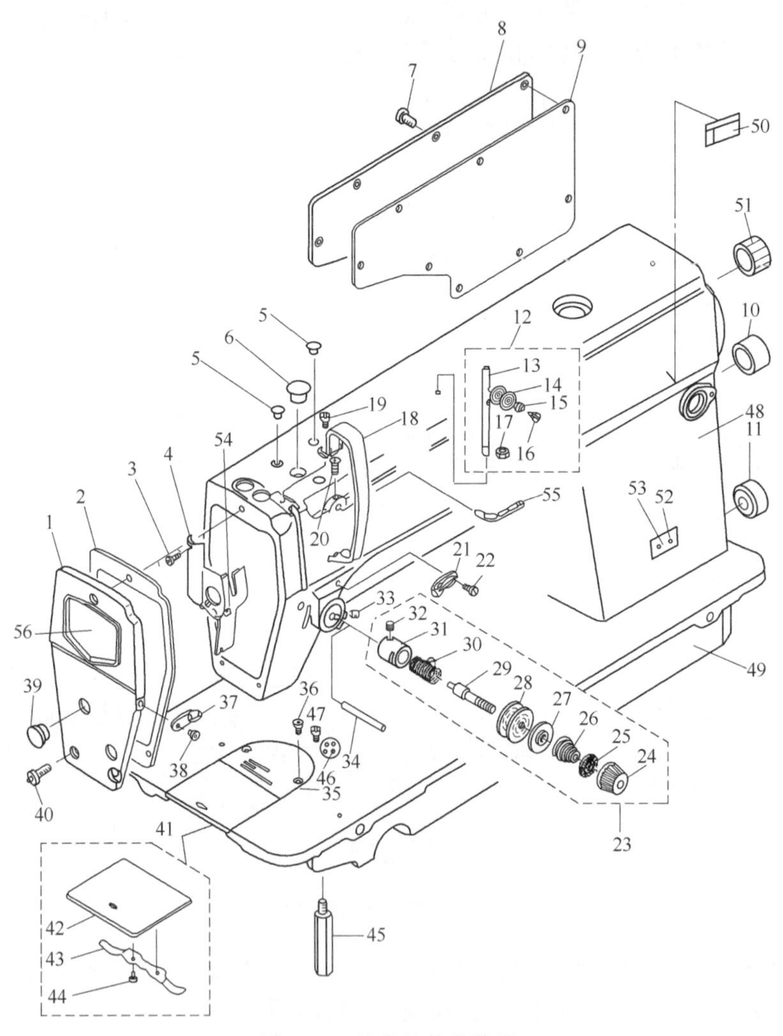

图 7-22 机壳组件的装配

1—面板；2—面板垫；3—面部防油板螺钉；4—面部防油板；5—挑线连杆销螺孔塞；6—针杆曲柄螺孔塞；7—后窗板螺钉；8—后窗板；9—后窗板垫；10—送料调节器孔塞；11—下轴孔工艺孔塞；12—小夹线器组件；13—过线柱；14—过线夹线板；15—过线夹线簧；16—过线夹线螺钉；17—过线柱螺母；18—挑线杆护罩；19—挑线杆护罩螺钉；20—二眼线勾螺钉；21—右线勾；22—右线勾螺钉；23—夹线器组件；24—夹线器螺母；25—夹线制动板；26—夹线簧；27—松线板；28—夹线板；29—夹线螺钉（柱）；30—挑线簧；31—挑线簧调节座；32—挑线座紧固螺钉；33—夹线器螺钉；34—松线钉；35—针板；36—针板螺钉；37—左线勾；38—左线勾螺钉；39—面板调节螺孔塞；40—面板螺钉；41—推板组件；42—推板；43—推板簧；44—推板簧螺钉；45—底板支座；46—安装板；47—安装板定位螺钉；48—机壳；49—底板；50—安全指示牌；51—上轴保护套；52—型号牌铆钉；53—型号牌；54—面部防油板油线；55—两眼线勾；56—商标牌

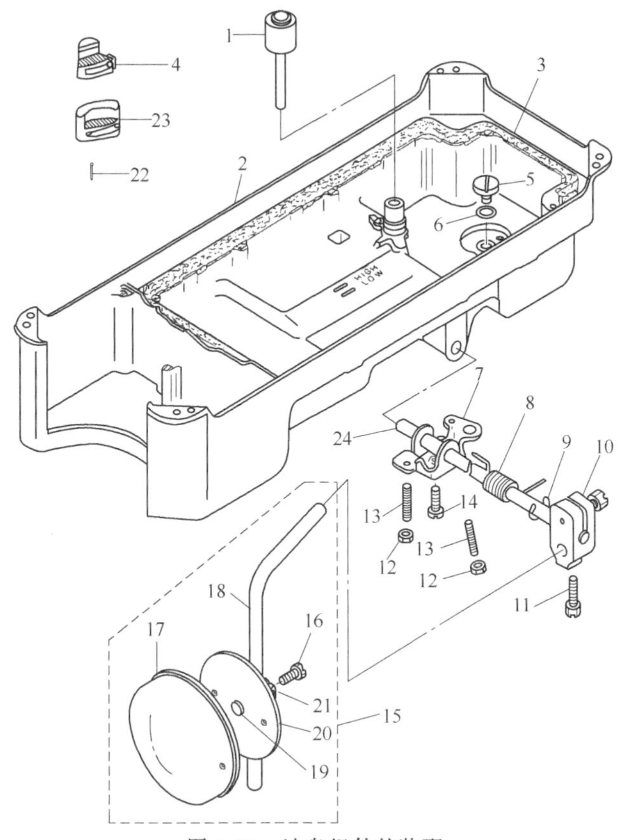

图 7-23　油盘组件的装配

1—抬压脚顶销；2—油盘；3—油盘衬垫；4—油盘支座（小）；5—排油孔螺钉；6—油塞螺孔 O 形密封圈；7—抬压脚双向曲柄；8—抬压脚曲柄簧；9—抬压脚轴开口挡圈；10—抬压脚操纵杆接头；11—抬压脚操纵杆接头螺钉；12—限位调节螺母；13—限位调节螺钉；14—抬压脚双向曲柄螺钉；15—操纵杆组件；16—操纵杆夹头螺钉；17—操纵杆软垫；18—操纵杆；19—操纵杆垫块；20—操纵板；21—操纵杆夹头；22—油盘底钉；23—油盘支座（大）；24—抬压脚膝轴

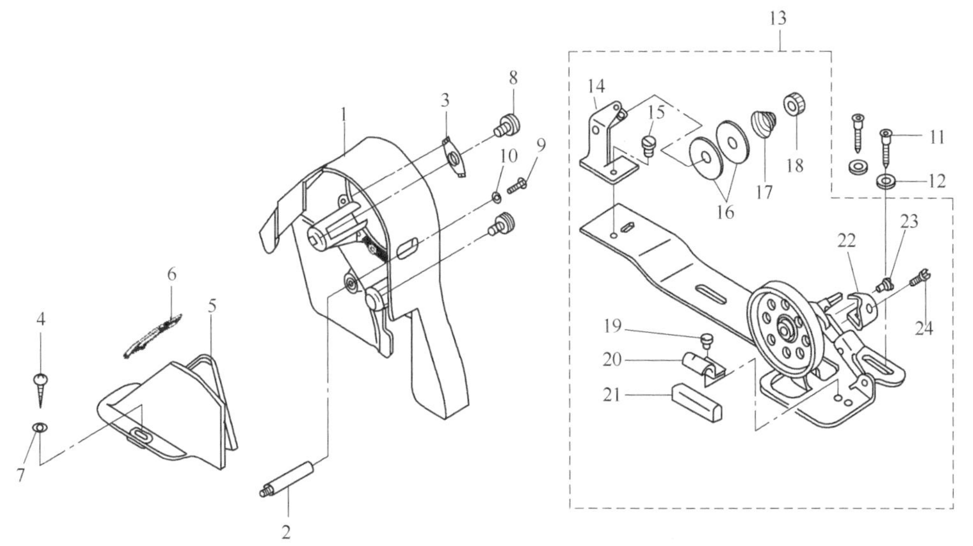

图 7-24　皮带罩与绕线器组件的装配

1—带轮前罩壳；2—后罩壳支柱；3—前罩壳安装架；4—木螺钉；5—上轮后罩壳；6—上轮后罩壳盖板；7—木螺钉垫圈；8—前罩壳紧固螺钉；9—支柱螺钉；10—螺钉垫圈；11—木螺钉；12—木螺钉垫圈；13—绕线器组件；14—过线架座；15—过线架座紧固螺钉；16—过线夹线板；17—过线夹线簧；18—过线夹线螺钉；19—制动垫夹；20—绕线轮制动垫；21—满线跳线簧；22—绕线连杆轴位螺钉；23—绕线跳板簧螺钉；24—螺钉

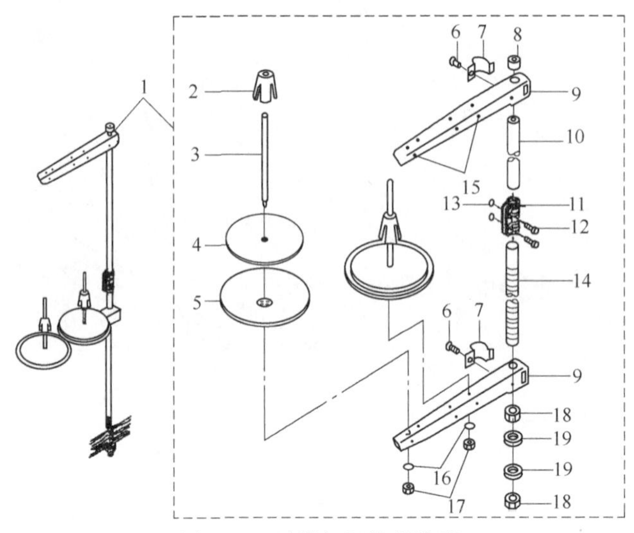

图 7-25 过线架组件的装配

1—线架组件；2—线盘芯；3—线盘钉；4—线盘垫；5—线圈托盘；6—螺钉；7—线臂抱盘；8—上直管盖帽 9—短固线臂；10—线架上直管；11—直管接头；12—紧固螺钉；13—紧固螺母；14—下直管；15—引线圈；16—弹性垫片；17,18—螺母；19—防震垫

第八节 平缝机的装配及检测

一、机头装配工艺流程

综合送料平缝机机头装配工艺流程卡见表 7-4。

表 7-4 综合送料平缝机机头装配工艺流程卡

工序号	工序名称	工序内容	质量要求	装配工装
1	清理机壳表面	机壳非涂装面，加工后应平整无毛刺和飞边，如有涂上去的涂料，应用铲刀或锉刀去除	表面平整无涂料，铲锉时不得碰伤涂装面	铲刀、锉刀
2	孔口倒角	凡装密封圈的孔口，及油孔孔口和图纸上要求倒角的孔均应进行倒角	按图纸要求倒角，大多为 1×45°、1.5×45°	45°锥形铰刀
3	回螺孔	对螺孔进行回攻，螺孔一定要攻透	按图纸要求进行回螺孔，不得烂牙	各相关丝锥
4	铰孔	各压轴套孔和装轴类零件的孔，按图纸要求铰孔	铰后孔径达到图纸要求，孔内无涂装物、毛刺和铁屑	各相关铰刀
5	压轴套	敲(压)入各相关轴套	轴套压入方向要注意，油孔与壳体上油孔对准，轴套压入位置要准确	敲(压)棒、手锤(压轴套机)、定位块
6	装轴套固定螺钉	装上各固定螺钉	旋紧各螺钉，螺钉紧固力矩 2.5N·m	开刀

续表

工序号	工序名称	工序内容	质量要求	装配工装
7	将各轴插入机壳相关轴孔	插入压脚提升曲柄轴、上轴、针杆摆动轴、下轴、抬牙轴组件、送料轴组件、外压紧杆，装上夹边器座	各轴插入后均应转动轻滑，垂直时能靠自重落下为佳 夹边器座螺钉紧固力矩 2.5N·m	开刀
8	装针距标盘组件	装止动销弹簧，装止动销，旋入针距标盘组件	针距标盘转动时，止动销应进出跳动顺畅；标盘转动时，力矩应均衡，无过重、过轻及轧重现象	开刀
9	装压脚扳手等	装上挑线簧止动块、装上下过线钩、装压脚扳手、装上过线板和下过线钩	压脚扳手上下应灵活，止动块基本保持水平位置，下过线钩羊毛毡应平整，螺钉紧固力矩 2.5N·m	开刀
10	装底板撑杆和拉簧架	旋入套上弹簧垫圈的底板撑杆，装上拉簧架	底板撑杆紧固力矩 4N·m	开刀
	装抬牙轴与送料轴的垫圈和轴用挡圈	在送料轴右端和抬牙轴左端分别套上抬牙轴垫圈和轴用弹性挡圈	拉簧架螺钉紧固力矩 4N·m	轴用弹簧挡圈钳
11	装针距调节摆杆和倒缝操纵杆组件	将针距调节摆杆铰链轴插入调节摆杆，再将其装入机壳，旋紧铰链轴螺钉	摆杆应无轴向间隙，螺钉紧固力矩 4N·m	开刀、尖嘴钳
		将倒缝操纵杆组件套上锥形垫圈(锥形小端面向机壳)插入机壳	扳手插入后，转动应轻滑，径向无松动	
		将倒缝操纵曲柄组件套入，并使组件中滑块装入针距调节摆杆槽	曲柄螺孔对准倒缝操纵杆短轴锥孔，旋紧操纵杆曲柄螺钉，螺钉紧固力矩 8N·m	
		将倒缝操纵杆弹簧勾住弹簧架	倒缝操纵杆无轴向间隙，螺钉紧固力矩 2.5N·m	
		旋入倒缝操纵杆吊紧螺钉，旋针距标盘，使针距调节螺钉顶住针距调节摆杆中心(扳手不能扳动)时，将标盘调至零位，再旋紧针距标盘螺钉，将标盘旋至最大针距	处于零位时，倒缝操纵杆不能上下松动，螺钉紧固力矩 2.5N·m，倒缝操纵杆应轻滑，压下力≤15N，并能准确复位	
12	装上轴部件	上轴上装针杆曲柄，再将上轴插入机壳中的上轴左轴套内，并在上轴上套上压脚提升偏心连杆组件，再穿过上轴中轴套，并套上上轴紧圈组件、上轴伞齿轮组件、送料凸轮组件，再穿过上轴右轴套，装上工艺用上轮，在上轴左端塞入上轴油线(直径 6mm、长 60mm 的羊毛毡)再旋上上轴螺塞	使针杆曲柄定位孔对准上轴上锥孔，旋紧定位螺钉，螺钉紧固力矩 12N·m，旋紧针杆曲柄螺钉 8N·m，压脚提升偏心轮偏心方向，向着主动轮。紧圈光面向着中轴套，伞齿轮方向向着主动轮，牙叉在主动轮一侧，针距连杆在齿轮一侧，螺钉紧固力矩 3N·m	开刀
13	装针距连杆铰链轴	将针距连杆铰链轴插入牙叉组件中的针距连杆与针距调节摆杆的孔中，旋紧针距调节摆杆螺钉	牙叉组件与针距调节摆杆之间应无间隙，螺钉应对准铰链轴的平面，螺钉紧固力矩 4N·m	开刀
14	上轴定位	将上轴向右拉紧，使紧圈第一个螺钉对准上轴平面，紧固上轴紧圈螺钉和第二个螺钉	使上轴无轴向间隙，转动上轴 360°应无卡点，转动顺畅，但力矩可稍偏重，螺钉紧固力矩 4N·m	开刀

续表

工序号	工序名称	工序内容	质量要求	装配工装
15	装竖轴伞齿轮	放倒机壳使后盖板平面向上，转动竖轴，使轴定位平面向上，装上竖轴上伞齿轮，并旋紧螺钉	确保竖轴上下伞齿轮定位螺钉孔在同一面上(均向上)，保证竖轴无轴向间隙，旋紧两个螺钉，螺钉紧固力矩4.5N·m，转动360°，应无卡点，力矩可稍偏重	开刀
16	上轴伞齿轮与竖轴伞齿轮啮合	旋转上轴，使上轴油孔、上伞齿轮定位螺孔、上轴紧圈定位螺孔均向上，竖轴上伞齿轮定位螺孔也向上，将上轴伞齿轮与竖轴上伞齿轮相啮合，旋紧各定位螺钉	转动上轴应无卡点，但力矩可稍重，上轴轴向间隙应为零，螺钉紧固力矩4.5N·m	开刀
17	装下轴紧圈、下轴伞齿轮及定位	装下轴伞齿轮及下轴紧圈用轴套调整敲棒，调整下轴右轴套，使下轴伞齿轮与竖轴下伞齿轮处于一个最佳啮合状态，将下轴定位棒插入针杆轴套，移动下轴使左端面碰到定位棒。旋转竖轴伞齿轮与下轴伞齿轮，使旋向第一个螺钉均向上，使第一个螺钉对准下轴上的平面，旋紧下轴齿轮第一个螺钉和第二个螺钉	下轴应无轴向间隙，伞齿轮间啮合间隙基本为零，螺钉紧固力矩4.5N·m	开刀、下轴套敲棒、下轴定位棒、手锤
18	研磨伞齿轮	用研磨笔(小油画笔)将研磨剂(W28)涂于伞齿轮上，转速2000针/分，听伞齿轮啮合时声音变化，约5s后，声音应柔和，无异常杂音，倒转时，同样研，可反复几次	研磨并清洗后，旋转主动轮应无重轧现象，三轴轴向应无松动	研磨工作台、研磨剂、油画笔、刷子
19	装针杆摆动架连杆组件及备用针板	装上工艺针板，装针杆摆动架连杆组件，其右端套上摆动架右曲柄组件	针板平整，摆动架曲柄轴不应有轴向松动，右曲柄螺钉略微紧固即可	开刀
20	送料凸轮定位	放倒机壳，使后盖处于向上位置，转动主动轮，将上轴油孔旋到正面向上，使送料凸轮旋向第一个螺钉与上轴定位刻线对齐，并旋紧两螺钉	此时上轴伞齿轮与竖轴上伞齿轮旋向第一个螺钉，均为正面向上，螺钉紧固力矩4N·m	开刀
21	装抬牙轴	套上抬牙轴紧圈和抬牙轴曲柄(右)组件。紧圈光面靠住轴套，并旋紧螺钉	应无轴向间隙，螺钉紧固力矩3N·m	开刀
22	装送料轴	在送料轴上，套上送料轴紧圈和送料轴曲柄，套上牙架组件中牙架曲柄，紧圈光面靠住轴套，并旋紧螺钉	应无轴向间隙，螺钉紧固力矩3N·m	开刀
23	送料机构调整	将抬牙连杆与抬牙曲轴铰链轴连接，连杆与曲柄间应无间隙，旋紧螺钉 将送料连杆与送料曲柄用铰链轴连接，连杆与曲柄间应无间隙，旋紧螺钉将针杆摆动连杆与送料曲柄用铰链轴连接，连杆与曲柄间应无间隙，旋紧螺钉	螺钉紧固力矩4N·m	开刀

续表

工序号	工序名称	工序内容	质量要求	装配工装
23	送料机构调整	调整抬牙曲柄与送料曲柄同连杆的垂直度，倒缝扳手复位应灵活	旋转主动轮应无重轧现象	开刀、定位块（高度1mm）
		移动牙架曲柄，使抬牙叉滑块插入抬牙曲柄槽内（油孔应向上）	滑块在曲柄槽内运动应轻滑	
		左右移动牙架曲柄，使针板槽和送料牙左右间隙均等，紧固牙架曲柄螺钉	螺钉紧固力矩3N・m	
		将针距开到最大，旋转主动轮，使抬牙曲柄运动到最高时，进行送料牙高度定位并旋紧抬牙曲柄螺钉	送料牙露出针板1mm，螺钉紧固力矩4N・m	
		旋转主动轮使送料牙调整到距针板槽端部1mm间隙，紧固送料曲柄螺钉	针板槽与送料牙运动方向间隙1mm，螺钉紧固力矩4N・m，转动主动轮，转动力矩要轻，不能有重轧现象，牙架运动和左右方向应无间隙	
		将针距调到最小时，使送料牙尖距针板表面1mm，此时送料牙容针孔中心到针板边缘应为32.1mm		
24	装油箱及油量调节螺钉	翻倒机头，将油毡钩簧组件的羊毛毡短头处插入机壳底板油箱油孔内，固定油毡钩簧组件	插入后应稳固，不得脱落，螺钉紧固力矩3N・m	开刀
		将油箱密封垫、油位指示板和油箱压板，用油箱压板螺钉装在机头上	指示板刻线面向外，螺钉紧固力矩2.5N・m	
		在油量调节螺钉上套上油量调节螺钉弹簧，旋到下轴左轴套上	旋到底再退出3圈	
25	装挑线杆	在摆动架滑块轴上套上摆杆轴滑块（油孔向上）	转动主动轮，连杆在铰链轴上运转应轻滑	开刀
		将针杆挑线连杆套入针杆挑线连杆铰链轴（连杆油孔向外），将滑杆插入针杆挑线连杆	滑杆转动应轻滑	
		将挑线杆插入滑杆（挑线部位伸出机壳挑线杆槽外），再将挑线杆铰链轴组件插入挑线杆和机壳挑线杆孔内，旋紧挑线杆铰链轴螺钉（使其对准轴上平面）	铰链轴螺钉紧固力矩3N・m，旋转上轴力矩无重轧现象，挑线杆平面间隙应小于0.2mm，运动方向间隙应小于0.15mm（加压1N）	
26	上轴伞齿轮与竖轴伞齿轮啮合定位	将针杆摆动架组件上的导轨槽对准摆动轴滑块，且针杆接头对准针杆挑线连杆，向里推进针杆摆动架组件，推到摆动架压板内侧，碰到机壳内端面		开刀、定位块（18.4mm）
		装上针杆摆动架销，其止口平面向上，旋紧紧固螺钉	螺钉紧固力矩3N・m	
		装针杆摆动架压板，并旋紧压板螺钉	螺钉紧固力矩4N・m，针杆摆动架左右无间隙，转动主动轮，手感无重轧现象	

续表

工序号	工序名称	工序内容	质量要求	装配工装
26	上轴伞齿轮与竖轴伞齿轮啮合定位	将针杆接头运动到最下端，将针杆高度定位块放在针板槽内(应平整)，使针杆下端面与定位块接触，同时将定位棒插入针杆端横孔内，使定位棒与定位块小轴靠住，紧固针杆接头螺钉	定位块高度(18.4±0.05)mm(无定位棒可凭目测针杆上夹针螺孔应在操作者右边)，针杆接头螺钉紧固力矩 3N·m，针杆在整个运动过程中应无卡点	开刀、定位块(18.4mm)
27	针杆摆动架定位	将针距标盘旋到零位，旋转主动轮使针杆最低位	定位尺寸 7.8mm，螺钉紧固力矩 4N·m	开刀、定位块(7.8mm)
		将压紧杆插入压紧杆孔内，将定位块放在压紧杆与内压紧杆之间，旋紧针杆曲柄螺钉	摆动轴向应无间隙，旋转主动轮应无重轧现象	
28	装压紧杆机构	抽出压紧杆，再自上而下地装上压紧杆导架组件、压紧杆提升架、松线凸轮簧、松线驱动板、压紧杆弹簧架	压紧杆在轴套内能靠自重落下，压紧杆提升架上下运动应灵活，不能有重、轧现象；松线驱动板的导向杆插入压紧杆提升架，上下运动应灵活	开刀
29	装压脚提升杠杆组件	将曲柄连杆、杠杆连杆分别同压脚提升杠杆两端连接	连接后杠杆上下应无重轧现象	开刀
		将压脚提升架轴端套入压脚提升杠杆，同时将曲柄连杆另一端与压脚提升曲柄轴连接，杠杆连杆另一端与内压紧杆轴端连接		
		将杠杆轴位螺钉旋在压紧杆提升架上	螺钉紧固力矩 2.5N·m	
30	装滑块导轨	将导轨滑块装在内压紧杆上(油孔向上) 使导轨滑块装入滑块导轨槽中，用导轨螺钉紧固滑块导轨	滑块在导轨中运动应轻滑，导轨要装得平整，螺钉在调整过程中慢慢交替旋紧，螺钉紧固力矩 3N·m	开刀
31	装内、外压脚	将内压脚装入内压紧杆	内压脚容针孔位置应与送料牙容针孔位置对齐，螺钉紧固力矩 3N·m	开刀
		将外压脚装入压紧杆	内外压脚两边间隙应均匀，螺钉紧固力矩 3N·m	
32	外压脚固定	将压脚扳手扳起，将 8mm 高定位块放在外压脚底部	螺钉紧固力矩 3N·m	开刀、定位块(8mm)
		将压紧杆提升架与松线驱动板向下压，使其与压脚扳手平整，旋紧压紧杆提升架螺钉	手动提升压脚要求上、下顺滑	
33	装导向压板	将导向压板槽对齐松线驱动板，旋入导向压板螺钉，用手动扳手检查压紧杆上下是否灵活，钻 ϕ3mm 孔，压入导向压板弹簧销	螺钉紧固力矩 3N·m，扳动压脚扳手，压脚上、下顺滑	开刀、敲棒、手枪钻、ϕ3mm 钻头
34	装压紧杆簧	将压紧杆簧一端放入压紧杆弹簧架内，另一端套入压簧支撑螺钉，并旋紧在机壳上，使压紧杆簧与机壳有 1～2mm 间隙，旋紧压紧杆弹簧螺钉，旋上调压螺钉，在接触到压紧杆簧时往下旋 7～8 圈	支撑螺钉紧固力矩 4N·m，压紧杆弹簧架螺钉紧固力矩 3.5N·m 调压螺钉应对在压板簧刻线位置，压紧杆机构有一定压力，上下自如，放下时压脚应碰到针板	开刀

续表

工序号	工序名称	工序内容	质量要求	装配工装
35	偏心连杆定位	转动主动轮，使针杆处于最低位置，调整偏心轮，旋向第一个螺钉正面向外(后盖方向)略微旋紧螺钉，如转动力矩轻滑无重轧，则再旋紧第二个螺钉	转动应轻滑，两只螺钉紧固力矩4N·m	开刀
36	装调节曲柄	将调节曲柄套入压脚提升曲柄轴，将连杆铰链轴套入偏心连杆，将连杆铰链轴从调节曲柄插入，再旋上连杆铰链轴碟形螺母，调整到调节曲柄弯月形槽中心位置，旋紧蝶形螺母	转动上轴，运动应轻滑，螺母紧固力矩4N·m	开刀
37	内外压脚定位	旋紧主动轮，使调节曲柄摆动至最外端，放下压脚扳手 将外压脚定位块(4.5mm)放在外压脚下，旋紧调节曲柄螺钉 取走外压脚定位块，旋转主动轮，内压脚应达到3.5mm高度，放入定位块测试，如果达不到，则调整连杆铰链轴在调节曲柄中的上下位置	螺钉紧固力矩4N·m	开刀、定位块(4.5mm)、定位块(3.5mm)
38	装内压紧杆簧	将内压脚压簧套入压簧顶杆组件，通过机壳插入内压紧杆孔内，旋入压紧杆螺钉	螺钉旋到与机壳顶部平，螺钉紧固力矩2.5N·m	开刀
39	装膝控提升杠杆	放下压脚扳手，使膝控提升杠杆直角端处于松线驱动板下面，旋入膝控提升杠杆螺钉	螺钉紧固力矩4N·m	开刀、开口扳手、定位块(14mm)
		调整杠杆拉杆连接座(外压脚下放入14mm定位块)，使连接座螺钉旋入后，膝控提升杠杆与松线驱动板之间的间隙为2mm，再旋紧连接座螺钉，并锁紧杠杆拉杆螺母	螺钉紧固力矩3.5N·m 螺母锁紧力矩2.5N·m，膝控提升后，压脚最大提升应达到14mm，松开膝控，压脚应能自由落下	
40	装油绳及油孔塞	在机壳顶部、上轴前套、中套、平板面上的下轴右轴套处，油孔内塞入毛毡短绳，并压入油孔塞	油孔塞要平整，不得碰坏机壳涂装面	手锤、敲棒
41	装机针	装上针杆过线环，并旋紧过线环螺钉 插入机针并旋紧夹针螺钉	螺钉紧固力矩2.5N·m ① 机针要插到底 ② 机针长槽向外，勾线凹部向旋梭 螺钉紧固力矩2.5N·m	开刀
42	装夹线组件	放下压脚扳手，插入松线钉，圆头端向内 装上夹线组件，固定安装螺钉时，调节挑线弹簧力，适当旋紧夹线安装螺钉 装上过线板，再旋入上过线板螺钉并紧固	螺钉紧固力矩2.5N·m 挑线弹簧力约1N，运动范围8~10mm，提升压脚时松线应正常 螺钉紧固力矩2.5N·m	开刀

续表

工序号	工序名称	工序内容	质量要求	装配工装
43	装旋梭	旋转主动轮,使机针运动到最高点时,将旋梭装在下轴上,再使机针下降,使它插入旋梭保针槽内		开刀、定位钩专用塞片
		将旋梭定位钩装入机壳安装槽中,使定位钩凸部放入旋梭凹槽中,轻微旋紧定位钩螺钉	定位钩凸部前后位置基本与机针位置对齐	
		将机针运动到最低点,将针距标盘调整到中间值5mm	针杆圆周两刻线中上一条应对准针杆下轴套下端面	
		使针杆上升2.4mm,调整旋梭勾线尖与机针凹部的间隙,应在0~0.05mm内,勾线尖应与机针中心线一致,旋紧旋梭螺钉	此时针杆上刻线中下一条应对准针杆下轴套下端面,螺钉紧固力矩4.5N·m	
		用定位钩位置专用塞片[(0.8+0.2)mm]调整定位钩凸处与旋梭槽底部间隙,旋紧定位钩螺钉	旋转主动轮,定位钩与送料牙架不能碰,螺钉紧固力矩4.5N·m	
44	油运转(跑合)	将机器推入油运转机内,主动轮挂上皮带,针距标盘定位在10处 开动电动机进行20min油运转	冲油管应对准各需加油部位 转速2000针/分,应无咬死,无异常声响	油运转机
45	检查配合间隙与螺钉紧固情况	对下列部位间隙进行确认,并检查和再次紧固相关螺钉:a. 上轴;b. 上轴伞齿轮与竖轴上伞齿轮;c. 送料凸轮;d. 针距调节摆杆与牙叉;e. 竖轴轴向;f. 竖轴下伞齿轮与下轴伞齿轮;g. 下轴轴向;h. 送料轴轴向;i. 送料轴左曲柄;j. 抬牙轴轴向;k. 抬牙轴左右曲柄	配合处均应无松动,轴向间隙在0~0.02mm内,旋梭运动方向间隙在0.15mm以下(加压2N)	开刀
		挑线杆间隙:平面间隙≤0.2mm,运动方向间隙≤0.15mm(加1N力) 倒缝扳手复位正常,零位时无松动,转动主动轮应轻滑	螺钉紧固力矩按前述要求进行确认 针距最大时,能用≤15N的力压下扳手,且复位正常,针距为零时,倒缝扳手应无上下松动 转动主动轮,应轻滑,无重轧,无轴向间隙	
46	装伞齿轮上罩壳	在伞齿轮上罩壳(后)塞上橡皮塞,在上罩壳(前、后)内加适量黄油,从机头后盖板处放入伞齿轮前后罩壳,卡在两齿轮处,前后罩壳卡紧,并旋紧罩壳螺钉	转动主动轮,罩壳内无碰擦等异常情况,螺钉紧固力矩2.5N·m	开刀
47	装伞齿轮下罩壳	在伞齿轮上罩壳(前)塞上橡皮塞,在上罩壳(前、后)内加适量黄油,翻倒机头装下罩壳(前、后),旋紧罩壳螺钉	转动主动轮,罩壳内无碰擦等异常情况,螺钉紧固力矩2.5N·m	开刀
48	装盖板	将机头右油盒组件装入机壳顶部,旋紧油盒螺钉	注意油盒方向,厚的一端靠主动轮,螺钉紧固力矩2.5N·m	开刀
		后盖板上塞上橡皮塞,旋上后盖板螺钉 装面板,旋上面板螺钉	橡皮塞应塞平整,螺钉应逐个旋紧,螺钉紧固力矩2.5N·m 面板四周与机壳四周对齐,螺钉紧固力矩3N·m	
49	装挑线杆防护罩	装上挑线杆防护罩,旋紧防护罩螺钉	防护罩与挑线杆槽一致,螺钉紧固力矩2.5N·m	开刀

续表

工序号	工序名称	工序内容	质量要求	装配工装
50	装主动轮	拆卸工艺用主动轮，装上新主动轮，并旋紧两主动轮螺钉	主动轮内端面与机壳右端面留有2mm间隙，旋向第一个螺钉对准轴平面，螺钉紧固力矩4.5N·m	开刀
51	试缝	翻转机头，在加油孔中注入缝纫机油	加到油量指示板上刻线位置	开刀、小纸片
		空转2min(2000针/分)，用小纸片(40mm×50mm)在旋梭下方试供油量大小，调整油量调节螺钉，以达到供油要求	小纸片在旋梭下方10s应有散点状油点	
		装上针板，旋紧针板螺钉 装上推板	送料牙两边与针板槽间隙应均等，螺钉紧固力矩2.5N·m 装推板时，退、推、拉力适当，无松动	
		装上已有芯线的梭芯套	不过紧 装梭芯套时，梭线张力0.9～1N	
		穿上缝线，调整夹线组件和挑线簧 引出底线，将2层1m长、0.2m宽的缝料放在压脚下进行试缝 a. 2层缝料，转速2000针/分，针距5mm，缝纫1m b. 顺倒缝缝纫100mm，转速1200针/分，线迹距同上 c. 层缝2—6—2—6—2层及4—8—4—8—4层试缝，总长0.5m，转速1000针/分，针距6mm	梭芯套安装到底，不会脱落 调整夹线组件和挑线簧时，面线张力约为5N，挑线簧张力约为1N，挑线簧活动范围8～10mm 试缝时，应无断线、浮线(浮面线及浮底线)及跳针等，底、面线交合在缝料中间 倒顺缝误差应≤15% 上下层缝料无不良线迹	
52	外观检查及钉商标牌、型号牌、贴CE标志、挂合格证	清洁机头外表，按技术要求钉商标牌、型号牌、贴CE标志、挂合格证	商标牌、型号牌钉平整，按要求位置贴CE标志、挂合格证	手锤

二、高速平缝机装配精度检测

如何衡量装配好的平缝机是否已达到精度要求，这就牵涉到装配精度检测，即装配应达到在一定公差范围的精度。

缝纫机有几何精度、传动精度和动态精度三种。几何精度是指平缝机在空转时部件的运动精度和部件间相互位置精度，如主轴中心对主轴的垂直度、对称度，主轴的端面圆跳动和径向圆跳动等，这些是由零件精度和装配精度决定的；传动精度是指工作部件和零件运动面的均匀性和协调性，传动精度由传动系统的设计、传动件的精度和调整准确度决定；动态精度指平缝机在运动过程中受力、温升和振动的作用下部件的运动精度，动态精度是由平缝机的刚度、抗振性和热变形的大小决定的。

几何精度是平缝机精度的重要指标，因此常用几何精度的检测作为平缝机的精度检测。传动精度检测及动态精度检测，一般通过缝纫性能的好坏来衡量。

(1) 针杆行程的检测

针杆行程的检测如图7-26所示。其方法是拆去机针，装上指示弯针，放下压脚；逆时针转动上轮，分别置针杆于最高点和最低点；测得指示弯针在高度尺上的两个示数，其示数差即为针杆行程。一般标准针杆行程中薄料为（31.0+1）mm，厚料为（36.0+1）mm。

（2）挑线杆行程的检测

挑线杆行程的检测如图7-27所示，其方法是：拆去挑线杆护罩，在穿线孔内装上专用量棒，转动上轮，分别置挑线杆于最高点和最低点；用高度尺分别测得最高点和最低点两示数，其示数之差即为挑线杆行程。一般标准挑线行程为（60.0+1）mm。

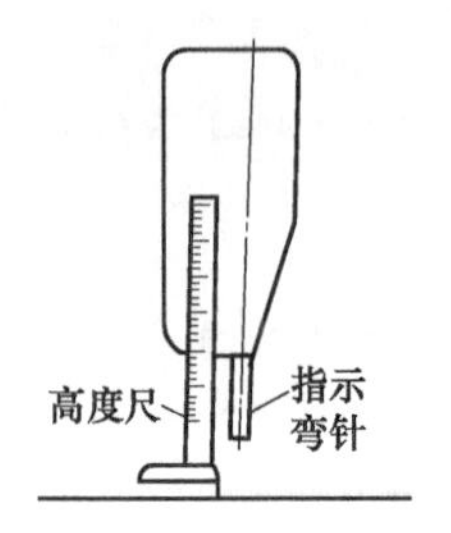

图7-26 针杆行程的检测

图7-27 挑线杆行程的检测

（3）上轴轴向窜动量的测试

上轴轴向窜动量的测试如图7-28所示，其方法是：拆去皮带轮，旋入专用螺钉；表架夹持在底板前面，以7.5N力推拉上轴，表上计数之差即为轴向窜动值；标准上轴轴向窜动应不大于0.03mm。

（4）定位钩与旋梭架缺口的间隙测量

定位钩与旋梭架缺口的间隙测量如图7-29所示。其方法是：拆去针板、推板、压脚和机针，用0.45mm专用量规能自由通过，标准间隙为0.45～0.65mm范围内。

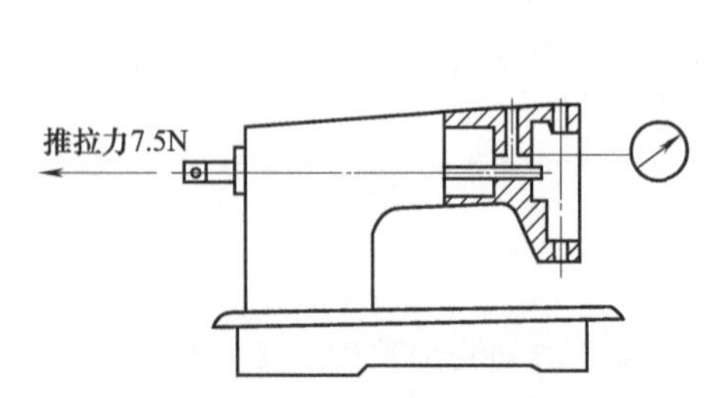

图7-28 上轴轴向窜动量的测试

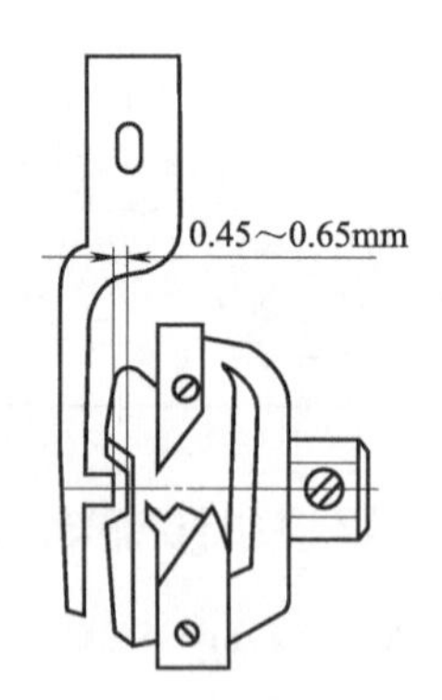

图7-29 定位钩与旋梭架缺口的间隙测量

（5）挑线运动方向间隙的测量

挑线运动方向间隙的测量如图7-30所示，其方法是：转上轮，选定挑线杆的最松位置；拆去上轮，固定上轴使之不能转动；表头测在图示位置；以2.5N力推拉挑线杆。表上计数即为实测间隙（两个方向的测量数据中取较大值）。标准挑线杆运动方向间隙不大于0.15mm。

（6）送料机构间隙的测量

送料机构间隙测量如图7-31所示。其方法是：拆去针板、推板、机针、压脚、上轮及送牙；装上专用量块，选定测定位置后，用上轴夹具固定上轴；用5N力朝送料方向推拉，表上读数差值即为实测间隙。送料机构间隙应不大于0.15mm。

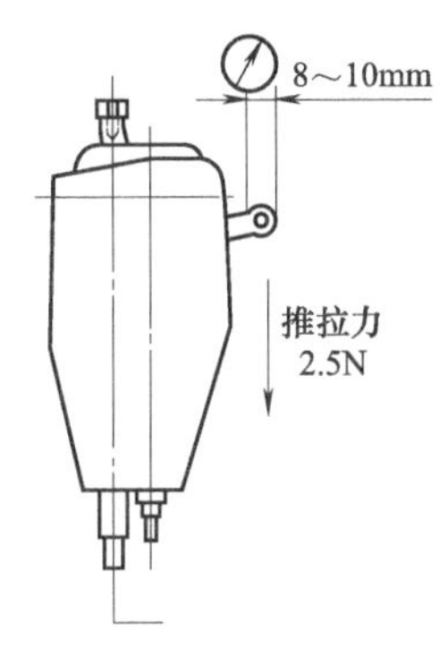

图 7-30　挑线运动方向间隙的测量

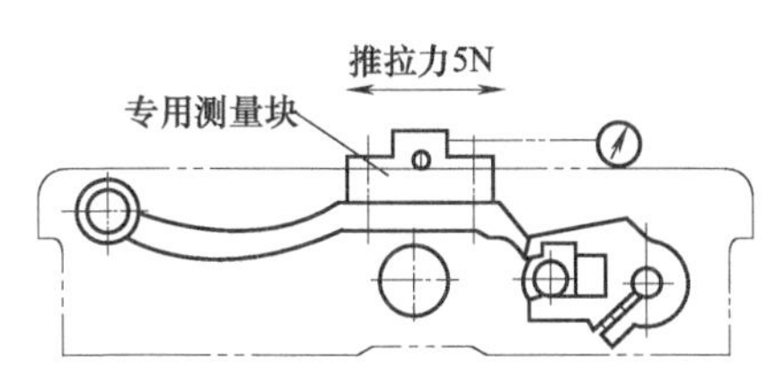

图 7-31　送料机构间隙的测量

(7) 伞齿轮组间隙的测量

伞齿轮组间隙的测量如图 7-32 所示，其方法是：拆去上轮，选定最松点（凭手感），装上专用夹持表架；表头指在下轴夹持头离轴线 17mm 处，以 7.5N 力向上推拉，所得表中示数差即为实测间隙；伞齿轮组间隙应在 0.10～0.15mm 范围内。

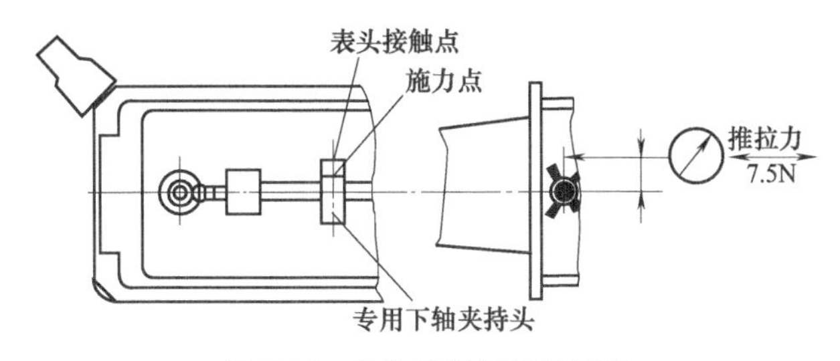

图 7-32　伞齿轮组间隙的测量

(8) 空载启动力矩的测量

空载启动力矩的测量如图 7-33 所示，其方法是：抬起压脚，拆下上轮，将专用力矩秤紧固在上轴尾端上；使标尺放置水平（*A*）；移动砝码（*B*）到 20N·cm 处，其砝码≤20N·cm，即能使上轴转动 30°为合格，标准空载启动力矩应不大于 20 N·cm。

(9) 噪声的测试

平缝机噪声的测试如图 7-34 所示，其具体方法如下。

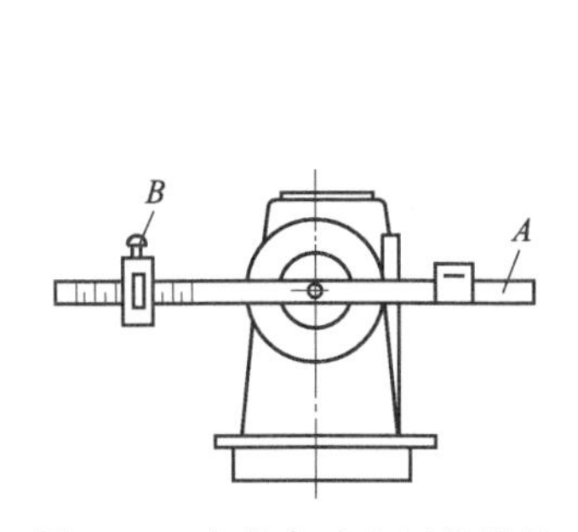

图 7-33　空载启动力矩的测量

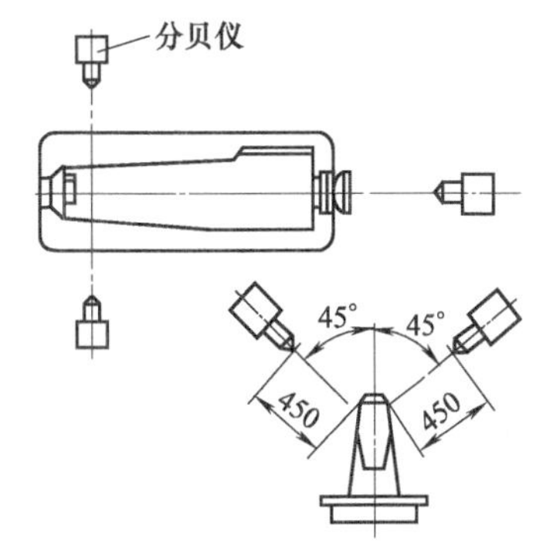

图 7-34　噪声的测试

① 测试环境的背景噪声应在 70dB 以下，背景噪声须在平缝机停转状态下，且在图示位置的测试点进行测定。

② 平缝机必须安装在水平且坚实的地面上，在没有缝线与缝料的情况下，将针距调至

2～3mm之间，卸下压脚进行运转。速度为 4200 针/分。

③ 测试前应先运转 1min，然后按图示的位置测试，以分贝仪显示的最大值为测定值，标准噪声不得大于 82dB。

（10）断线率测试

① 测试条件：用 14 号机针，804 缝线，2 层平布，3.6mm 针距，3300r/min 缝速进行缝纫。

② 5min 内，断线率不得超过 3 次。

（11）层缝测试

① 测试条件：用 14 号机针，804 缝线及折叠后的平布，如图 7-35 所示，3.6mm 针距，3300r/min 缝速试缝。

② 来回缝纫 10 个来回，不得有断线、断针、跳针、浮线及起皱现象。

（12）缝薄及缝厚的测试

① 缝薄测试：用 88×1 型 12 号（短针），804 缝线，500mm 长，150mm 宽涤棉布 2 层。2.2mm 针距，3300r/min 缝速试缝。来回试缝一周后，按图 7-36 所示要求检验起皱程度，以线迹不产生断裂为合格。

② 缝厚测试：用 16×231 型 16 号机针，804 缝线，4mm 厚（自然状态下），500mm×150mm 呢料，3mm 针距，3000r/min 缝速试缝。试缝 5 个来回，不得有断线、断针、跳针及浮线为合格。

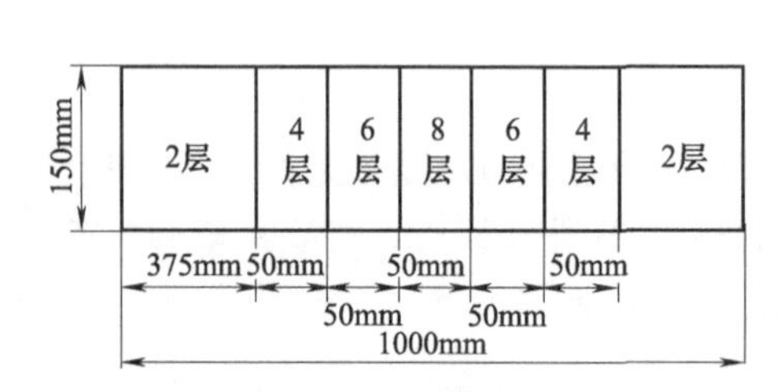

图 7-35 层缝测试

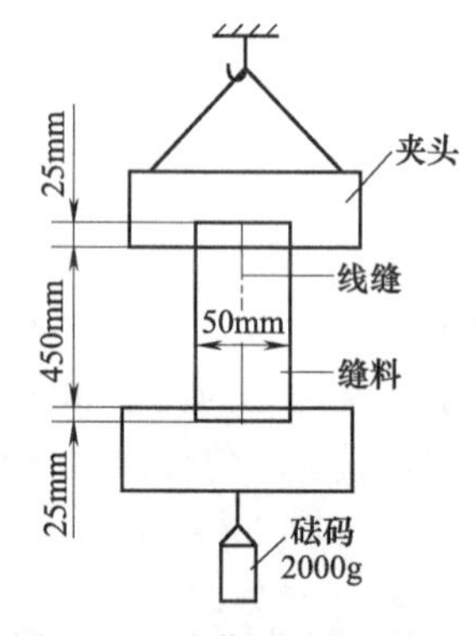

图 7-36 缝薄及缝厚的测试

小 结

① 工业平缝机是众多缝纫机中的一个品种，包含着连杆机构、曲柄滑块机构、齿轮传动、偏心机构、带传动等传动机构，这些机构均是以轴、连杆、凸轮、齿轮、滑块等运动的高低副组成；实现支撑的零件有滚动轴承、滑动轴承、平缝机壳体等零件。以上这些运动部件与支撑零部件均是采用螺钉、螺栓、螺母、定位销予以连接的，最后实现全自动稀油润滑，以实现 3000～5000 针/min 的缝制运动。

② 平缝机的装配由针杆挑线部件装配、针杆部件装配、勾线机构装配、送料机构装配、压脚机构装配以及其他组件的装配等组成，各个装配环节环环相扣。通过了以上装配之后，经过再一步的检验，就进入了平缝机的装配及检测阶段。合格品进入入库流程，不合格品进行返修后再按照装配工艺流程执行。

③ 装配工艺的选定：一般装配→分组装配→对偶装配→部件装配→机器装配→调试（调整＋试车）→验收。

参考文献

[1] 王先逵. 机械加工工艺手册（单行本）——机械装配工艺 [M]. 北京：机械工业出版社，2008.

[2] 徐兵. 机械装配技术 [M]. 第2版. 北京：中国轻工业出版社，2014.

[3] 倪寿森. 机械制造工艺与装备 [M]. 第2版. 北京：化学工业出版社，2009.

[4] 柳青松. 机械设备制造技术 [M]. 西安：西安电子科技大学出版社，2007.

[5] 黄祥成. 钳工装配问答 [M]. 第2版. 北京：机械工业出版社，2013.

[6] 钟翔山. 机械设备装配全程图解 [M]. 北京：化学工业出版社，2014.

[7] 杨叔子. 机械加工工艺师手册 [M]. 北京：机械工业出版社，2001.

[8] 苏志东，尹玉杰，张清双. 阀门制造工艺 [M]. 北京：化学工业出版社，2011.

[9] 陈宏钧. 实用机械加工工艺手册 [M]. 北京：机械工业出版社，1996.